中文版 Premiere Pro CC 影视编辑标准教程

尹小港　编著

内 容 提 要

Adobe Premiere Pro是一款功能强大的非线性视频编辑软件，被广泛地应用在视频内容编辑和影视特效制作领域。本书循序渐进地介绍了使用Adobe Premiere Pro中文版进行影视编辑的完整工作流程和方法。全书分为两个部分，第一部分为第1～11章，主要介绍Adobe Premiere Pro在影视编辑中的各种功能；第二部分为第12～14章，通过主题宣传片、纪录片片头、音乐MV 3个优秀的制作实例，帮助读者掌握影视编辑技能。

本书内容全面、实用，讲解清晰、图文并茂，制作的实例画面精美，实用性强。在图书素材包中，包含了本书所有实例的素材文件、输出影片、工程项目完成文件，以及软件主体编辑功能和所有操作实例的多媒体教学视频，方便读者轻松学习和引用练习。

本书适合广大视频编辑爱好者作为自学用书，也可供专业设计人员参考学习，还可作为高等院校或各类培训班相关专业师生的学习用书。

图书在版编目（CIP）数据

中文版Premiere Pro CC影视编辑标准教程 / 尹小港编著. —北京：中国电力出版社，2022.5
ISBN 978-7-5198-4151-5

Ⅰ. ①中…　Ⅱ. ①尹…　Ⅲ. ①视频编辑软件－教材　Ⅳ. ①TP317.53

中国版本图书馆CIP数据核字（2020）第022276号

出版发行：中国电力出版社
地　　址：北京市东城区北京站西街19号（邮政编码100005）
网　　址：http://www.cepp.sgcc.com.cn
责任编辑：马首鳌　（010-63412396）
责任校对：黄　蓓　常燕昆
装帧设计：赵姗姗
责任印制：杨晓东

印　　刷：三河市航远印刷有限公司
版　　次：2022年5月第一版
印　　次：2022年5月北京第一次印刷
开　　本：787毫米×1092毫米　16开本
印　　张：19
字　　数：471千字
定　　价：58.00元

前　言

本书用简洁易懂的语言，丰富翔实的图解，以 Premiere Pro CC 2018 编辑非线性视频文件的流程贯穿全文，引导读者从认识 Premiere 开始，学会编辑出一段赏心悦目的影视片段。

本书前 11 章是对视频编辑和 Premiere Pro 的基础知识的讲解，采用“学习重点＋正文内容”的学习方式。第 1 章和第 2 章是讲述视频剪辑的基础知识和 Premiere Pro 的基本界面；第 3 章用一个简单的实例讲解了在 Premiere Pro 中进行视频编辑的工作流程；第 4 ～ 11 章根据视频影片的制作流程，分别讲解 Premiere Pro 中各个功能的具体应用。每一章开头有本章学习重点，使读者先明白学习目的，然后在正文部分进行详细解释，使读者的思路更清晰，抓住重难点，巩固所学知识。第 12 ～ 14 章通过具体的实例讲解 Premiere Pro 功能的综合运用。本书中的实例无论画面还是内容都相当精彩，每个实例根据 Premiere Pro 的功能，从不同角度出发，如字幕的设计、视频特效的应用、视频的编辑等，按照标准制作流程来进行讲解，使读者通过典型范例制作，迅速掌握 Premiere Pro。

在本书的配套资源包中提供了本书实例的源文件、素材和输出文件，以及实例的多媒体教学视频。

扫码下载本书实例项目文件

扫码学习本书典型案例多媒体教程
（链接 https://j.youzan.com/5yiBde）

本书适合作为广大对视频编辑感兴趣的读者的自学参考图书，也适合作为高等院校相关专业教材。

目　录

前言

第 1 章　Premiere Pro 视频编辑入门…………1
1.1　视频处理的基础知识……………………………2
1.1.1　线性编辑……………………………………2
1.1.2　非线性编辑…………………………………2
1.1.3　视频编辑中的基本概念……………………3
1.1.4　Premiere中的常用名词 ……………………5
1.2　Premiere Pro的功能特点………………………6
1.3　第一次启动Premiere Pro………………………8

第 2 章　Premiere Pro 工作界面浏览………17
2.1　菜单栏……………………………………………18
2.1.1　文件菜单……………………………………18
2.1.2　编辑菜单……………………………………21
2.1.3　剪辑菜单……………………………………24
2.1.4　序列菜单……………………………………27
2.1.5　标记菜单……………………………………33
2.1.6　图形菜单……………………………………35
2.1.7　窗口菜单……………………………………37
2.1.8　帮助菜单……………………………………37
2.2　工作窗口…………………………………………37
2.2.1　项目窗口……………………………………37
2.2.2　源监视器……………………………………42
2.2.3　节目监视器…………………………………43
2.2.4　时间轴窗口…………………………………44
2.3　工作面板…………………………………………45
2.3.1　工具面板……………………………………46
2.3.2　效果面板……………………………………47
2.3.3　效果控件面板………………………………47
2.3.4　音频剪辑混合器面板………………………48
2.3.5　历史记录面板………………………………48
2.3.6　信息面板……………………………………49

第 3 章　影视编辑工作流程实战………………51
3.1　影片编辑的准备工作……………………………52
3.2　创建影片项目和序列……………………………53
3.3　导入准备好的素材………………………………55
3.4　对素材进行编辑处理……………………………57
3.5　在时间轴中编排素材……………………………58
3.6　为剪辑应用视频过渡……………………………59
3.7　编辑影片标题文字………………………………61
3.8　为剪辑应用视频效果……………………………64
3.9　为影片添加音频内容……………………………65
3.10　预览编辑完成的影片…………………………67
3.11　将项目输出为影片文件………………………67

第 4 章　素材的管理与编辑……………………69
4.1　素材的导入设置…………………………………70
4.1.1　导入PSD分层素材…………………………70
4.1.2　导入序列图像素材…………………………72
4.2　素材的管理………………………………………73
4.2.1　查看素材属性………………………………73
4.2.2　对素材重命名………………………………74
4.2.3　自定义标签颜色……………………………75
4.2.4　新建素材箱对素材进行分类管理……………………………………………75
4.3　素材的编辑处理…………………………………76
4.3.1　设置素材的速度及持续时间………………76
4.3.2　在源监视器窗口中编辑素材………………77
4.3.3　在时间轴窗口中编辑素材剪辑……………80
4.3.4　在节目监视器中编辑素材剪辑……………87
4.3.5　编辑原始素材………………………………90

第 5 章　DV 视频的采集捕捉…………………91
5.1　DV与电脑的连接…………………………………92
5.2　从DV捕捉视频、音频……………………………92
5.2.1　捕捉参数设置 ………………………………92
5.2.2　音频和视频的捕捉 …………………………95
5.2.3　批量捕捉DV视频……………………………96
5.2.4　视频捕捉中的注意事项……………………97

第 6 章　视频过渡的编辑应用······99
6.1　视频过渡的添加与设置······100
6.1.1　视频过渡效果的添加······100
6.1.2　视频过渡效果的设置······100
6.1.3　视频过渡效果的替换与删除······104
6.2　视频过渡效果分类详解······104
6.2.1　3D运动······105
6.2.2　划像······106
6.2.3　擦除······107
6.2.4　沉浸式视频······110
6.2.5　溶解······114
6.2.6　滑动······115
6.2.7　缩放······117
6.2.8　页面剥落······117
6.3　过渡效果应用实例······118
6.3.1　视频过渡效果综合运用：孔雀之美······118
6.3.2　应用预设特效编辑过渡效果：森林风光······121

第 7 章　视频效果的编辑应用······127
7.1　视频效果应用和设置······128
7.1.1　视频效果的添加······128
7.1.2　视频效果的设置······128
7.2　视频效果分类详解······131
7.2.1　Obsolete（废旧）······131
7.2.2　变换······131
7.2.3　图像控制······132
7.2.4　实用程序······134
7.2.5　扭曲······134
7.2.6　时间······138
7.2.7　杂色与颗粒······139
7.2.8　模糊和锐化······141
7.2.9　沉浸式视频······143
7.2.10　生成······147
7.2.11　视频······151
7.2.12　调整······152
7.2.13　过时······153
7.2.14　过渡······157
7.2.15　透视······158
7.2.16　通道······159
7.2.17　键控······161
7.2.18　颜色校正······164
7.2.19　风格化······167
7.3　安装外挂特效······171
7.4　视频效果应用实例······171
7.4.1　应用变形稳定器特效修复视频抖动······171
7.4.2　应用颜色键特效处理绿屏抠像······173

第 8 章　关键帧动画的编辑应用······177
8.1　关键帧动画的创建与设置······178
8.1.1　影像剪辑的基本效果设置······178
8.1.2　通过“效果控件”面板创建并编辑动画······181
8.1.3　在轨道中创建与编辑动画······184
8.2　各种动画效果的创建与编辑······186
8.2.1　位移动画的创建与编辑······186
8.2.2　缩放动画的创建与编辑······189
8.2.3　旋转动画的创建与编辑······190
8.2.4　不透明度动画的编辑······193
8.3　关键帧动画应用实例······194
8.3.1　运动路径及缩放效果的应用——飞碟迷踪······194
8.3.2　复制关键帧快速编辑新动画——光阴故事······199

第 9 章　音频内容的编辑应用······205
9.1　音频内容编辑基础······206
9.1.1　音频素材的导入与应用······206
9.1.2　对音效内容的编辑方式······207
9.2　音频素材的编辑······208
9.2.1　调整音频持续时间和播放速度······208
9.2.2　调节音频剪辑的音量······209
9.2.3　调节音频轨道的音量······210
9.2.4　调节音频增益······211
9.2.5　单声道和立体声之间的转换······211
9.3　音频过渡的应用······214
9.4　音频效果的应用······214
9.4.1　音频效果的应用设置······214

9.4.2 常用音频效果介绍……………………215
9.5 创建5.1声道环绕音频……………………217
9.6 录制音频素材………………………………222
9.6.1 在Premiere Pro中录制音频内容····222
9.6.2 使用Windows录音机……………………224
9.6.3 其他音频编辑软件………………………225

第 10 章 文字内容的编辑……………………227
10.1 三种文字内容的创建方法………………228
10.1.1 创建字幕文字……………………………228
10.1.2 创建图形文本……………………………229
10.1.3 创建标题字幕……………………………229
10.2 字幕文字的编辑………………………………229
10.3 图形文本的编辑………………………………234
10.3.1 文本显示属性的编辑……………………234
10.3.2 编辑文本滚动动画………………………236
10.4 标题字幕的编辑………………………………236
10.4.1 字幕工具面板……………………………237
10.4.2 字幕动作面板……………………………240
10.4.3 字幕操作面板……………………………241
10.4.4 字幕属性面板……………………………242
10.4.5 字幕样式面板……………………………247
10.4.6 编辑滚动和游动字幕……………………248

第 11 章 视频影片的输出……………………251
11.1 影片的输出类型………………………………252
11.2 影片的导出设置………………………………252
11.2.1 导出设置选项……………………………253
11.2.2 视频设置选项……………………………253
11.2.3 音频设置选项……………………………254
11.2.4 效果设置选项……………………………254
11.2.5 其他设置选项……………………………255
11.3 输出单独的帧画面……………………………255
11.4 单独输出音频内容……………………………256

第 12 章 旅游主题宣传片：天府四川……259
12.1 实例效果………………………………………260
12.2 实例分析………………………………………261
12.3 编排图像动画…………………………………261
12.4 编辑标题字幕…………………………………265
12.5 编辑片尾动画…………………………………268

第 13 章 纪录片片头：丛林探险……………273
13.1 实例效果………………………………………274
13.2 实例分析………………………………………274
13.3 导入素材并编排剪辑…………………………274
13.4 添加特效并编辑动画…………………………276
13.5 添加标题与背景音乐…………………………280

第 14 章 音乐 MV：长江之歌…………………283
14.1 实例效果………………………………………284
14.2 实例分析………………………………………284
14.3 编辑MV背景动画………………………………285
14.4 编辑歌词字幕效果……………………………290
14.5 预览并输出影片………………………………296

第 1 章

Premiere Pro 视频编辑入门

Premiere 是一款优秀的非线性视频编辑处理软件，具有强大的视频和音频内容实时编辑合成功能。它的操作简便直观，同时功能丰富，因此广泛应用于视频内容处理、电视广告制作、片头动画编辑等方面，倍受影视工作者和数码视频爱好者及家庭用户的青睐。

本章的主要目的是学习视频编辑的各种概念和基础，了解 Premiere Pro 的入门知识。

- 了解视频处理基础知识
- 熟悉 Premiere Pro 中的常用术语等相关知识
- 了解 Premiere Pro 安装过程
- 了解 Premiere Pro 所使用的辅助软件
- 了解 Premiere Pro 的 6 种编辑模式

1.1 视频处理的基础知识

在学习使用 Premiere Pro 进行视频编辑处理之前，首先需要了解一下关于视频处理方面的各种必要的基础知识，理解相关的概念、术语的含义，方便在后面的学习中快速掌握各种视频编辑操作的实用技能。

1.1.1 线性编辑

从电影、电视媒体诞生以来，影视内容编辑技术就伴随着影视工业的发展不断地革新，技术越来越完善，功能效果的实现、编辑应用的操作也越来越简便。在对视频内容进行编辑的工作方式上，就经历了从线性编辑到非线性编辑的重要的发展过程。

传统的线性编辑是指在摄像机、录像机、编辑机、特技机等设备上，以原始的录像带作为素材，以线性搜索的方法找到想要的视频片段，然后将所有需要的视频片断按照顺序录制到另一盘录像带中。在这个过程中，需要工作人员通过使用播放、暂停、录制等功能来完成基本的剪辑。如果在剪辑时出现失误，或者需要在已经编辑好的录像带上插入或删除视频片段，那么在插入点或删除点以后的所有视频片段都要重新移动一次，因此编辑操作很不方便，工作效率也很低，并且录像带是易受损的物理介质，在经过了反复地录制、剪辑、添加特效等操作后，画面质量也会变得越来越差。

1.1.2 非线性编辑

非线性编辑（Digital Non-Linear Editing，DNLE）是随着计算机图像处理技术发展而诞生的视频内容处理技术。它将传统的视频模拟信号数字化，以编辑文件对象的方式在电脑上进行操作。非线性编辑技术融入了计算机和多媒体这两个领域的前端技术，集录像、编辑、特技、动画、字幕、同步、切换、调音、播出等多种功能于一体，克服了线性编辑的缺点，提高了视频编辑的工作效率。

相对于线性编辑的制作途径，非线性编辑可以在电脑中利用数字信息进行视频 / 音频编辑，只需使用鼠标和键盘就可以完成视频编辑的操作。数字视频素材的取得主要有两种方式，一种是先将录像带上的片段采集下来，即把模拟信号转换为数字信号，然后存储到硬盘中再进行编辑。现在的电影、电视中很多特技效果的制作，就是采用这种方式取得数字视频，在电脑中进行特效处理后再输出影片；另一种是用数码视频摄像机（即通常所的 DV 摄像机）直接拍摄得到数字视频。数码摄像机通过 CCD（Charged Coupled Device，电荷耦合器）器件，将从镜头中传来的光线转换成模拟信号，再经过模拟 / 数字转换器，将模拟信号转换成数字信号并传送到存储单元保存起来。在拍摄完成后，只要将摄像机中的视频文件输入到电脑中即可获得数字视频素材，然后即可在专业的非线性编辑软件中进行素材的剪辑、合成、添加特效以及输出等编辑操作，制作各种类型的视频影片。

Premiere 是 Adobe 公司开发的一款优秀的非线性视频编辑处理软件，具有强大的视频和音频内容实时编辑合成功能。它的编辑操作简便直观，同时功能丰富，因此广泛应用于视频内容编辑处理、电视广告制作、片头动画编辑制作等领域，倍受影视编辑从业人员和家庭用户的青睐。

1.1.3 视频编辑中的基本概念

在视频处理领域，根据所编辑对象的特点及最终完成影视作品的内容属性，需要经常用到一些基本的概念和术语，我们先来学习理解。

1. 帧和帧速率

在平常的电视、电影中，以及网络中流行的 Flash 影片中的动画，其实都是通过一系列连续的静态图像组成的，在单位时间内的这些静态图像就称为帧。由于人眼对运动物体具有视觉残像的生理特点，所以，当某段时间内一组内容连续变化的静态图像依次快速显示时，就会被“感觉”是一段连贯的动画了。

电视或显示器上每秒钟扫描的帧数即是帧速率（也称作“帧频”）。帧速率的数值决定了视频播放的平滑程度。帧速率越高，动画效果越平滑，反之就会有阻塞、延迟的现象。在视频编辑中也常常利用这个特点，通过改变一段视频的帧速率，来实现快动作与慢动作的表现效果。

2. 电视制式

最常见的视频内容，就是在电视中播放的电视节目，它们都是经过视频编辑处理后得到的。由于各个国家对电视影像制定的标准不同，其制式也有一定的区别。制式的区别主要表现在帧速率、宽高比、分辨率、信号带宽等方面。传统电影的帧速率为 24fps，在英国、中国、澳大利亚、新西兰等地区的电视制式，都是采用这个扫描速率，称之为 PAL 制式；在美国、加拿大等大部分西半球国家以及日本、韩国等地区的电视视频内容，主要采用帧速率约为 30fps（实际为 29.7fps）的 NTSC 制式；在法国和东欧、中东等地区，则采用帧速率为 25fps 的 SECAM（顺序传送彩色信号与存储恢复彩色信号）制式。

除了帧速率方面的不同，图像画面中像素的高宽比也是这些视频制式的重要区别。在 Premiere Pro 中进行影视项目的编辑、素材的选取、影片的输出等工作时，都要注意选择符合编辑应用需求的视频制式进行操作。

3. 压缩编码

视频压缩也称为视频编码。通过电脑或相关设备对胶片媒体中的模拟视频进行数字化后，得到的数据文件会非常大，为了节省空间和方便应用、处理，需要使用特定的方法对其进行压缩。

视频压缩的方式主要分为两种：有损和无损压缩。无损压缩是利用数据之间的相关性，将相同或相似的数据特征归类成一类数据，以减少数据量；有损压缩则是在压缩的过程中去掉一些不易被人察觉的图像或音频信息，这样既大幅度地减小了文件尺寸，也能够同样地展现视频内容。不过，有损压缩中丢失的信息是不可恢复的；丢失的数据率量与压缩比有关，压缩比越大，丢失的数据越多，一般解压缩后得到的影像效果越差。此外，某些有损压缩算法采用多次重复压缩的方式，这样还会引起额外的数据丢失。

有损压缩又分为帧内压缩和帧间压缩。帧内压缩也称为空间压缩（spatial compression），当压缩一帧图像时，它仅考虑本帧的数据而不考虑相邻帧之间的冗余信息；由于帧内压缩时各个帧之间没有相互关系，所以压缩后的视频数据仍可以以帧为单位进行编辑。帧内压缩一般得不到很高的压缩率。帧间压缩也称为时间压缩（temporal compression），是基于许多视频或动画的连续前后两帧具有很大的相关性，或者说前后两帧信息变化很小（也即连续的视频其相邻帧之间具有冗余信息）这一特性，压缩相邻帧之间的冗余量就可以进一步提高压缩量，减小压缩比，对帧图像的影响非常小，所以帧间压缩一般是无损的。帧差值（frame differencing）算法是一种典型的时间压缩法，它通过比较本帧与相邻帧之间的差异，仅记录本帧与其相邻帧的差值，这样可以大大减少数据量。

4. 视频格式

使用了一种方法对视频内容进行压缩后，就需要用对应的方法对其进行解压缩来得到动画播放效果。使用的压缩方法不同，得到的视频编码格式也不同。目前对视频压缩编码的方法有很多，应用的视频格式也就有很多，其中最有代表性的就是 MPEG 数字视频格式和 AVI 数字视频格式。下面就介绍几种常用的视频存储格式。

- AVI 格式（Audio\Video Interleave）

这是一种专门为微软 Windows 环境设计的数字式视频文件格式，这个视频格式的好处是兼容性好、调用方便、图像质量好，缺点是占用空间大。

- MPEG 格式（Motion Picture Experts Group）

该格式包括了 MPEG-1、MPEG-2、MPEG-4。MPEG-1 被广泛应用于 VCD 的制作和一些视频片段下载的网络上，使用 MPEG-1 的压缩算法可以把一部 120min 的非视频文件的电影压缩到 1.2GB 左右。MPEG-2 则应用在 DVD 的制作方面，同时在一些 HDTV（高清晰电视广播）和一些高要求的视频编辑，相对于 MPEG-1 的压缩算法，MPEG-2 可以制作出在画质等方面性能远远超过 MPEG-1 的视频文件，但是容量也不小，约为 4 ～ 8GB。MPEG-4 是一种新的压缩算法，可以将使用 MPEG-1 压缩到 1.2GB 的文件压缩到 300MB 左右，以供网络播放。

- FLV 格式（Flash Video）

随着 Flash 动画的发展而诞生的流媒体视频格式。FLV 视频文件体积小巧、画面清晰、加载速度快的流媒体特点，成为网络中增长速度最快、应用范围最大的视频传播格式。目前的视频门户网站都采用 FLV 格式视频，它也被越来越多的视频编辑软件支持导入和输出应用。

- ASF 格式（Advanced Streaming Format）

这是 Microsoft 为了和现在的 Real Player 竞争而发展出来的一种可以直接在网上观看视频节目的流媒体文件压缩格式，即一边下载一边播放，不用储存到本地硬盘。由于它使用了 MPEG4 的压缩算法，所示在压缩率和图像的质量上都非常不错。

- DIVX 格式

该格式的视频编码技术可以说是一种对 DVD 造成威胁的新生视频压缩格式，所以又被称为“DVD 杀手”。由于它使用的是 MPEG-4 压缩算法，可以在对文件尺寸进行高度压缩的同时保留非常清晰的图像质量。用该技术来制作的 VCD，可以得到与 DVD 差不多画质的视频，而制作成本却要低廉得多。

- QuickTime 格式

QuickTime（MOV）格式是苹果公司创立的一种视频格式，在图像质量和文件尺寸的处理上具有很好的平衡性，无论在本地播放还是作为视频流在网络中播放，都是非常优秀的。

- REAL VIDEO 格式（RA、RAM）

主要定位于视频流应用方面，是视频流技术的创始者。它可以在 56K MODEM 的拨号上网条件下实现不间断的视频播放，因此同时也必须通过损耗图像质量的方式来控制文件的体积，图像质量通常很低。

5. SMPTE 时间码

在视频编辑中，通常用时间码来识别和记录视频数据流中的每一帧，从一段视频的起始帧到终止帧，其间的每一帧都有一个唯一的时间码地址。根据动画和电视工程师协会 SMPTE（Society of Motion Picture and Television Engineers）使用的时间码标准，其格式是“小时：分钟：秒：帧”，或 hours ： minutes ： seconds ： frames。一段长度为 00：02：31：15 的视频片段的播放时间为 2 分钟 31 秒 15 帧，如果以每秒 30 帧的速率播放，则播放时间为 2 分钟 31.5 秒。

电影、录像和电视工业中使用的不同帧速率，各有其对应的 SMPTE 标准。由于技术的原因，NTSC 制式实际使用的帧率是 29.97fps 而不是 30fps，因此在时间码与实际播放时间之间有 0.1% 的误差。为了解决这个误差问题，设计出丢帧（drop-frame）格式，也即在播放时每分钟要丢 2 帧（实际上是有两帧不显示而不是从文件中删除），这样可以保证时间码与实际播放时间的一致。与丢帧格式对应的是不丢帧（nondrop-frame）格式，它忽略时间码与实际播放帧之间的误差。

提示

为了方便用户区分视频素材的制式，在对视频素材时间长度的表示上也做了区分。

非丢帧格式的 PAL 制式视频，其时间码中的分隔符号为冒号（:），例如 0:00:30:00。而丢帧格式的 NTSC 制式视频，其时间码中的分隔符号为分号（;），例如 0;00;30;00。在实际编辑工作中，可以据此快速分辨出视频素材的制式（以及画面比例等）。

6. 数字音频

是指一个用来表示声音强弱的数据序列，由模拟声音经采样、量化和编码后而得到。数字音频的编码方式也就是数字音频格式，不同数字音频设备一般对应不同的音频格式文件。数字音频的常见格式有 WAV、MIDI、MP3、WMA、MP4、RealAudio、AAC 等。

1.1.4 Premiere中的常用名词

传统的视频编辑手段是源片进来后，对其进行标记、剪切和分割，然后从另一端出来，这种编辑方式被称为线性编辑，因为录像带必须按照顺序编辑。Premiere 是革新性的非线性视频编辑应用软件，所谓非线性编辑，就是以电脑为载体，通过数字技术，完成传统制作工艺中需要十几套机器（A/B 卷编辑机，特技机，编辑控制器，调音台，时基校正器，切换台等）才能完成的影视后期编辑合成以及特技制作任务，而且可以在完成编辑后方便快捷地随意修改而不损害图像质量。虽然在电脑上用软件进行的视频编辑称为非线性编辑，在处理手段上运用了数字技术，但是非线性编辑还是和传统的线性编辑密切相关。

在 Premiere 中进行视频编辑的操作中，常见的术语名词主要有以下几个。

- 动画：通过迅速显示一系列连续的图像而产生的动作模拟效果。
- 帧：在视频或动画中的单个图像。
- 帧 / 秒（帧速率）：每秒被捕获的帧数或每秒播放的视频或动画序列的帧数。
- 关键帧（keyframe）：一个在素材中特定的帧，它被标记的目的是为了特殊编辑或控制整个动画。当创建一个视频时，在需要大量数据传输的部分指定关键帧有助于控制视频回放的平滑程度。
- 导入：将一组数据置入一个程序的过程。文件一旦被导入，数据将被改变以适应新的程序，其数据源文件则保持不变。

- 导出：在应用程序之间分享文件的过程，即是将编辑完成的数据转换为其他程序可以识别、导入使用的文件格式。
- 过渡（转场）效果：一个视频素材代替另一个视频素材的切换过程。
- 渲染：应用了转场和其他效果之后，将源信息组合成单个文件的过程，也就是输出影片。

1.2 Premiere Pro的功能特点

随着图像应用处理科技的进步与网络的不断发展，视频影像的应用领域不断拓展，表现方式也呈现更加丰富精彩的革新，Premiere Pro 也在之前版本的基础上新增了大量视频编辑功能，以满足更时新的视频编辑需求。下面来了解一下其中较为实用的部分功能。

1. 同时打开多个项目

在以往的版本中，同一时间只能打开一个项目文件进行编辑。在 Premiere Pro 中，支持同时打开多个项目文件，方便用户在不同项目文件之间跳转切换；在编辑内容相关的多个项目文件时，无须反复打开和关闭个别项目，可以很方便地共享素材库，将项目的一部分复制到另一项目文件中进行应用，使编辑大型影视项目更加方便。同时打开多个项目文件时，可以通过“窗口”→“项目”命令的子菜单切换当前工作项目。

2. 新增“基本图形”编辑面板

新增的基本图形编辑面板，可以更加方便地创建、编辑和管理矢量图形，对矢量图形的层次、响应设计方式（对基于位置的图形对象应用特定的响应设计，在对图像进行修改时，可以根据选择的固定方式，对其应用位置或时间的自动调整）、对齐与变换、不透明度、填充外观等进行设置。另外，还提供了大量样式精美的标题、字幕图形模板，只需要按住并拖入时间轴窗口中，然后对需要的文字内容进行修改，即可应用到影片项目中，如图 1-1 所示。

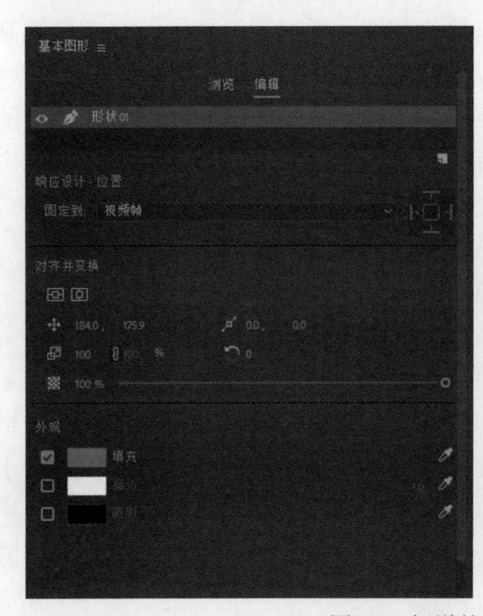

图1-1　新增的“基本图形”面板

3. 全新的字幕编辑模式

Premiere Pro 在保留了旧版标题字幕编辑功能的同时，提供了全新的字幕编辑方式，可以将若干条字幕文字内容，安排在一个字幕文件中，并可以很方便地对字幕在序列中的持续时间进行调整，更加适合为影视内容添加语音旁白的字幕，如图 1-2 所示。

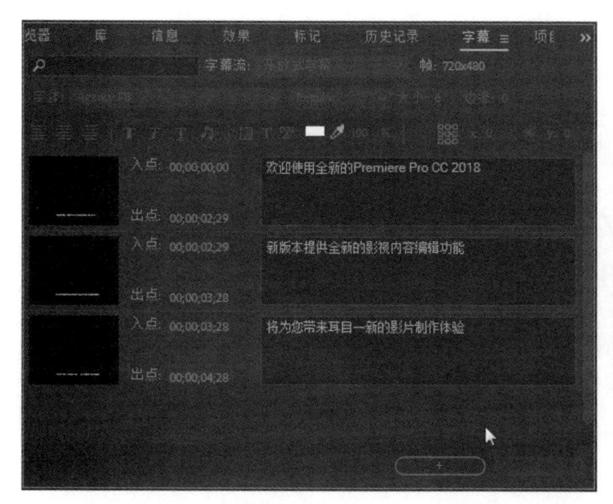

图1-2　全新的字幕编辑方式

4. 支持 VR 视频 / 音频内容的编辑

Premiere Pro 提供了完善的 VR 视频 / 音频内容的编辑功能，可以很方便地进行影视内容的修剪、创建字幕、编辑图形效果等操作，以及使用基于方向的音频编辑 VR 内容，得到身临其境的立体声音频；还支持在 HTC Vive、Google Daydream VR 或 Oculus Rift 等头戴式显示器环境中进行内容的编辑，直接在 VR 环境中进行沉浸式影视内容的制作，如图 1-3 所示。

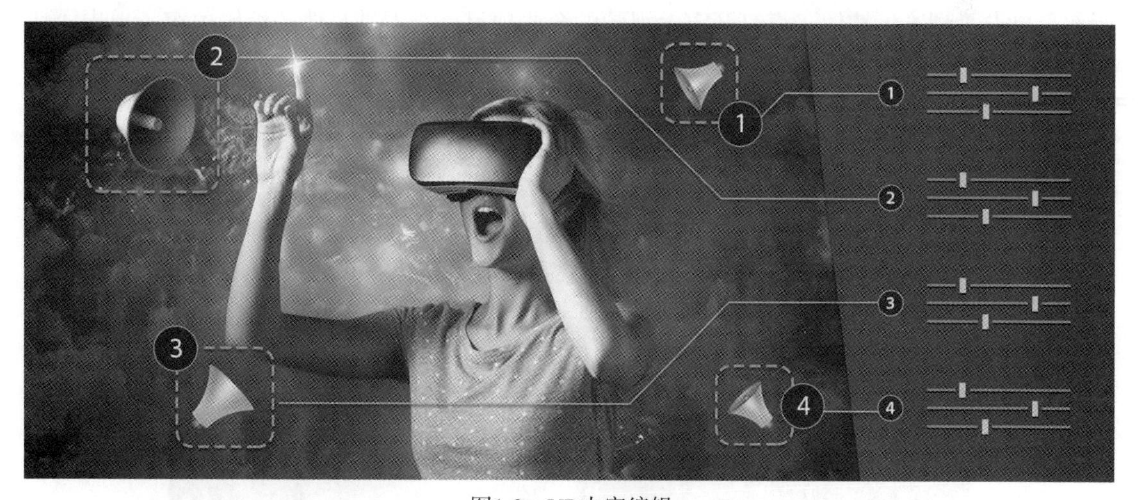

图1-3　VR内容编辑

5. 全新的新手入门指导体验

Premiere Pro 在欢迎屏幕中安排了完善的新手入门指导，可以帮助新用户了解 Premiere Pro 影视编辑功能，演示并指导影视内容编辑的完整流程，介绍各种基本的编辑功能等，方便新手用户快速自学入门知识，如图 1-4 所示。

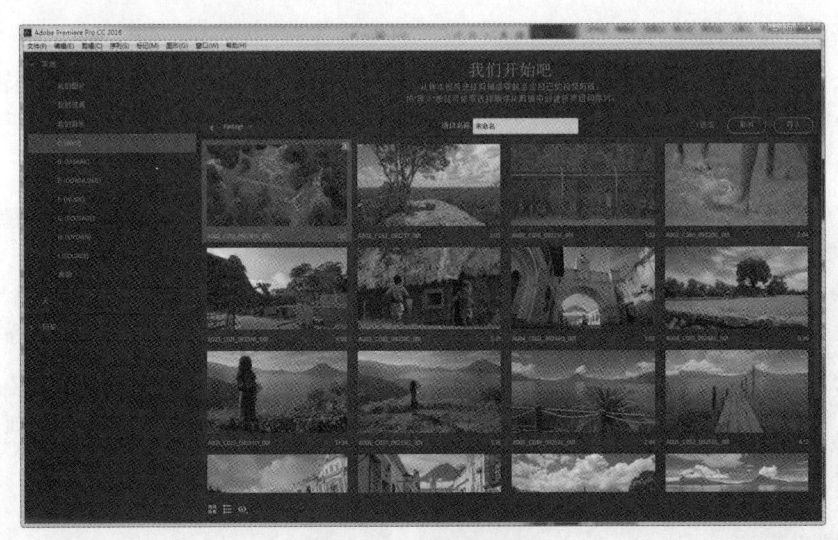

图1-4　入门编辑指导

Premiere Pro 还有很多实用的新增和增强功能，将在本书后面的学习中详细了解。

1.3　第一次启动Premiere Pro

同启动其他应用程序一样，选择“开始”→“所有程序”→“Adobe Premiere Pro”命令，便可启动 Premiere Pro；如果在桌面上有 Premiere Pro 的快捷方式，则用鼠标双击桌面上的 Adobe Premiere Pro 快捷图标，即可启动该程序。

Premiere Pro 启动后，将显示出“欢迎屏幕”，在演示视频上有三个指导项目，如图 1-5 所示。单击“浏览”按钮，将打开演示视频的合成项目，查看其具体的编辑内容；单击“快速入门”按钮，将由程序引导用户从创建项目、导入媒体文件开始，完成影片项目编辑的基础工作；单击“观看”按钮，将启动浏览器程序并打开 Adobe 官方网站的帮助系统网页，展示一些基础操作的视频教程，例如导入素材、创建序列、添加标题、输出等。

图1-5　欢迎界面

单击演示视频画面右下方的“跳过”按钮，程序将显示出“开始”界面，用户可以在其中选择执行新建项目、打开项目等操作。如果已经在 Premiere 中打开过项目文件，则在该界面中会显示最近编辑过的这些影片项目文件，如图 1-6 所示。

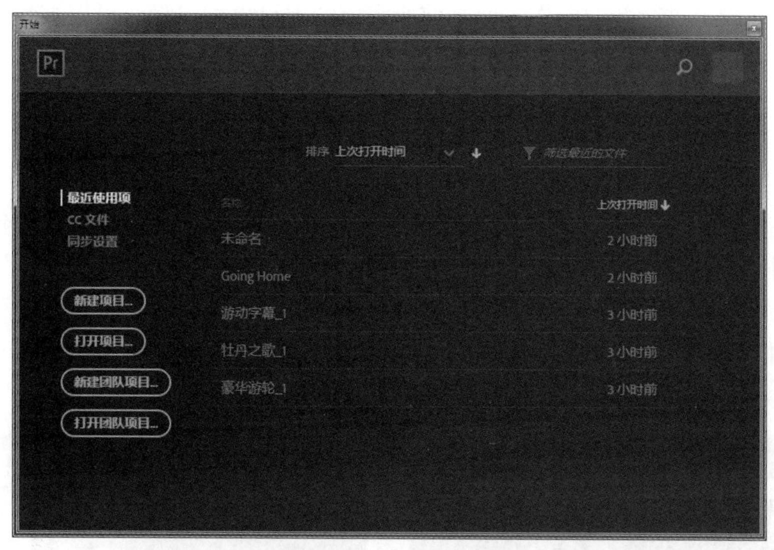

图1-6 “开始”界面

- 最近使用项：在该列表中将显示最近 5 次在 Premiere Pro 中打开过得项目文件，方便用户快速选择并打开，继续之前的编辑操作。
- CC 文件：单击该按钮，将用户在 Premiere 中的首选项设置及其他系统设置，同步上传到用户的 Adobe ID 在 Adobe Creative Cloud 云端服务器的账户空间中，方便以后在其他电脑上以用户的 Adobe ID 登录账户后，同步下载在云端服务器的选项设置进行应用。
- 同步设置：单击该按钮，在右边列表中根据需要选择“立即同步设置”或“使用另一个账户的设置”，执行与 Adobe Creative Cloud 云端的文件同步。
- 新建项目：按下该文字按钮，可以打开“新建项目”对话框，设置需要的各种参数选项，创建一个新的项目文件进行视频编辑。
- 打开项目：按下该按钮，可以打开“打开项目”对话框，选取一个在计算机中已有的项目文件，单击“打开”按钮，将其在 Premiere Pro 中打开，进行查看或编辑操作，如图 1-7 所示。

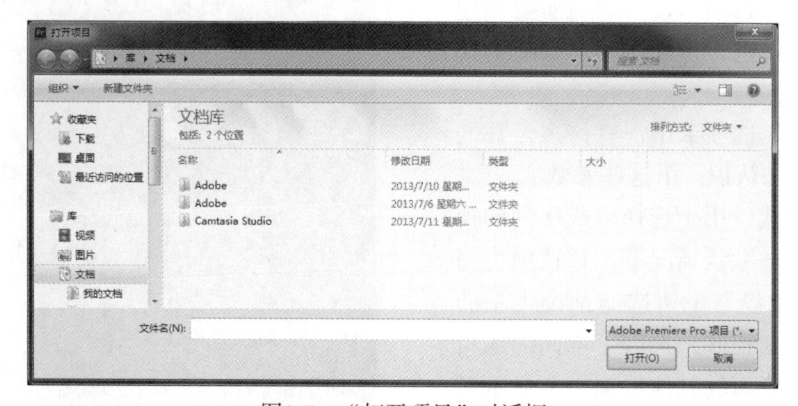

图1-7 “打开项目”对话框

- 新建 / 打开团队项目：Premiere Pro 开始支持团队项目 1.0，允许多人通过云端访问团队项目文件并进行编辑，并自动保存各编辑版本的历史记录，相当于对项目的每次编辑修改都进行了备份。使每个参与团队项目的设计师，可以在团队中他人所完成的项目影片基础上进行新的创作，而之前所完成的项目也可以随时可以被找到。

要开始新的编辑工作，可以在“开始”界面中单击“新建项目”按钮，打开“新建项目”对话框，创建一个新的项目文件，如图 1-8 所示。

确定了项目文件类型后，按下“位置”栏后面的 浏览... 按钮，为项目文件指定储存路径，然后在“名称”栏中为项目文件命名。

在创建一个新的项目文件后，还需要新建一个合成序列，才能将导入的各种素材加入到序列的时间轴窗口中进行编排处理，进行影片内容的编辑。在“新建项目”对话框中单击“确定”按钮执行创建后，程序将自动弹出“新建序列”对话框；如果没有弹出，可以通过执行“文件”→“新建”→“序列”命令或按下“Ctrl+N”键，打开“新建序列”对话框，如图 1-9 所示。

图1-8 新建项目

图1-9 “新建序列”对话框

在“序列预设”选项卡中，可以选择 Premiere Pro 提供的序列类型进行创建；展开在“设置”选项卡，可以对所要创建序列的内容属性进行定义设置，如图 1-10 所示。

在“设置”选项卡中，有许多参数的设置，下面就来认识一下这些参数。

- 编辑模式：用于选择合成序列的视频模式。默认情况下，该选项为与“序列预设”中所选的预设类型的视频制式相同。选取了不同的编辑模式，下面的其他选项也会显示对应的参数内容。

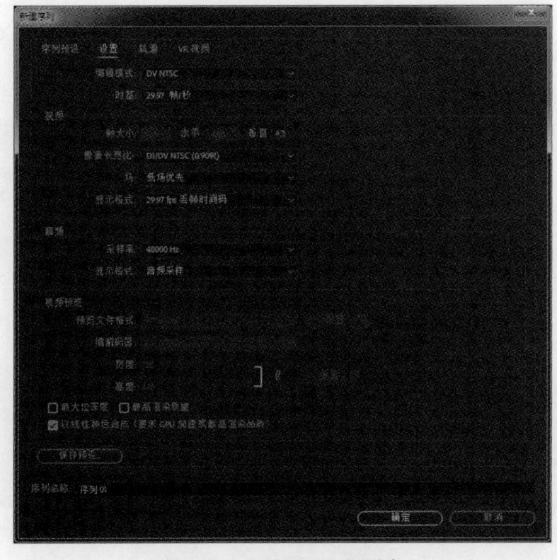

图1-10 “设置”选项卡

- 时基：时间基数，也就是帧速率，决定一秒由多少帧构成。基本的 DV、PAL、NTSC 等制式的视频都只有一个对应的帧速率，其他高清视频（如 1080P、720P）则可以选择不同的帧速率。
- 帧大小：以像素为单位，显示视频内容播放窗口的尺寸。
- 像素纵横比：像素在水平方向与垂直方向的长度比例。计算机图像的像素是 1 ∶ 1 的正方形，而电视、电影中所使用的图像像素通常是长方形的。该选项用于设置所编辑视频项目的画面宽高比，可根据所编辑影片的实际应用类型选择；如果是在电脑上播放，则可以选择方形像素。
- 场：该下拉列表中包括无场、高场优先、低场优先 3 个选项。无场相当于逐行扫描，通常用于在电脑上预演或编辑高清视频；在 PAL 或 NTSL 制式的电视机上预演，则要选择高场优先或低场优先。

提示

场的概念来自电视机的工作原理。电视机在扫描模拟信号时，在画面的第一行像素中从左边扫描到右边，然后快速另起一行继续扫描。当完成从屏幕左上角到右下角的扫描后，即得到一幅完整的图像；接下来扫描点又返回左上角向右下角进行下一帧的扫描。在扫描时，先扫描画面中的奇数行，再返回画面左上角开始扫描偶数行，称为高场优先（或上场优先）；先扫描偶数行再扫描奇数行的，称为低场优先（或下场优先）；直接从左上角向右下角扫描每一行的，称为逐行扫描。

- 显示格式：选择在项目编辑中显示时间的方式，在“编辑模式”中选择不同的视频制式，这里的时间显示格式也不同，如图 1-11、图 1-12 所示。
- 采样率：设置新建影片项目的音频内容采样速率。数值越大则音质越好，系统处理时间也越长，需要相当大的存储空间。

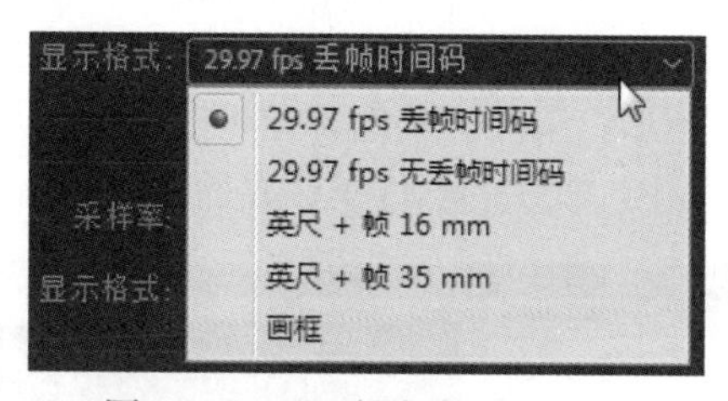

图1-11　NTSC视频的时间格式

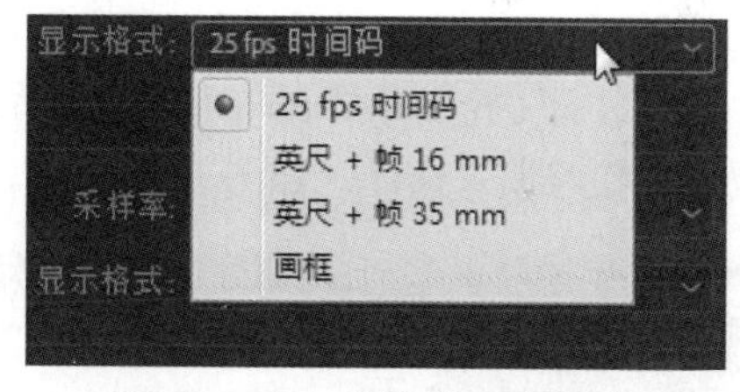

图1-12　PAL视频的时间格式

- 显示格式：设置音频数据在时间轴窗口中时间单位的显示方式。
- 视频预览：在“编辑模式”中选择“自定义”时，可以在这里设置需要的视频预览文件格式、编解码格式、画面尺寸参数。
- 最大位深度：勾选此选项，将使用系统显卡支持的最大色彩位数渲染影像色彩，但会占用大量内存。
- 最高渲染品质：勾选此选项，将使用最高画面品质渲染影片序列，同样会占用大量内存，适合硬件配置高，性能强大的电脑使用。
- 以线性颜色合成：对于配备了高性能 GPU 的电脑，可以勾选该选项来优化影像色彩的渲染效果。
- 保存预设：在对默认选项进行了自定义修改后，可以单击该按钮，将自行设置的序列参数保存为预设文件类型，方便在以后直接选取来创建序列。

设置好需要的设置后，可以对自己的特殊设置方案进行保存：单击窗口左下方的“保存预设”按钮，打开“保存设置”对话框，在此为项目设置方案进行命名，还可以为项目方案添加描述说明。

完成以上设置后，单击“确定”按钮，进入 Premiere Pro 的编辑界面，如图 1-13 所示。

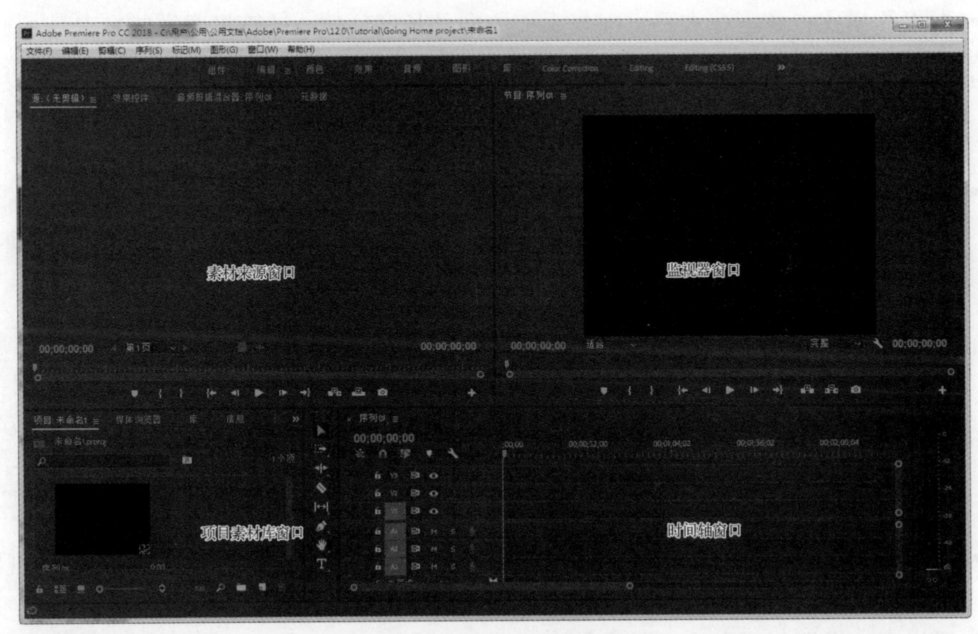

图1-13　Premiere Pro操作界面

为了满足不同的工作需要，Premiere Pro 在“窗口”→“工作区”命令菜单中提供了十多种不同功能布局的界面模式，包括编辑、所有面板、Color Correction（颜色校正）、元数据记录、Editing（CS5.5）（即 CS5.5 版本的布局）、效果、图形、组件、颜色、音频模式等，方便用户根据编辑需要和操作习惯来选择，如图 1-14 所示。其中，默认的软件操作界面布局为编辑模式。

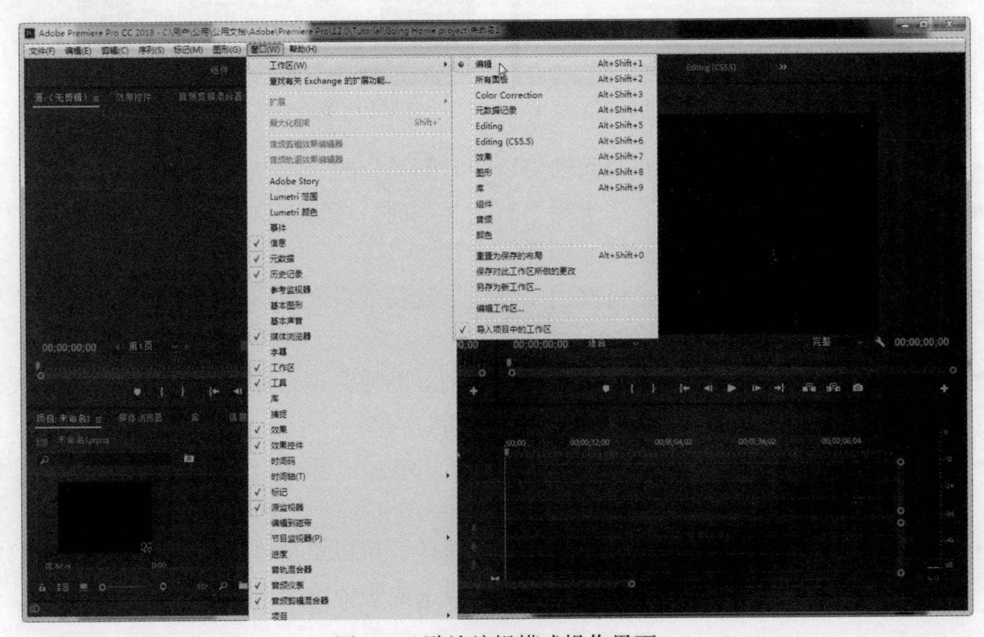

图1-14　默认编辑模式操作界面

选择“窗口”→“工作区”→“所有面板”命令，操作界面将显示出所有的工作窗口和功能面板，并将功能面板集成在右边的泊坞窗中，如图 1-15 所示。

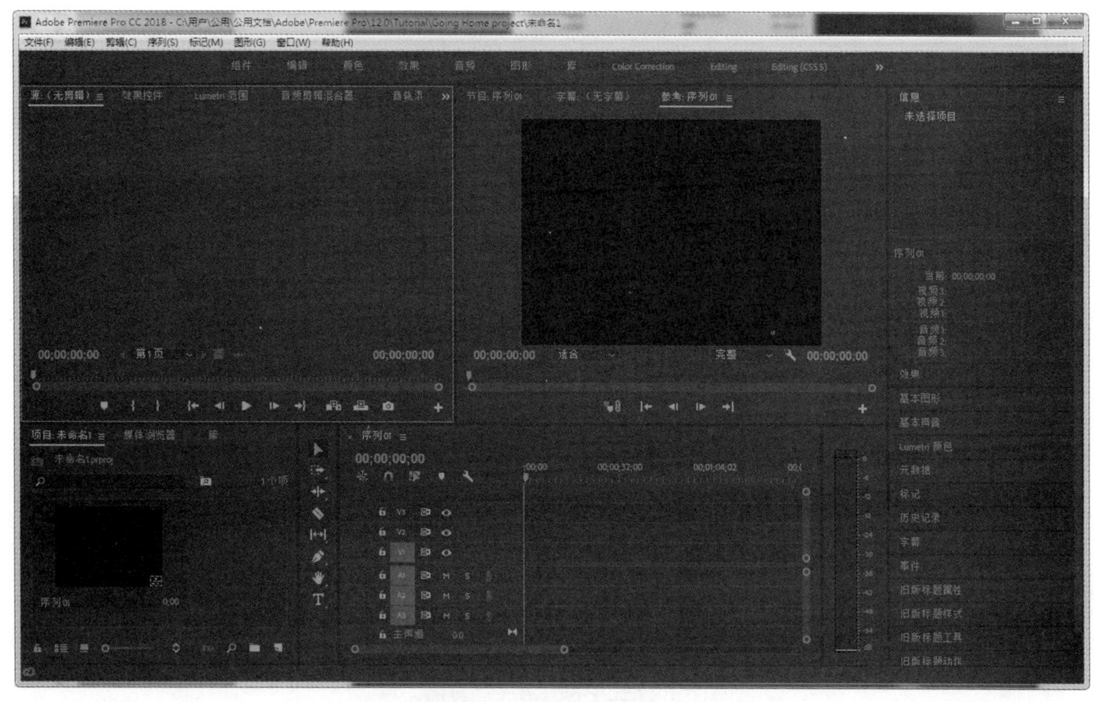

图1-15 显示所有面板

选择“窗口”→“工作区”→“元数据记录”命令，操作界面切换为使用录像机来从磁带中获取素材的操作界面，如图 1-16 所示。

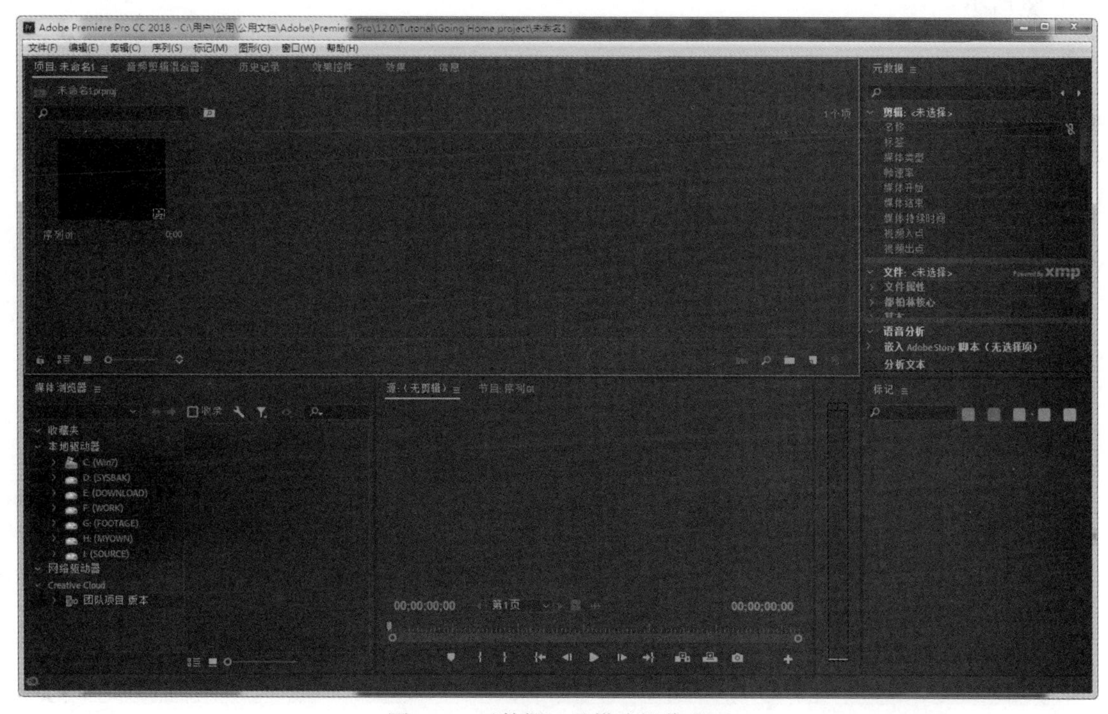

图1-16 元数据记录模式操作界面

选择“窗口”→“工作区”→“Editing（CS5.5）”命令时，操作界面则切换为 Premiere Pro CS5.5 的布局模式，方便习惯使用老版本的用户使用，如图 1-17 所示。

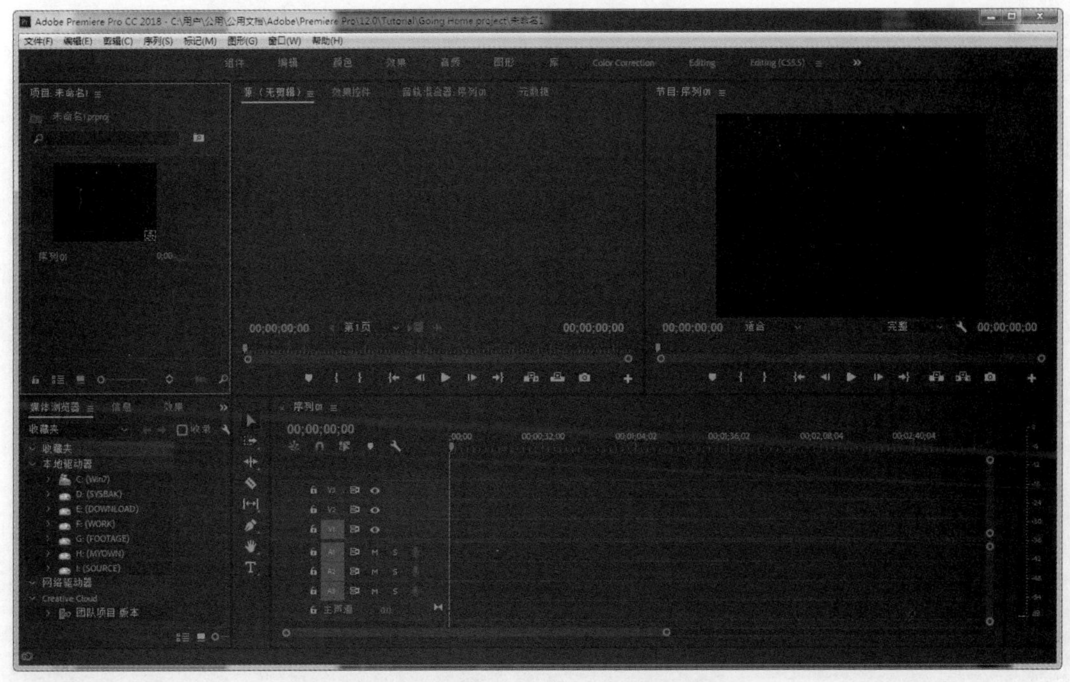

图1-17　编辑CS5.5模式的界面布局

选择“窗口”→“工作区”→“效果”命令，操作界面则切换为特效编辑模式，在界面中显示出“效果”和“效果控件”面板，方便用户在为素材添加和设置特效时使用，快速如图 1-18 所示。

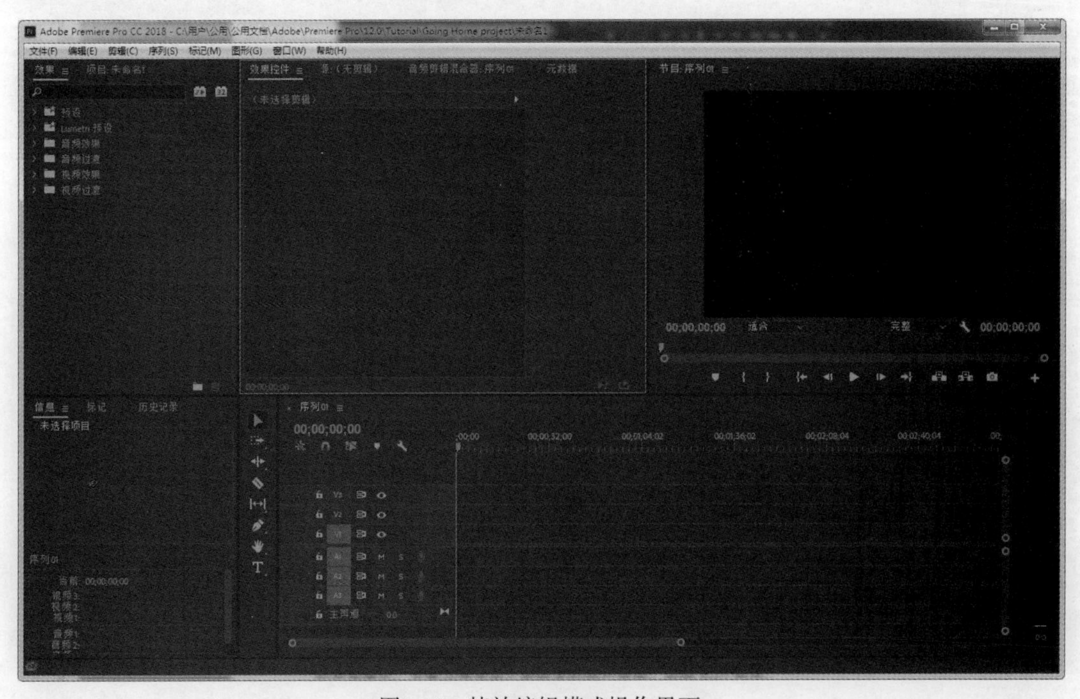

图1-18　特效编辑模式操作界面

选择“窗口”→“工作区”→“音频”命令，操作界面将切换为音频编辑模式，显示出“音频混合器”工作面板，方便为影片项目中应用的音频素材进行更细致的处理，如图 1-19 所示。

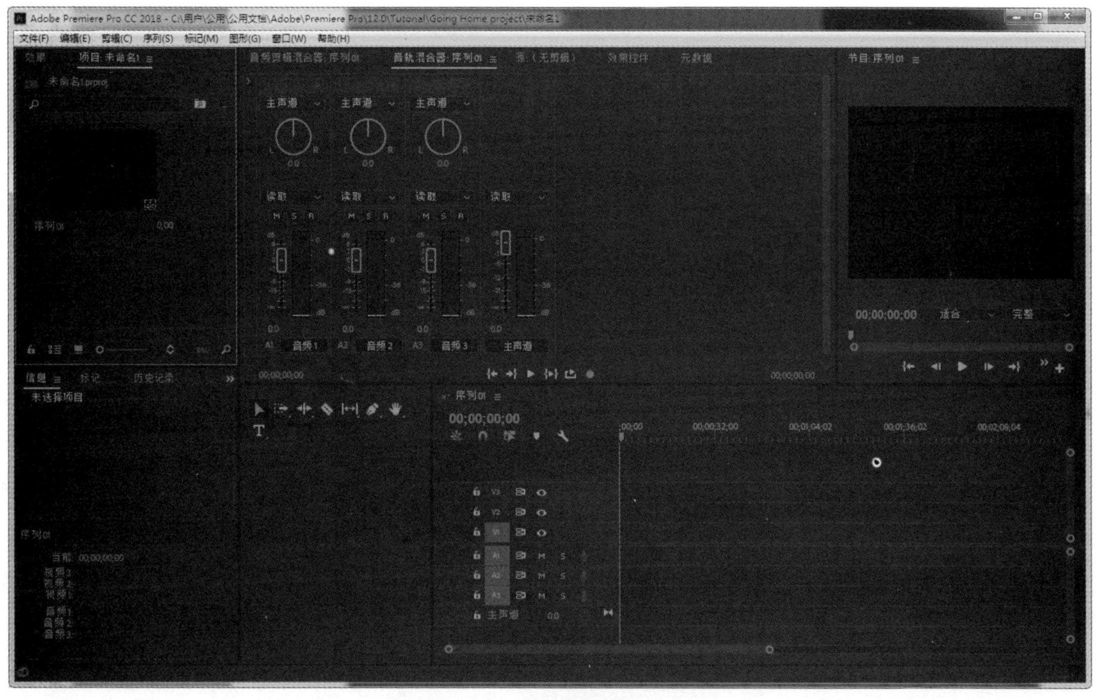

图1-19　音频编辑模式操作界面

用户也可以自行设置更适合自己操作习惯和编辑所需要的界面布局，并将其保持为新的工作区。设置好界面布局后，执行“窗口”→“工作区”→“另存为新的工作区”命令，在弹出的对话框中命名当前设置，然后单击“确定”按钮，即可在“窗口”→“工作区”命令菜单中选择新保存的工作区布局模式了，如图 1-20 所示。

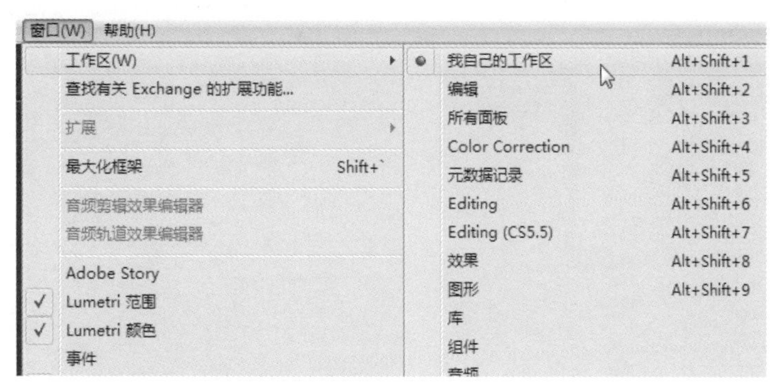

图1-20　保存自定义的界面布局模式

在对工作区中的布局进行了自定义的调整后，如果想要恢复为程序默认的布局状态，可以执行“窗口”→“工作区”→“重置为保存的布局”命令，即可将当前所在的布局模式恢复为初始状态。

第 2 章

Premiere Pro 工作界面浏览

在开始使用 Premiere Pro 进行影视内容编辑工作之前，先来熟悉一下 Premiere Pro 工作界面中各组成部分的功能和用途。

学习重点

- 掌握菜单栏、项目窗口、监视器窗口、时间轴窗口、工具面板所包含命令和工具的功能及操作方法。
- 了解效果面板、效果控件面板、历史记录面板、信息面板、音频剪辑混合器等面板的功能等。

2.1 菜单栏

Premiere Pro 的主菜单分为文件、编辑、剪辑、序列、标记、图形、窗口和帮助菜单，下面分别来对各个菜单中常用的命令的功能进行介绍。

2.1.1 文件菜单

“文件”菜单主要包括新建、打开项目，关闭、保存文件，以及采集、导入、输出、退出等项目文件操作的基本命令，如图 2-1 所示。

- 新建：该项为级联菜单，其子菜单包含项目、团队项目、序列、来自剪辑的序列、素材箱（文件夹）、脱机文件、调整图层、旧版标题 Photoshop 文件、彩条、黑色视频、字幕、颜色遮罩、通用倒计时片头、透明视频等选项，如图 2-2 所示。

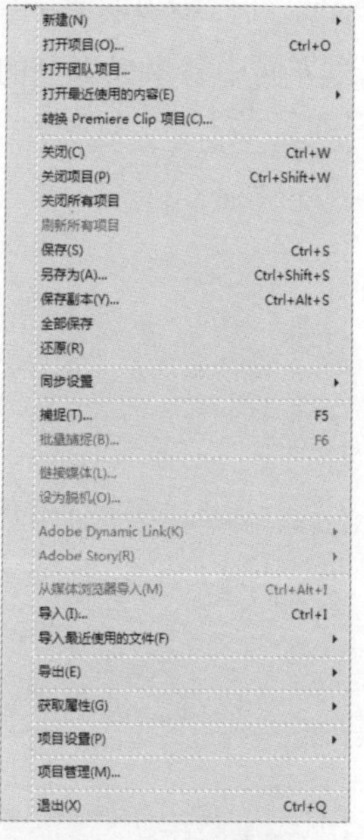

图2-1 文件菜单

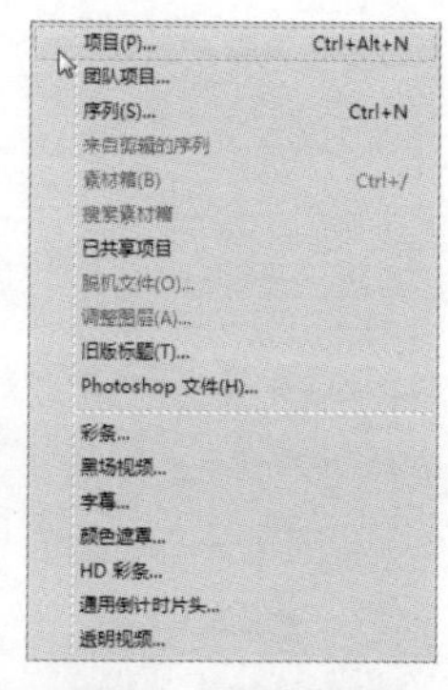

图2-2 新建菜单

- 打开项目：打开一个已经存在的项目、影片文件等。
- 打开团队项目：以 Adobe ID 登录云端后，可以通过此命令打开同步到云端的团队项目。
- 打开最近使用的内容：打开近期使用的项目文件。
- 转换 Premiere Clip 项目：Premiere Clip 是 Adobe 推出的一款安装在移动终端（手机、平板电脑）上的视频内容编辑软件，包含基本的视频 / 音频内容剪辑、简单特效应用、输出发布到网络等功能，可以方便用户用拍摄的内容随时随地进行影片的合成制作。以 Adobe ID 登录云端后，将同步到云端的 Premiere Clip 项目文件（*.xml）下载到本地，通过执行此命令打开 Premiere Clip 项目文件，将其转换为 Premiere Pro 文件进行浏览和编辑。
- 关闭：关闭当前处于激活状态的窗口。

- 关闭项目：关闭当前正在编辑的项目。
- 关闭所有项目：Premiere Pro 支持同时打开多个项目，执行此命令可以关闭当前打开的所有项目。
- 保存：以原有文件名保存当前编辑的项目。
- 另存为：将当前编辑的项目文件改名后另外保存。
- 保存副本：将当前编辑的项目改换名称后保存一个备份，但不改变当前编辑的项目的文件名。
- 全部保存：执行此命令，可以对当前打开的所有项目文件进行保存。
- 还原：取消对当前项目所做的修改并恢复到最近保存时的状态。
- 同步设置：该菜单中的命令，用于执行当前程序设置在用户的云端服务器账户中对应的同步功能。
- 捕捉：利用附加的外部设施来采集多媒体素材。
- 批量捕捉：自动通过指定的模拟视频设备或 DV 设备捕捉视频素材，进行多段视频素材的采集。
- 链接媒体：在项目中有处于脱机状态的素材时，执行此命令，在打开的“链接媒体”对话框中可以查看到所有处于脱机状态的素材，如图 2-3 所示；在对话框下面可以勾选要进行查找的文件匹配属性，然后单击“查找”按钮，可以打开“查找文件”对话框并展开所选素材条目的原始路径，查找该素材文件；在找到需要链接的素材文件后，点选该文件并单击“确定”按钮，即可将其重新链接，恢复该素材在影片项目中的正常显示。

图2-3　链接脱机对象

提示

在 Premiere 中，项目窗口中的媒体文件称为“素材”，可以被多次添加到序列合成中。加入到序列合成的时间轴窗口中的对象称为“剪辑”或“素材剪辑”，在后面的学习中要注意区分。剪辑与素材是链接关系，剪辑被编辑、添加效果、删除等，不会影响项目窗口中的原始素材；如果素材对象被删除，则其应用到序列中生成的所有剪辑都将被删除。

- 设为脱机：选中项目中处于正常链接状态的素材或剪辑对象时，执行此命令，可以将其转变为脱机文件，断开与当前项目文件的链接状态，如图 2-4 所示。

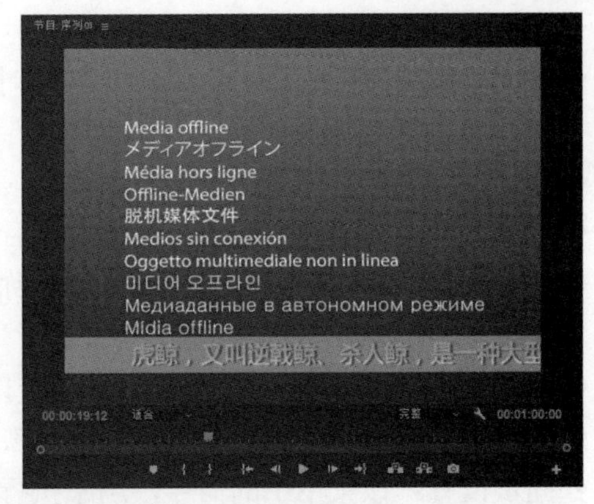

图2-4　将选中的对象设为脱机

提示

先在其他软件中对 Premiere 项目中所使用了的媒体文件进行编辑处理（例如在 Photoshop 中对图片进行修改，或者更换图片，但需保持与之前相同的文件名），然后使用“设为脱机”和“链接媒体”命令，可以很快速地对项目文件中的媒体内容进行更新，得到新的影片内容。

- Adobe Dynamic Link（动态链接）：从外部导入或新建 Adobe 其他软件的文档。
- 从媒体浏览器导入：打开资源管理器，查找需要的素材并导入到当前项目。
- 导入：为当前项目导入所需的各种素材文件或整个项目。
- 导入最近使用的文件：导入近期打开过的素材文件。

提示

通过“文件”→“导入”命令导入到项目中的素材，只是在项目文件与外部素材文件之间建立了一个链接，并不是将其复制到了编辑的项目中。所以，一旦该素材文件在原路径位置被删除、移动或修改了文件名，使用了该素材的项目将就不能再正确显示该素材的应用内容了。

- 导出：执行该命令菜单中对应的命令，可以将编辑完成的项目输出成指定的文件内容。
- 获取属性：该命令用于查看所选对象的原始文件属性，包括文件名、文件类型、大小、存放路径、图像属性等信息，如图 2-5 所示。

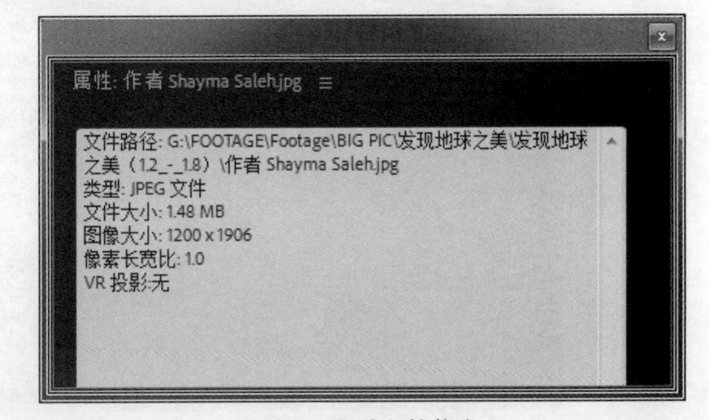

图2-5　查看文件信息

- 项目设置：执行该命令子菜单中的“常规”“暂存盘”或“收录设置”命令，可以打开“项目设置”对话框并显示出对应的选项卡，方便用于在编辑过程中根据需要修改项目设置。
- 项目管理：执行该命令，可以打开“项目管理器”对话框，对当前项目中所包含序列的相关属性进行设置，并可以选择指定的序列生成新的项目文件，另存到其他文件目录位置。
- 退出：退出 Premiere Pro 编辑程序。

2.1.2 编辑菜单

“编辑”菜单中的命令主要用于对所选素材对象执行剪切、复制、粘贴，撤消或重做，设置首选项参数等操作，如图 2-6 所示。

- 撤销：撤销上一步操作，还原到上一步时的编辑状态。
- 重做：重复执行上一步操作。
- 剪切、复制、粘贴：用来剪切、复制、粘贴对象。
- 粘贴插入：将拷贝的剪辑粘贴到一个剪辑中间。
- 粘贴属性：执行该命令，将把所选剪辑上所应用的效果、透明度设置、运动设置及转场效果等属性，传递复制给另一个剪辑对象，方便快速完成在不同剪辑上应用统一效果的操作。
- 删除属性：执行该命令，在弹出的对话框中选择要删除的视频 / 音频属性，单击“确定”按钮执行，即可将剪辑上所应用的对应设置全部删除，如图 2-7 所示。

图2-6　编辑菜单

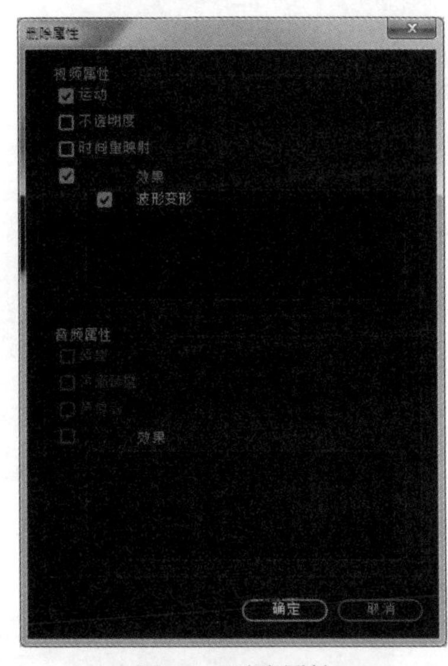

图2-7　删除属性

- 清除：将项目窗口或时间轴窗口中所选中的对象删除，与使用 Delete 键的功能相同。
- 波纹删除：在时间轴窗口中，点选同一轨道中两个剪辑之间的剪辑（或空白区域），执行该命令，可以删除该剪辑（或空白区域），后一个剪辑将自动向前移动到与前一个剪辑首尾相连，如图 2-8 所示。对于锁定的轨道无效。
- 重复：对项目窗口中所选对象进行复制，生成副本，如图 2-9 所示。
- 全选、取消全选：用于将（当前处于激活状态的）项目窗口或时间轴窗口的所有对象全部选中（或全部取消）。
- 查找：执行该命令，将打开“查找”对话框，如图 2-10 所示。在其中设置相关选项，或输入需要查找的对象相关信息，在项目窗口或时间轴窗口中进行搜索。
- 查找下一个：应用上一步设置的查找参数进行继续查找。
- 标签：在该命令的子菜单中，可以为时间轴窗口中选中的剪辑设置对应的标签颜色，方便对剪辑进行分类管理或区别，如图 2-11 所示。

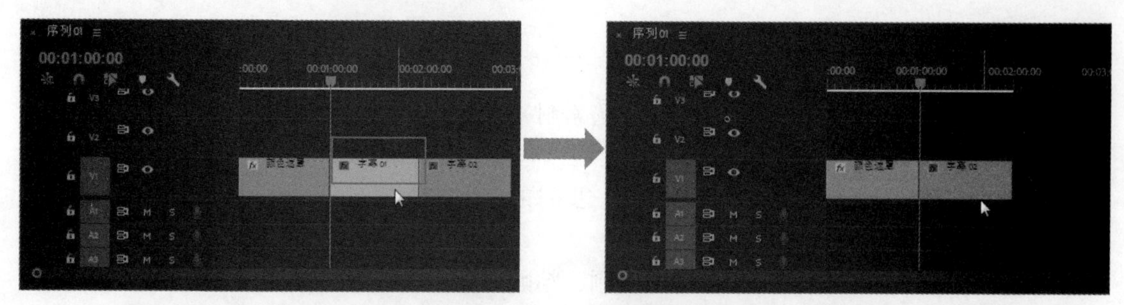

图2-8　执行波纹删除

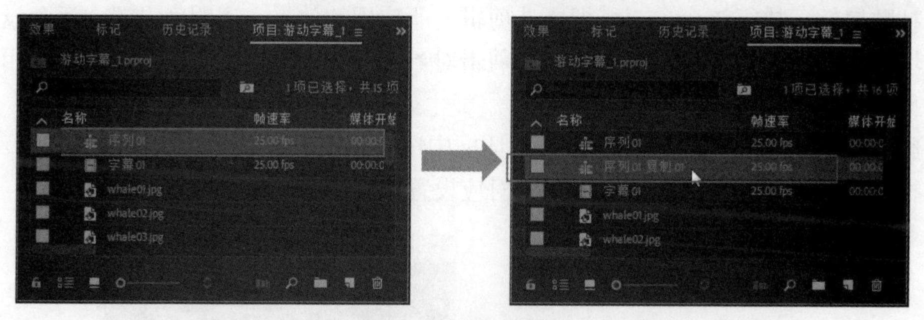

图2-9　复制出副本

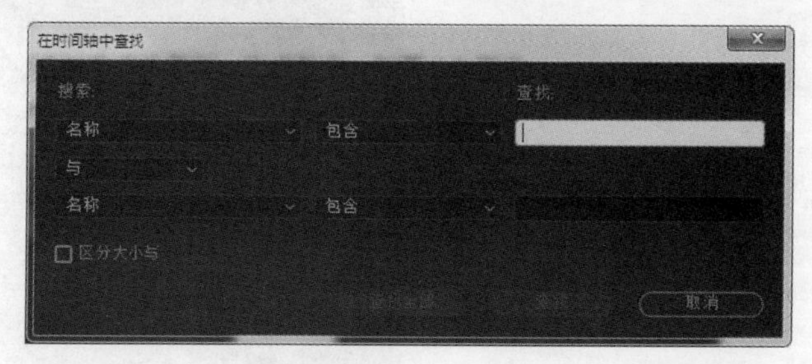

图2-10 “查找”对话框

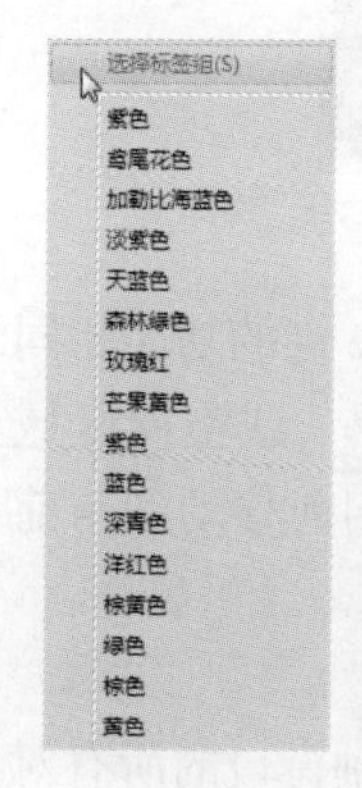

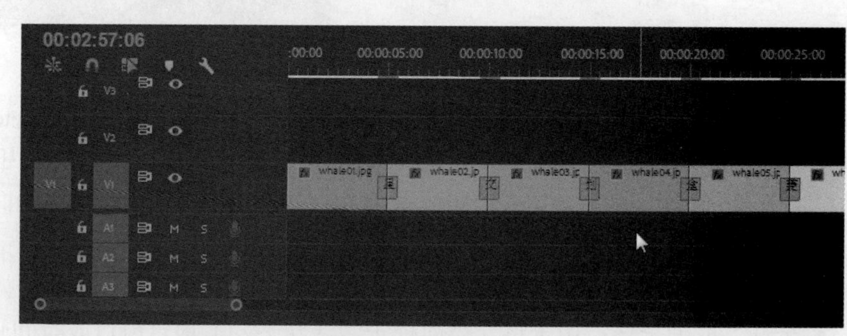

图2-11　为剪辑选中标签颜色

- 移除未使用资源：执行该命令，可以将项目窗口中没有被使用过的素材删除，方便整理项目内容。
- 团队项目：在该命令的子菜单中选择对应的命令，可以执行对团队项目文件进行更新、转换、管理团队项目媒体素材、浏览保存的历史版本等操作。
- 编辑原始：在项目窗口中选中一个从外部导入的媒体素材后，执行该命令，可以启动系统中与该类型文件相关联的默认程序进行浏览或编辑。

- 在 Adobe Audition 中编辑：在项目窗口中选中一个音频素材或包含音频内容的序列时，执行对应的命令，可以启动 Adobe Audition 程序，对音频内容进行编辑处理，在保存后应用到 Premiere Pro 中。
- 在 Adobe Photoshop 中编辑：在项目窗口中选中一个图像素材时，执行该命令，可以打开 Adobe Photoshop 程序，对其进行编辑修改，在保存后应用到 Premiere Pro 中。
- 快捷键：执行该命令，可以打开“键盘快捷键”对话框，查看 Premiere 中各个命令的快捷键设置。在左下方的“命令”列选择一个命令项后，在旁边的“快捷键”列中可以修改或添加新的快捷键；单击“清除”按钮，可以清除当前快捷键设置；单击“还原”按钮，可以所选快捷键的设置，如图 2-12 所示。

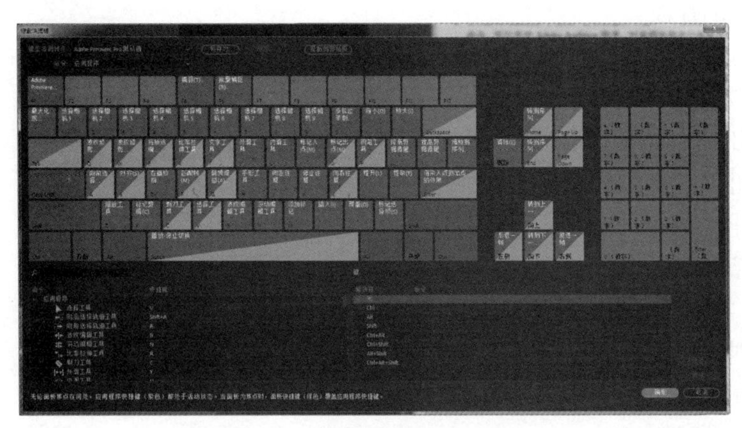

图2-12　“键盘快捷键”对话框

- 首选项：执行其子菜单中的命令，可以打开“首选项”对话框，对在 Premiere 中进行影片项目编辑的各种选项与基本属性进行设置，例如视频切换的默认持续时间、静止图像的默认持续时间、软件界面的亮度、自动保存的间隔时间等，如图 2-13 所示。

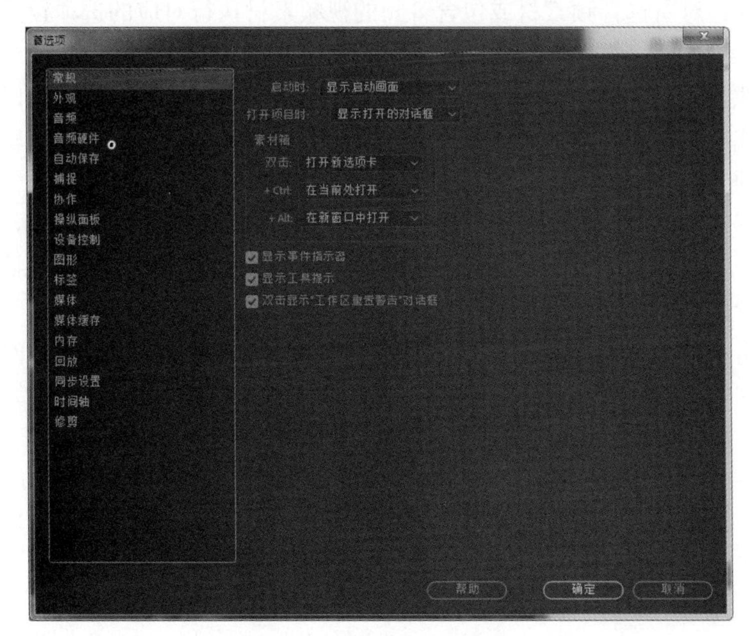

图2-13　“首选项”对话框

2.1.3 剪辑菜单

“剪辑”菜单中的命令主要用于对素材或剪辑对象进行常用的编辑操作，例如重命名、插入、覆盖、编组、修改素材或剪辑的速度 / 持续时间等设置，如图 2-14 所示。

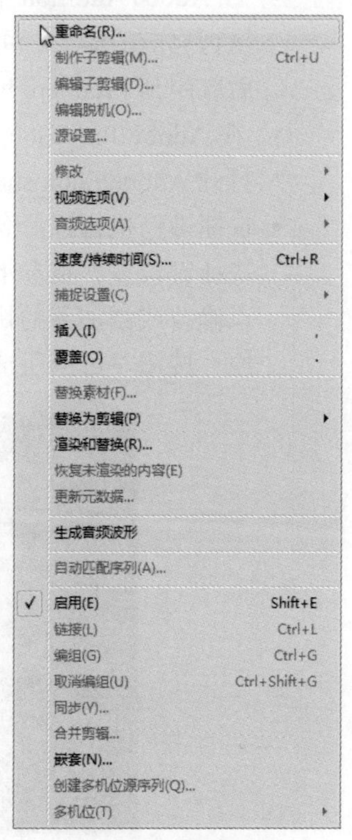

图2-14 剪辑菜单

- 重命名：对项目窗口中点选的素材或时间轴窗口点选的剪辑进行重命名，但不会影响素材原本的文件名称，只是方便在操作管理中进行识别。
- 制作子剪辑：子剪辑可以看作是在时间范围上小于或等于原剪辑的副本，主要用于提取视频、音频等素材、剪辑中需要的片段。
- 编辑子剪辑：选择项目窗口中的子剪辑对象，执行此命令打开“编辑子剪辑”对话框，可以对子剪辑进行修改入点、出点的时间位置等操作。
- 编辑脱机：选择项目窗口中的脱机素材，执行此命令，可以打开“编辑脱机文件”对话框，对脱机素材的相关进行注释，方便其他用户在打开项目时了解相关信息。
- 源设置：在项目窗口中选择一个从外部程序（如 Photoshop 等）中创建的素材，执行此命令，可以打开对应的导入选项设置窗口，对该素材在 Premiere Pro 中的应用属性进行查看或调整。
- 修改：在该命令子的菜单中，可以选择对源素材的视频参数、音频声道、时间码等属性进行修改。
- 视频选项：对所选取的视频素材执行对应的选项设置。
- 音频选项：对所选音频素材或包含音频的视频素材执行对应的选项设置。
- 速度 / 持续时间：在项目窗口或时间轴窗口中选择需要修改播放速度或持续时间的素材后，执行此命令，在打开的“剪辑速度 / 持续时间”对话框中，可以通过输入百分比数值或调整持续时间数值，修改所选素材对象的默认持续时间或剪辑对象在时间轴轨道中的持续时间。
- 捕捉设置：该命令包含“捕捉设置”和“清除捕捉设置”两个子命令，执行“捕捉设置”命令，将打开“捕捉”窗口并展开“设置”选项卡，对进行视频捕捉的相关选项参数进行设置。
- 插入：将项目窗口中选择的素材，插入到时间轴窗口当前工作轨道中时间指针停靠的位置。如果时间指针当前位置有剪辑，则将该剪辑分割开并将素材插入其中，轨道中的内容增加相应长度，如图 2-15 所示。
- 覆盖：将项目窗口中选择的素材，添加到时间轴窗口当前工作轨道中时间指针停靠的位置。如果时间指针当前位置有剪辑，则覆盖该剪辑的相应长度，轨道中的内容长度不变，如图 2-16 所示。

图2-15　插入素材

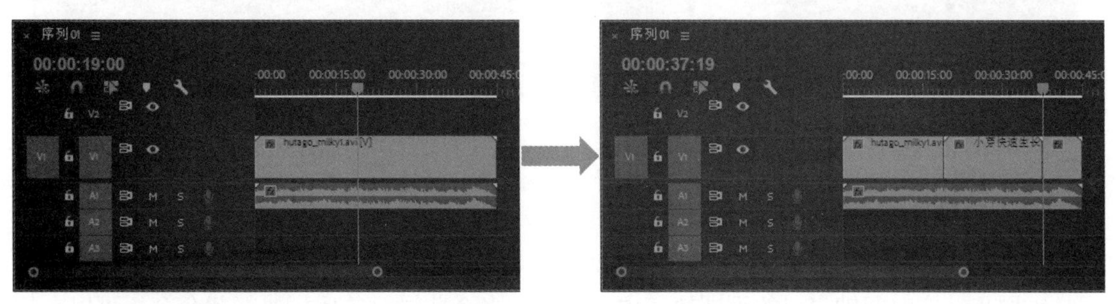

图2-16　覆盖素材

- 替换素材：选择项目窗口中要被替换的素材 A，执行此命令，在弹出的“替换 * 素材”对话框中选择用以替换该素材的文件 B，按下“选择”按钮，即可完成素材的替换。勾选“重命名剪辑为文件名”选项，则在替换后将以文件 B 的文件名在项目窗口中显示。替换素材后，项目中各序列所有使用了原素材 A 的剪辑也将同步更新为新的素材 B。
- 替换为剪辑：在时间轴窗口的轨道中选择需要被替换的剪辑，可以在此命令的子菜单中选择需要的命令，执行对应的替换操作。
- 自动匹配序列：在项目窗口中选取要加入到序列中的一个或多个素材、素材箱，执行此命令，在打开的“序列自动化”对话框中设置需要的选项，可以将所选对象全部加入到目前打开的工作序列中所选轨道对应的位置，如图 2-17 所示。
- 启用：用于切换时间轴窗口中所选取剪辑的激活状态。处于未启用状态的剪辑将不会在影片序列中显示出来，在节目监视器窗口中变为透明，显示出下层轨道中的图像。
- 取消链接 / 链接：此命令用于为时间轴窗口中处于不同轨道中的多个素材对象建立或取消链接关系(每个轨道中只能选取一个剪辑)。处于链接状态的素材，可以在时间轴窗口中被整体移动或删除。为其中一个添加效果或调整持续时间，将同时影响其他链接在一起的素材，但仍可以通过效果控件面板单独设置其中某个素材的基本属性（位置、缩放、旋转、不透明度等)。

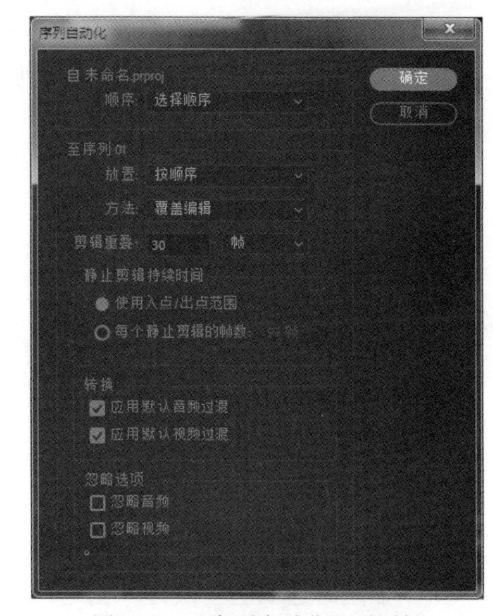

图2-17　“序列自动化”对话框

- 编组：编组关系与链接关系相似，编组后也可以被同时应用添加的效果或被整体移动、删除等，如图 2-18 所示。区别在于编组对象不受数量和轨道位置的限制，处于编组中的素材不能单独修改其基本属性，但可以单独调整其中某个图像剪辑的持续时间。

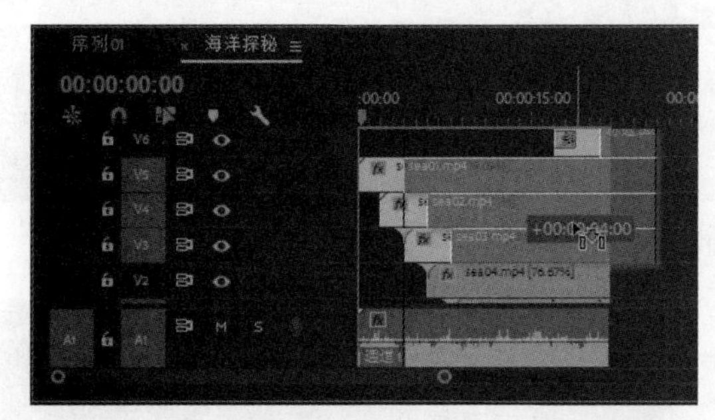

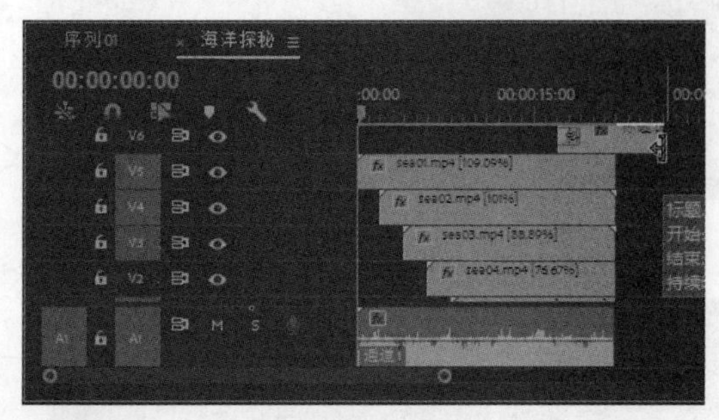

图2-18　编组剪辑

- 取消编组：执行该命令，可以取消所选编组的组合状态。与取消链接一样，在取消编组后，在编组状态时为组合对象应用的效果动画，也将继续保留在各个剪辑上。与取消链接不同，取消编组不能断开视频剪辑与其音频内容的同步关系。
- 同步：在时间轴窗口的不同轨道中分别选取多个剪辑对象后，执行此命令，可以在打开的“同步剪辑”对话框中选择需要的选项，将这些剪辑以指定方式快速调整到同步对齐。
- 合并剪辑：在时间轴窗口中选取一个视频轨中的图像剪辑和一个音频轨道中的音频剪辑后，执行此命令，在弹出的“合并剪辑”对话框中为合并生成的新剪辑命名，并设置好两个素材的持续时间同步对齐方式，单击“确定”按钮，即可在项目窗口中生成新的素材。
- 嵌套：在时间轴窗口中选择建立嵌套序列的一个或多个剪辑，执行此命令，在弹出的“嵌套序列名称”对话框中为新建的嵌套序列命名，然后单击“确定”按钮，即可将所选的素材合并为一个嵌套序列，如图 2-19 所示。生成的嵌套序列将作为一个剪辑对象添加在项目窗口中，同时在原位置替换之前所选取的素材；在项目窗口或时间轴窗口中双击该嵌套序列，打开其时间轴窗口，可以查看或编辑其中的剪辑，如图 2-20 所示。

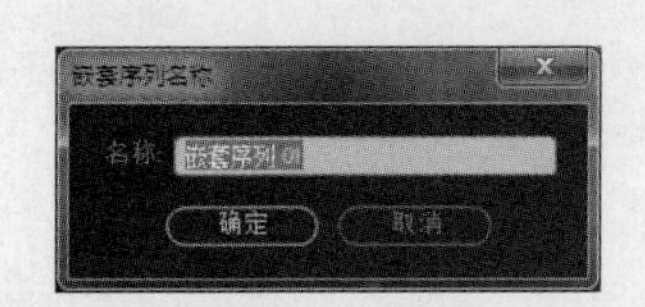

图2-19　“嵌套序列名称”对话框

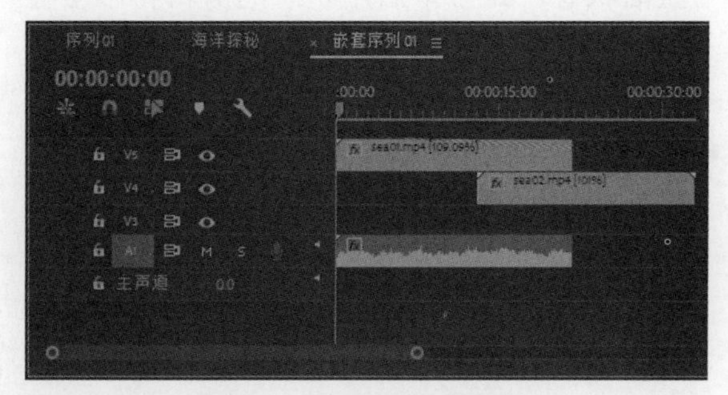

图2-20　查看嵌套序列内容

- 创建多机位源序列：在导入了使用多机位摄像机拍摄的视频素材时，可以在项目窗口中同时选取这些素材，创建一个多机位源序列，在其中可以很方便地对各个剪辑进行剪切的操作。

- 多机位：在该命令的子菜单中选取“启用”命令后，可以启用多机位选择命令选项；在时间轴窗口中点选多机位源序列对象后，在此选择需要在该对象中显示的机位角度；选择“拼合”命令，则将时间轴窗口中所选的多机位源序列对象转换成一般剪辑，并只显示当前的机位角度。

2.1.4 序列菜单

“序列”菜单中的命令主要用于在对项目中的序列进行编辑、管理、渲染片段、增删轨道、修改序列内容等操作，如图 2-21 所示。

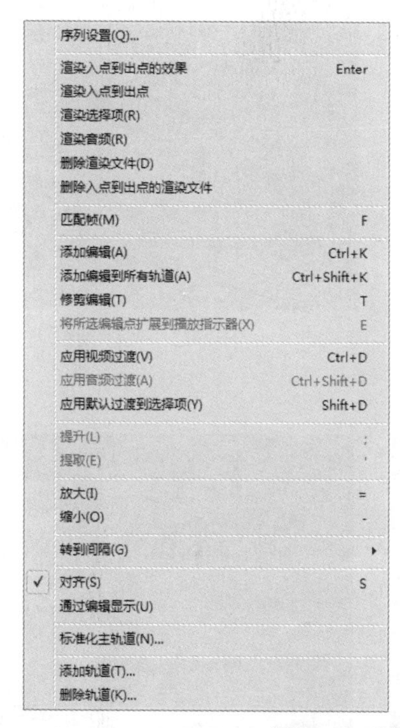

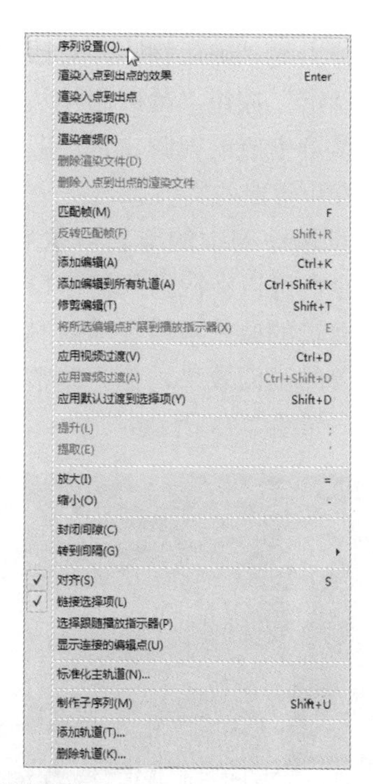

图2-21 时间轴菜单

- 序列设置：打开“序列设置”对话框，查看或设置当前正在编辑的序列的基本属性，如图 2-22 所示。
- 渲染入点到出点的效果：只渲染当前工作时间轴窗口中从序列的入点到出点范围内添加的所有视频效果，包括视频过渡和视频效果。如果序列中的素材没有应用效果，则只对序列执行一次播放预览，不进行渲染。执行该命令后，将弹出渲染进度对话框，显示将要渲染的视频数量和进度。每一段视频效果都将被渲染生产一个视频文件；渲染完成后，在项目文件的保存目录中，将自动生成名为 Adobe Premiere Pro Preview Files 的文件夹并存放渲染得到的视频文件。
- 渲染入点到出点：渲染当前序列中各视频、图像剪辑持续时间范围内以及重叠部分的影片画面，都将单独生成一个对应内容的视频文件。
- 渲染选择项：渲染在序列中当前选中的包含动画内容的剪辑，也就是视频剪辑，或应用了视频效果或视频过渡的剪辑。如果选中的是没有动画效果的图像素材或音频素材，那么将执行一次该素材持续时间范围内的预览播放。

- 渲染音频：渲染当前序列中的音频内容，包括单独的音频剪辑和视频文件中包含的音频内容，每个音频内容将渲染生成对应的*.CFA和*.PEK文件。
- 删除渲染文件：执行此命令，在弹出的“确认删除”对话框中按下“确定”按钮，可以删除与当前项目关联的所有渲染文件。
- 删除入点到出点的渲染文件：执行此命令，在弹出的“确认删除”对话框中按下“确定”按钮，可以删除从入点到出点渲染生成的视频文件，但不删除渲染音频生成的文件。
- 匹配帧：点选序列中的剪辑对象后，执行此命令，可以在源监视器窗口中查看到该剪辑的原始素材在当前时间相同帧位置的画面效果，作为调整编辑的参考，如图 2-23 所示。

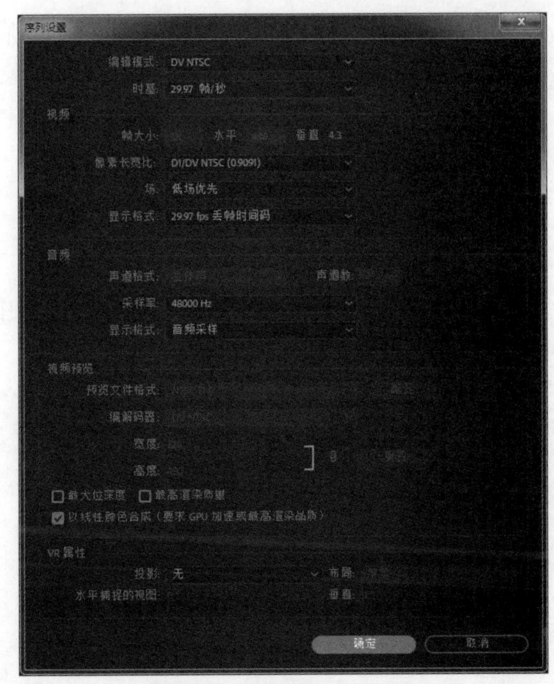

图2-22 “序列设置”对话框

图2-23 剪辑匹配帧

- 反转匹配帧：双击项目窗口中的素材，显示在源监视器窗口中，将时间指针定位到需要查看的帧位置后，执行此命令，可以将节目监视器窗口中的时间指针快速定位到与源监视器窗口中相同画面的帧。“匹配帧”命令主要用于在序列中添加了大量剪辑时，快速查看某个剪辑在某一帧的原始画面；“反转匹配帧”命令则用于在序列中快速找到某个素材某一帧的应用位置和画面效果。
- 添加编辑：执行此命令，可以将序列中选中的剪辑以时间指针当前的位置进行分割，以方便进行进一步的编辑，功能相当于工具面板中的剃刀工具。

- 添加编辑到所有轨道：执行此命令，可以对序列中时间指针当前位置所有轨道中的剪辑进行分割，以方便进行进一步的编辑，如图 2-24 所示。

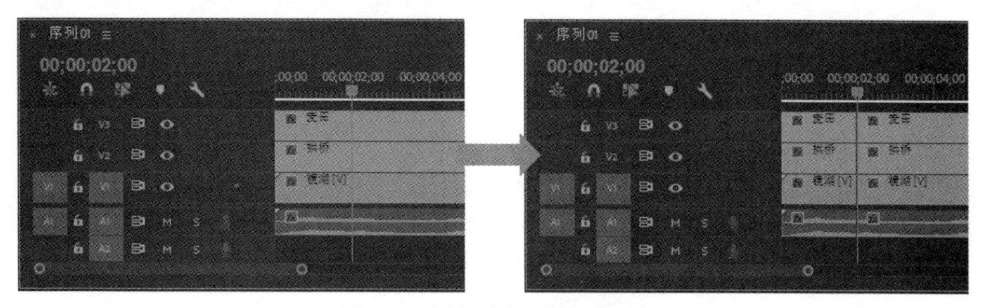

图2-24　添加编辑到所有轨道

- 修剪编辑：执行此命令，可以快速将序列中当前所有处于关注状态的轨道（即轨道头的编号框为蓝色，非关注状态的轨道头编号框为暗色）中的剪辑，在最接近时间指针当前位置的端点变成修剪编辑状态，此时节目监视器窗口将显示时间指针所在位置前后剪辑的相邻画面。单击“向后修剪”或“向前修剪”按钮，可以使编辑点向左 / 向右移动，使后面 / 前面剪辑的持续时间增加，其中一个剪辑中增加的帧数将从相邻的剪辑中减去，也就是保持两个剪辑的总长度不变。此命令的功能相当于工具面板中的滚动编辑工具，如图 2-25 所示。处于关闭、锁定或非关注状态的轨道将不受影响。

图2-25　修剪编辑

- 将所选编辑点扩展到播放指示器：此命令在执行“修剪编辑”命令后可用。在节目监视器窗口切换为修剪监视状态时，单击其中的修剪按钮，每次只能向前或向后修剪 1 帧或 5 帧。在时间轴中将时间指针移动到目标位置后执行此命令，可以快速地将编辑点修剪到目标位置，如图 2-26 所示。
- 应用视频过渡：执行此命令时，如果序列中选定的剪辑（及其主体）在时间指针当前位置之前，那么将在该剪辑的开始位置应用默认的视频过渡效果（即“交叉溶解”），如图 2-27 所示。如果选定的剪辑（及其主体）在时间指针当前位置之后，将在该素材的结束位置应用默认的视频过渡效果，如图 2-28 所示。如果没有选中剪辑对象，则在时间指针当前位置最接近的相邻剪辑之间应用默认的视频过渡效果，如图 2-29 所示。

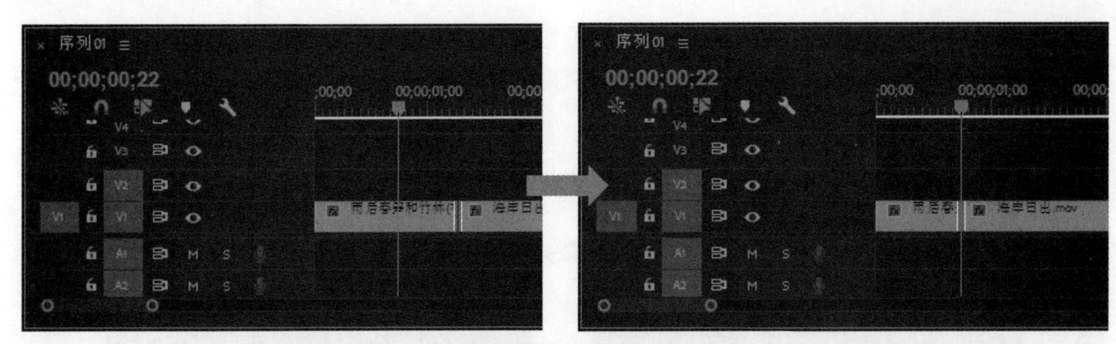

图2-26　将所选编辑点扩展到播放指示器

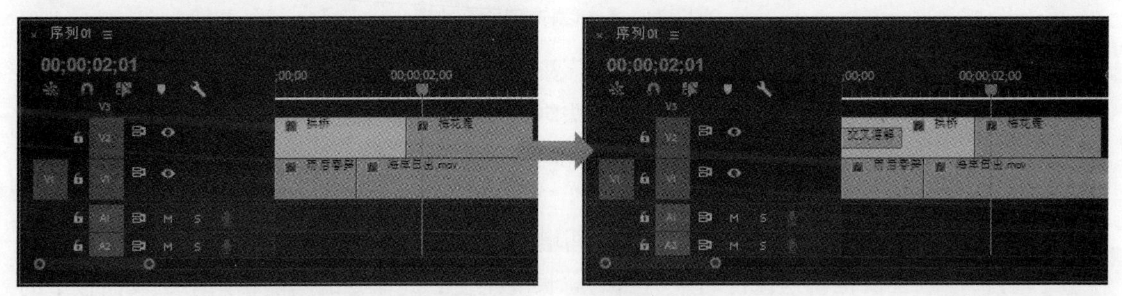

图2-27　应用视频过渡

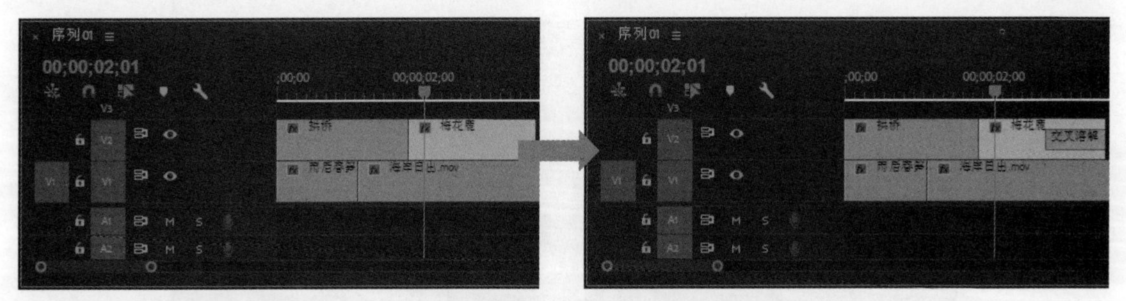

图2-28　应用视频过渡

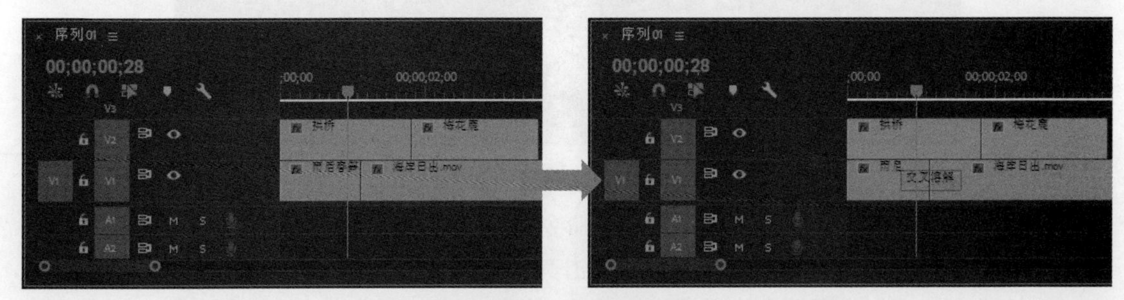

图2-29　应用视频过渡

- 应用音频过渡：执行此命令时，如果序列中选定的音频剪辑（及其主体）在时间指针当前位置之前，那么将在该剪辑的开始位置应用默认的音频过渡效果（即“恒定功率”）；如果选定的音频剪辑（及其主体）在时间指针当前位置之后，将在该剪辑的结束位置应用默认的音频过渡效果。不选中任何剪辑，将时间指针定位在两个音频剪辑相接处并执行此命令，则在前面剪辑的末尾应用音频过渡。
- 应用认过渡到选择项：执行此命令时，如果序列中选定的剪辑（及其主体）在时间指针当前位置之前，那么将在该剪辑的开始位置应用默认的视频或音频过渡效果；如果选定的剪辑（及其主体）在时间指针当前位置之后，将在该素材的结束位置应用默认的视频或音频过渡效果。

- 提升：在时间轴窗口的时间标尺中标记了入点和出点时，执行此命令，可以将所有处于关注状态的轨道中的剪辑，删除它们在入点与出点区间内的帧，删除的部分将留空；处于关闭、锁定或非关注状态的轨道将不受影响，如图 2-30 所示。

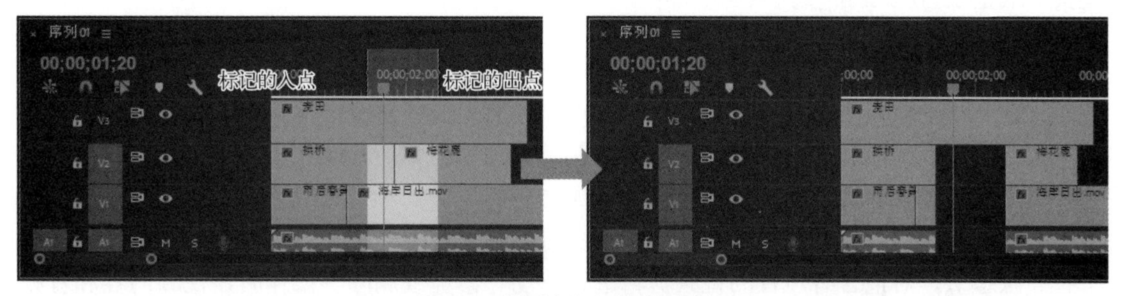

图2-30　提升标记区间的素材

- 提取：执行此命令，可以删除所有处于关注状态的轨道中的剪辑在时间标尺中入点与出点时间范围内的帧，剪辑后面的部分将自动前移以填补删除部分。只有处于锁定状态的轨道不受影响，如图 2-31 所示。

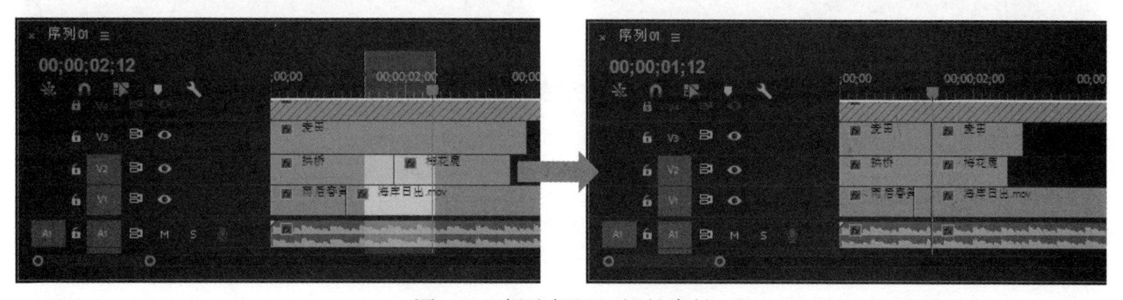

图2-31　提取标记区间的素材

- 放大和缩小：对当前处于关注状态的时间轴窗口或监视器窗口中的时间显示比例进行放大（快捷键为 =）和缩小（快捷键为 -），方便进行更精确的时间定位和编辑操作。
- 封闭间隔：在时间轴窗口中的剪辑（或剪辑群）之间有间隔时，执行此命令，可以快速将所有剪辑一次向前移动到首尾相接，清除序列中的空白画面，如图 2-32 所示。

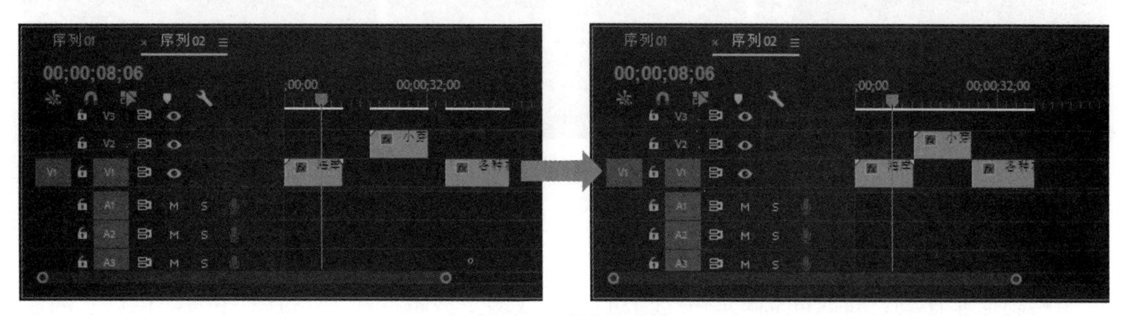

图2-32　封闭间隔

- 转到间隔：在该命令的子菜单中选择对应的命令，可以快速将时间轴窗口中的时间指针跳转到对应的位置，如图 2-33 所示。

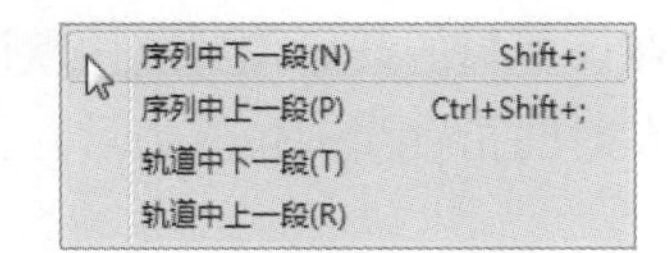

图2-33 “转到间隔”命令子菜单

序列的分段以当前时间指针所停靠剪辑群（剪辑群之间有间隔）的最前端或最末端为参考；轨道的分段以当前所选中轨道中剪辑的入点或出点为参考。

- 对齐：此选项为默认选中状态（时间轴窗口中的按钮处于选中状态）。在此状态下，在时间轴窗口中移动或修剪剪辑到接近靠拢时，被移动或修剪的剪辑将自动靠拢并对齐前面或后面的剪辑，以方便准确地调整到两个剪辑的首尾相连，避免在播放时出现黑屏画面。取消选中，则不会自动靠拢。
- 链接选择项：此选项为默认选中状态（时间轴窗口中的按钮处于选中状态）。在此状态下，对包含有声音的视频剪辑进行移动、修剪或删除等操作时，视频内容和音频内容作为一个整体被同时处理。取消选中，则视频内容和音频内容将被作为不同的剪辑，可以只处理其中一个对象，如图 2-34 所示。

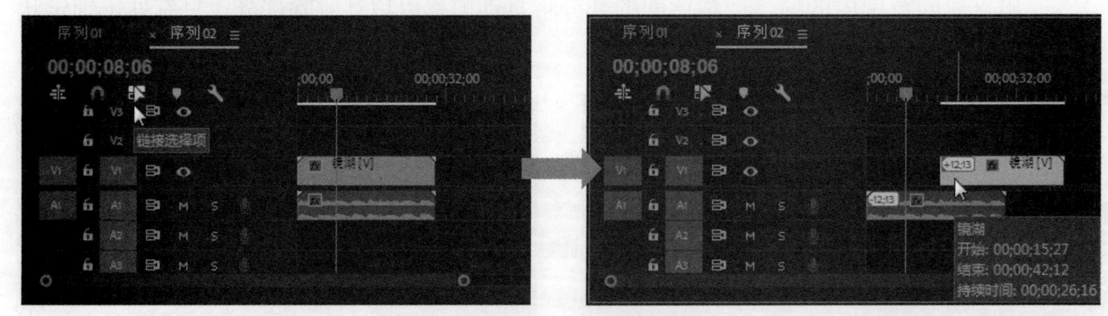

图2-34 应用“链接选择项”

- 选择跟随播放指示器：选中此命令，在播放或拖动时间指针进行播放预览时，时间指针当前所在范围的剪辑将自动变成选中状态，如图 2-35 所示。处于关闭、锁定或非关注状态的轨道将不受影响。

图2-35 应用“选择跟随播放指示器”

- 标准化主音轨：执行该命令，可以为当前序列的主音轨设置标准化音量，对序列中音频内容的整体音量进行提高或降低。
- 制作子序列：将时间轴窗口中选中的一个或多个剪辑创建为一个子序列，相对于创建一个编辑好内容的新序列，可以单独进入其时间轴窗口对其中的内容进行编辑，如图 2-36 所示。

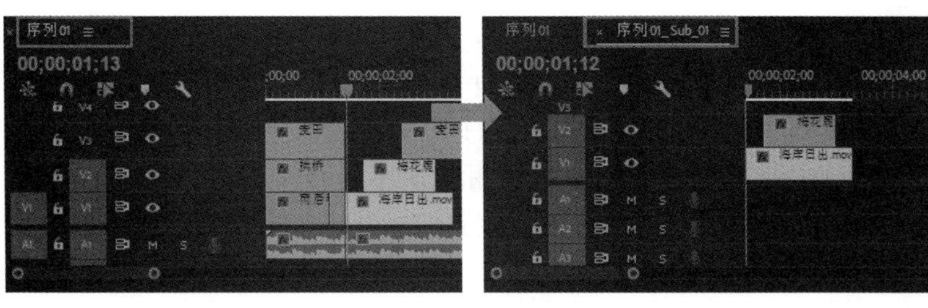

图2-36 制作子序列

- 添加轨道：执行该命令，可以在弹出的“添加视音轨”对话框中，设置要添加视频或音频轨道的数量与位置，以满足影片编辑的需要，如图 2-37 所示。
- 删除轨道：执行该命令，可以在弹出的“删除轨道”对话框中，选择要删除的视频或音频轨道并执行，如图 2-38 所示。

图2-37 “添加视音轨”对话框

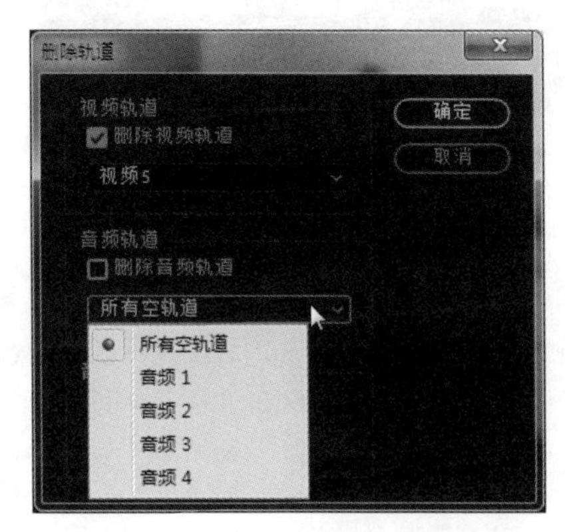

图2-38 “删除轨道”对话框

2.1.5 标记菜单

“标记”菜单中的命令主要用于在时间轴窗口的时间标尺中设置序列的入点、出点并引导跳转导航，以及添加位置标记、章节标记等操作，如图 2-39 所示。

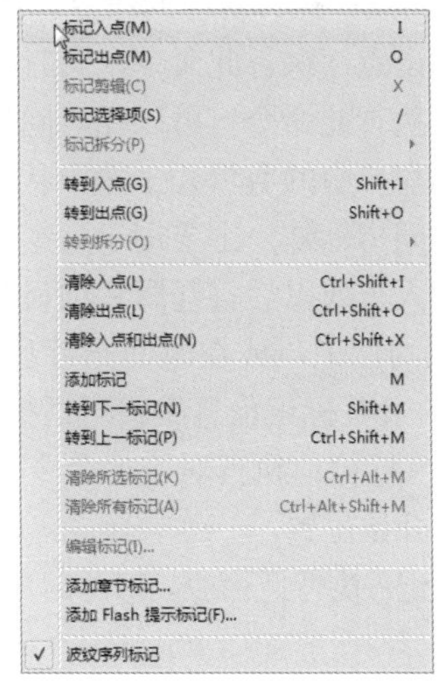

图2-39 标记菜单

- 标记入点 / 出点：默认情况下，在没有自定义入点或出点时，序列的入点即开始点（00;00;00;00），出点为时间轴窗口中剪辑的最末端点。设置自定义的序列入点、出点，可以作为影片渲染输出时的源范围依据。将时间指针移动到需要的时间位置后，执行“标记入点”或“标记出点”命令，即可在时间标尺中标记出序列的入点或出点，如图 2-40 所示。将鼠标移动到设置的序列入点或出点上，在鼠标指针改变形状后，即可按住并向前或向后拖动，调整当前序列入点或出点的时间位置，如图 2-41 所示。

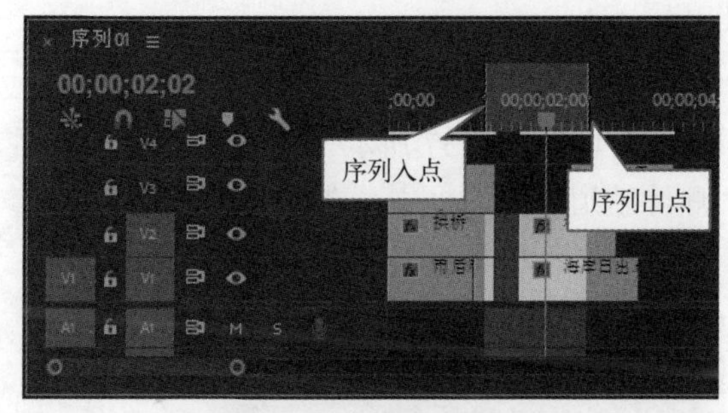

图2-40　设置的序列入点和出点

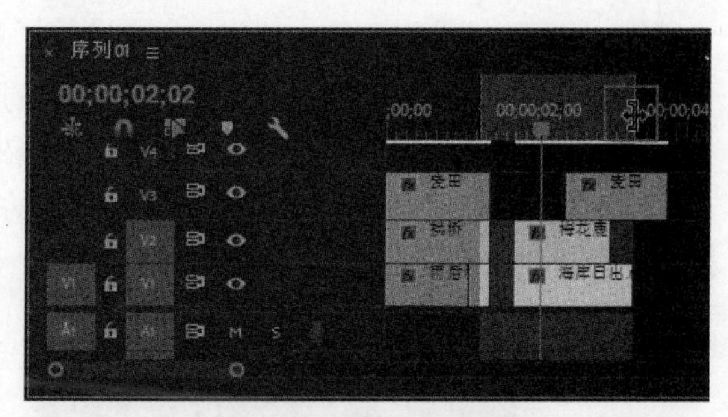

图2-41　调整序列的出点

提示

在编辑时，需要注意区分几个不同的入点、出点概念。序列的入点、出点，是在时间标尺中设置的用以确定影片渲染输出范围的标记；剪辑在时间轴窗口中的入点、出点，是指其在的轨道中的开始端点和结束端点；图像或视频素材的视频入点、视频出点，是指在其素材自身中设置的内容开始、结束点，可以在项目窗口和源监视器窗口中进行设置修改，用以确定其在加入到序列中后，从动态内容中间的指定位置开始播放，在指定位置结束，只显示其中间需要的片段，而且还可以通过调整其剪辑的入点、出点，进一步修剪需要显示在影片序列中的片段。

- 标记剪辑：以时间轴窗口中处于关注状态的视频轨道中所有剪辑的全部长度设置标记范围。
- 标记选择项：以当前时间轴窗口中被选中的剪辑的长度设置标记范围。
- 转到入点 / 出点：执行对应的命令，快速将时间指针跳转到时间标尺中的入点或出点位置。
- 清除入点 / 出点：执行对应的命令，清除时间标尺中设置的入点或出点。
- 清除入点和出点：执行此命令，同时清除时间标尺中设置的入点和出点。
- 添加标记：执行此命令，可以在时间标尺（节目监视器处于激活状态时）或剪辑对象上（时间轴窗口中的剪辑处于选中状态时）当前的位置添加定位标记，除了可以用于快速定位时间指针外，主要用于为影片序列在该时间位置编辑注释信息，方便为其他协同的工作人员或以后打开影片项目时，了解当时的编辑意图或注意事项。双击时间标尺上添加的标记，或在时间指针位于剪辑上的标记位置时单击“添加标记”按钮 ，可以打开其标记信息编辑对话框，如图 2-42 所示。
- 转到下 / 上一标记：执行对应的命令，快速将时间指针跳转到时间标尺中下一个或上一个标记的开始位置。
- 清除当前标记：执行此命令，清除时间标尺中时间指针当前位置（或离时间指针最近）的标记。
- 清除所有标记：执行此命令，清除时间标尺中的所有标记。

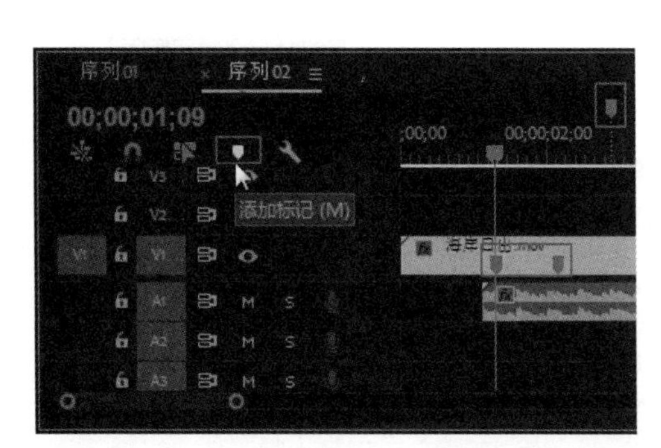

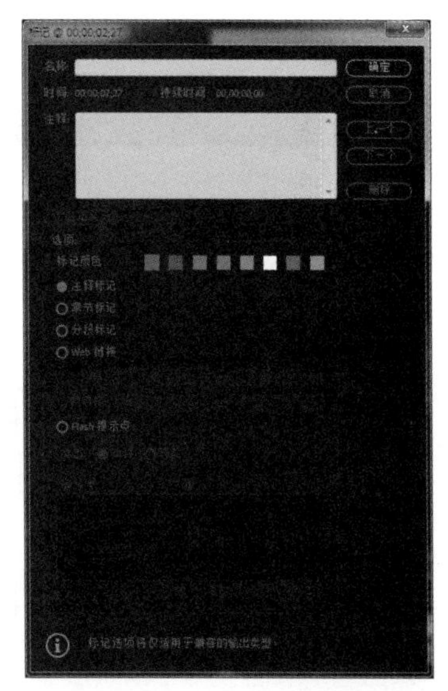

图2-42　添加的标记

- 编辑标记：在时间标尺中选择一个标记后，执行此命令，可以在打开的“标记 @*”对话框中，为该标记命名，以及设置其在时间标尺中的持续时间；在“注释”文本框中可以输入需要的注释信息；在“选项”栏中可以设置标记的类型；单击“上一个”或“下一个”按钮，可以切换时间标尺中前后的其他标记进行查看和编辑；单击“删除”按钮，可以删除当前时间位置的标记。
- 添加章节标记：执行此命令，可以打开“标记 @*”对话框并自动选中“章节标记”类型选项，在时间指针的当前位置添加 DVD 章节标记，作为将影片项目转换输出并刻录成 DVD 影碟后，在放入影碟播放机时显示的章节段落点，可以用影碟机的遥控器进行点播或跳转到对应的位置开始播放。
- 添加 Flash 提示标记：执行此命令，可以打开“标记 @*”对话框并自动选中“Flash 提示点”类型选项，在时间指针的当前位置添加 Flash 提示标记，作为将影片项目输出为包含互动功能的影片格式后（如 *.MOV），在播放到该位置时，依据设置的 Flash 响应方式，执行设置的互动事件或跳转导航。

2.1.6　图形菜单

“图形”菜单中的命令，用于创建文本对象、矢量图形对象，以及对图形对象进行选择切换、安装或导出动态模板等操作，如图 2-43 所示。

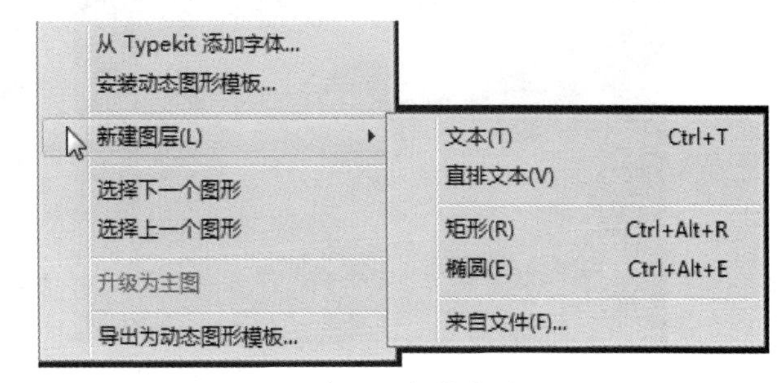

图2-43　字幕菜单

- 从 Typekit 添加字体：执行该命令，可以启动浏览器并打开 Typekit 网站，下载需要的字体并安装使用，如图 2-44 所示。

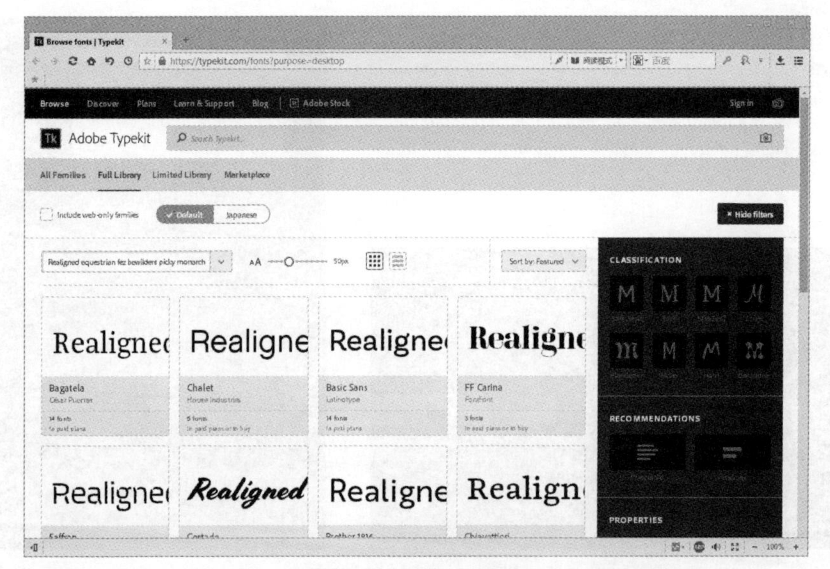

图2-44 字幕设计器窗口

- 安装动态图形模板：Premiere Pro 提供了一些动态的图形、文字模板，方便用户快速创建图形内容，同时也允许用户自行安装新的图形模板。执行此命令后，在弹出的对话框中选取下载的动态图形模板文件，即可将其添加到程序中，可以在“基本图形”面板的“浏览”选项卡中查看和调用。
- 新建图层：在 Premiere Pro 中，通过“基本图形”面板以图层的方式对文本、图形内容进行编辑和管理。在此可以选择需要的图形对象进行创建。选择“来自文件”命令，可以导入外部媒体文件加入到当前图形剪辑中。
- 选择下一个 / 上一个图形：在图形剪辑中包含多个图层对象时，可以通过此命令切换选择对象。
- 升级为主图：在 Premiere Pro 中，创建的文本、绘制的图形直接以剪辑的方式添加到序列中，不会出现在项目窗口中。点选时间轴窗口中的图形剪辑后执行此命令，可以将其创建为一个图像素材加入到项目窗口中，方便再次使用，如图 2-45 所示。

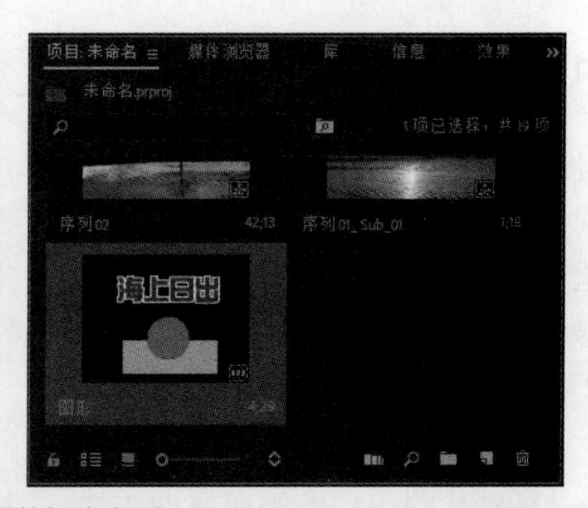

图2-45 升级图形剪辑为主图

- 导出为动态图形模板：点选时间轴窗口中的图形剪辑后执行此命令，打开“导出为动态图形模板”对话框，在“目标”下拉列表中选择“基本图形”，可以将其作为动态图形模板添加到“基本图形”的“浏览”选项卡中作为一个动态模板使用；选择“本地驱动器”，则可以将其导出为一个模板文件，方便在以后导入使用或分享给他人，如图 2-46 所示。

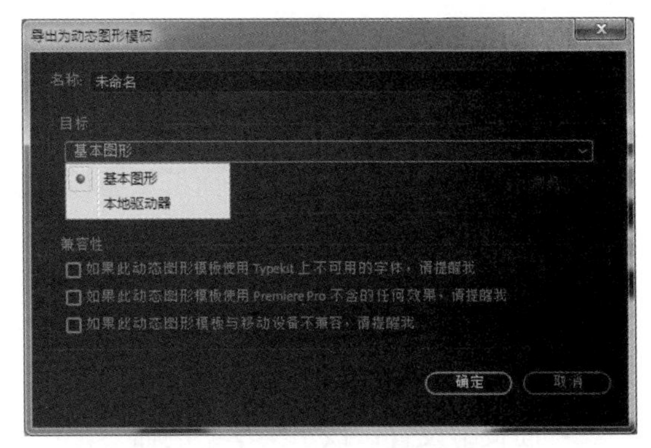

图2-46　“导出为动态图形模板”对话框

2.1.7　窗口菜单

“窗口”菜单中的命令，主要用于切换程序窗口工作区的布局，以及其他工作面板的显示。

2.1.8　帮助菜单

通过“帮助”菜单，可以打开软件的在线帮助系统、入门教程、欢迎屏幕及更新程序等。

2.2　工作窗口

在 Premiere Pro 中进行影视编辑的常用工作窗口，主要有项目、源监视器、节目监视器和时间轴四个窗口。

2.2.1　项目窗口

项目窗口用于存放创建的序列、素材和导入的外部素材，可以对素材片段进行插入到序列、组织管理等操作，并可以切换以图标或列表来显示所有对象，以及预览播放素材片段、查看素材详细属性等，如图 2-47 所示。

图2-47　项目窗口

1. 菜单操作

单击窗口标签后面的☰按钮，可以打开项目窗口的扩展菜单，如图 2-48 所示。

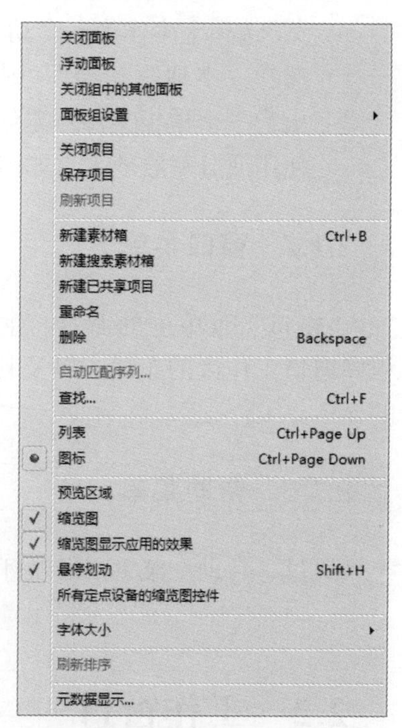

图2-48　项目窗口菜单

- 关闭面板：将当前工作面板从面板组窗口中关闭。
- 浮动面板：选取该命令，可以使当前选中的窗口变为浮动面板，可以自由拖放到窗口中的其他位置。
- 关闭组中的其他面板：选取该命令，可以使面板组中除当前面板外的所有面板关闭。
- 面板组设置：该子菜单中的命令，用于放大当前面板、切换面板组中面板的集成方式等操作。
- 关闭 / 保存 / 刷新项目：对当前工作项目执行关闭 / 保存 / 刷新。
- 新建素材箱：建立一个新的素材箱，可以存放素材、时间轴序列等。
- 新建搜索素材箱：打开“创建搜索素材箱”对话框，设置好需要的搜索关键帧并“确定”，程序将创建搜索素材箱，并当前项目中复合搜索条件的素材自动加入其中，方便在使用大量素材媒体进行影片编辑时进行分类管理，如图 2-49 所示。

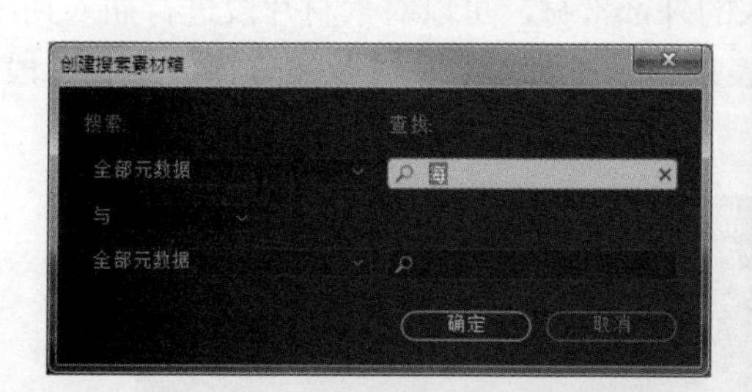

图2-49　创建搜索素材箱

- 新建已共享项目：在当前项目文件中创建一个可以共存的共享项目，同样可以存放各类素材，通常在团队项目中使用，如图 2-50 所示。
- 重命名：对项目窗口中的素材对象进行重命名，便于在项目中快速、准确地查看需要的内容，但不会改变素材在电脑中实际的名称。
- 刷新项目：选择该命令，可以在列表样式下，刷新项目窗口中素材属性的显示。
- 删除：在项目窗口中删除导入的媒体素材，不会影响到素材在电脑中的实际存储状况。
- 自动匹配序列：将选中的素材自动加入到时间轴窗口的编辑片段中。在弹出的“序列自动化”对话框中，可以对素材加入的相关项进行设置，如排列方式、插入位置、插入方式等，如图 2-51 所示。

• 查找：设置合适的条件，在项目窗口中寻找素材，如图 2-52 所示。

图2-50 新建共享项目

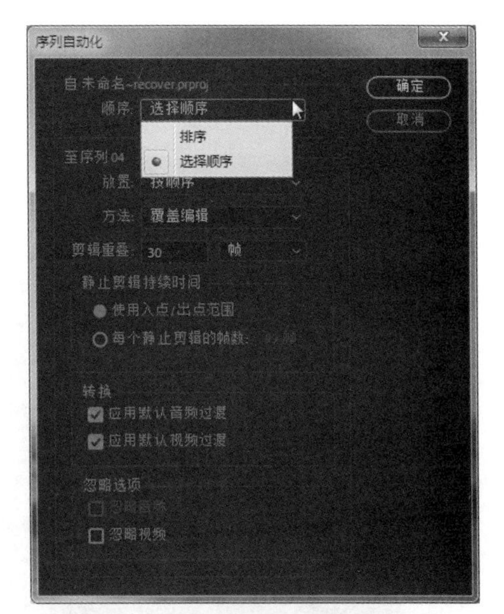

图2-51 “自动匹配到序列”对话框

图2-52 “查找”对话框

• 列表、图标：用以选中素材列表框的显示样式，如图 2-53 所示。

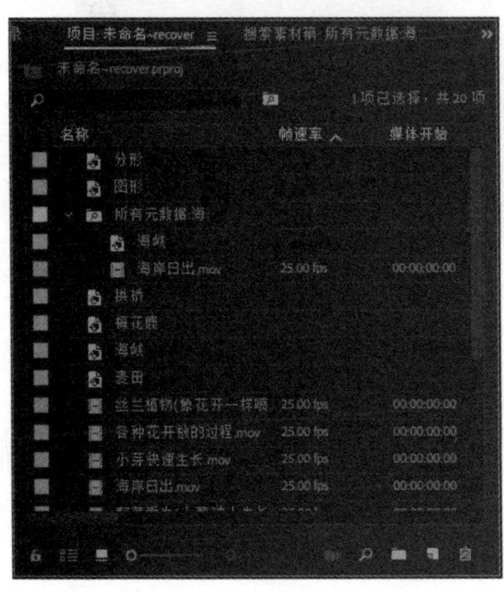

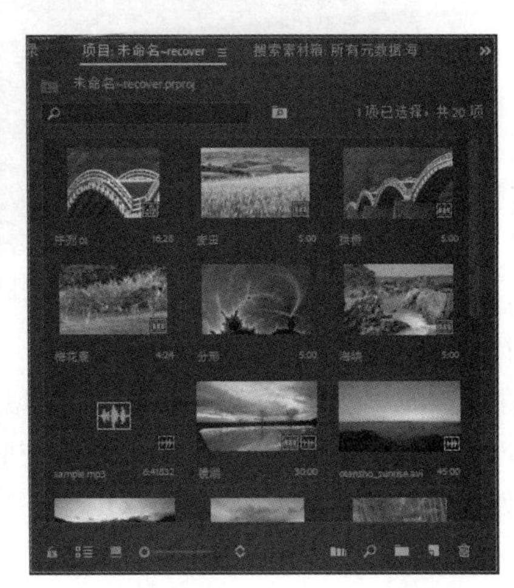
图2-53 以列表或图标方式查看素材

• 预览区域：通过选中或取消该命令，在项目窗口中显示或隐藏上方的预览区域。
• 缩览图：选中该命令后，素材图标由文件类型图标变成内容缩览图。

- 悬停划动：在图标查看模式下，将鼠标放在动态素材上并左右滑动，可以预览素材的画面动态。
- 元数据显示：选择该命令，可以在打开的“元数据显示”对话框中，添加和排列显示的素材属性，如图 2-54 所示。

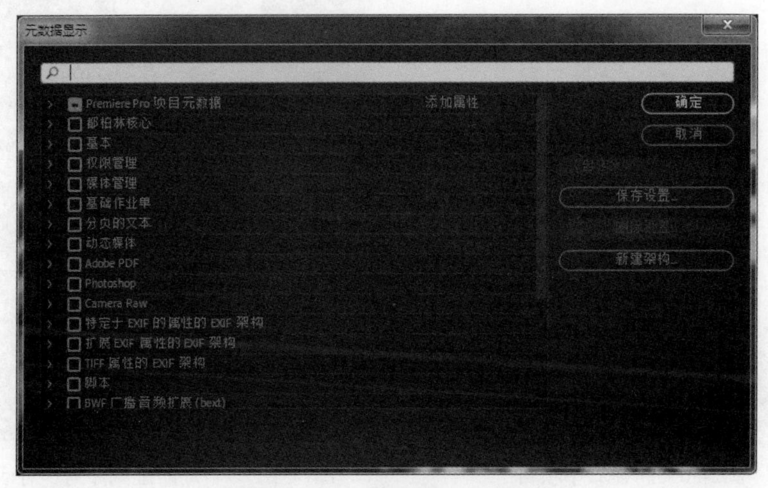

图2-54　“元数据显示”对话框

2. 工具列

在项目窗口的最下方，可以看到项目窗口的工具栏，如图 2-55 所示。它由 8 个功能按钮组成，这些按钮的作用与扩展菜单中的命令操作相同，但工具栏的存在为编辑操作提供了更多方便。

图2-55　项目窗口工具栏

项目窗口最下方栏中各按钮的含义如下：

- 在只读与读 / 写之间切换项目：新增的项目内容保护功能，默认为读 / 写状态，按下变为只读状态，将不能再对当前项目进行修改，需要用户权限解除锁定才能继续编辑。
- 列表视图：用于将素材列表以列表样式显示。
- 图标视图：用于将素材列表框以图标样式显示。
- 缩放显示比例：调整素材列表中素材条目、缩览图的大小。
- 排列图标：在图标查看模式下，在按下该按钮弹出的菜单中选择项目窗口中素材的排序方式。

- 自动适配序列：将加入素材自动放置到时间轴窗口的编辑片段中。
- 查找：单击该按钮，打开“查找”对话框，查找指定素材。
- 新建素材箱：单击该按钮，新建一个素材箱。
- 新建项：单击该按钮，在弹出的菜单中选择需要的类型，新建一个对应的素材。
- 删除：删除项目窗口中选中的素材。

3. 新建项

单击“新建项” 按钮，如图 2-56 所示，在弹出的菜单中选择相应的命令可以建立多种类型的内部素材，这些素材与导入的视频 / 音频素材综合编辑在一起，能表现出丰富多彩的画面效果。

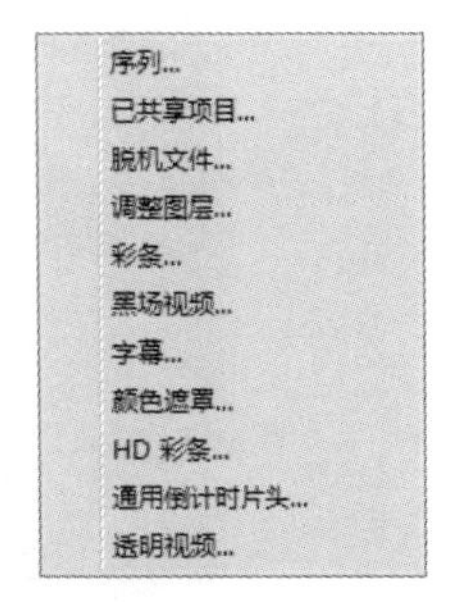

图2-56　“新建分类”菜单

- 序列：打开“新建序列”对话框，创建新的序列。新建的序列以标签的形式显示在时间轴窗口，单击对应的标签，即可切换到该序列进行编辑，如图 2-57 所示。

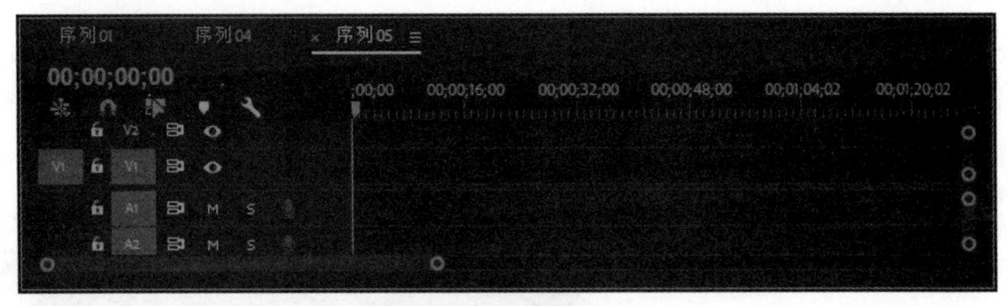

图2-57　新建的序列

- 脱机文件：用于建立一个链接性质的文件。使用该连接命令，可以找回或代替项目中丢失的素材文件。与选择“文件”→“链接媒体”命令的作用相同，可以使影片项目与一个新的素材文件建立链接，从而导入该素材。
- 调整图层：用于新建一个调整图层，可以叠加到视频轨道中，通过为其添加特效，实现同时对下层所有图像在效果、色调等方面的调整。
- 彩条：用于创建一段伴有一定音调的色栅素材，通常用在 Demo 样片的片头。在打开的“新建彩条”对话框中可以设置视频的相关参数，如图 2-58 所示。

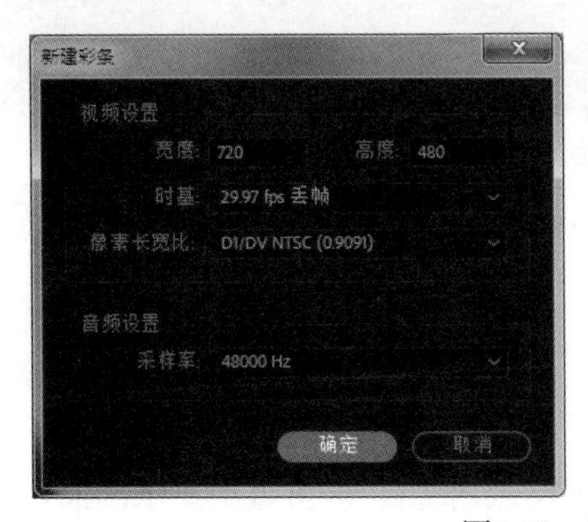

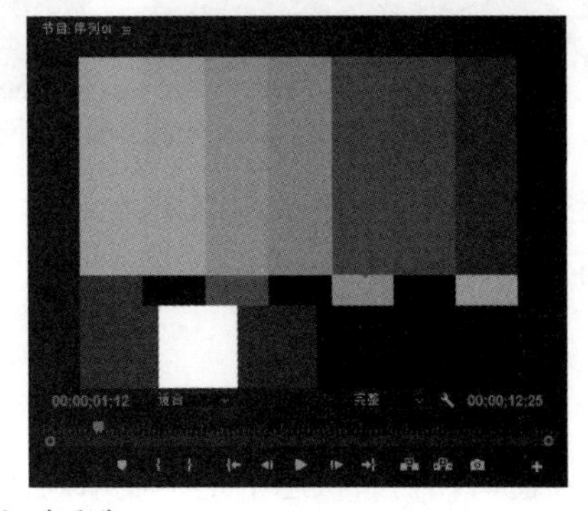

图2-58　新建彩条

- 黑场视频：用于创建一段黑屏画面的素材。
- 字幕：打开“新建字幕”对话框，选择需要的字幕类型进行创建，如图 2-59 所示。
- 颜色遮罩：选择该命令可以建立一个新的色彩背景素材，通常用于制作透明叠加效果。

在打开的“选取颜色”的色彩拾取器中，选取需要的颜色，如图 2-60 所示。

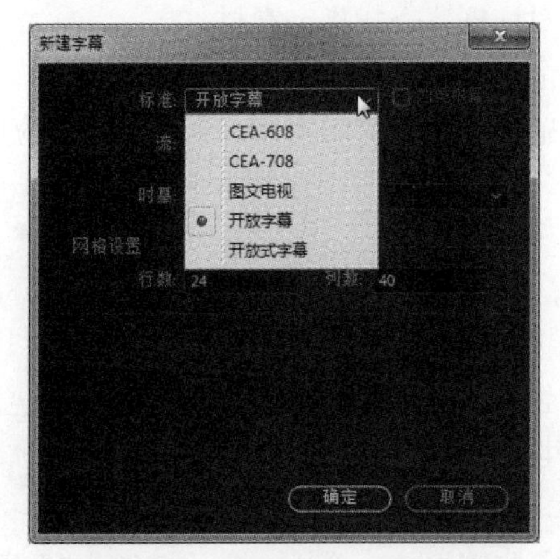

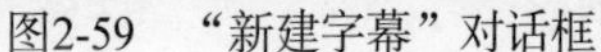

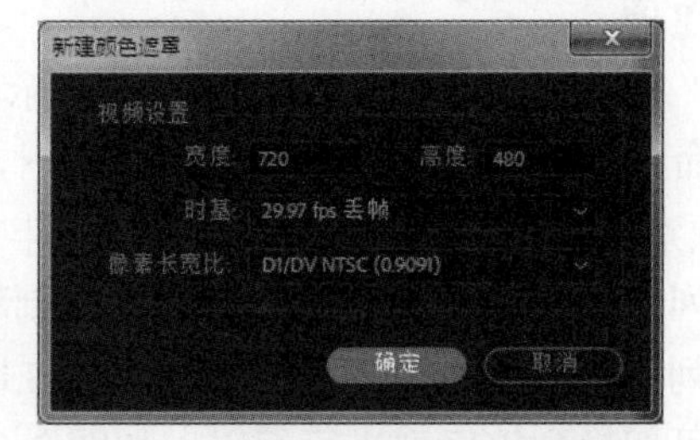

图2-59　“新建字幕”对话框　　　　图2-60　“新建颜色遮罩”对话框

- HD 彩条：用于创建一段高清画质的色栅素材。
- 通用倒计时片头：打开“新建通用倒计时片头”对话框，设置好需要的视频属性参数，新建一个倒计时的视频素材，如图 2-61 所示。

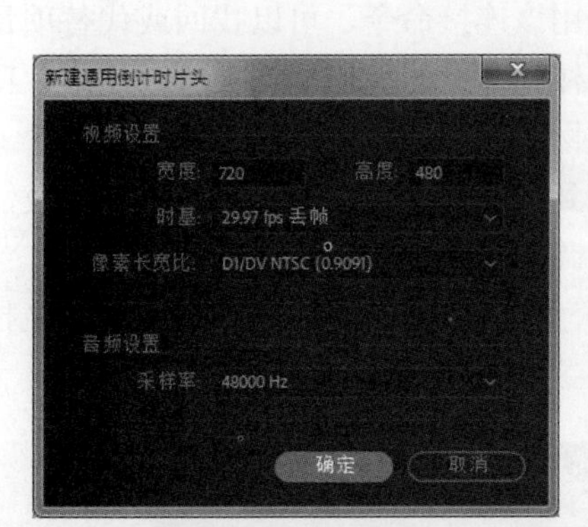

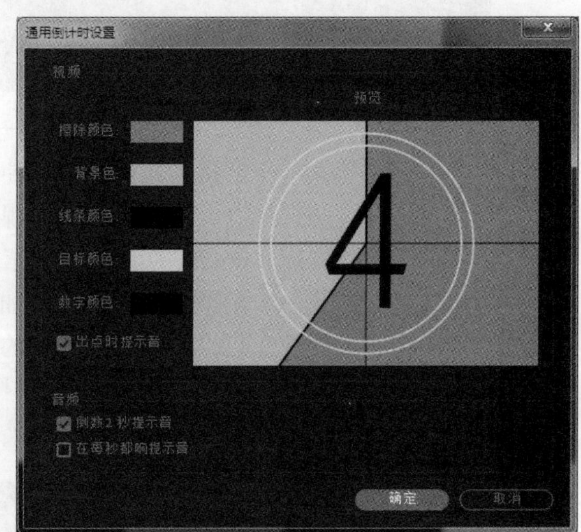

图2-61　新建倒计时视频

- 透明视频：新建一个透明的视频文件，可以将其应用到影片中，添加特效或占据空白时间。

2.2.2　源监视器

源监视器窗口在初始状态下是不显示画面的，如果想在该窗口中显示画面，可以直接拖动项目窗口中的素材到源监视器窗口中，也可以双击已加入到时间轴窗口中的剪辑，将该剪辑在源监视器窗口中显示，如图 2-62 所示。

在源监视器窗口中每次只能显示一个单独的素材，可以通过该窗口标签后的下拉菜单来切换最近在其中显示过的素材，如图 2-63 所示。

图2-62　显示素材

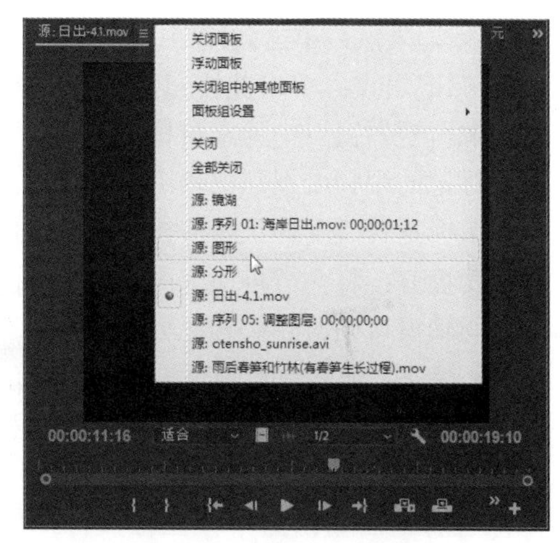

图2-63　切换显示其他素材

2.2.3　节目监视器

通过节目监视器窗口，可以对时间轴窗口中正在编辑的序列进行实时预览，也可以对影片中应用的剪辑进行移动、变形、缩放等操作，如图 2-64 所示。

图2-64　节目监视器窗口

在源监视器窗口和监视器窗口的下方，都有一排时间码和用以对内容播放进行控制的按钮。下面以节目预览窗口中的控制按钮为例进行介绍。

- 00;00;02;24 时间码：用于确定每一帧的地址，显示格式为“小时 : 分钟 : 秒 : 帧”。
- 播放 / 停止：用于控制影片的播放预览与停止。
- 后退一帧：每单击此按钮一次，倒退一帧。
- 前进一帧：每单击此按钮一次，前进一帧。
- 跳转入点：返回到入点处的场景。
- 跳转出点：前进到出点处的场景。
- 添加标记：用于在时间指针当前的位置添加标记。

- 标记入点：单击此按钮，将时间指针的目前位置标记为剪辑的视频入点。
- 标记出点：单击此按钮，将时间指针的目前位置标记为剪辑的视频出点。如果是在源监视器窗口中为素材标记了视频入点和视频出点后，再加入到序列中时，将只显示标记的视频入点到视频出点之间的范围；将鼠标移动到时间标尺上的入点或出点上，在鼠标指针改变形状后按住并向前或向后拖动，可以改变其位置。
- 提升：将在节目预览窗口中标注的剪辑从时间轴窗口中清除，其他剪辑位置不变。
- 提取：将在节目预览窗口中标注的剪辑从时间轴窗口中清除，后面剪辑依次前移。
- 导出帧：单击按钮打开“导出帧”对话框，将当前画面输出为单帧图像文件，如图 2-65 所示。

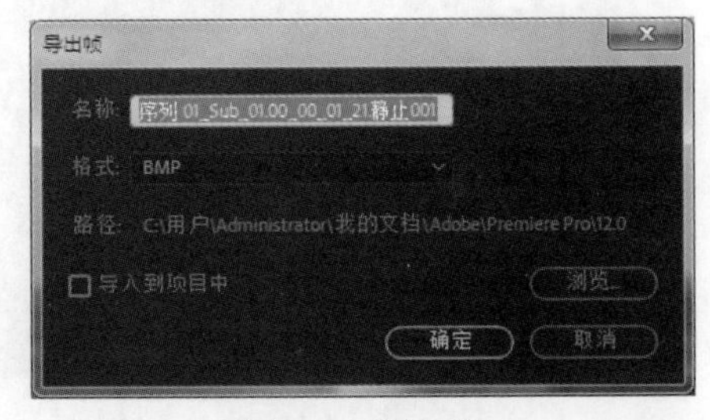

图2-65 导出帧

以上是节目监视器窗口中的工具按钮，与之相比，源监视器窗口有两个按钮不同，分别是：

- 插入：将源监视器窗口中的素材插入到时间轴所指的位置，插入点右边的剪辑都会向后推移。如果插入位置在一个完整的剪辑上，则插入的新剪辑会把原有的剪辑分为两段。
- 覆盖：将源监视器窗口中的素材插入到时间轴所指的位置，插入点右边的剪辑会被部分或全部覆盖掉。如果插入位置在一个完整的剪辑上，则插入的新剪辑会将插入点右边的原有剪辑覆盖。

2.2.4 时间轴窗口

视频编辑工作的大部分操作都是在时间轴窗口进行的，该窗口用于组合项目窗口中的各种片段，是按时间排列片段、制作影视节目的编辑窗口。

在时间轴窗口顶部显示了当前窗口中打开的所有合成序列，可以通过单击对应的序列名称的标签进行切换；在轨道编辑区中，通过不同的颜色，标示不同媒体类型的素材文件；在时间标尺下方，分别用不同的颜色条指示轨道中对应时间位置的剪辑的状态，其中，黄色为原始素材状态，红色为应用视频或音频效果但还未渲染预览的状态，绿色为添加了效果并已经渲染预览过的状态；每个剪辑上显示出的fx（效果）图标，灰色表示该素材为原始状态，黄色表示该素材已经设置了关键帧动画，紫色标示该素材被添加了视频或音频效果，如图 2-66 所示。

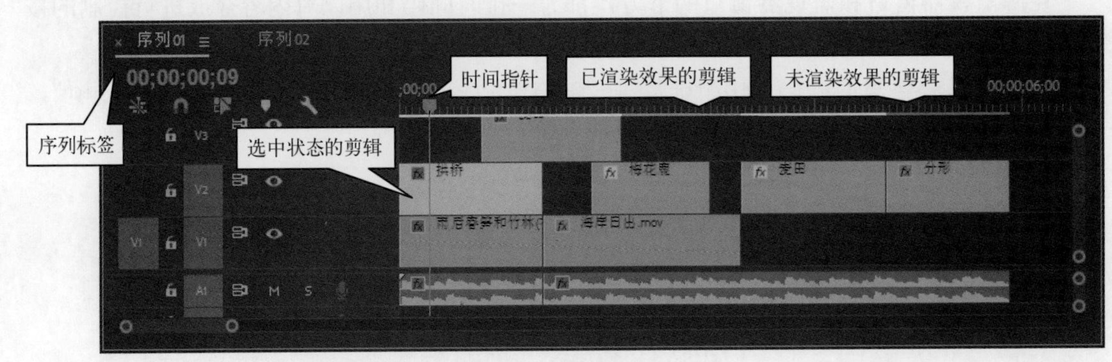

图2-66 时间轴窗口

- 00;00;00;09 播放指示器位置：显示时间轴窗口中时间指针当前所在的位置，将鼠标移动到上面，在鼠标指针改变形状为后，按住鼠标左键并左右拖动，可以向前或向后移动时间指针；用鼠标单击该时间码，进入其编辑状态并输入需要的时间码位置，即可将时间指针定位到需要的时间位置。按下键盘上的←或→键，可以将时间指针每次向前或向后移动一帧。
- 将序列作为嵌套或独立剪辑插入并覆盖：将其他序列 B 加入到当前序列 A 中时，如果在该按钮处于按下的状态，则序列 B 将以嵌套方式作为一个单独的剪辑被应用，如图 2-67 所示；如果该按钮处于未按下的状态，则序列 B 中所有的剪辑将保持相同的轨道设置添加到当前序列 A 中。

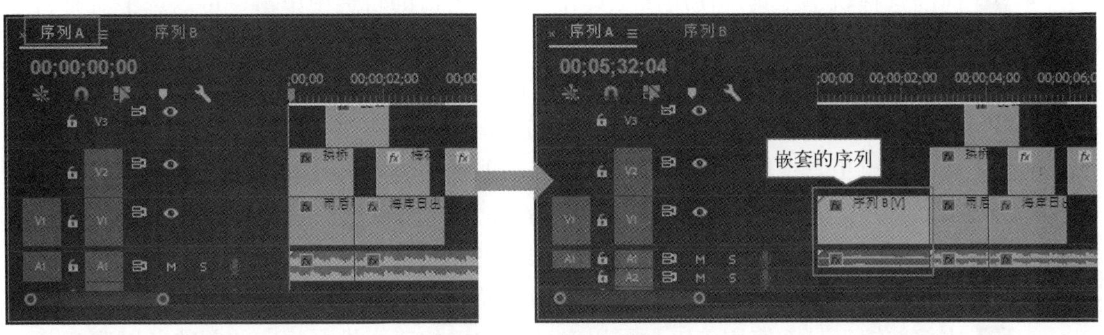

图2-67　插入序列对象

- 对齐：按下该按钮，在时间轴窗口中移动或修剪素材到接近靠拢时，被移动或修剪的素材将自动靠拢并对齐到时间指针当前的位置，或对齐前面或后面的素材，以方便准确地调整两个素材的首尾相连。
- 添加标记：在时间标尺上时间指针当前的位置添加标记。
- 添加标记：单击此按钮，如果当前没有剪辑被选中，则在时间标尺中的当前位置添加标记；如果选中得有剪辑，则在剪辑上的当前时间位置添加标记。
- 时间轴显示设置：单击该按钮，在弹出的菜单中选中对应的命令，可以为时间轴中视频轨道、音频轨道剪辑的显示外观，以及各种标记的显示状态进行设置。

提示

如果在编辑过程中关闭了时间轴窗口，在窗口菜单中将不能找到重新开启时间轴窗口命令；这时只需要在项目窗口中双击一个序列对象，即可打开该时间轴的窗口；如果正在编辑中的序列在项目窗口中被删除了，该时间轴窗口也会自动关闭。

2.3　工作面板

Premiere Pro 的工作面板界面整洁有序，操作方便。常用的工作面板主要包括：工具、效果、效果控件、混合器、历史记录和信息等，下面来分别对它们的选项和功能进行简要的介绍。

2.3.1 工具面板

Premiere Pro 的工具面板包含了一些在进行视频编辑操作时常用的工具。在右下角有小三角形的按钮上按住不放，可以在弹出的子面板中选择该工具组中的其他工具，如图 2-68 所示。

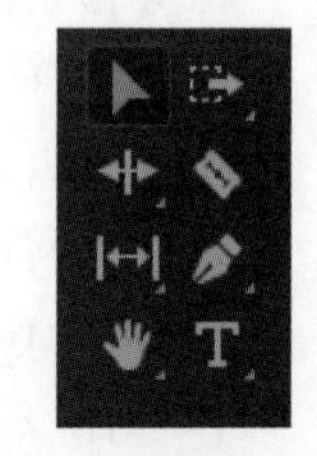
图2-68 工具面板

工具面板中各个工具按钮的功能如下：

- 选择工具：最基本的操作工具，用于对节目监视器窗口中的剪辑进行选择、移动，在时间轴窗口中调整剪辑的关键帧、为剪辑设置入点和出点等。
- 向前选择轨道工具：使用该工具在时间轴窗口的轨道中单击，可以选中所有轨道中在鼠标单击位置及右边的所有轨道中的剪辑。
- 向后选择轨道工具：使用该工具在时间轴窗口的轨道中单击，可以选中所有轨道中在鼠标单击位置及左边的所有轨道中的剪辑。
- 波纹编辑工具：使用该工具，可以拖动剪辑的出点以改变剪辑的长度，而相邻剪辑的长度不变，序列的持续时间总长度会相应地改变。
- 滚动编辑工具：使用该工具在需要修剪的素材边缘拖动，可以将增加到该素材的帧数从相邻的素材中减去，序列的持续时间总长度不发生改变。
- 比率伸缩工具：使用该工具可以对剪辑的播放速率进行相应的调整，以改变剪辑的长度；主要应用在视频或音频等动态素材剪辑上；调整后，轨道中的剪辑上将显示新的播放速率变百分比。
- 剃刀工具：选择剃刀工具后，在剪辑上需要分割的位置单击，可以将该剪辑分为两段。
- 外滑工具：该工具主要用于改变动态素材剪辑的内容入点和出点，保持其在轨道中的长度不变，不影响相邻的其他剪辑，但其在序列中的开始画面和结束画面发生相应改变；选取该工具后，在轨道中的动态素材剪辑上按住并向左或向右拖动，可以使其在影片序列中的视频入点与出点向前或向后调整；同时，在节目监视器窗口中也将同步显示对其入点与出点的修剪变化。
- 内滑工具：使用该工具，可以保持当前所操作剪辑的持续时间不变，改变其在时间线窗口中的位置，同时调整相邻剪辑的入点和出点。在节目监视器窗口中也将同步显示对其入点与出点的修剪变化。
- 钢笔工具：该工具主要用于绘制自由形状的矢量图形，创建的矢量图形将自动在时间轴窗口中生成剪辑。钢笔工具还可以对剪辑中编辑的动画进行关键帧的添加或路径调整。
- 矩形工具：该工具主要用于绘制矩形矢量图形，在按住 Shift 键的同时，可以绘制出正方形。
- 椭圆工具：该工具主要用于绘制椭圆形矢量图形，在按住 Shift 键的同时，可以绘制出圆形。
- 手形工具：该工具主要用于拖动时间轴窗口中的可视区域，以方便编辑较长的剪辑或序列；同时，在监视器窗口中的画面显示比例被放大时，也可以使用该工具来调整窗口的显示范围。

- 缩放工具：该工具用来调整时间轴窗口中时间标尺的单位比例。默认为放大模式，在按住 Alt 键的同时单击，则变为缩小模式。
- 文字工具：该工具在节目监视器窗口中创建水平文字，创建的文字图形将自动在时间轴窗口中生成剪辑。打开“基本图形”面板的“编辑”标签，可以对文字的显示属性进行设置。
- 垂直文字工具：该工具在节目监视器窗口中创建竖排的垂直文字。

2.3.2 效果面板

效果面板集合了音频特效、音频过渡、视频特效和视频切换的功能，可以很方便地为时间轴窗口中的剪辑添加特效，如图 2-69 所示。

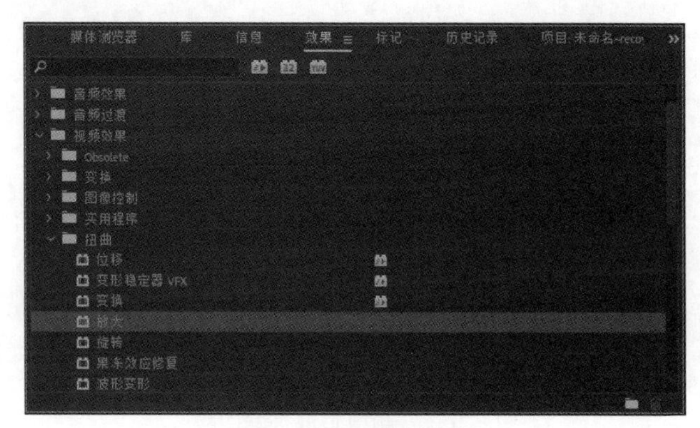

图2-69 效果面板

2.3.3 效果控件面板

效果控件面板用于设置添加到剪辑中的特效，默认状态下，显示了运动、不透明度和时间重映射等基本属性；在添加了过渡特效、视频 / 音频特效后，会在其中显示对应的具体设置选项，如图 2-70 所示。

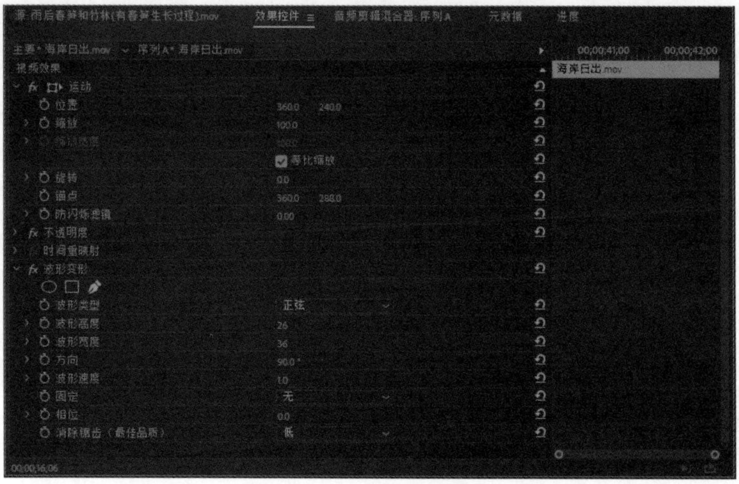

图2-70 效果控件面板

2.3.4 音频剪辑混合器面板

音频剪辑混合器面板主要是对音频文件进行各项处理，实现混合多个音频、调整增益等多种针对音频的编辑操作，如图 2-71 所示。

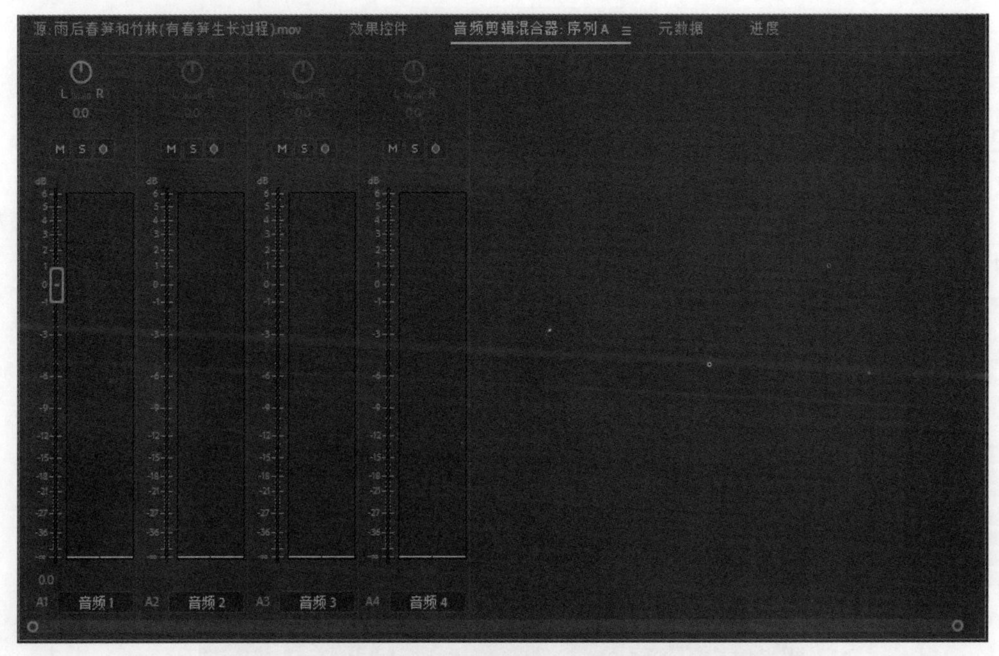

图2-71 音频剪辑混合器面板

2.3.5 历史记录面板

历史记录面板记录了从建立项目开始以来所进行的所有操作，如图 2-72 所示。如果在操作中执行了错误的操作，或需要回复到数个操作之前的状态，就可以单击历史记录面板中记录的相应操作名称，返回到错误操作或多个操作之前的编辑状态。

图2-72 历史记录面板

2.3.6 信息面板

信息面板显示了目前所选中对象的文件名、媒体类型、应用位置、持续时间等信息，如图 2-73 所示。

图2-73　信息面板

第3章

影视编辑工作流程实战

了解并熟悉在 Premiere Pro 中进行影视内容编辑制作的工作流程，可以为以后的学习或工作中形成清晰的步骤思路，有条不紊地推进各个工作环节，提高工作效率。本章将通过一个具备各种基本元素、应用多种视频编辑功能的实例制作，对在 Premiere 中进行影片创作的完整流程进行实践。

学习重点

- 了解在 Premiere Pro 中进行影视编辑制作的基本工作流程
- 掌握导入素材文件的几种方法
- 掌握视频过渡和视频特效的运用方法
- 掌握音频素材的添加方法
- 掌握将编辑完成的项目文件输出成视频影片的方法

在 Premiere Pro 中进行影视编辑的基本工作流程主要包括以下工作环节：确定主题，计划制作方案→收集整理素材，并对素材进行适合编辑需要的处理→创建影片项目，新建指定格式的合成序列→导入准备好的素材文件→对素材进行编辑处理→在序列的时间轴窗口中编排素材的时间位置、层次关系→为时间轴窗口中的素材剪辑添加并设置过渡效果、视频特效→编辑影片标题文字、字幕→加入需要的音频素材，并编辑音频效果→预览编辑好的影片效果，对需要调整的部分进行修改→渲染输出影片。

下面通过一个视频电子相册影片的制作，来学习使用 Premiere Pro 中进行影片编辑的工作流程。请打开本书资源包中 \Chapter 3\ 可爱的喵星人 \Export 目录下的"可爱的喵星人 .avi"文件，先欣赏一下这个影片实例的完成效果，如图 3-1 所示。

图3-1　观看影片完成效果

3.1　影片编辑的准备工作

在 Premiere Pro 中进行影视编辑的准备工作，主要包括制定编辑方案和准备素材两个方面。制作方案最好形成文字或草稿，可以罗列出影片的主题、主要的编辑环节、需要实现的目标效果、准备应用的特殊效果、需要准备的素材资源、各种素材文件和项目文件的保存路径设置等，尽量详细地在动手制作前将编辑流程和可能遇到的问题考虑全面，并提前确定实现目标效果和解决问题的办法，作为进行编辑操作时的参考指导，可以为更顺利地完成影片的编辑制作提供帮助。

素材的准备工作，主要包括图片、视频、音频以及其他相关资源的收集，并对需要的素材做好前期处理，以方便适合影片项目的编辑需要，例如修改图像文件的尺寸、裁切视频或音频素材中需要的片段、转换素材文件格式、在 Photoshop 中提前制作好需要的图像效果等，并将它们存放到电脑中指定的文件夹，以便管理和使用。

本章实例所需要的素材已准备好，并存放在本书配套资源中 \Chapter 3\ 可爱的喵星人 \Media 目录下，包括所有需要的图像素材和作为背景音乐的音频素材，如图 3-2 所示。

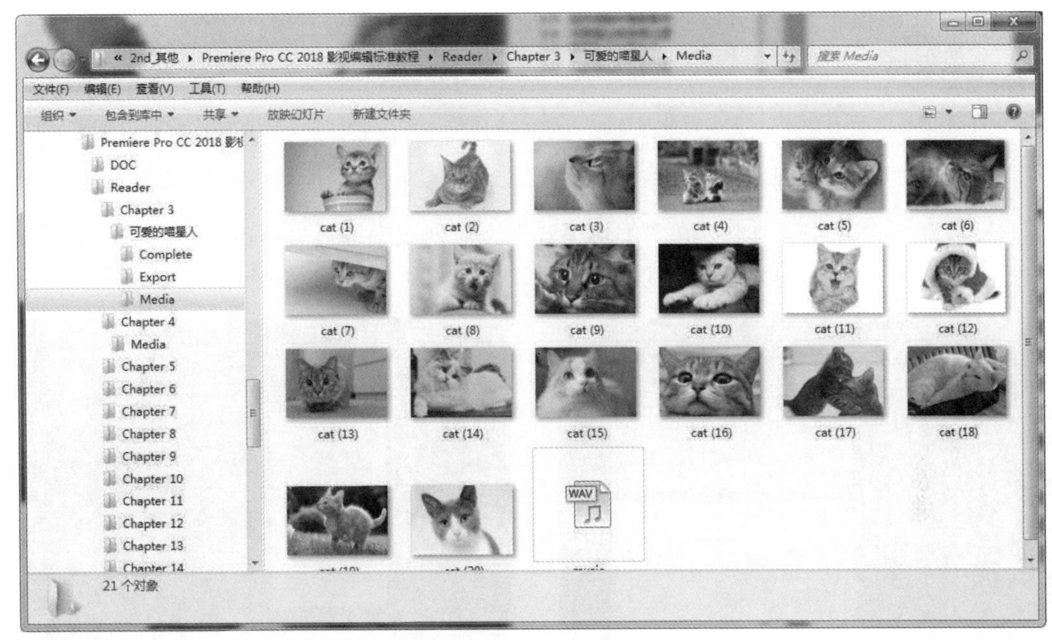

图3-2　准备好的素材文件

3.2　创建影片项目和序列

准备好需要的素材文件后，接下来就开始在 Premiere Pro 中的编辑操作，首先是需要创建项目文件和合成序列。

① 启动 Premiere Pro，在欢迎屏幕中单击“新建项目”按钮，打开“新建项目”对话框，在“名称”文本框中输入“可爱的喵星人”，然后单击“位置”后面的“浏览”按钮，在打开的对话框中，为新创建的项目选择保存路径，如图 3-3 所示。

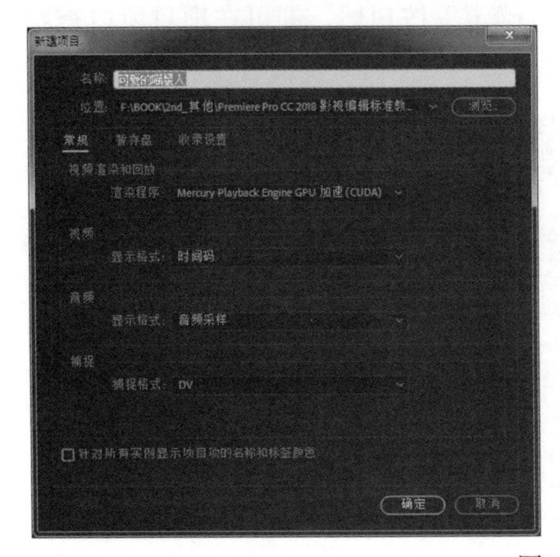

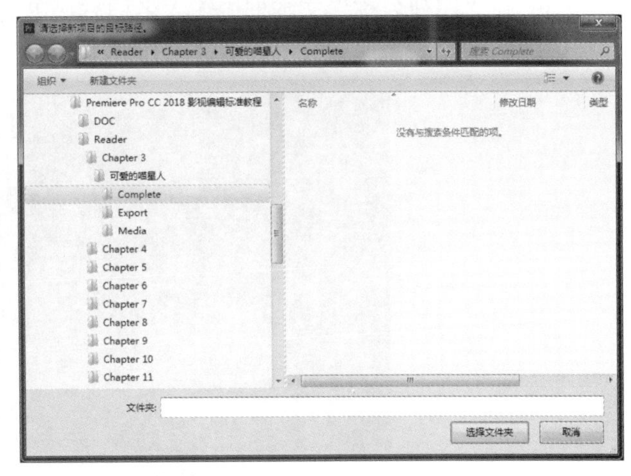

图3-3　新建项目并保存

② 在“新建项目”对话框单击“确定”按钮，进入 Premiere Pro 的工作界面。执行“文件”→“新建”→“序列”命令或按“Ctrl+N”键，打开“新建序列”对话框，在“可用预设”列表中展开 DV-NTSC 文件夹并点选“标准 48kHz”类型，如图 3-4 所示。

提示

在项目窗口中单击鼠标右键并选择“新建项目”→“序列”命令，也可以打开“新建序列”对话框。

③ 展开“设置”选项卡，在“编辑模式”下拉列表中选择“自定义”选项，然后设置“时基”参数为 25.00 帧 / 秒，如图 3-5 所示。

图3-4 “新建序列”对话框

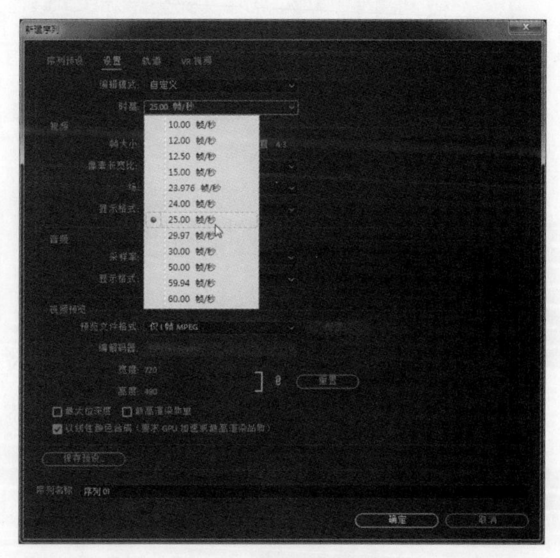

图3-5 设置序列帧频

提示

本实例中的影像素材全部为图像文件，因为静态图像素材被作为剪辑使用时，其默认的帧速率为 25.00 帧 / 秒，所以为了与编辑操作时的时间长度匹配，在这里为新建的序列设置同样的帧速率。在实际工作中，可根据需要进行设置。

④ 在“序列名称”文本框中输入名称后，单击“确定”按钮后，即可在项目窗口查看到新建的序列对象，如图 3-6 所示。

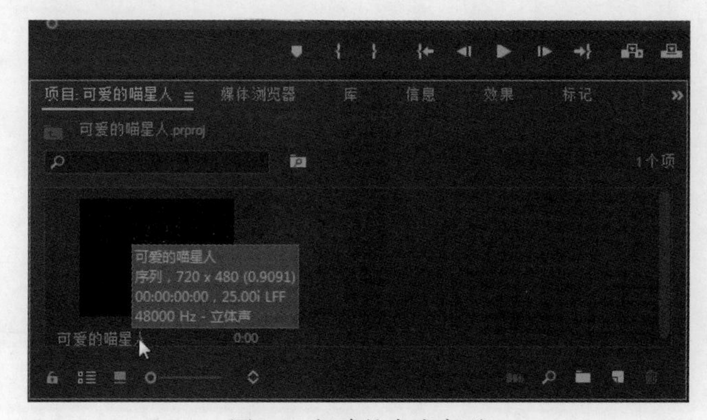

图3-6 新建的合成序列

3.3 导入准备好的素材

Premiere Pro 支持图像、视频、音频等多种类型和文件格式的素材导入，它们的导入方法都基本相同。将准备好的素材导入到项目窗口中，可以通过多种操作方法来完成。

方法一：通过命令导入。执行“文件”→“导入”命令，或在项目窗口中的空白位置单击鼠标右键并选择“导入”命令，在弹出的“导入”对话框中展开素材的保存目录，选中需要导入的素材后单击“打开”按钮，即可将所选取的素材导入到项目窗口中，如图 3-7 所示。

图3-7 导入素材文件

提示

在项目窗口文件列表区的空白位置双击鼠标左键，可以快速地打开“导入”对话框，进行文件的导入操作。

方法二：从媒体浏览器导入素材。在媒体浏览器面板中展开素材的保存文件夹，将需要导入的一个或多个文件选中，然后单击鼠标右键并选择“导入”命令，即可完成指定素材的导入，如图 3-8 所示。

图3-8 媒体浏览器面板

方法三：拖入外部素材到项目窗口中。在文件夹中将需要导入的一个或多个文件选中，然后按住并拖动到项目窗口中，即可快速地完成指定素材的导入，如图 3-9 所示。

图3-9　拖入素材文件到项目窗口中

方法四：拖入外部素材到时间轴窗口中。在文件夹中将需要导入的一个或多个文件选中，然后拖动到序列的时间轴窗口中，可以直接将素材添加到合成序列中指定的位置，如图 3-10 所示。不过，这种方式加入的素材不会自动添加到项目窗口中，如果需要多次使用加入的素材，可以将时间轴窗口中的素材剪辑按住并拖入项目窗口中保存。

图3-10　直接将素材加入时间轴窗口中

将素材导入到项目窗口中后，可以在其中对素材文件进行预览查看。单击项目窗口左下角的“切换到列表视图”按钮，可以将素材文件以列表方式显示，同时可以方便查看素材的帧速率、持续时间、尺寸大小等信息；单击项目窗口标签后面的按钮，在弹出的命令菜单中选择“预览区域”命令，可以在项目窗口的顶部显示出预览区域，方便查看所选素材的内容以及其他信息，如图 3-11 所示。

图3-11 在项目窗口中显示预览区域

3.4 对素材进行编辑处理

对于导入到项目窗口中的素材，通常需要对其进行一些修改编辑，以达到符合影片制作要求的效果。例如可以通过修改视频的入点和出点，去掉视频素材开始或结束位置多余的片段，使其在加入到序列中后刚好显示需要的部分；调整视频素材的播放速度，以及修改视频、音频、图像素材的持续时间等。

静态的图像文件，在加入到 Premiere Pro 中时，默认的持续时间为 5 秒。本实例中需要将所有图像素材的持续时间修改为 4 秒，可以通过以下操作来完成。

① 在项目窗口中用鼠标选取所有的图像素材，然后执行“剪辑”→“速度 / 持续时间”命令，或者在单击鼠标右键弹出的命令选单中选择“速度 / 持续时间”命令，如图 3-12 所示。

② 在打开的“剪辑速度 / 持续时间”对话框中，将所选图像素材的持续时间改为“00:00:04:00”，如图 3-13 所示。

图3-12 选择“速度/持续时间”命令

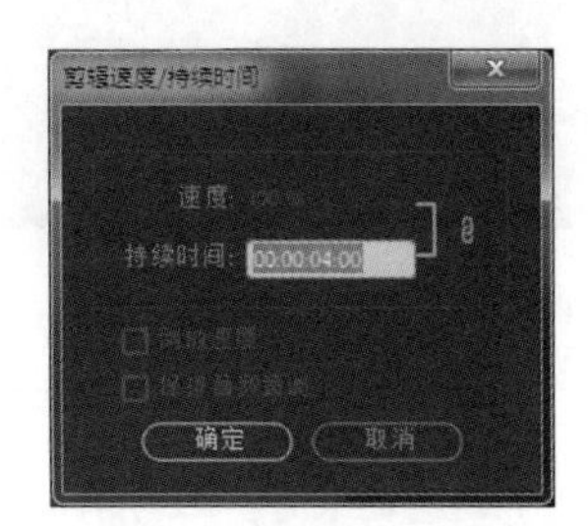

图3-13 修改持续时间

③ 单击“确定”按钮，回到项目窗口中，拖动素材文件列表下面的滑块到显示出“视频持续时间”信息栏，即可查看到所有选取的图像素材持续时间已经变成 4 秒，如图 3-14 所示。

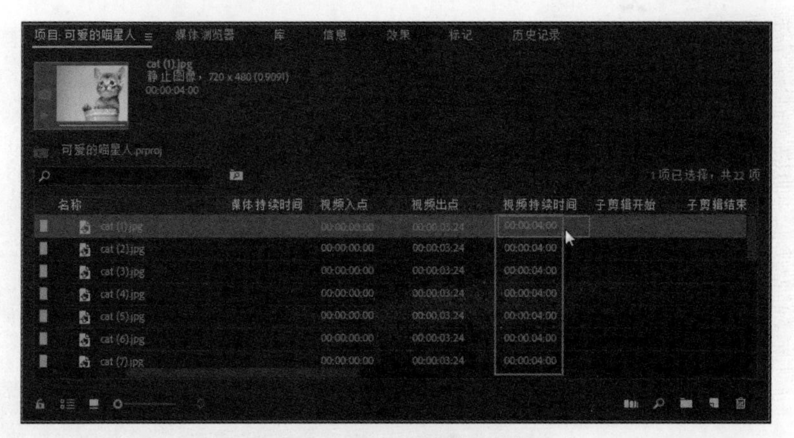

图3-14　更新的持续时间

④ 执行“文件”→“保存”命令或按“Ctrl+S”键，对编辑项目进行保存。

提示

在影片项目的编辑过程中，完成一个阶段的编辑工作后，应及时保存项目文件，以避免因为误操作、程序故障、突然断电等意外的发生带来的损失。另外，对于操作复杂的大型编辑项目，还应养成阶段性地保存副本的工作习惯，以方便在后续的操作中，查看或恢复到之前的编辑状态。

3.5　在时间轴中编排素材

完成上述准备工作后，接下来开始进行合成序列的内容编辑，将素材加入到序列的时间轴窗口中，对它们在影片中出现的时间及显示的位置进行编排，这是影片编辑工作的主要环节。

① 在项目窗口中将图像素材 cat(1).jpg 拖动到时间轴窗口中的视频 1 轨道上的开始位置，在释放鼠标后，即可将其入点对齐在 00:00:00:00 的位置，如图 3-15 所示。

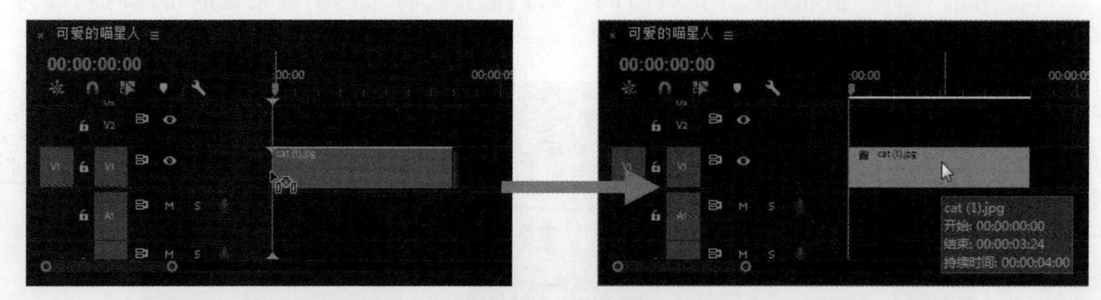

图3-15　加入素材

提示

素材剪辑在时间轴窗口中的持续时间，是指在轨道中的入点（即开始位置）到出点（即结束位置）之间的长度。但它不完全等同于在项目窗口中素材本身的持续时间，素材在被加入到时间轴窗口中时，默认的持续时间与在项目中素材本身的持续时间相同。在对时间轴窗口中的剪辑持续时间进行修剪时，不会影响项目窗口中素材本身的持续时间。对项目窗口中素材的持续时间进行修改后，将在新加入到时间轴窗口中时应用新的持续时间。并且在修改之前加入到时间轴窗口中的剪辑不受影响，在编辑操作中需要注意区别。

② 为方便查看剪辑的内容与持续时间，可以拖动轨道末尾滚动条上比例滑块调整轨道的显示高度，显示出剪辑的预览图像；拖动窗口下边的显示比例滑块头，可以调整时间标尺的显示比例，以方便清楚地显示出详细的时间位置，如图 3-16 所示。

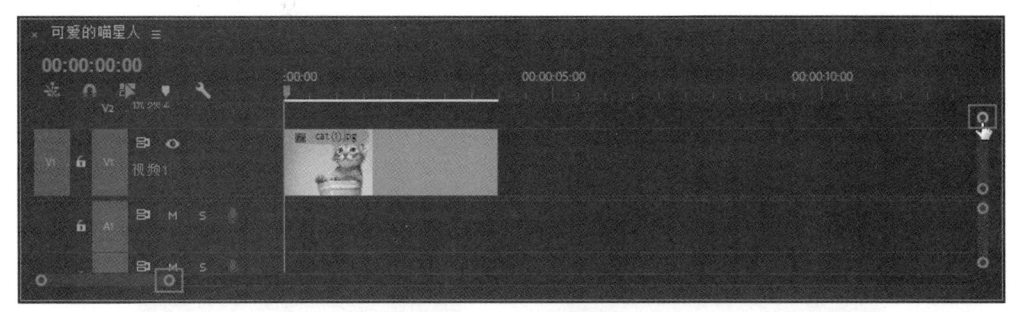

图3-16　显示预览内容

③ 按 Shift 键，在项目窗口中选中 cat(2).jpg~cat(20).jpg，然后将它们拖入到时间轴窗口中的视频 1 轨道上并对齐到 cat(1).jpg 的出点。拖动窗口下边的显示比例滑块头，调整时间标尺的显示比例，可以查看序列的完整内容，如图 3-17 所示。

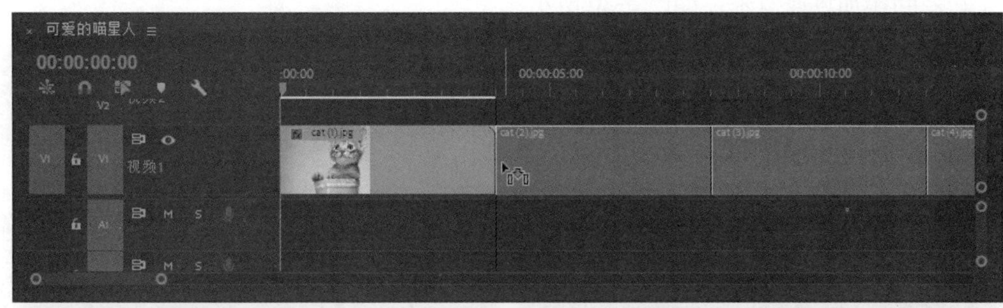

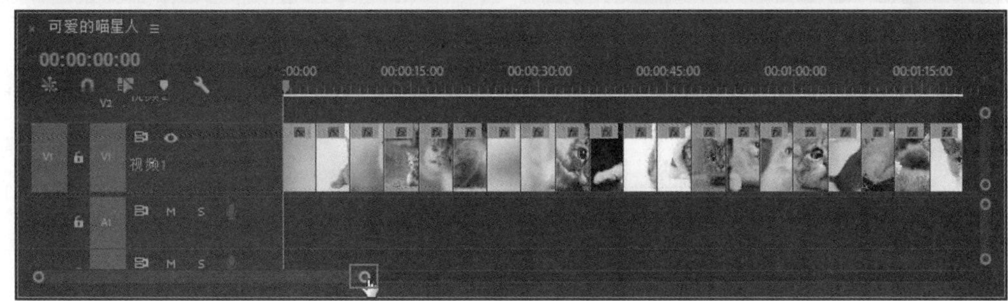

图3-17　加入所有图像素材

④ 执行“文件”→“保存”命令或按“Ctrl+S”键，对编辑项目进行保存。

3.6　为剪辑应用视频过渡

在序列中的剪辑之间添加视频过渡效果，可以使剪辑间的播放切换更加流畅、自然，富有动感。在“效果”面板中展开“视频过渡”文件夹并打开需要的视频过渡类型文件夹，然后将选取的视频过渡效果拖动到时间轴窗口中相邻的剪辑之间即可。

① 执行“窗口”→“效果”命令或按“Shift+7”键，打开“效果”面板，单击“视频过渡”文件夹前面的卷展按钮，将其展开，如图 3-18 所示。

② 单击“划像”文件夹前的卷展按钮，将其展开并选择“交叉划像”效果，如图 3-19 所示。

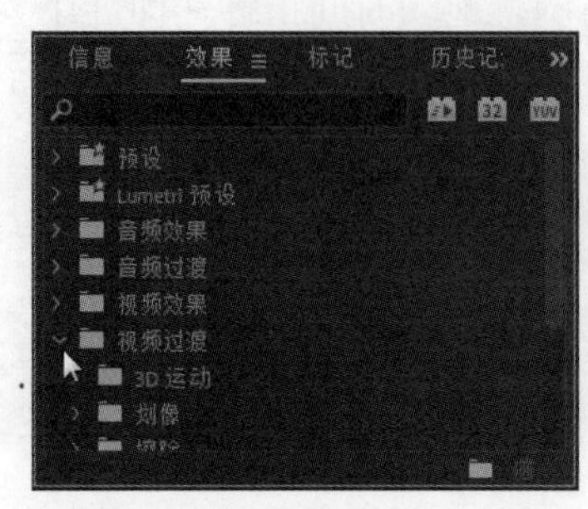

图3-18 打开“视频过渡”文件夹

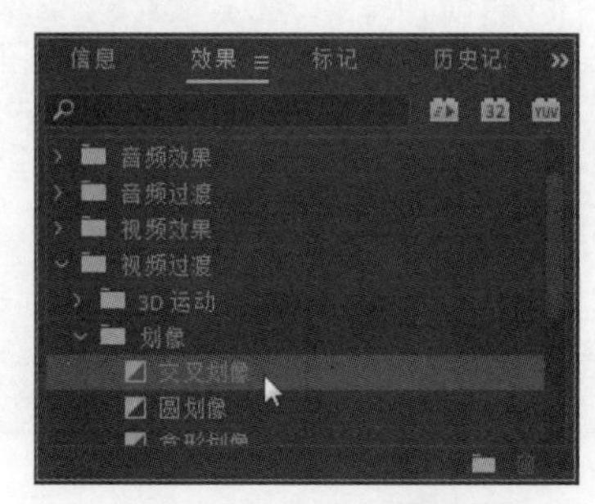

图3-19 选取过渡效果

③ 按“+”键放大时间轴窗口中时间标尺的单位比例，将“交叉划像”过渡效果拖动到时间轴窗口中剪辑 cat(1).jpg 和 cat(2).jpg 相交的位置，在释放鼠标后，即在它们之间添加过渡效果，如图 3-20 所示。

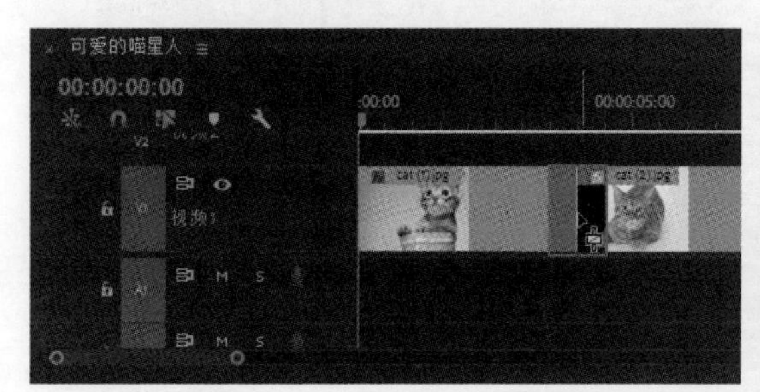

图3-20 添加过渡效果

④ 执行“窗口”→“效果控件”命令或按“Shift+5”键，打开“效果控件”面板，设置过渡效果发生在剪辑之间的对齐方式为“中心切入”，如图 3-21 所示。

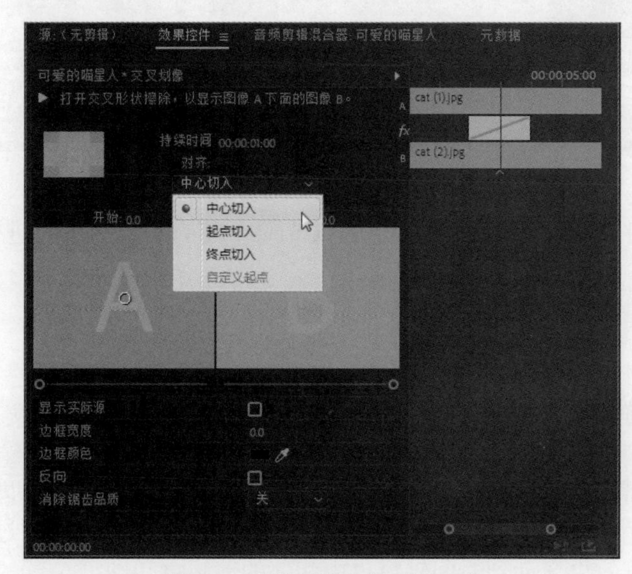

图3-21 设置过渡效果对齐方式

提示

过渡效果的“中心切入”对齐方式，是指过渡动画的持续时间在两个剪辑之间各占一半；“起点切入”是指在前一剪辑中没有过渡动画，在后一剪辑的入点位置开始；“终点切入”则是过渡动画全部在前一剪辑的末尾。

5 在时间轴窗口中添加了过渡效果的时间位置拖动时间指针，即可在节目监视器窗口中查看到应用的画面过渡切换效果，如图 3-22 所示。

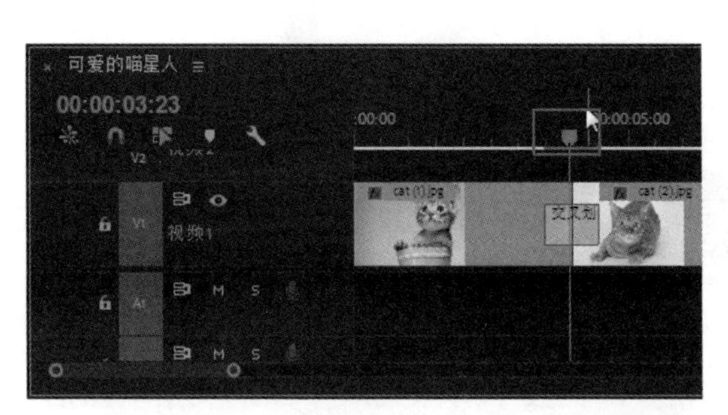

图3-22 预览过渡效果

6 使用同样的方法，为视频 1 轨道中的其余剪辑的相邻位置添加不同的切换效果，并将所有过渡动画的对齐方式设置为“中心切入”，完成效果如图 3-23 所示。

图3-23 完成过渡效果的添加

7 执行“文件”→“保存”命令或按“Ctrl+S”键，对编辑项目进行保存。

3.7 编辑影片标题文字

文字是基本的信息表现形式，在 Premiere Pro 中，可以用多种方式创建不同类型的字幕图像。在本实例中，以为影片添加标题文字的操作，介绍创建文字的基本方法。

1 在时间轴窗口中将时间指针移动到开始位置，然后选取“工具”面板中的“文字工具” T，在节目监视器窗口中输入标题文字，如图 3-24 所示。

图3-24　输入标题文字

② 打开“基本图形”面板并展开“编辑”标签，在文字对象列表中点选文字对象后，在下面的“文本”窗格中为标题文字设置合适的字体和字号大小。在“工具”面板中选取“选择工具”，将文字图形移动到画面的左上方，如图 3-25 所示。

图3-25　编辑标题文字

③ 单击“外观”窗格中“填充”选项前的色块，在弹出的拾色器窗口中，将文字的颜色设置为红色，如图 3-26 所示。

④ 勾选下面的“描边”复选框，为文字设置宽度为 10 的白色描边，如图 3-27 所示。

⑤ 勾选下面的“阴影”复选框，为文字设置阴影颜色为暗红色、不透明度为 50%，边缘模糊为 10 的阴影，如图 3-28 所示。

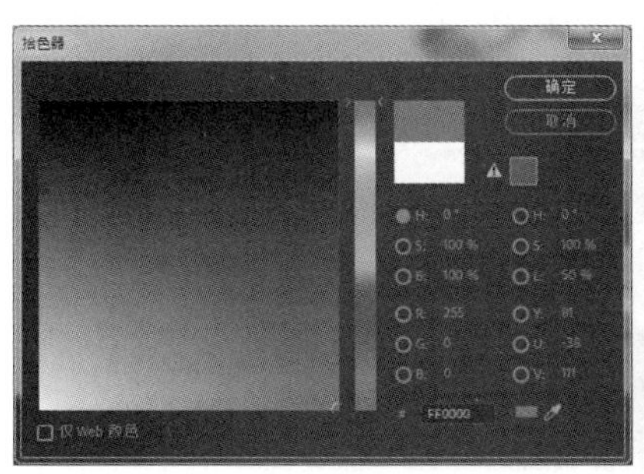

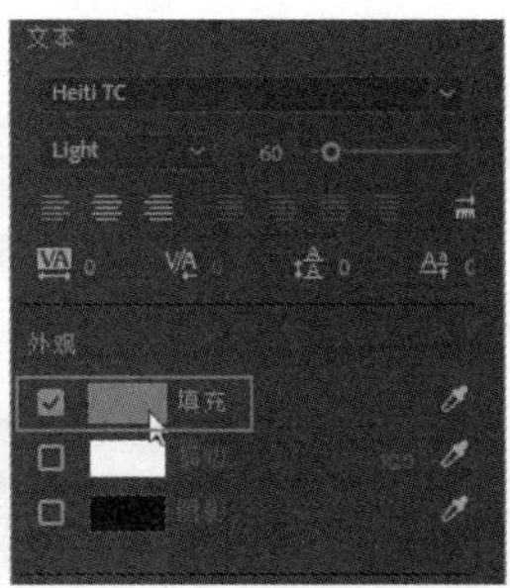

图3-26　设置文字颜色

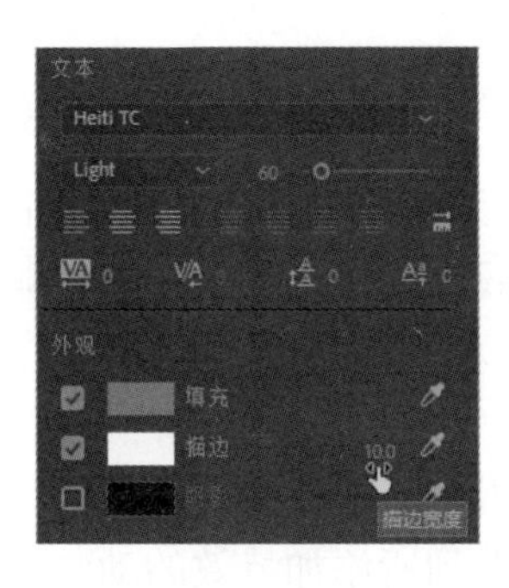

图3-27　设置文字描边

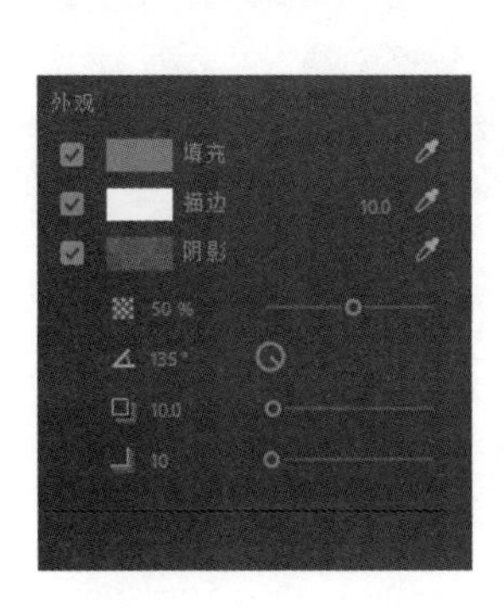

图3-28　设置文字阴影

⑥ 将鼠标移动到视频 2 轨道中文字图形剪辑的末尾，在鼠标指针改变形状为状态时，按住鼠标左键并向右拖动，延长剪辑的持续时间到与视频 1 轨道中的图像结束位置对齐，如图 3-29 所示。

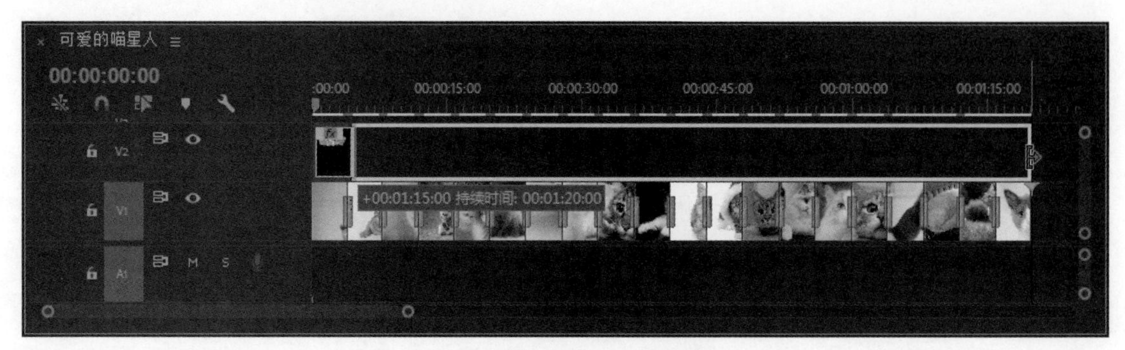

图3-29　延长剪辑的持续时间

⑦ 执行“文件”→“保存”命令或按“Ctrl+S”键，对编辑项目进行保存。

3.8　为剪辑应用视频效果

在 Premiere Pro 中提供了类别丰富，效果多样的视频特效命令，可以为影像画面编辑出各种变化效果。这里以为添加的影片标题文字应用变形动画效果为例，了解一下视频效果的添加与设置方法。

① 在“效果”面板中展开“视频效果”文件夹，打开“扭曲”文件夹并点选“波形变化”效果，将其拖动到时间轴窗口中的文字图形剪辑上，为其应用该特效。此时在文字图形剪辑的时间范围内拖动时间指针，即可查看到所添加特效的动画效果，如图 3-30 所示。

图3-30　预览特效的动画效果

② 打开“效果控件”面板，在“波形变形”效果的参数选项中，将“波形宽度”修改为 75,“波形速度”为 0.5,保持其他选项的默认参数,使波形动画变得柔和缓慢一些，如图 3-31 所示。

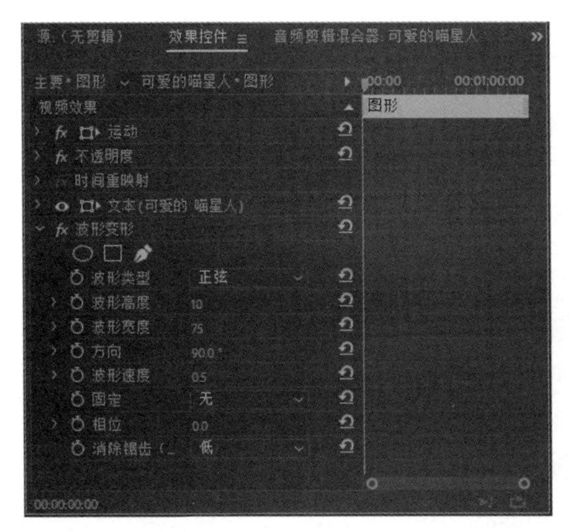

图3-31 设置效果参数

③ 执行“文件”→“保存”命令或按“Ctrl+S”键，将项目保存。

3.9 为影片添加音频内容

接下来为影片添加背景音乐，提升影片的整体表现力。音频素材的添加与编辑方法与图像素材基本相同。

① 在项目窗口中双击导入的音频素材 music.mav，将其在源监视器窗口中打开，如图 3-32 所示。

② 在源监视器窗口中拖动时间指针，或单击播放控制栏中的“播放 - 停止切换”按钮 ▶，可以播放预览音频的内容，如图 3-33 所示。

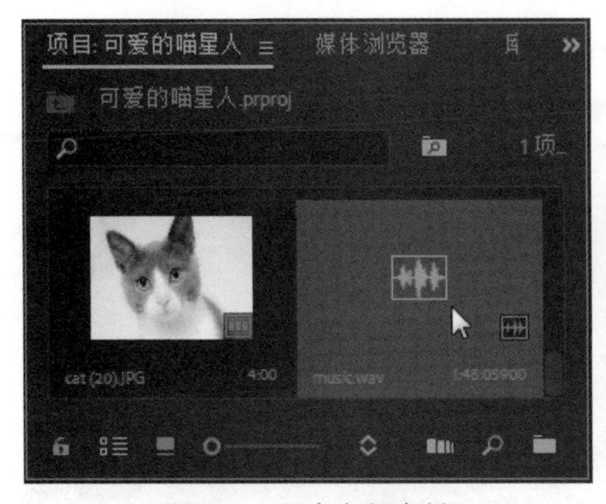

图3-32 双击音频素材

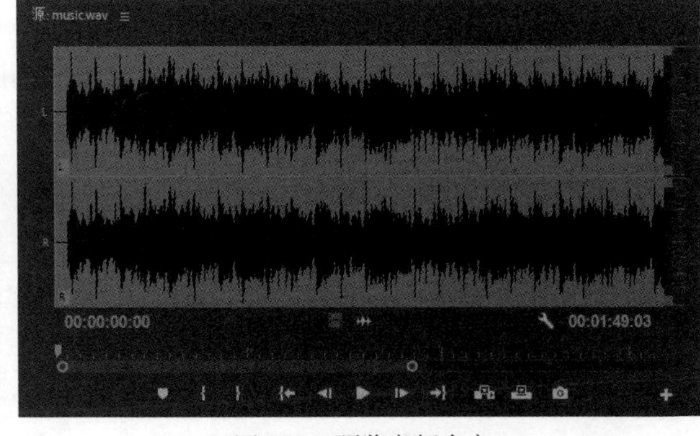

图3-33 预览音频内容

③ 在播放预览音频素材的时候可以发现，在音频素材开始的 1 秒左右的时间里是没有音乐的（即音频波谱为水平线的部分），这里可以调整其入点时间，使其在加入到时间轴窗口中时，从 1 秒以后有音乐的位置开始播放：拖动时间指针到 00:00:01:00 的位置，然后单击播放控制栏中的“标记入点”按钮 { ，将音频素材的入点调整到从该位置开始，如图 3-34 所示。

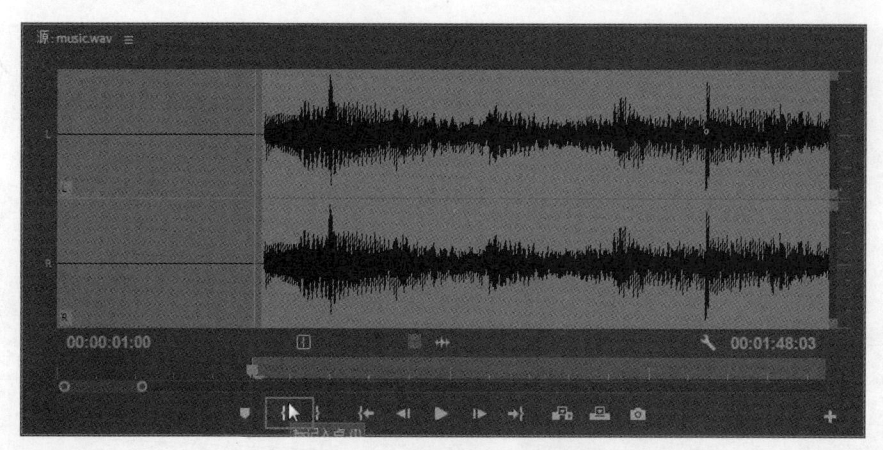

图3-34　设置音频素材的入点

④ 将时间轴窗口中的时间指针定位在开始的位置，然后按下源监视器窗口中播放控制栏中的“覆盖”按钮，将其加入到时间轴窗口的音频1轨道中，或者直接从项目窗口中将处理好了的音频素材拖入需要的音频轨道中，如图3-35所示。

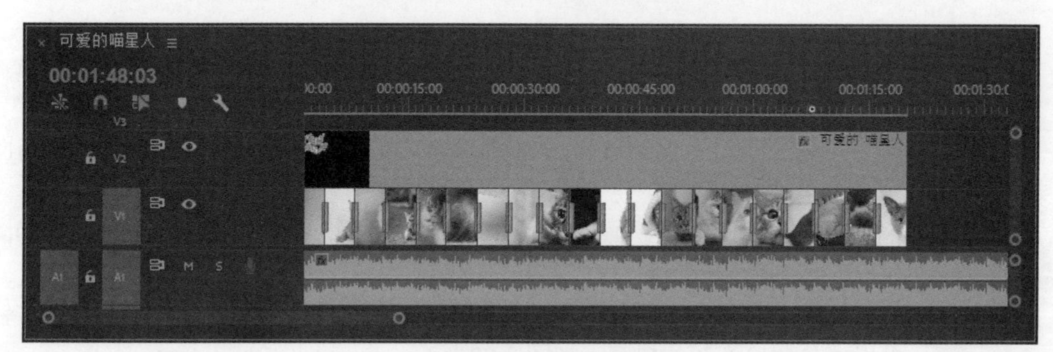

图3-35　加入音频素材

⑤ 在工具面板中选择“剃刀工具”，在音频轨道上对齐视频轨道中的结束位置按下鼠标左键，将音频剪辑切割为两段，然后用“选择工具”将后面的多余部分点选并删除，如图3-36所示。

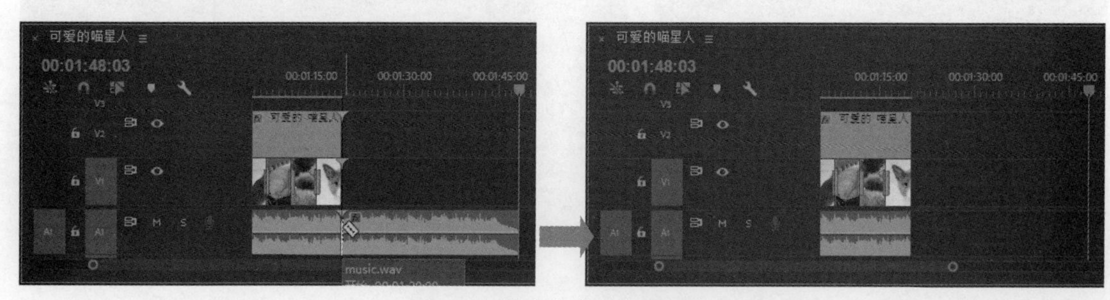

图3-36　剪除多余的音频部分

⑥ 在时间轴窗口中，将时间指针定位到结束位置并增加时间标尺的显示比例；打开“效果”面板，展开“音频过渡”中的“交叉淡化”文件夹，选择“恒定功率”效果并添加到音频剪辑的末尾，为其设置音量逐渐降低到静音的淡出效果，如图3-37所示。

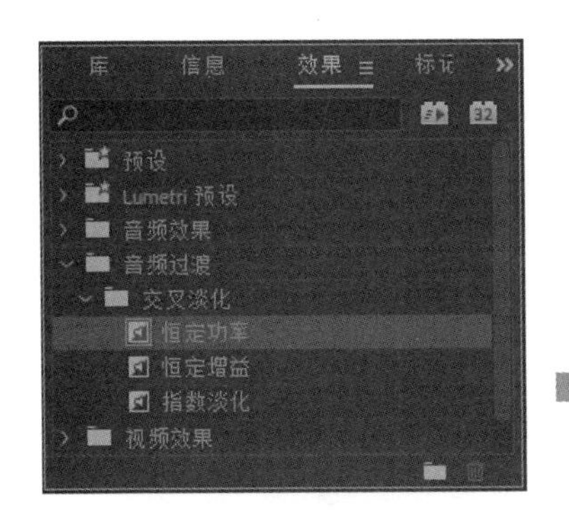

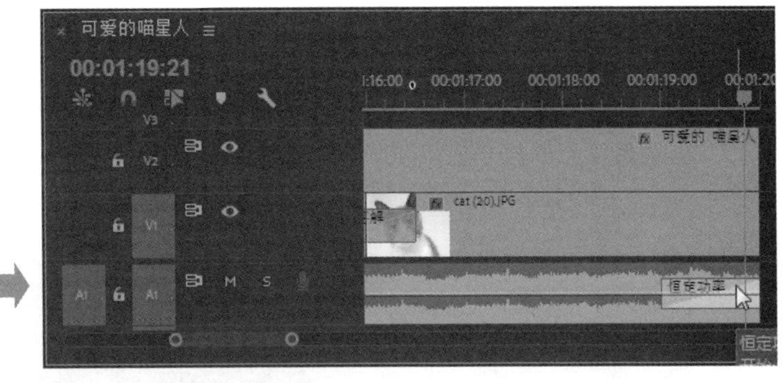

图3-37 添加音频过渡

⑦ 执行“文件”→“保存”命令或按“Ctrl+S”键，对编辑项目进行保存。

3.10 预览编辑完成的影片

完成对所有素材剪辑的编辑工作后，需要对影片进行预览播放，对编辑效果进行检查，及时处理发现的问题，或者对不满意的效果根据实际情况进行修改调整。

① 在时间轴窗口或节目监视器窗口中，将时间指针定位在开始位置，单击节目监视器窗口中的“播放 - 停止切换”按钮▶或按下键盘上的空格键，对编辑完成的影片进行播放预览，如图 3-38 所示。

图3-38 播放预览

② 执行“文件”→“保存”命令或按“Ctrl+S”键，对编辑好的项目进行保存。

3.11 将项目输出为影片文件

影片的输出是指将编辑好的合成序列渲染输出成视频文件的过程。

① 在项目窗口中点选编辑好的序列，执行“文件”→“导出”→“媒体”命令，打开“导出设置”对话框，在预览窗口下面的“源范围”下拉列表中选择“整个序列”。

② 在“导出设置”选项中勾选“与序列设置匹配”复选框，应用序列的视频属性输出影片；单击“输出名称”后面的文字按钮，打开“另存为”对话框，在对话框中为输出的影片设置文件名和保持位置，单击“保存”按钮，如图3-39所示。

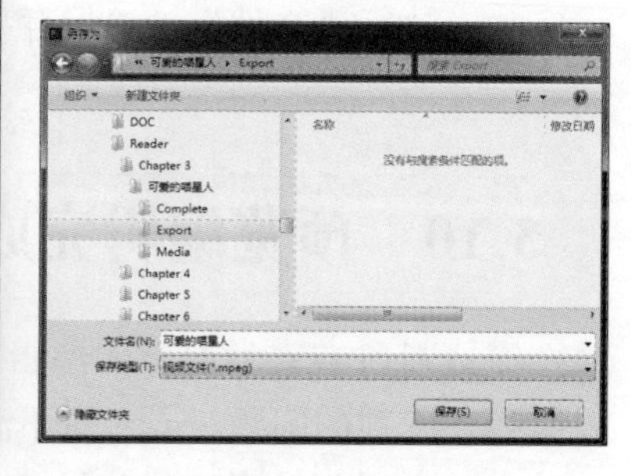

图3-39　设置影片导出选项

③ 保持其他选项的默认参数，单击“导出”按钮，Premiere Pro将打开导出视频的编码进度窗口，开始导出视频内容，如图3-40所示。

图3-40　影片输出进程

④ 影片输出完成后，使用视频播放器播放影片的完成效果，如图3-41所示。

图3-41　欣赏影片完成效果

第4章 素材的管理与编辑

本章主要介绍 Premiere Pro 在视频处理过程中，如何导入素材，以及对素材进行编辑的具体操作。通过本章的学习，读者可以根据需要搜集不同的素材来使自己的作品更加完美。

学习重点

- 了解并熟练掌握导入各种素材的方法
- 了解查看素材内容的方法，以及掌握使用素材箱管理素材的方法
- 掌握素材的在源监视器、节目监视器窗口以及时间轴窗口中的编辑方法

4.1 素材的导入设置

使用 Premiere Pro 在进行视频编辑之前，首先要将所需的素材导入到 Premiere 的项目窗口中。静态图像、视频文件和音频素材是在 Premiere 中进行影视编辑所应用的基本素材类型，这些素材的导入方法比较简单。在导入 PSD、序列图像等特殊类型的素材文件时，根据素材文件自身的媒体特点，也有不同的对应设置。

4.1.1 导入PSD分层素材

对于 PSD、AI 等可以包含多个图层图像的分层文件，在导入到 Premiere Pro 中时，可以选择对文件中的多个图层进行不同形式的导入。

① 在项目窗口中双击鼠标左键，在打开的“导入”对话框中，选择本书配套实例光盘中 \Chapter 4\Media 目录下的 SHOE.psd 文件，如图 4-1 所示。

② 单击“打开”按钮后，在弹出的“导入分层文件”对话框中，根据需要设置导入选项，如图 4-2 所示。

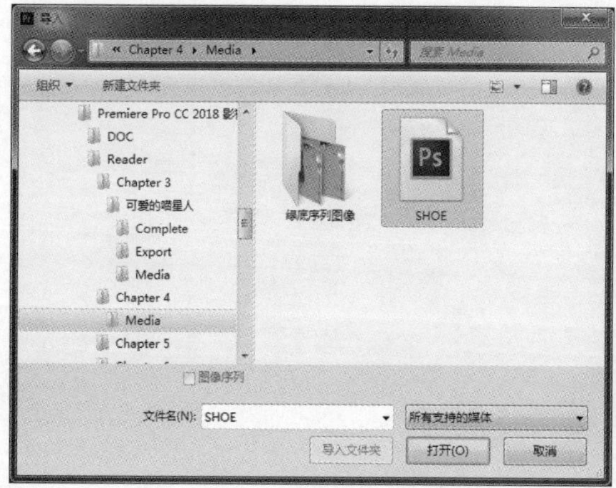

图4-1 选择PSD文件

图4-2 “导入分层文件”对话框

- 合并所有图层：将分层文件中的所有图层合并，以单独图像的方式导入文件，导入到项目窗口中的效果如图 4-3 所示。
- 合并的图层：选择该选项后，下面的图层列表变为可以选择，取消勾选不需要的图层，然后单击“确定”按钮，将勾选的图层合并在一起并导入到项目窗口中，如图 4-4 所示。
- 各个图层：选择该选项后，下面的图层列表变为可以选择；保留勾选的每个图层都将作为一个单独素材文件被导入；在下面的“素材尺寸”下拉列表中，可以选择各图层的图像在导入时是保持在原图层中的大小，还是自动调整到适合当前项目的画面大小；导入后的各图层图像，将自动被存放在新建的素材箱中，并以“图层名称 / 文件名称”的方式命名显示；双击其中一个图层图像，可以单独对其进行查看，如图 4-5 所示。

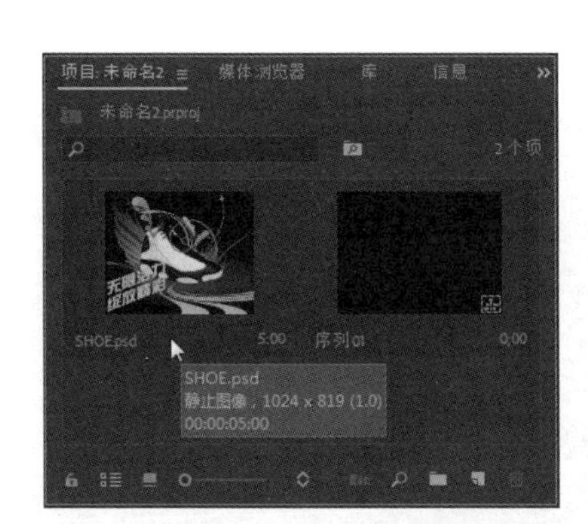

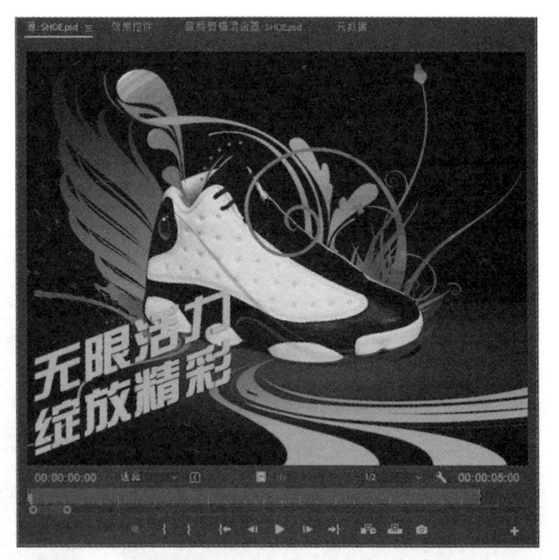

图4-3　以“合并所有图层”方式导入

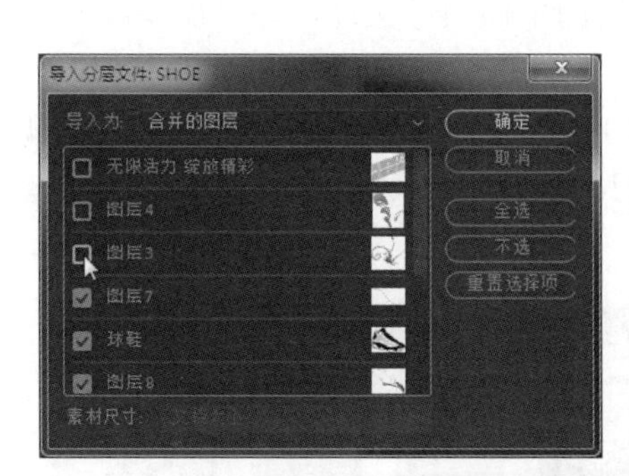

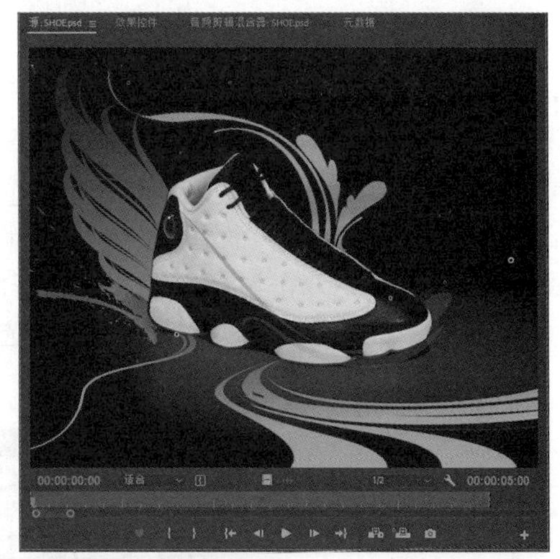

图4-4　以“合并的图层”方式导入

图4-5　以“各个图层”方式导入

- 序列：选择该选项后，下面的图层列表变为可以选择；保留勾选的每个图层都将作为一个单独素材文件被导入；单击“确定”按钮后，将以该分层文件的图像属性创建一个相同尺寸大小的序列合成，并按照各图层在分层文件中的图层顺序生成对应内容的视频轨道，如图 4-6 所示。

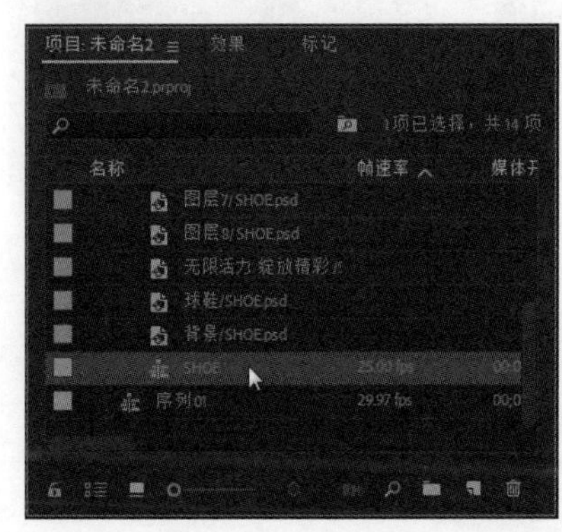
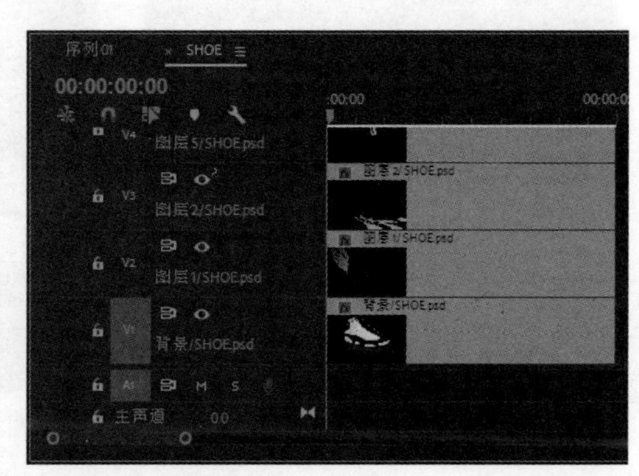

图4-6　以“序列”方式导入

4.1.2　导入序列图像素材

序列图像通常是指一系列在画面内容上有连续的单帧图像文件，并且需要以连续数字序号作为文件名。在以序列图像的方式将其导入时，可以作为一段动态图像素材使用。

① 在项目窗口中双击鼠标左键，在打开的“导入”对话框中，打开本书资源包中\Chapter 4\Media\绿底序列图像，点选其中的第一个图像文件并勾选对话框下面的“图像序列”选项，如图 4-7 所示。

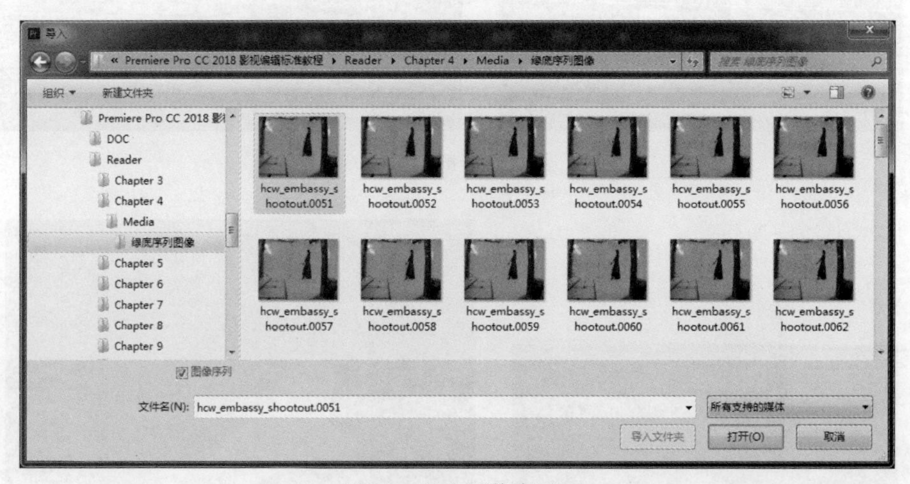

图4-7　导入图像序列

② 单击“打开”按钮，将序列图像文件导入到项目窗口中，即可看见导入的素材将以视频素材的形式被加入到项目窗口中，如图 4-8 所示。

③ 在项目窗口中双击导入的序列图像素材，可以在打开的源监视器窗口中预览播放其动画内容，如图 4-9 所示。

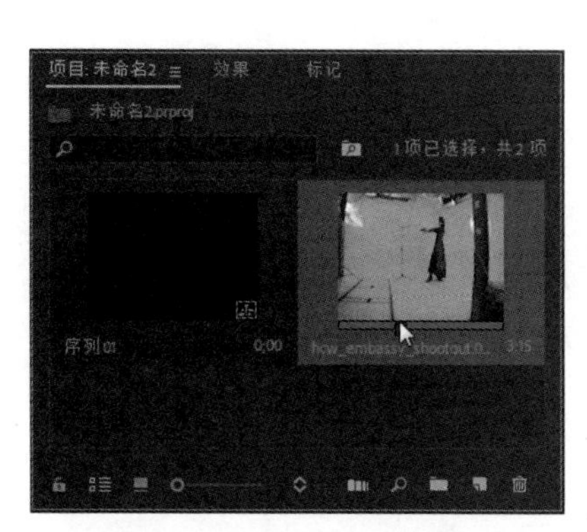

图4-8　导入的序列图像素材

图4-9　预览素材内容

提示

有时候准备的素材文件是以连续的数字序号命名，在选择其中一个进行导入时，将会被自动作为序列图像导入。如果不想以序列图像的方式将其导入，或者只需要导入序列图像中的一个或多个图像，可以在“导入”对话框中取消对“图像序列”复选框的勾选，再执行导入即可。

4.2　素材的管理

对素材的管理操作，主要在项目窗口中进行，包括对素材文件进行重命名、自定义素材标签色、创建文件夹进行分类管理等。

4.2.1　查看素材属性

查看素材的属性可以通过多种方法来完成，不同的方法可以查看到的信息也不同。

方法一：在项目窗口中的素材剪辑上单击鼠标右键并选择“属性”命令，可以弹出“属性”面板，显示出当前所选素材的详细文件信息与媒体属性，如图 4-10 所示。

图4-10　“属性”面板

方法二：在项目窗口中将素材文件以列表视图方式显示，用鼠标拉宽窗口，可以显示出素材的其他信息，例如素材的帧速率、持续时间、入点与出点、尺寸大小等媒体属性，如图 4-11 所示。

名称	帧速率	媒体开始	媒体结束	媒体持续时间	视频入点	视频出点	视频持续时间	视频信息	音频信息
hcw_embassy_shootout.005	25.00 fps	00:00:00:00	00:00:03:14	00:00:03:15	00:00:00:00	00:00:03:14	00:00:03:15	960 x 720 (1.0)	
序列01	29.97 fps	00;00;00;00	23;00;00;01	00;00;00;00	00;00;00;00	23;00;00;01	00;00;00;00	720 x 480 (0.9091)	48000 Hz - 立体声
5110b883a171d.jpg					00:00:00:00	00:00:04:24	00:00:05:00	1920 x 1200 (1.0)	
56935a2015c61.jpg					00:00:00:00	00:00:04:24	00:00:05:00	1280 x 1024 (1.0)	
白马湖.avi	29.97 fps	00:00:00:00	00:00:31:29	00:00:32:00	00:00:00:00	00:00:31:29	00:00:32:00	1280 x 720 (1.0)	44100 Hz - 16 位 - 立

图4-11　查看素材元数据

4.2.2　对素材重命名

导入到项目窗口中的素材文件，只是与其源文件建立了链接关系。对项目窗口中的素材进行重命名，可以方便在操作管理中进行识别，不会影响素材原本的文件名称。点选项目窗口中的素材对象后，执行“剪辑”→“重命名”命令或按下 Enter 键，在素材名称变为可编辑状态时，输入新的名称即可，如图 4-12 所示。

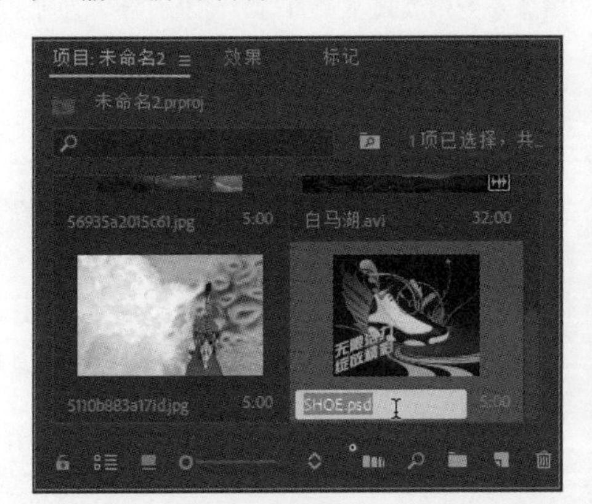

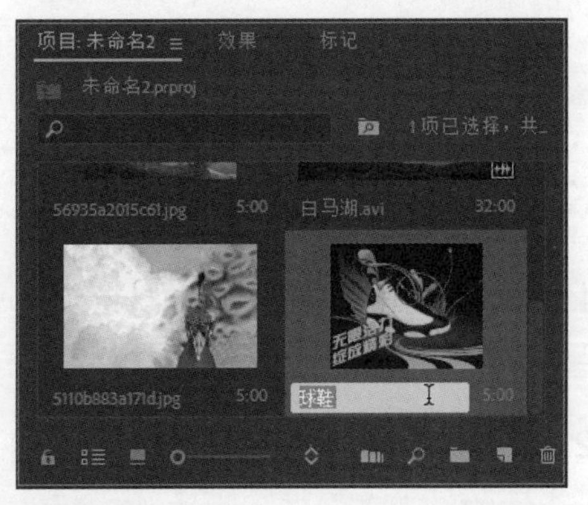

图4-12　对素材进行重命名

加入到序列中的素材，即成为一个素材剪辑，也是与项目窗口中的素材处于链接关系。加入到序列中的素材剪辑，将与当时该素材在项目窗口中的名称显示剪辑名称。对素材进行重命名后，之前加入到序列中的素材剪辑不会因为素材名称的修改而自动更新，如图 4-13 所示。

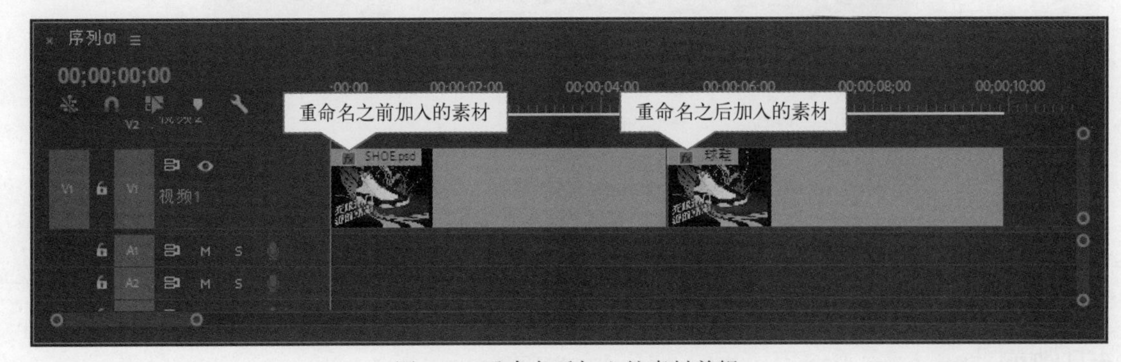

图4-13　重命名后加入的素材剪辑

点选时间轴窗口中的剪辑后，执行“剪辑”→“重命名”命令，在弹出的“重命名剪辑”对话框中，可以为该剪辑进行单独的重命名，可以更方便在进行序列内容编辑时的对象区分。同样，对剪辑的重命名也不会对项目窗口中的源素材产生影响，如图 4-14 所示。

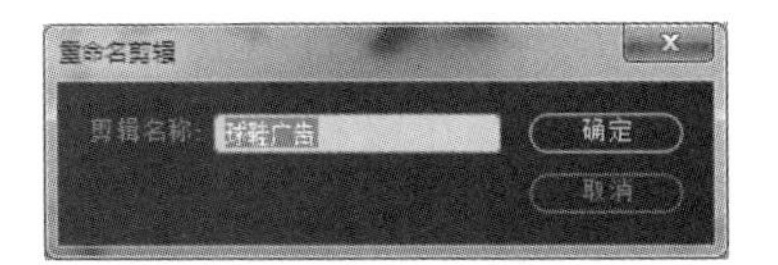

图4-14 “重命名剪辑”对话框

4.2.3 自定义标签颜色

默认情况下，程序会根据素材的媒体类型在项目窗口中为其应用对应的标签颜色，以方便直观地区别素材类型。不过，程序也允许用户根据实际需要重新指定素材的标签颜色：在素材对象上单击鼠标右键，在弹出的命令选单中展开“标签”子菜单并选择需要的颜色，即可为所选素材应用新的标签颜色，如图 4-15 所示。

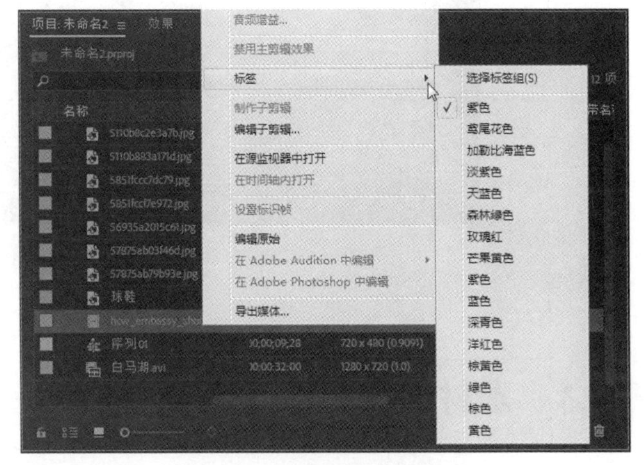

图4-15 修改素材的标签颜色

4.2.4 新建素材箱对素材进行分类管理

在导入了大量的素材文件后，可以通过新建素材箱并按照一定的规则为素材箱进行命名，例如按素材类型、按所应用的序列等方式，将素材科学合理地进行分类存放，以方便编辑时选取使用。

单击项目窗口下方工具栏中的“新建素材箱”按钮，在项目窗口中创建素材箱；为素材箱设置合适的名称后，将需要移入其中的素材按住并拖动到素材箱图标上即可，如图 4-16 所示。

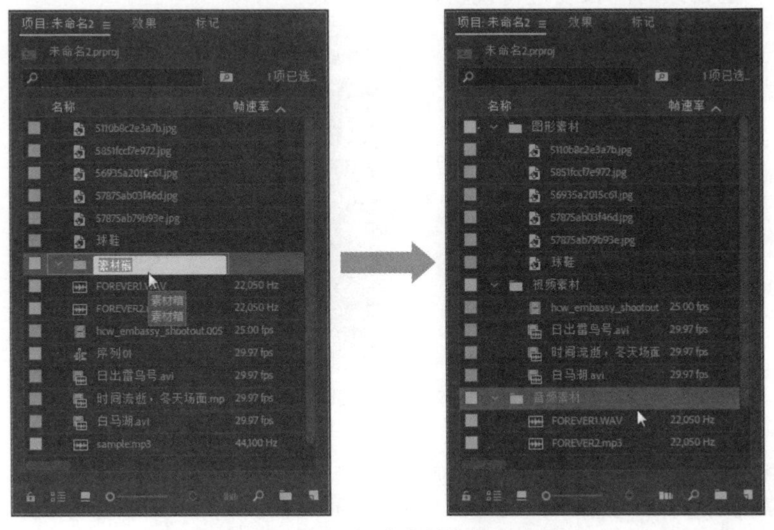

图4-16 通过新建素材箱管理素材

双击素材箱对象，可以打开其内容窗口，可以在其中执行新建项目、导入或创建新素材箱的操作。在素材箱的工作窗口中单击搜索栏上方的按钮，可以返回到上一级素材文件夹，如图 4-17 所示。

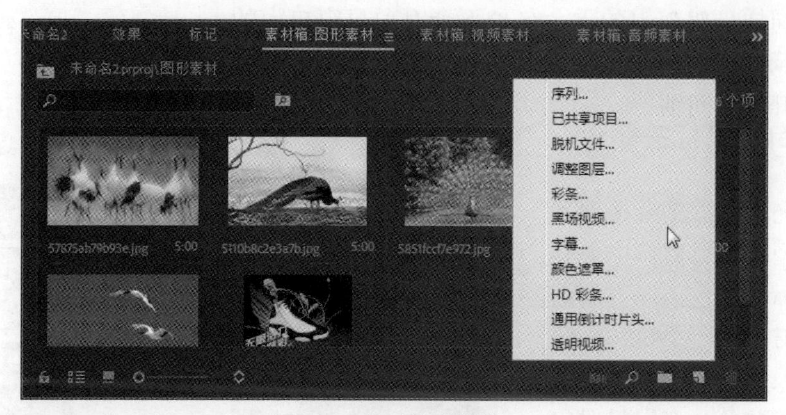

图4-17 打开的素材箱

4.3 素材的编辑处理

将所需要的素材导入到项目窗口中以后，接下来的工作就是对素材进行编辑了。下面将介绍对影片项目中的素材进行编辑处理的各种操作。

4.3.1 设置素材的速度及持续时间

在 Premiere 中导入的图像素材，在加入到时间轴窗口中时，默认的持续时间长度为 5 秒。要对项目窗口中的图像素材进行持续时间长度的修改，可以先选中该素材，然后按下鼠标右键，从弹出的菜单中选择“速度 / 持续时间”命令，即可在打开的“剪辑速度 / 持续时间”对话框中对素材的持续时间长度进行设置，如图 4-18 所示。

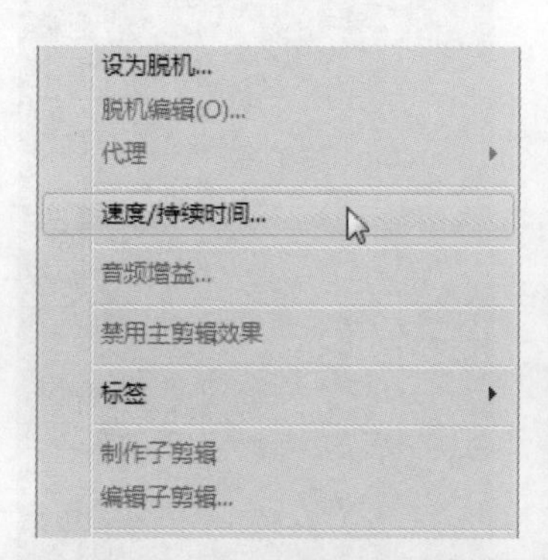

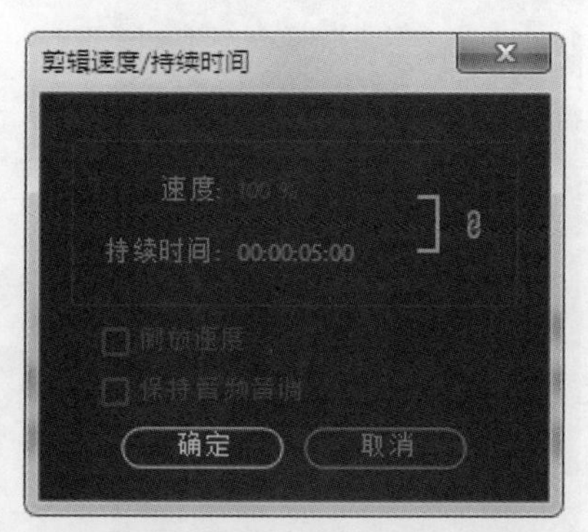

图4-18 “素材速度/持续时间”对话框

提示

在修改素材文件播放速度与持续时间之前加入到序列中的素材剪辑不受影响，修改后加入到序列中的素材剪辑将应用新的播放速度与持续时间，轨道中的素材剪辑上也将显示新的播放速率变百分比。

在编辑应用大量图像素材的项目时，可以通过“首选项”设置先对程序导入图像素材的默认持续时间进行修改设置，可以使图像素材在导入后就获得需要的持续时间，不用在加入到时间轴时逐个调整。其操作步骤如下。

① 执行“编辑”→“首选项”→“常规”命令，打开“首选项”对话框，如图 4-19 所示。

② 展开“时间轴”标签，即可在“静止图像默认持续时间”选项中重新设置所需要的时间长度。

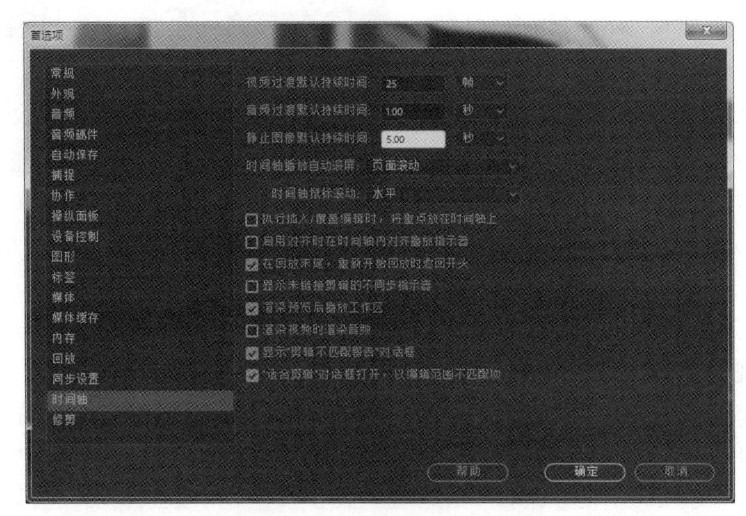

图4-19 “首选项”对话框

4.3.2 在源监视器窗口中编辑素材

在源监视器窗口中，不但可以按原始效果播放视频或者打开音频素材，还可以方便地设置素材的入点和出点，改变静止图像的持续时间，设置标记、快速预演等。

1. 将素材加入到源监视器窗口

要在源监视器窗口中查看素材的图像内容，可以通过以下两种方法来完成。

- 双击项目窗口中的素材，将素材加入到源监视器窗口中，如图 4-20 所示。

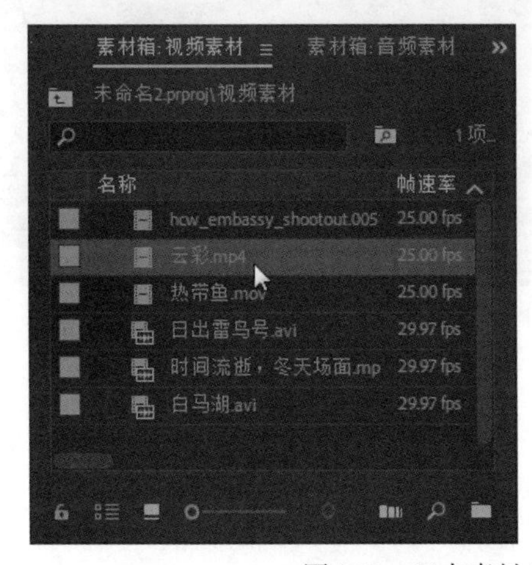

图4-20 双击素材会在源监视器窗口显示

- 直接拖动项目窗口中的素材到源监视器窗口中。

2. 查看素材的某一帧

在源监视器窗口中，可以精确地查找素材的每一帧。具体的查找方法如下。

- 直接拖动时间指针到想要查看的位置。
- 在源监视器窗口中的时间码区域中单击，将其激活为可编辑状态，直接输入需要跳转的数值，即准确的时间，按下 Enter 键确认，如图 4-21 所示。

图4-21　源监视器窗口

单击“逐帧进”按钮，可以使画面向前移动一帧。在按住“Shift”键的同时单击该按钮，可以画面向前移动 5 帧。单击“逐帧退”按钮，可以使画面向后移动一帧。如果按住“Shift”键的同时单击该按钮，可以使画面向后移动 5 帧。

3. 在源监视器窗口中设置入点与出点

使用在源监视器窗口中素材设置入点与出点的方法，可以预先为素材设置好需要的素材，这样在每次被加入到时间轴窗口中以后，该素材都只显示从入点到出点之间的内容。

在项目窗口中导入一个视频素材，在源监视器窗口中显示该素材后，可以先对素材的内容进行播放预览，找到需要选取的时间范围。拖动时间指针到需要截取的开始位置，单击“标记入点”按钮，确定素材的入点；拖动时间指针到需要截取结束位置，单击“标记出点”按钮，确定素材的出点。标尺中的深色区域即是设置好了的入点与出点之间的素材，如图 4-22 所示。

图4-22　设置出点与入点

4. 在源监视器窗口浏览 VR 视频

Premiere Pro 增加了对 VR 沉浸式视频内容的应用与编辑支持，需要将监视器窗口切换到 VR 视频显示模式，才能进行正常的 VR 全景浏览。

① 在项目窗口中的空白处双击鼠标左键，在打开的“导入”对话框中，选择本书资源包中 \Chapter 4\Media 目录下的 village.mp4 文件，如图 4-23 所示。

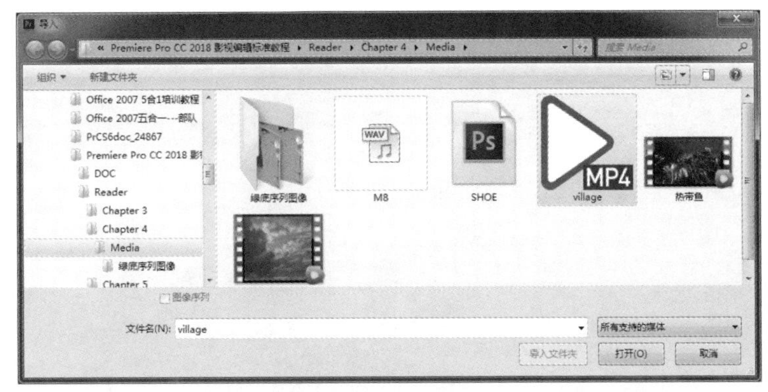

图4-23　导入视频素材

② 在项目窗口中双击导入的 village.mp4，将其在源监视器窗口中打开。此时，可以像浏览一般视频素材那样对其进行播放预览，但不能查看到 360° 全景视角画面，如图 4-24 所示。

图4-24　播放预览视频内容

③ 单击源监视器窗口右下角的“按钮编辑器”按钮，打开“按钮编辑器”面板，按住其中的“切换 VR 视频显示”按钮并拖动到源监视器窗口的播放控制按钮后面，将其添加到源监视器窗口中，如图 4-25 所示。

④ 单击“按钮编辑器”面板中的“确定”按钮，将其关闭。按下“切换 VR 视频显示”按钮，将源监视器窗口切换到 VR 视频显示模式后，即可通过拖动画面边缘的滑块，或者用鼠标在画面上按住并拖动，来对 VR 视频的显示视角进行调整。在画面下方的图标会实时显示当前视角的具体角度，如图 4-26 所示。

提示

通过“按钮编辑器”面板，可以对源监视器、节目监视器窗口中显示的控制按钮进行增删。单击其中的“重新布局”按钮，监视器窗口中所显示的按钮将恢复到初始状态。同样，在时间轴窗口中添加了 VR 视频素材后，也需要在节目监视器窗口中添加“切换 VR 视频显示”按钮，才可以对编辑的 VR 视频进行正常的浏览。

图4-25　添加“切换VR视频显示”按钮

图4-26　查看VR全景视频

4.3.3　在时间轴窗口中编辑素材剪辑

在 Premiere 的编辑过程中，素材的编辑操作大多数都是在时间轴窗口中进行的，下面介绍在时间轴窗口中编辑素材的具体方法。

1. 将素材加入时间轴窗口

在进行视频效果的编辑之前，需要先将素材加入到时间轴窗口中，然后才能对素材进行编辑操作，具体操作步骤如下。

① 在 Premiere Pro 的项目窗口中，选中要加入到时间轴中的文件，将其拖动到时间轴窗口的视频轨道上，此时视频轨道上会出现一个矩形块，如图 4-27 所示。

图4-27 拖动素材

② 移动鼠标到视频轨道中需要的位置后释放鼠标，素材就被放置在该位置了。矩形块在时间轴上的长度代表了这个素材的持续时间，如图 4-28 所示。

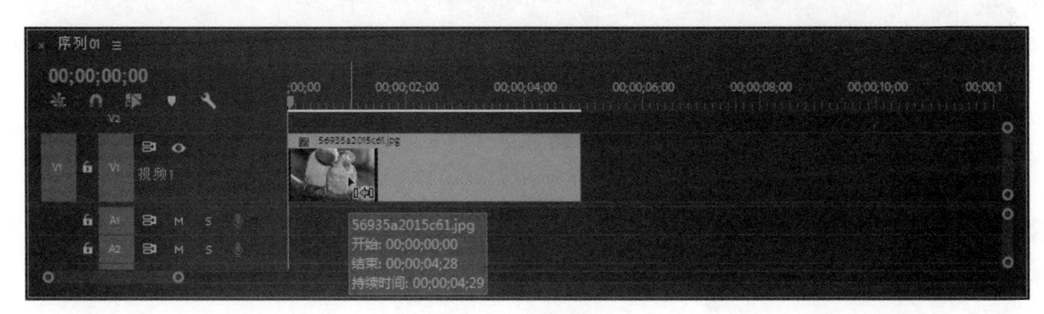

图4-28 放置素材

③ 此时监视器窗口中将显示素材的第一帧，如图 4-29 所示。可以通过重复步骤 2 将其他素材文件拖入到时间轴窗口的其他轨道上。

④ 如果目前的轨道不够用，可以执行“序列”→“添加轨道”命令，打开“添加轨道”窗口，在添加轨道窗口中根据需要设置添加轨道的数量，如图 4-30 所示。

图4-29 预览素材

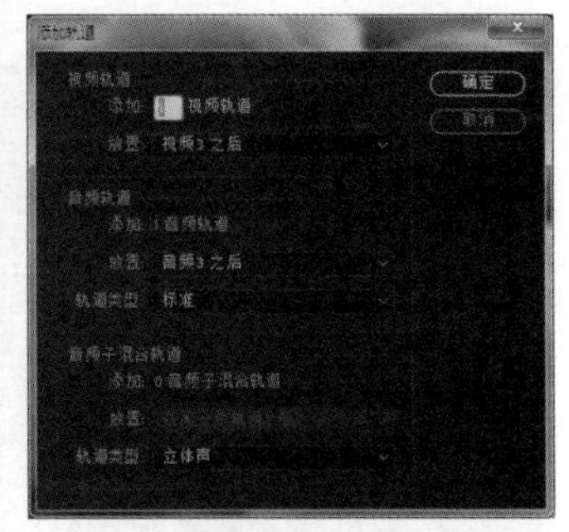

图4-30 设置添加轨道的数量

2. 插入素材

在编辑素材过程中，如果需要临时在时间轴窗口的某段位置加入一些素材，可以通过以下操作来实现。

① 在源监视器窗口中打开一个素材，然后在时间轴窗口中定位需要插入素材的时间指针位置。可以通过预览监视器窗口中的画面进行时间指针的位置，如图 4-31 所示。

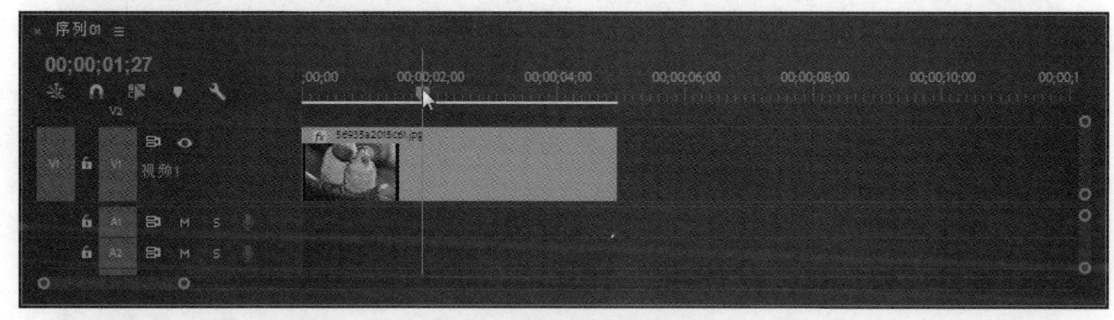

图4-31　设置时间指针位置

② 单击源监视器窗口中的插入按钮，此时，源监视器窗口中的素材便可插入到时间轴窗口时间指针目前的位置了，如图 4-32 所示。

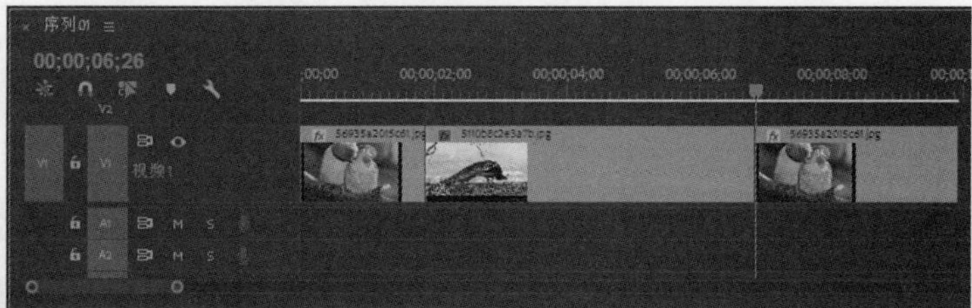

图4-32　插入素材

提示

在插入素材的操作过程中，如果使用的是源监视器窗口中的覆盖按钮，则素材在被插入到时间轴窗口中以后，该时间指针位置后原来的素材将被新插入的素材覆盖，如图 4-33 所示。

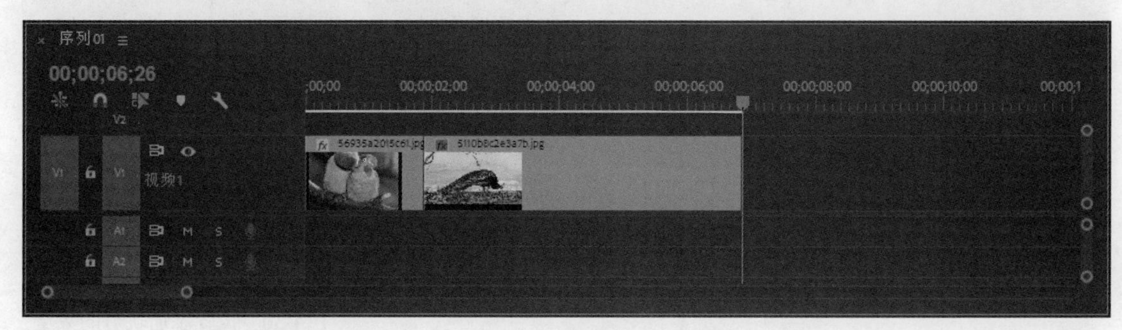

图4-33　覆盖素材

3. 轨道的锁定与解锁

在时间轴窗口中，为避免对完成编辑的轨道内容误操作，可以通过锁定轨道的方法，使指定轨道中的素材内容暂时不能被编辑。

将鼠标指针移动到目标轨道的面板上，单击“切换轨道锁定”小方框，在出现一个锁定轨道标记后，即表示该轨道已经被锁定了，锁定后的轨道上将出现灰色的斜线来标示，如图 4-34 所示。

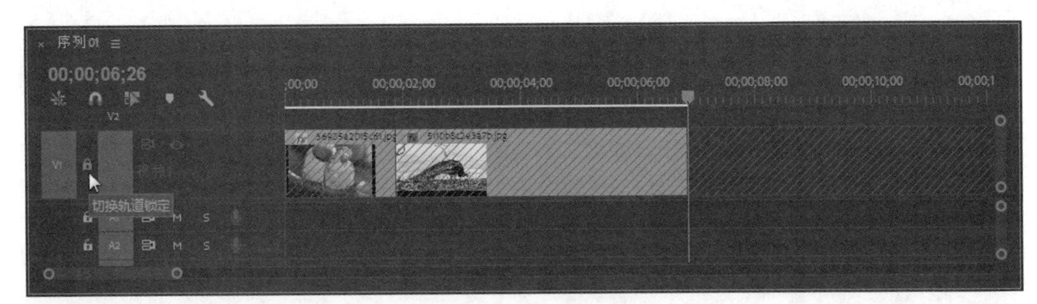

图4-34　锁定视频轨道

在轨道面板中单击被锁定轨道的标记，解除该轨道锁定状态后，即可恢复对该轨道的编辑操作。

4. 设置入点与出点

对于导入到项目中的视频或音频素材，在制作影片时并不一定都要完整地使用，往往只需要用到其中的部分内容，这时就需要对素材进行相应的剪辑调整。

将素材加入到时间轴以后，可以为其设置入点与出点，使该段素材剪辑在播放时只显示其中需要的部分，其操作步骤如下。

① 将时间指针移动到需要设置素材的入点位置，然后将鼠标指针移动到素材的开始处，当鼠标指针变为一个红色箭头标记时，按下鼠标左键向右拖动素材到时间指针的位置，即可完成素材入点的设置，如图 4-35 所示。

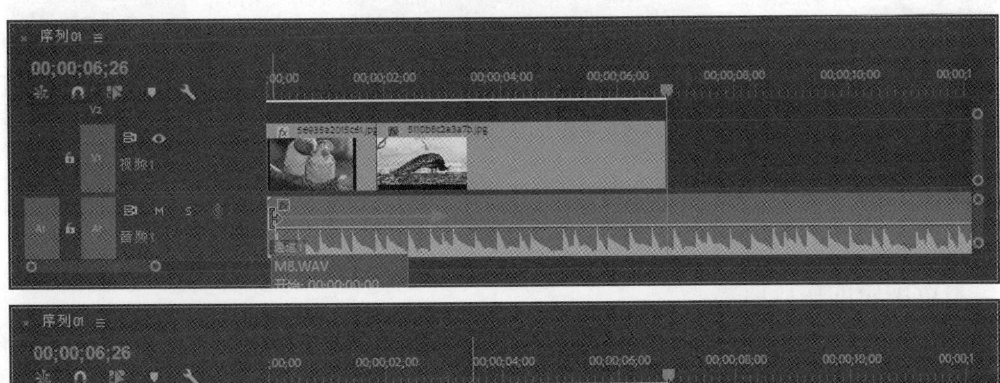

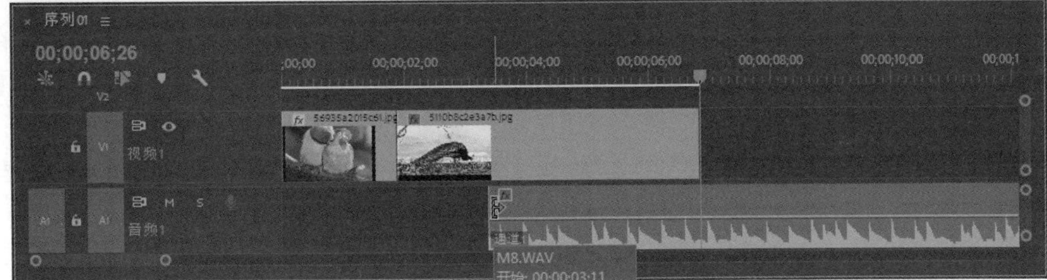

图4-35　设置素材的入点

② 使用同样方法，将时间指针移动到需要设置素材的出点位置，再将素材的结束处向左侧拖动，即可完成素材出点的设置，如图 4-36 所示。

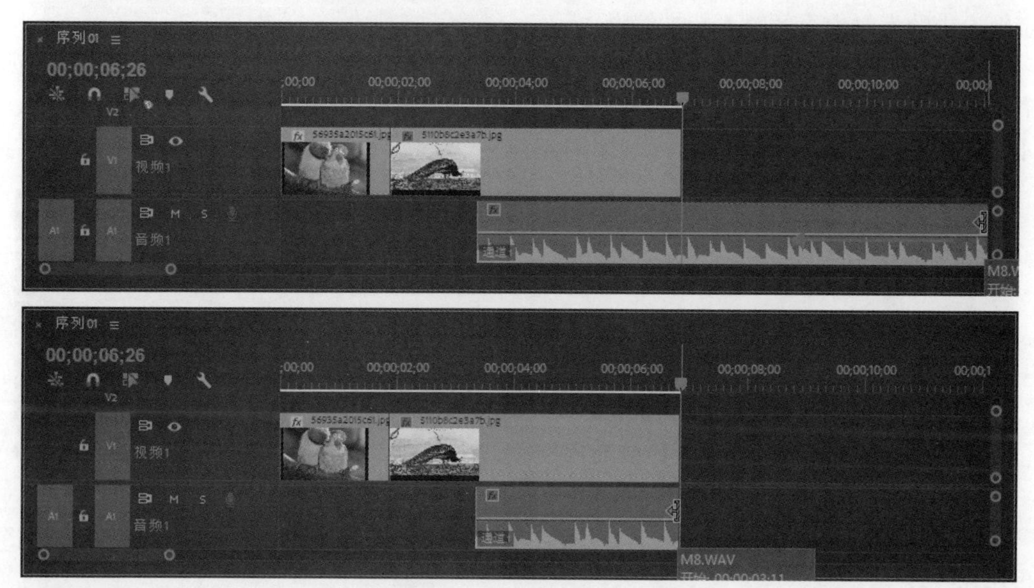

图4-36　设置素材的出点

提示

时间轴窗口中的静态图像剪辑，可以自由调整入点或出点的位置来改变持续时间。对于动态素材，则入点、出点必须在其持续时间范围之内。动态素材剪辑矩形块开始或结束位置出现小三角形标记，即表示不能再向左移动入点或向右移动出点，如图 4-37 所示。

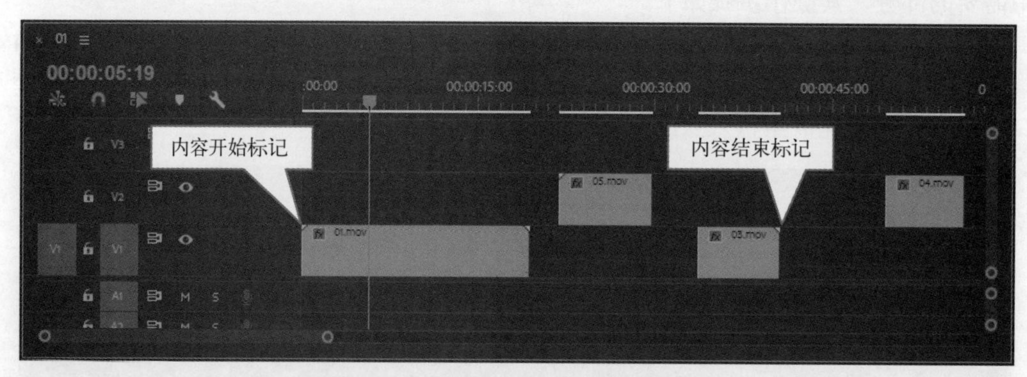

图4-37　动态剪辑的开始与结束标记

5. 修改剪辑的播放速率

对视频或音频素材的播放速率进行修改，可以使素材产生快速或慢速播放的效果。在时间轴窗口中选择需要修改播放速率的素材剪辑，然后单击工具栏中的“比率拉伸工具”，将鼠标指针移动到剪辑的开头或末尾，按住鼠标左键向左或向右拖动，即可在不改变素材内容的状态下，改变素材剪辑播放的时间长度，以达到改变其播放速度的效果（拉长则放慢速度，缩短则加快速度），如图 4-38 所示。

如果需要精确修改剪辑的播放速度，可以在选择目标剪辑后，选择“剪辑”→“速度 / 持续时间”命令，打开“剪辑速度 / 持续时间”对话框，如图 4-39 所示。修改其中的速度比例或持续时间的数值，即可对视频或音频剪辑的播放速度进行重新设置。

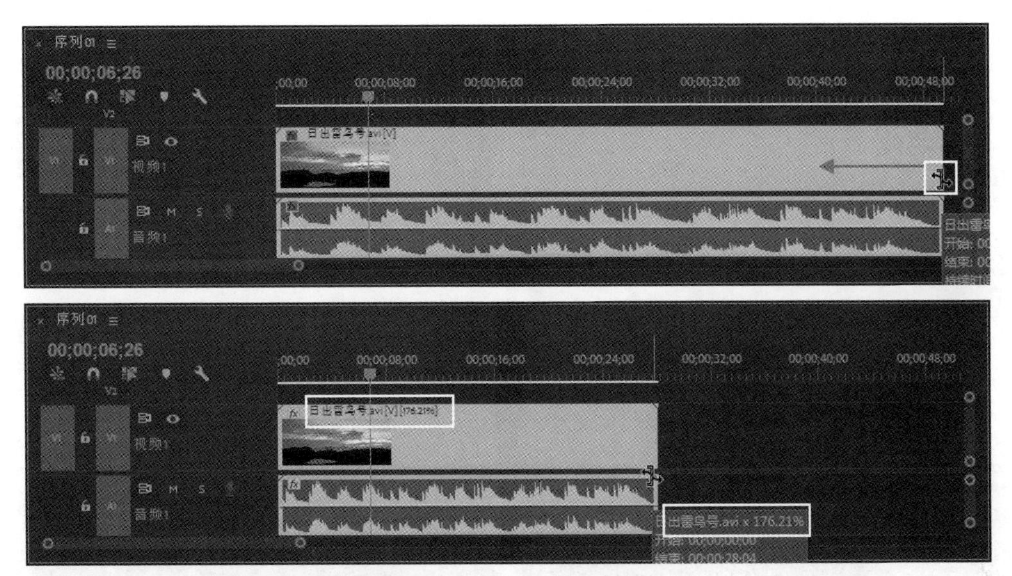

图4-38　改变素材的播放速度

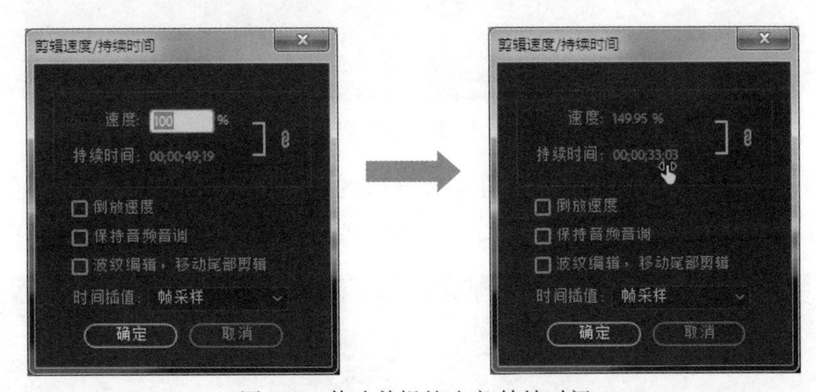

图4-39　修改剪辑的速度/持续时间

- 倒放速度：勾选该复选框，可以在执行调整后，使素材剪辑反向播放。
- 保持音频音调：勾选该复选框，可以使素材中的音频内容在播放速度改变后，只改变速度，而不改变音调。
- 波纹编辑，移动尾部剪辑：勾选该选项后执行速度 / 持续时间调整，则在缩短剪辑的持续时间时，其后面的剪辑将自动前移；在延长持续时间时，则其后面的剪辑将不会被覆盖并自动后移。

6. 其他素材剪辑编辑工具

在工具面板中，提供了多个专门用于对时间轴窗口中的素材剪辑进行编辑调整的工具，尤其是在轨道中有多个相邻素材剪辑时，使用对应的工具来进行位置和持续时间的调整可以更加方便。

- 向前 / 向后选择轨道工具：使用“选择工具”，可以通过按住 Shift 键的同时点选轨道中的素材剪辑，来选取多个不同位置的剪辑。选取“向前 / 向后选择轨道工具”后在时间轴窗口的轨道中单击鼠标左键，可以选中所有轨道中在鼠标单击位置及右边 / 左边的所有轨道中的剪辑，如图 4-40 所示。

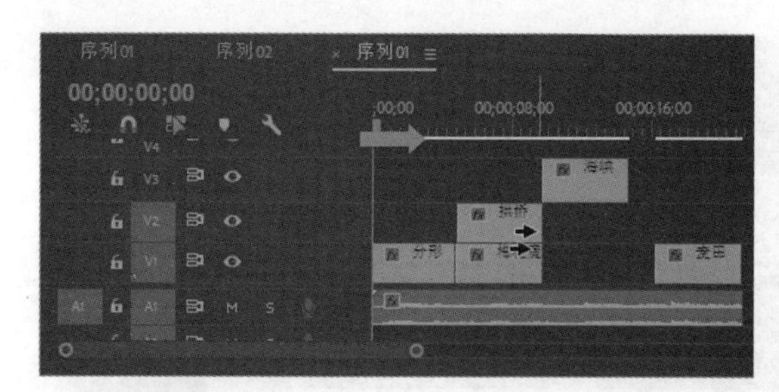

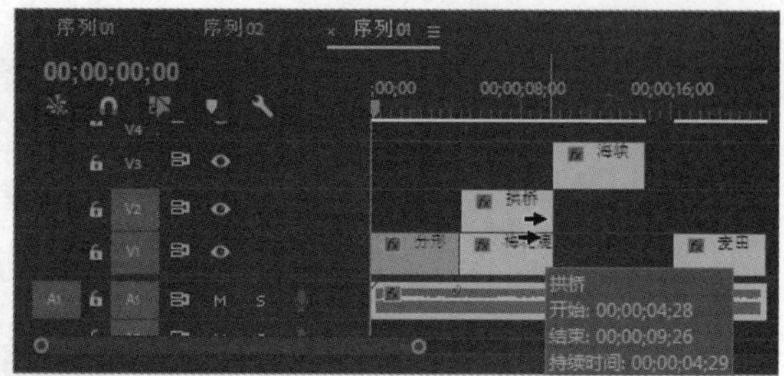

图4-40　使用轨道选择工具

- 波纹编辑工具：使用该工具，可以拖动剪辑的出点以改变剪辑的长度，使相邻剪辑的长度不变，序列的持续时间总长度会相应地改变，如图 4-41 所示。

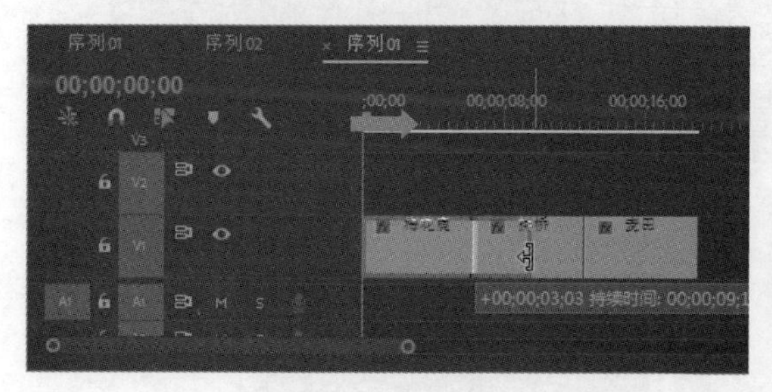

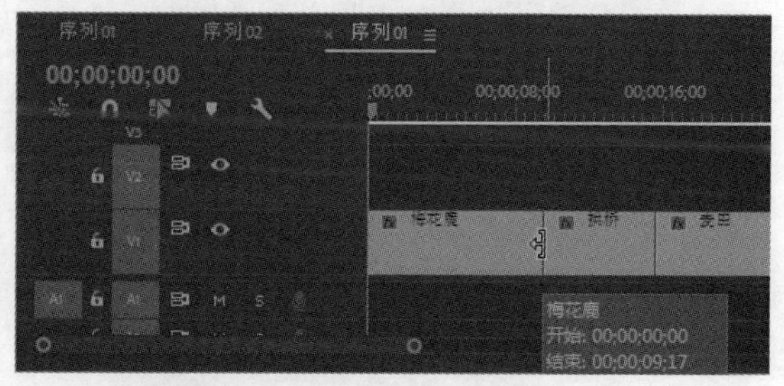

图4-41　使用波纹编辑工具

- 滚动编辑工具：使用该工具在需要修剪的素材剪辑边缘拖动，可以将增加到该剪辑的帧数从相邻的素材中减去，序列的持续时间总长度不发生改变，如图 4-42 所示。

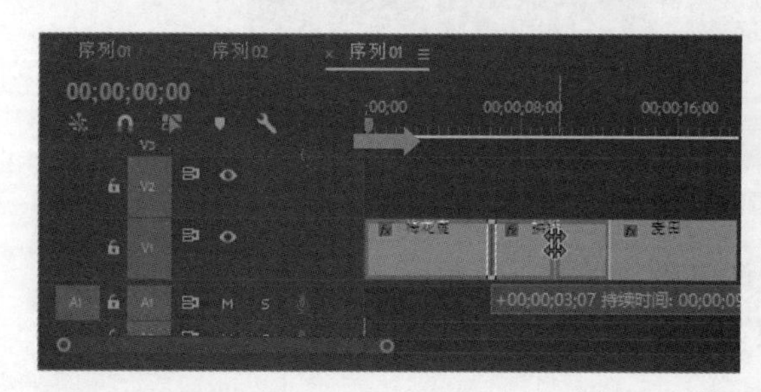

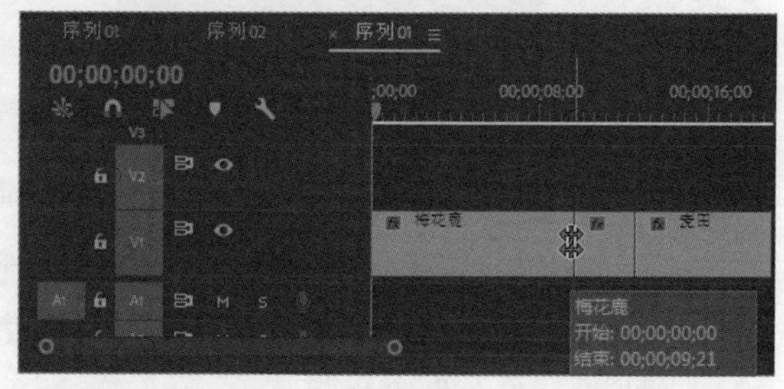

图4-42　使用滚动编辑工具

- 剃刀工具：选择剃刀工具后，在素材剪辑上需要分割的位置单击，可以将素材分为两段，然后根据需要对分割出来的剪辑进行移动、修剪或删除等操作，如图 4-43 所示。

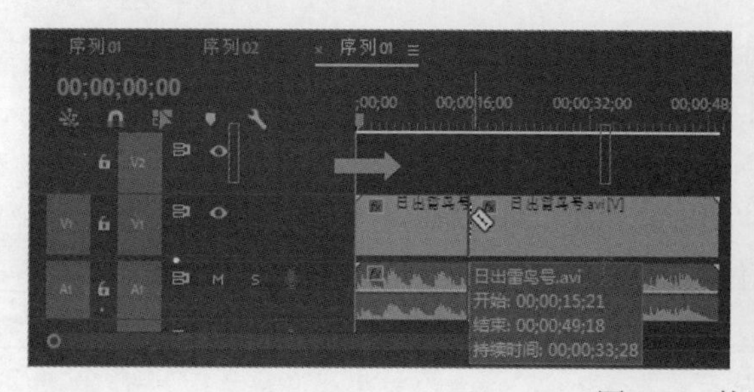

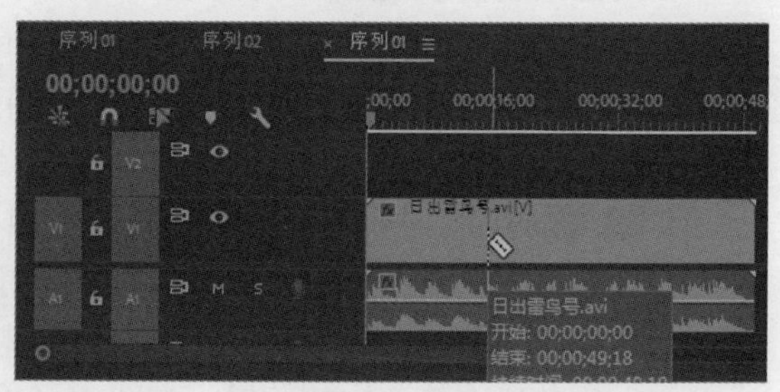

图4-43　使用剃刀工具

- 外滑工具：该工具主要用于改变动态素材剪辑的入点和出点，保持其在轨道中的长度不变，不影响相邻的其他素材，但其在序列中的开始画面和结束画面发生相应改变；选取该工具后，在轨道中的动态素材剪辑上按住并向左或向右拖动，可以使其在影片序列中的视频入点与出点向前或向后调整；同时，在节目监视器窗口中也将同步显示对其入点与出点的修剪变化，如图 4-44 所示。

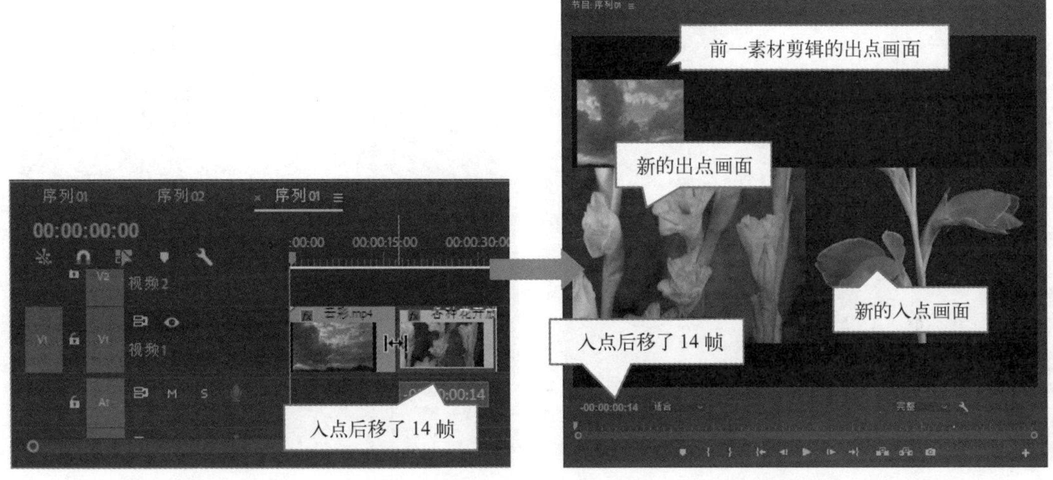

图4-44　使用外滑工具

- 内滑工具：使用该工具，可以保持当前所操作剪辑的入点与出点不变，改变其在时间线窗口中的位置，同时调整相邻剪辑的入点和出点，在节目监视器窗口中也将同步显示对其入点与出点的修剪变化，如图 4-45 所示。

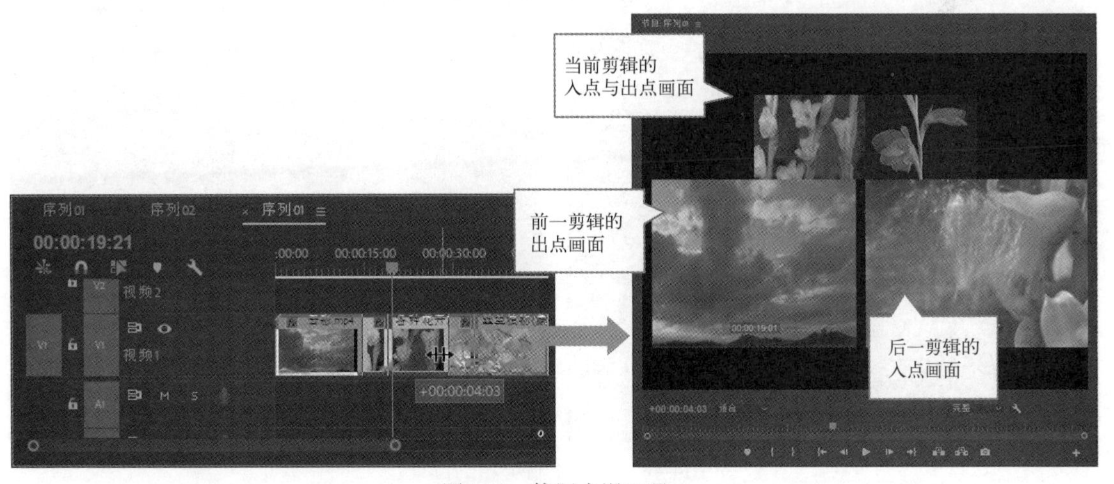

图4-45　使用内滑工具

4.3.4　在节目监视器中编辑素材剪辑

在节目监视器窗口中，可以使用鼠标直接对素材剪辑的图像进行移动位置、缩放大小以及旋转角度的编辑操作，与在效果控件面板中对素材剪辑的“运动”选项进行调整的效果相同。

① 将导入的图像素材加入到时间轴窗口的视频轨道中后，在节目监视器窗口中单击“选择缩放级别”下拉按钮，设置监视器窗口的图像显示比例为可以完整显示出图像原本大小的比例，如图 4-46 所示。

② 在节目监视器窗口中双击剪辑图像，进入其对象编辑状态，图像边缘将显示控制边框，如图 4-47 所示。

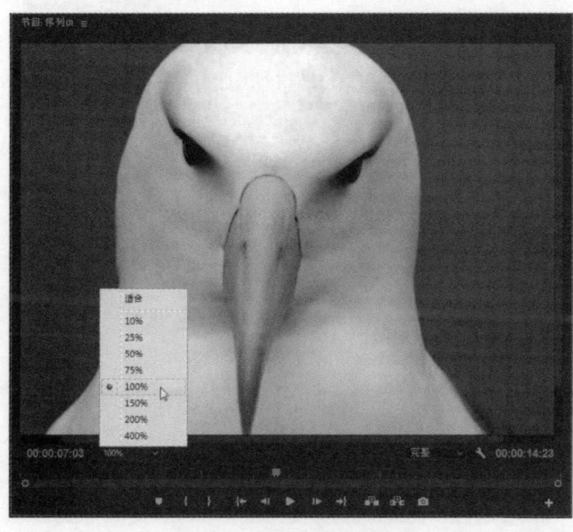

图4-46　选择显示比例

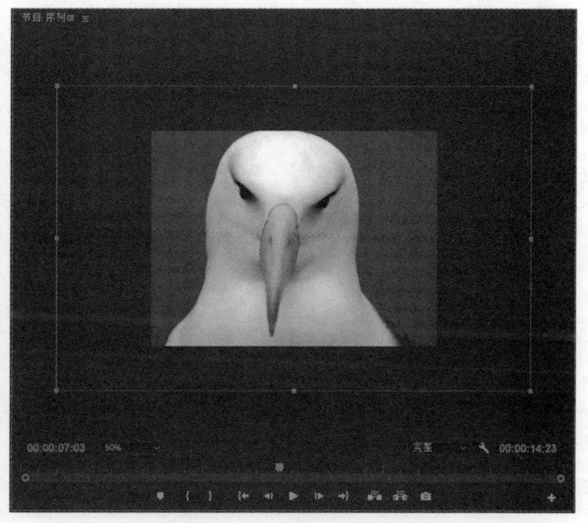

图4-47　开启对象编辑状态

③ 在剪辑的控制框范围内按住鼠标左键并拖动，即可将剪辑图像移动到需要的位置，如图 4-48 所示。

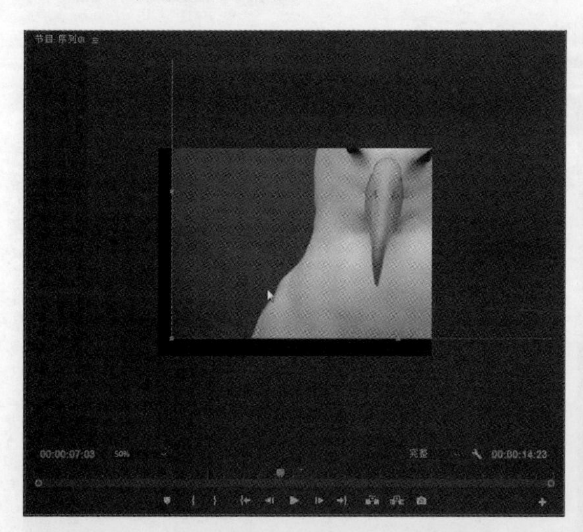

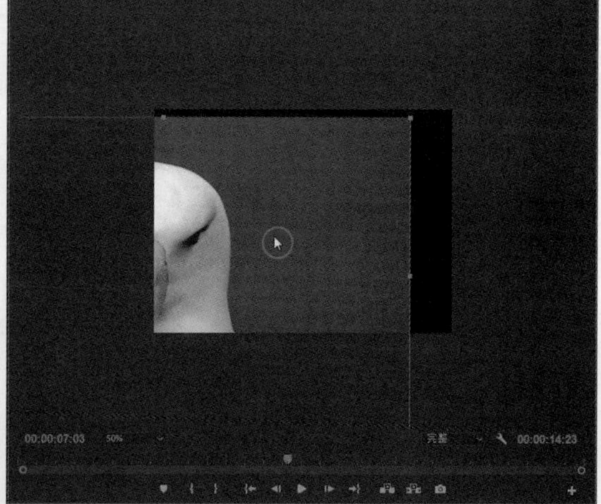

图4-48　移动素材剪辑的位置

④ 将鼠标移动到剪辑图像边框上的控制点上，在鼠标的指针改变形状后按住并拖动，即可对剪辑图像的尺寸进行缩放，如图 4-49 所示。

⑤ 在效果控件面板中展开该剪辑的“运动”选项组，取消对“缩放”选项中“等比缩放”复选框的勾选后，在节目监视器窗口中可以用鼠标对剪辑图像的宽度或高度进行单独的调整，如图 4-50 所示。

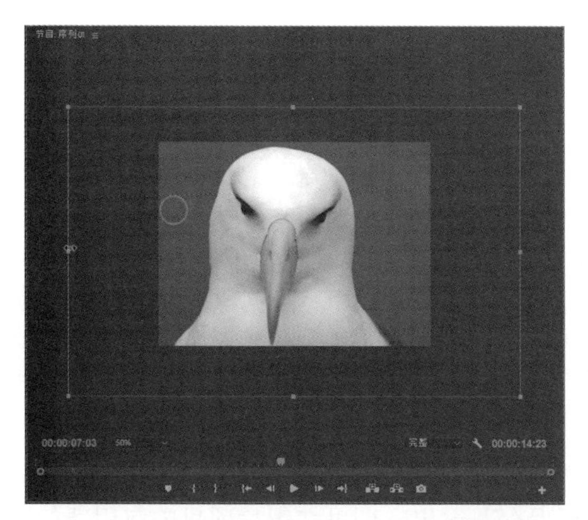

图4-49　缩放图像大小

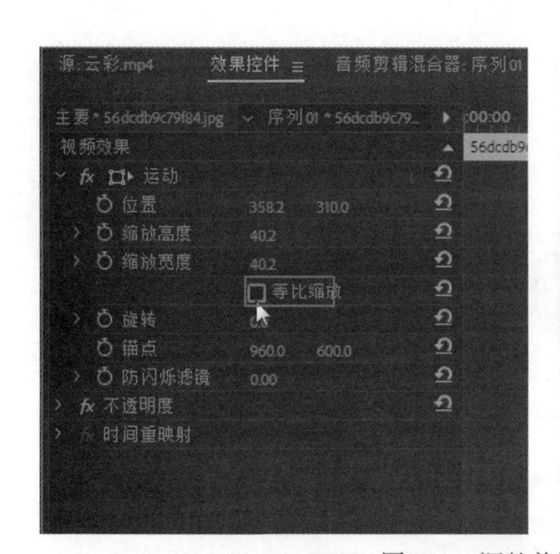

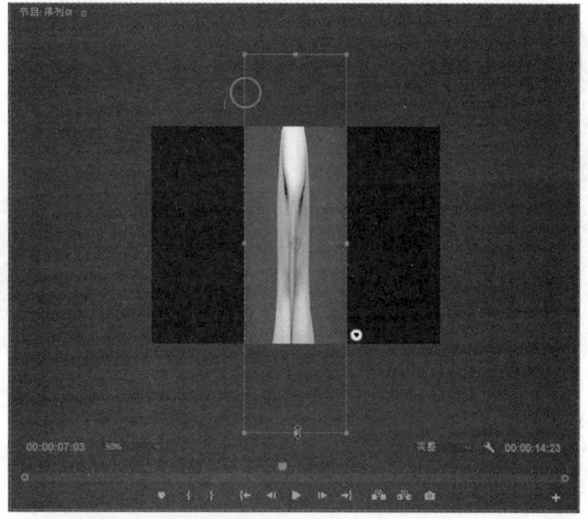

图4-50　调整剪辑图像的宽度或高度

⑥ 将鼠标移动到剪辑图像边框上控制点的外侧，在鼠标的指针改变形状后按住并拖动，可以对剪辑图像进行旋转调整，如图 4-51 所示。

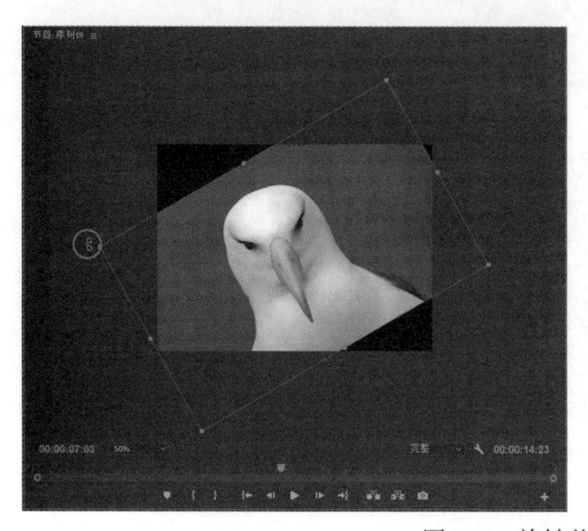
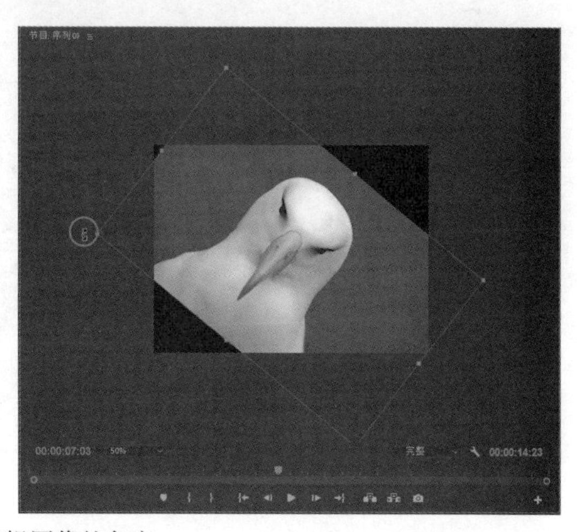

图4-51　旋转剪辑图像的角度

4.3.5 编辑原始素材

Premiere Pro 是一款专业的影视后期编辑软件，并不具备各种媒体素材原本属性的专业处理功能。例如虽然可以在 Premiere Pro 中编辑字幕效果，但只能应用一些基本的效果样式，不能进行变形、引用滤镜等图像处理，而使用 Adobe Photoshop 则可以编辑出效果多样、造型美观的文字效果，生成的 PSD 图像文件可以直接导入到 Premiere Pro 中使用，Photoshop 也就成为制作影片标题文字的最佳助手；Premiere Pro 也不具备专业的矢量图形编辑功能，同样也可以与 Adobe Illustrator 这款专业的矢量绘图软件相配合，编辑出美观的矢量造型图像导入到 Premiere Pro 使用。在影片编辑过程中，如果需要对这些素材剪辑进行修改处理，可以通过执行“编辑”→“编辑原始”命令，启动系统中与该类型文件相关联的默认程序进行编辑。例如对于 PSD 图像素材剪辑，在对其执行“编辑原始”命令后，即可启动 Photoshop 程序来进行修改编辑，调整好需要的效果后执行保存并退出，即可在影片项目中应用新的图像效果，如图 4-52、图 4-53 所示。

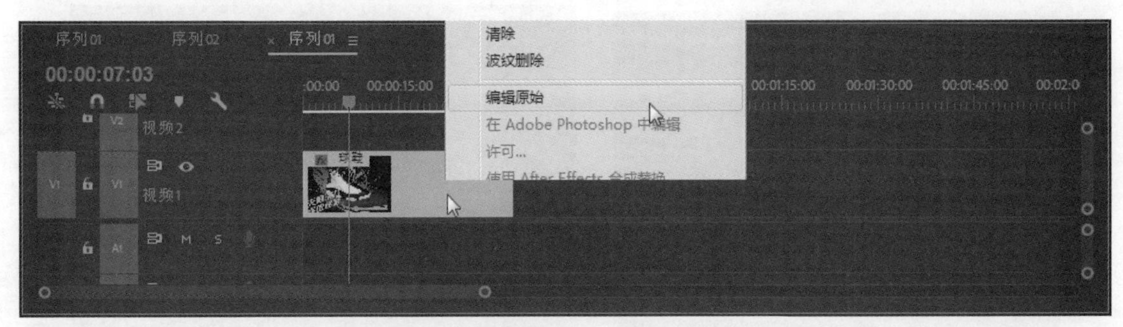

图4-52 选择“编辑原始”命令

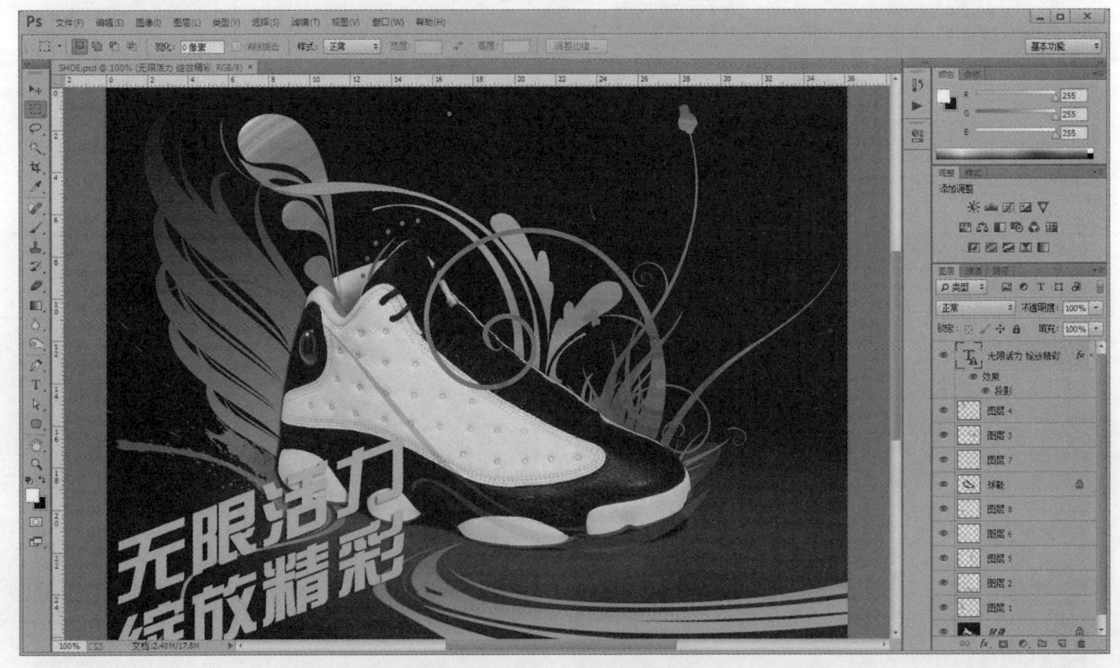

图4-53 编辑PSD原始图像

DV 视频的采集捕捉

本章主要介绍视频捕捉的方法以及相关知识。通过本章的学习，读者可以自己进行视频素材的捕捉。

- 了解视频捕捉的基础知识，如一般模拟视频的捕捉过程
- 掌握从 DV 进行视频捕捉的设置和操作
- 掌握通过 DV 进行批量视频捕捉的方法

5.1 DV与电脑的连接

视频素材的捕捉，是指将DV录像带中的模拟视频信号捕捉、转换成数字视频文件的过程。将拍摄了影视内容的DV录像带正确安装到摄像机中后，通过专用数据线连接到电脑中安装的视频捕捉卡上并打开录像机，然后在Premiere Pro中对视频捕捉设置进行需要的设置。现在视频内容的拍摄基本上都使用数码摄像机了，使用DV录像带拍摄视频已经非常少见。本章将对使用DV录像带拍摄内容的采集捕捉进行简要的讲解，以方便读者在需要时参考使用。

对于数码摄像机拍摄的内容，通过读取摄像机的存储卡或者使用USB数据线连接到电脑，即可很方便地查看、复制所拍摄的内容。而使用DV摄像机拍摄的内容，则需要用专用的IEEE1394数据线连接DV摄像机和电脑上所安装的视频捕捉卡上的对应传输接口。

5.2 从DV捕捉视频、音频

连接好了DV摄像机，在进行素材捕捉之前，还需要先在Premiere中设置好进行DV捕捉的参数选项，以更好地进行捕捉处理，得到理想的捕捉效果。

5.2.1 捕捉参数设置

1. "设置"选项卡

执行"文件"→"捕捉"命令，打开"捕捉"对话框，如图5-1所示。选择对话框右边的"设置"选项卡。

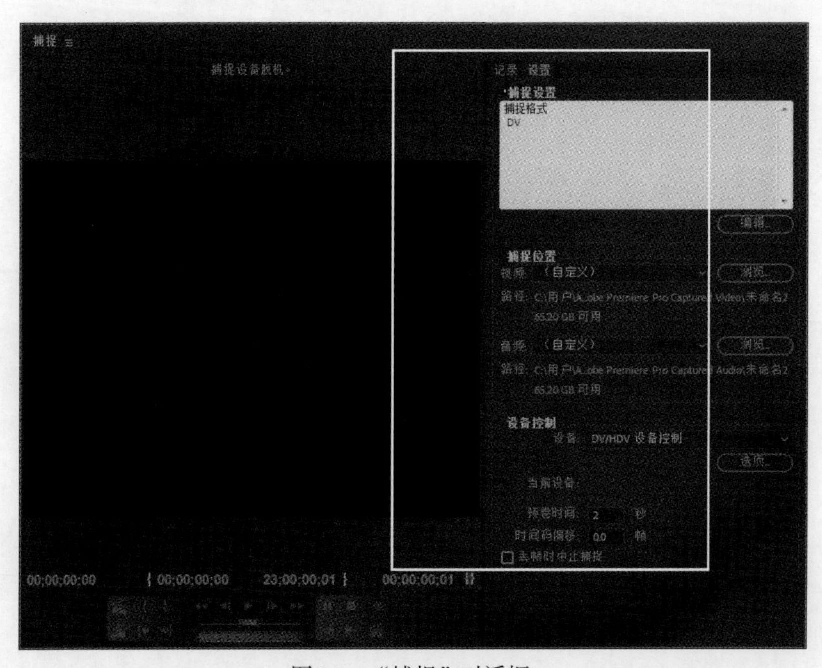

图5-1 "捕捉"对话框

（1）捕捉设置

单击上方的“编辑”按钮，打开“项目设置”对话框的“捕捉”列表项，如图 5-2 所示，根据所使用的具体硬件来选择对应的捕捉格式。

在“捕捉格式”下拉列表中选择捕捉的视频类型，这里只有 DV 和 HDV 格式。如果机器上安装了视频捕捉卡，还会出现如下参数选项：

- 捕捉视频：用来启用视频捕捉。
- 设备：用来设置捕捉设备的一些参数。
- 倒带时间：在控制设备的时候，制定视频捕捉在入点之前保留的时间，使设备倒带速度达到同步。该参数的默认设置是 5 秒，具体的设置取决于具体的摄像机的类型。
- 时间码偏移：在控制设备的时候，调整视频上的时间标记（单位是 1/4 帧），使之符合原始录像带中正确的帧。
- 日志使用卷名：在控制设备的时候，该参数应用在批量捕捉中，用来选择使用的原始录像的名称。
- 捕捉音频：捕捉视频时包含音频。
- 丢失帧报告：捕捉结束的时候 Premiere Pro 将会显示一个消息框，报告丢失的帧。
- 有丢失帧，中断捕捉：在将视频资料数字化的时候，一旦出现丢失帧的情况，捕捉过程将会自动停止。
- 捕捉限制：在秒前面输入一次捕捉的最长时间，该时间限制参数应该和硬盘空间结合起来。

（2）捕捉位置

用于设置捕捉获取的视频、音频文件在电脑中的存放位置。在“捕捉位置”栏中有 2 个选项：视频和音频的存储位置的选择，如图 5-3 所示。可以通过单击“浏览”按钮更改存储路径。

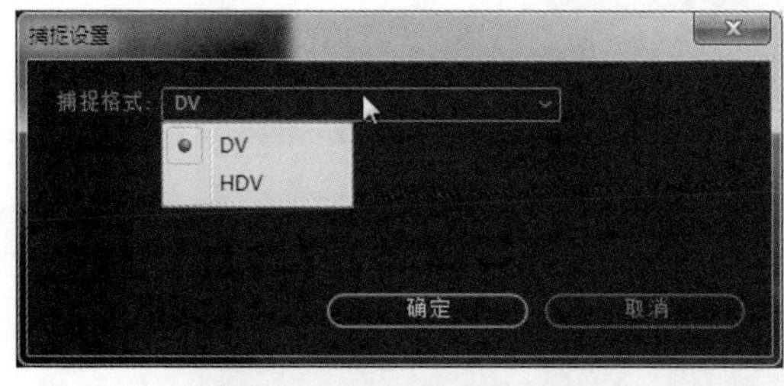

图5-2 “捕捉设置”对话框

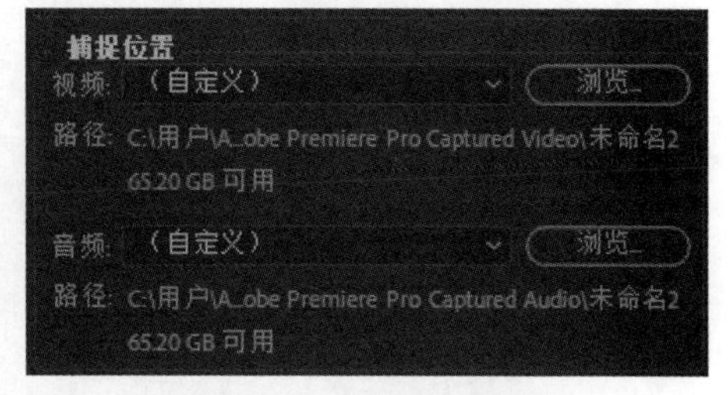

图5-3 “捕捉位置”栏

（3）设备控制

该对话框位于“设置”选项卡的下方，在其中可以对捕捉的设置时行手动设置，如图 5-4 所示。

其中的各项参数如下：

- 设备：控制捕捉设备的参数。
- 当前设备：当前选中的设置。
- 预卷时间：在控制设备的时候，制定视频捕捉在入点之前保留的时间，使设备倒带速度达到同步。该参数的默认设置是 2 秒，具体的设置取决于具体的摄像机的类型。
- 时间码偏移：在控制设备的时候，调整视频上的时间标记（单位是 1/4 帧），使之符合原始录像带中正确的帧。

- 丢帧时中止捕捉：勾选该选项，在将视频资料数字化的时候，一旦出现丢失帧的情况，捕捉过程将会自动停止。

在“设备”下拉列表中选择“无”，则使用程序进行捕捉过程的控制；选择“DV/HDV设备控制”，则可以使用连接的摄像机或其他相关设备进行捕捉过程的控制。单击“选项”按钮，可以在弹出的对话框中对所连接的设备进行指定与设置，如图 5-5 所示。

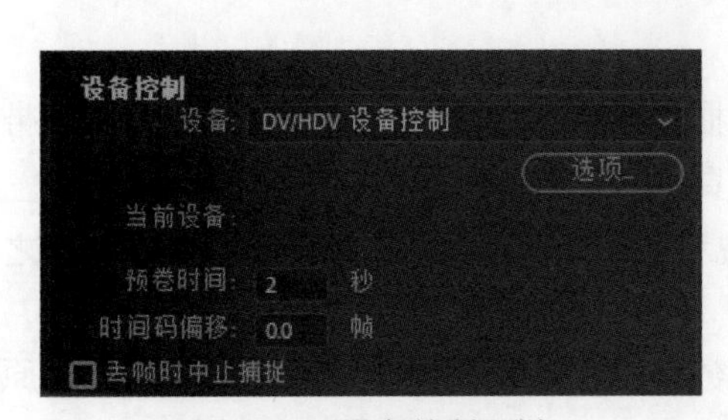

图5-4　“设备控制”栏

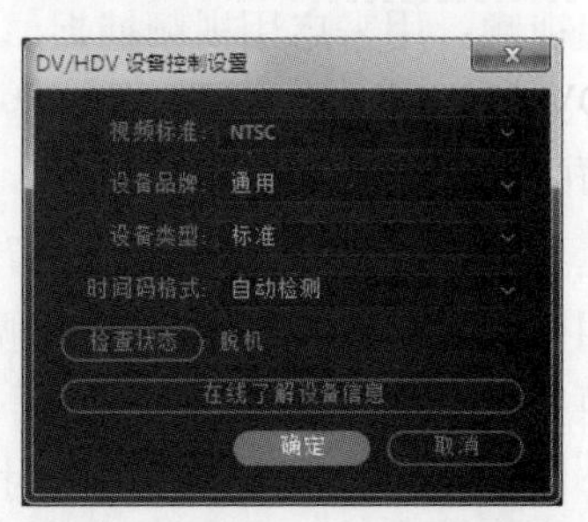

图5-5　打开“DV/HDV 设备控制设置”对话框

2.“记录”选项卡

“记录”选项卡中的选项用于对所捕捉生成的素材进行相关信息的设置，如图 5-6 所示。

图5-6　“记录”选项卡

- 捕捉：在该下拉列表中设置要捕捉的内容，包括“音频”“视频”以及“音频和视频”。
- 将剪辑记录到：设置捕捉得到的媒体文件在保存到当前项目文件中的保存位置。如果在项目窗口中创建了素材箱，则可以在此选择将其保存到需要的素材箱中。
- 剪辑数据：为捕捉得到的媒体文件进行文件名、注释等信息的设置。
- 时间码：设置要从录像带中进行捕捉采集的时间范围，在设置好入点和出点后，单击“记录剪辑”按钮，存入要进行捕捉的范围。
- 捕捉：单击其中的“入点 / 出点”按钮，则开始捕捉采集上面设置的时间范围；单击“磁带”按钮，则捕捉整个磁带中的内容。

- 场景检测：勾选该选项，在捕捉过程中将自动检测场景变化。如果录像带中拍摄的内容包含不同的场景，则会自动按场景的改变来分开采集。
- 过渡帧：设置在指定的入点、出点范围之外采集的帧长度。

5.2.2 音频和视频的捕捉

如果 DV 与 IEEE 1394 接口都已经连接好，就可以开始捕捉文件了，具体的操作步骤如下。

① 将 DV 与 IEEE 1394 卡相连，具体的连接请参考硬件附带的说明书，在连接时要注意 IEEE 1394 卡的接口标准，有些是 3 针，有些是 6 针，如果接口不合适，要配备一个转接头。

② 在 Premiere Pro 中单击“编辑”菜单，选择“参数选择”子菜单中的“设备控制”。

③ 如果 1394 接口与电脑连接完好，则在设备下拉菜单中可以检测到 1394 接口，并可以看到该视频捕捉卡的型号，如图 5-7 所示。

图5-7 “设备控制”选项

④ 单击“选项”按钮，打开“选项”对话框，如图 5-8 所示，在该处可以看到 DV 的品牌与型号设置。进行选择后，“检查状态”选项中的“脱机”将变成“设备已连接”。下面就可以进行捕捉工作了。

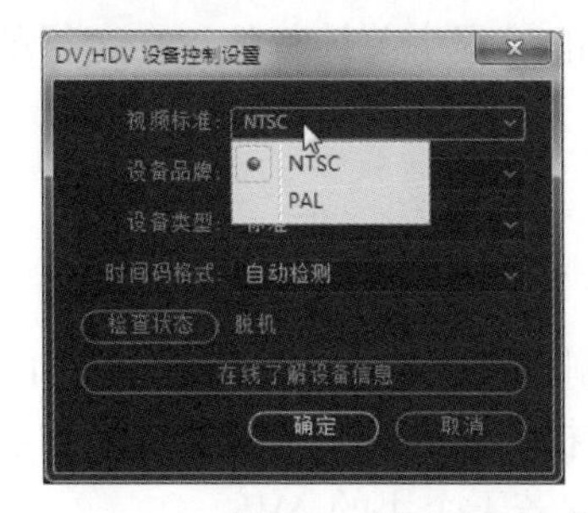

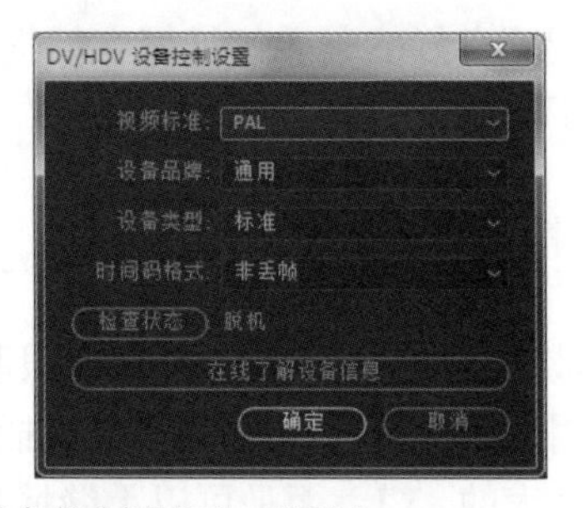

图5-8 “DV/HDV 设备控制设置”对话框

5. 执行“文件”→“捕捉”命令，打开“捕捉”对话框，如图 5-9 所示。对话框的左边显示影像内容，影像下方有捕捉控制按钮，与家用录像机的相似；右边显示影带名称、长度等相关数据信息。

图5-9 “捕捉”对话框

6. 在“时间码”栏中，设置好要捕捉的入点、出点后，分别单击“设置入点”“设置出点”按钮，然后单击“记录”按钮存入捕捉点，接着在“素材数据”栏中输入文件名就可以开始捕捉了，如图 5-10 所示。

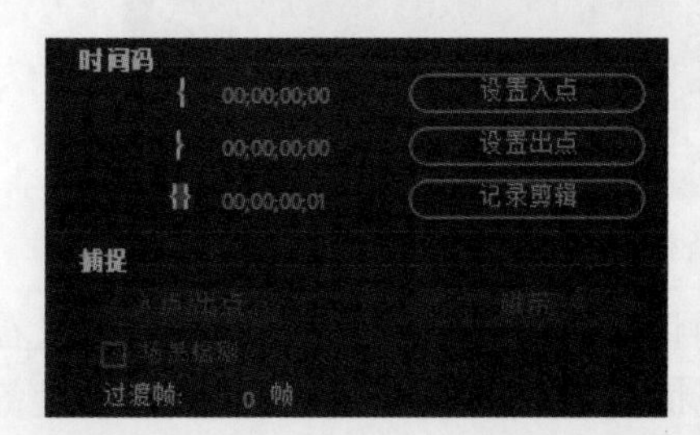

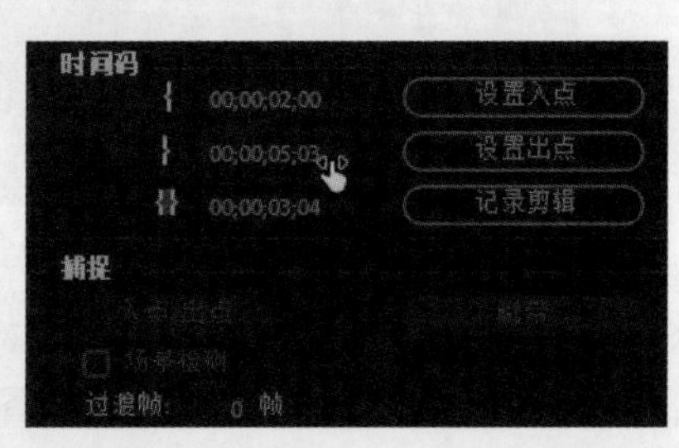

图5-10 设置“时间码”

为了保证捕捉到良好的画质，最好在捕捉的过程中关掉其他正在运行的程序。到此，视频的捕捉就完成了。

5.2.3 批量捕捉DV视频

用户常常会被 AVI 文件的 2G 或者 4G 限制所困扰。其实，如果使用 1394 卡捕捉 DV 格式的 AVI，并使用 Premiere Pro 中的“批量捕捉”命令，就可以很好的解决这个问题。也就是说不是捕捉一个大的 AVI，而是可以无缝捕捉若干个小的 AVI。

批量捕捉的具体操作步骤如下。

1. 连接好 DV 摄像机，通电并将摄像机设置为 VCR 状态，运行 Premiere Pro，设置好捕捉目录，选择菜单“文件”→“批量捕捉”命令。
2. 在系统弹出的窗口中，选择下面的新建按钮，系统将会弹出下一级的设置窗口。由于设备有限，所以只能列出各项参数。
   - Reel Name：DV 带的编号（卷名），同一卷 DV 带应该用同一个编号，如 007。
   - File Name：第一个 AVI 的文件名。
   - Log Comment：说明性的描述，可以忽略。
   - In Time：起始时间，格式为“小时：分钟：秒：帧”，这里要强调的是，由于摄像机机械运转反应有延迟，所以，第一段的起始时间不能为 0 秒 0 帧，比如可以设置为从 DV 带开头的 5 秒处起捕捉。
   - Out Time：结束时间。根据个人情况而定，比如可以设置为每段 15 分钟，这样大约一个文件有 3G 多。一盘 DV 带的批捕捉设置，共有 5 个文件，文件名为 01-05。由于每个 DV 带的拍摄时间不一样，所以，拍摄完一盘 DV 带后，不要急于倒带，先在 DV 上看一下结尾部分，准确地记录下它的结束时间，比如 1 小时 2 分 34 秒 03 帧，那么最后一个 AVI 也可以设定为从 45 分 00 秒 01 帧到 1 小时 00 分 00 帧。双击某一行，可以修改捕捉的时间设定、文件名等。
3. 设置好之后，选择下面红色的录制按钮，再选择确定即可。
4. 录制到第一个文件结束，程序会自动存盘，并控制 DV 机倒带若干秒，然后控制 DV 机播放，再从设定的入点开始录制下一段。录制好的文件名前面的小黑色方块变为一个对勾，如果捕捉失败，则显示红色的叉。

5.2.4 视频捕捉中的注意事项

视频捕捉对计算机来说是一项相当耗费资源的工作，要在现有的计算机硬件条件下最大程度的发挥计算机的效能，需要注意如下的事项。

1. 退出其他程序，保证最大化内存支持

退出其他正在运行的程序，包括防毒程序、电源管理程序等，释放内存，尽可能地为 Premiere Pro 提供足够的内存支持。

2. 准备足够的磁盘空间

选取剩余空间足够大的磁盘作为捕捉媒体的存储目录。

3. 保持磁盘良好工作状态

如果近期没有进行过磁盘碎片整理，最好先运行磁盘碎片整理程序和磁盘清理程序，使作为存储目录的磁盘保持良好的工作状态，优化捕捉视频的存取速度，如图 5-11 所示。

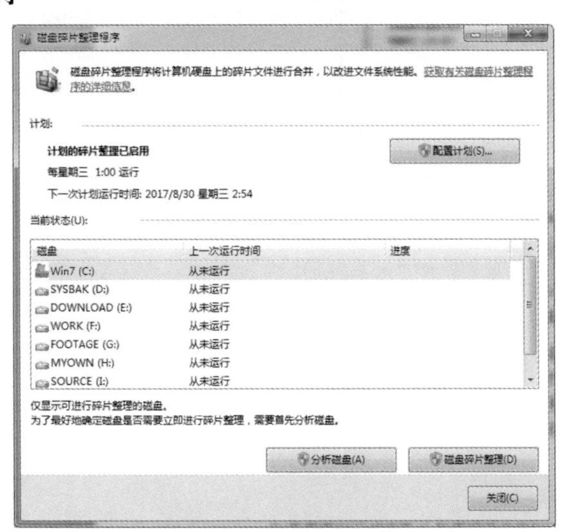

图5-11　磁盘碎片整理程序

捕捉时需要选中一个空余空间较大的磁盘盘符，单击“碎片整理”按钮，系统就开始整理磁盘碎片了。磁盘碎片整理可以释放一定的硬盘空间，优化影片的存取速度。在对硬盘存取文件速度要求很高的视频捕获工作前，对硬盘进行优化是很有必要的。

4. 对时间码进行校正

如果要更好的捕捉影片和更顺畅的控制设备，校正 DV 录像带的时间码是必须的。而要获取校正时间码，则必须在拍摄视频前先使用标准的播放模式从头到尾不中断地录制视频，也可以采用在拍摄时用不透明的纸或布来盖住摄像机的方法。

5. 关闭屏幕保护程序

在此还有一点是需要用户特别注意的，就是一定要停止屏幕保护。因为如果打开它，在启动的时候往往可能会终止捕捉工作，造成前功尽弃。

视频过渡的编辑应用

本章主要介绍 Premiere Pro 视频编辑处理中，为素材片段添加视频过渡效果的操作。通过本章的学习，读者将熟悉并掌握各个视频过渡效果的应用方法，使影片中画面的切换更加美观。

- 掌握视频过渡效果的添加、设置以及替换与删除的方法
- 了解各种视频过渡效果的设置方法
- 熟悉各种视频过渡的应用效果

6.1 视频过渡的添加与设置

视频过渡效果是添加在序列中的剪辑的开始、结束位置，或剪辑之间的特效动画，使剪辑在影片中的出现或消失、素材影像间的切换变得平滑流畅。

6.1.1 视频过渡效果的添加

在“效果”面板中展开“视频过渡”文件夹并打开需要的视频过渡类型文件夹，然后将选取的视频过渡效果拖动到时间轴窗口中素材的头尾或相邻素材间相接的位置即可，如图6-1所示。

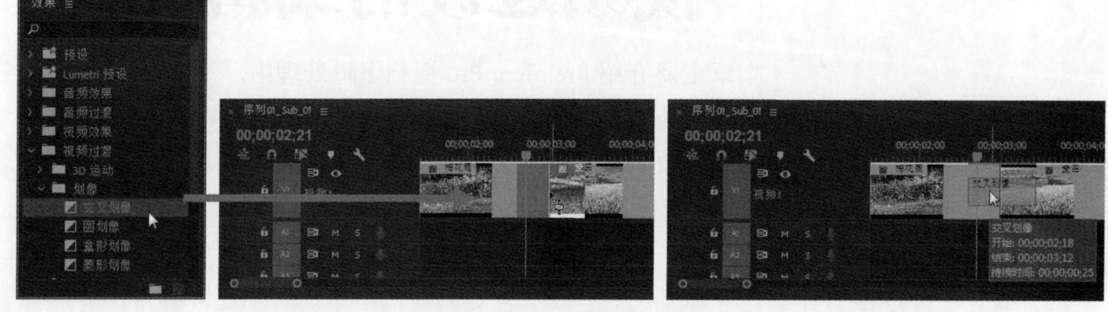

图6-1　添加视频过渡效果

6.1.2 视频过渡效果的设置

在对时间轴窗口中的剪辑添加了过渡效果后，会在该剪辑上显示过渡效果图标；点选该效果图标，可以打开“效果控件”面板，对过渡效果进行预览和设置，如图6-2所示。

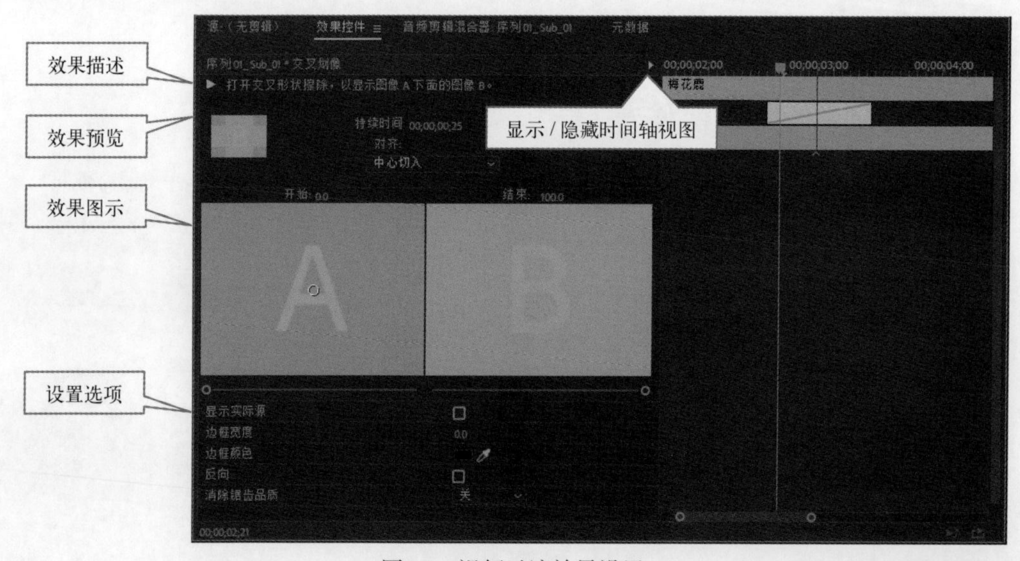

图6-2　视频过渡效果设置

- 播放过渡 ▶：单击该按钮，可以在下面的效果预览窗格中播放该过渡效果的动画效果。
- 显示 / 隐藏时间轴视图 ▶：单击该按钮，可以在“效果控件”面板右边切换时间轴视图的显示与隐藏，如图 6-3 所示。

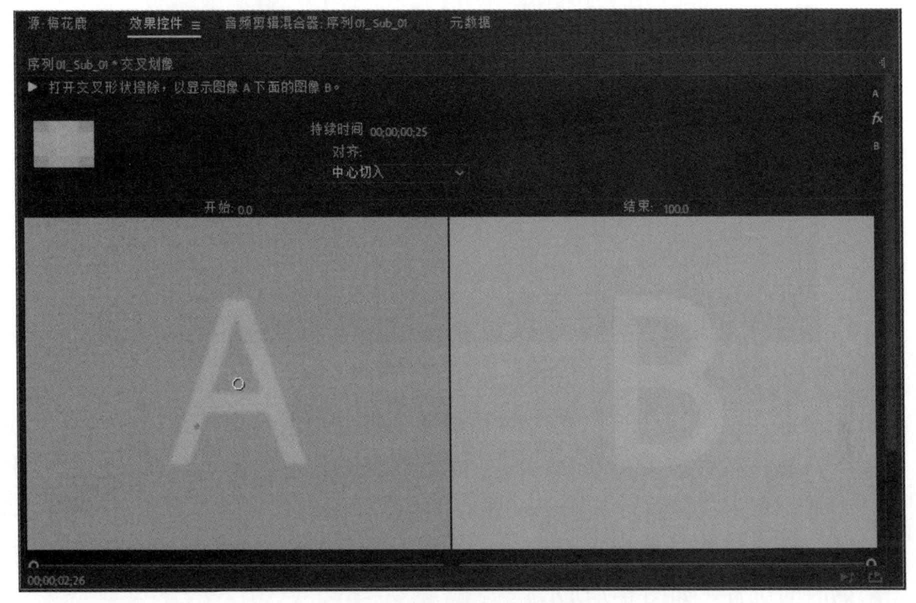

图6-3　隐藏时间轴视图

- 效果预览：展示当前过渡效果的变化方式。一部分过渡效果可以设置动画的方向，可以通过预览窗格周围的小三角形图标进行设置。
- 持续时间：显示了视频过渡效果当前的持续时间；将鼠标移动到该时间码上，在鼠标指针变成↔样式后，按住并左右拖动鼠标，可以对过渡动画的持续时间进行缩短或延长。单击该时间码进入其编辑状态，可以直接输入需要的持续时间。

提示

在剪辑上的过渡效果图标上双击鼠标左键，或者单击鼠标右键并选择“设置过渡持续时间”命令，可以在打开的对话框中快速设置需要过渡动画持续时间，如图 6-4 所示。

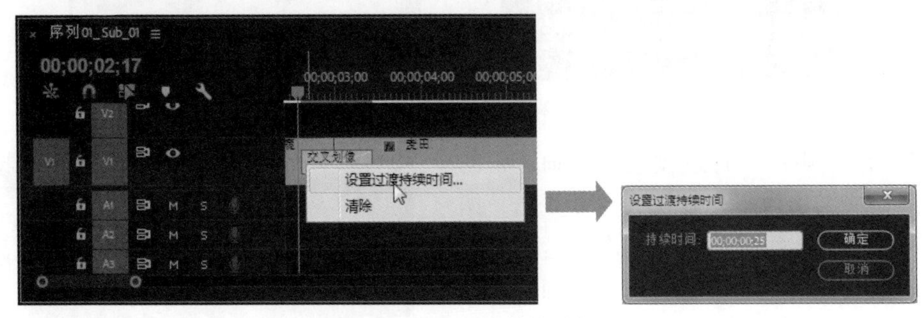

图6-4　设置过渡持续时间

- 对齐：在该下拉列表中选择过渡动画开始的时间位置，如图 6-5 所示。
  - 中心切入：过渡动画的持续时间在两个素剪辑之间各占一半。
  - 起点切入：在前一剪辑中没有过渡动画，在后一剪辑的入点位置开始。
  - 终点切入：过渡动画全部在前一剪辑的末尾。

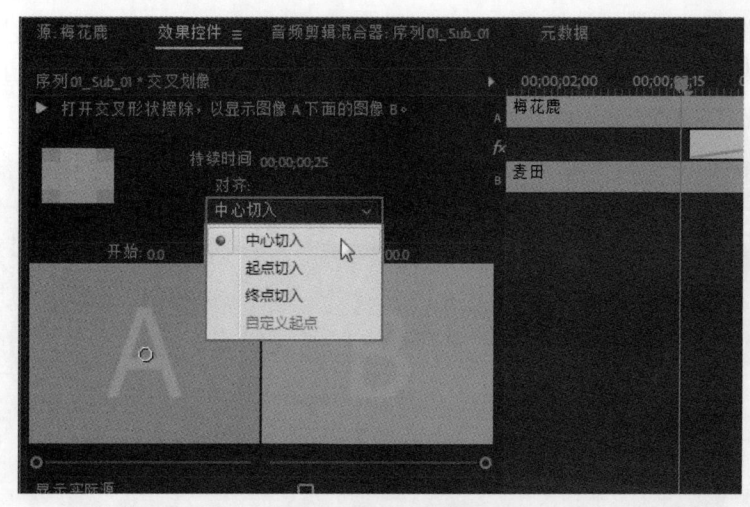

图6-5　设置对齐方式

➢ 自定义起点：将鼠标移动到时间轴视图中视频过渡效果持续时间的开始或结束位置，在鼠标指针改变形状后，按住并左右拖动鼠标，即可对视频过渡效果的持续时间进行自定义设置，如图 6-6 所示。将鼠标移动到视频过渡效果持续时间的中间位置，在鼠标指针改变形状后，按住并左右拖动鼠标，可以整体移动视频过渡效果的时间位置，如图 6-7 所示。

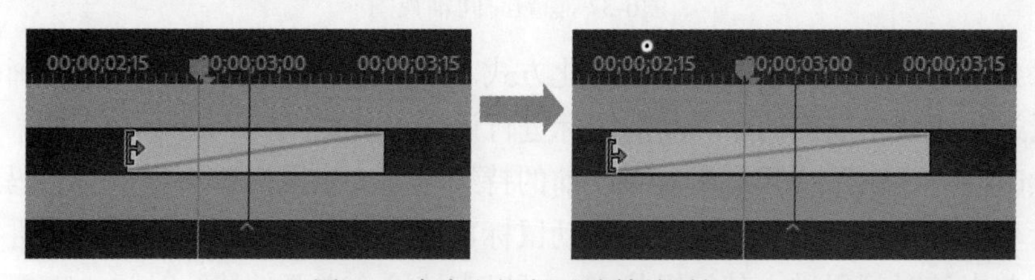

图6-6　自定义视频过渡持续时间

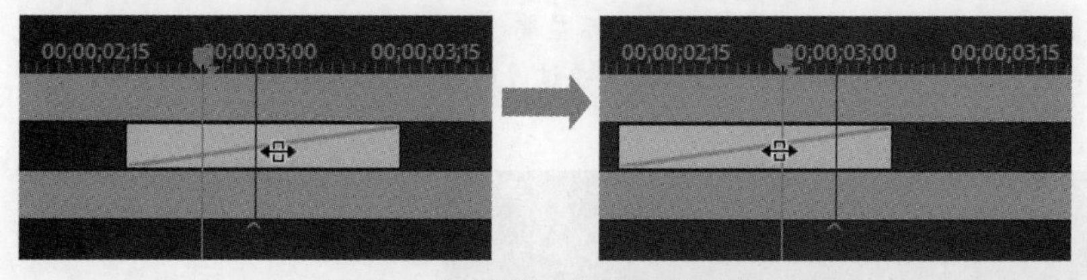

图6-7　移动视频过渡的时间位置

- 开始 / 结束：设置过渡效果动画进程的开始或结束位置，默认为从 0 开始，结束于 100% 的完整过程；修改数值后，可以在效果图示中查看过渡动画的开始或结束过程位置。拖动效果图示下方的滑块，可以预览当前过渡效果的动画效果；其停靠位置也可以对动画进程的开始或结束百分比位置进行定位，如图 6-8 所示。

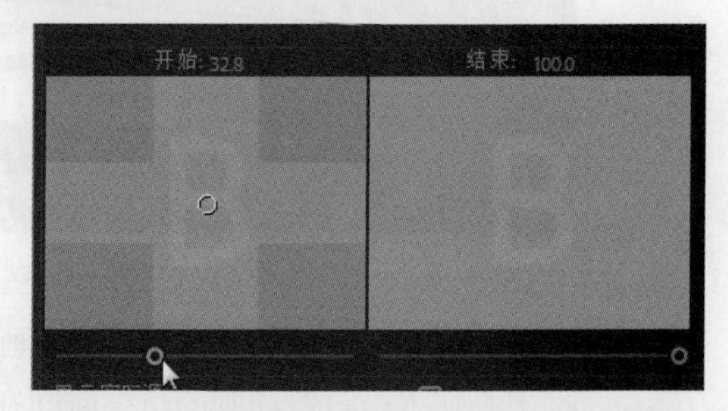

图6-8　设置过渡动画进程的开始或结束位置

- 显示实际源：勾选该选项，可以在效果预览、效果图示中查看应用该过渡效果的实际素材画面，如图 6-9 所示。

图6-9 显示实际源

- 边框宽度：用以设置过渡形状边缘的边框宽度，如图 6-10 所示。

图6-10 设置边框宽度

- 边框颜色：单击该选项后面的颜色块，在弹出的拾色器窗口中可以对过渡形状的边框颜色进行设置。单击颜色块后面的吸管图标，可以点选吸取界面中的任意颜色作为边框颜色，完成如图 6-11 所示。
- 反向：对视频过渡的动画过程进行反转，例如将原本的由内向外展开，变成由外向内关闭。
- 消除锯齿品质：在该选项的下拉列表中，对过渡动画的形状边缘消除锯齿的品质级别进行选择。

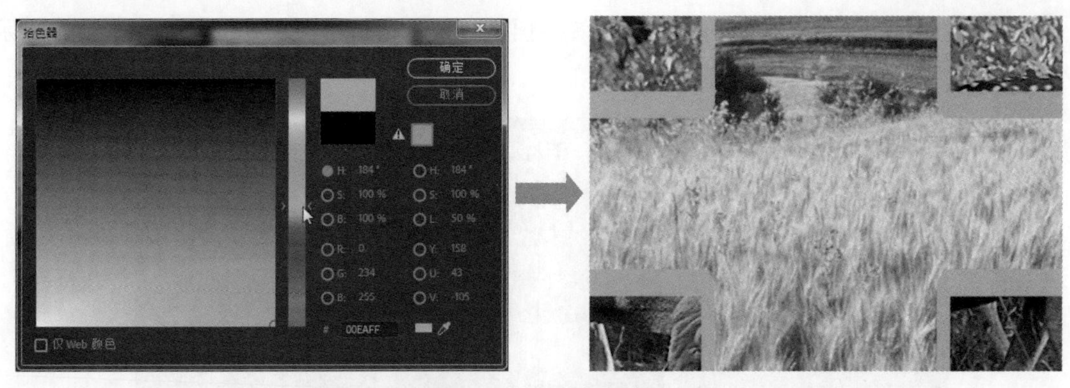

图6-11　设置边框颜色

6.1.3　视频过渡效果的替换与删除

对于剪辑上不再需要的视频过渡效果，可以在剪辑上添加的过渡效果图标上单击鼠标右键并选择“清除”命令，或直接按下 Delete 键，即可删除对其的应用的过滤效果，如图 6-12 所示。

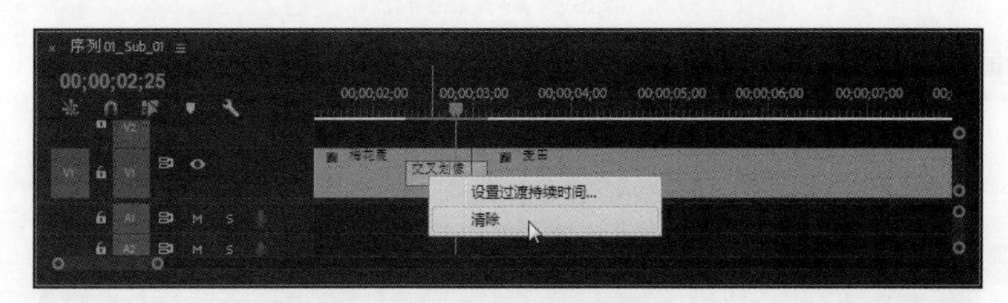

图6-12　清除视频过渡效果

在需要将已经添加的一个视频过渡效果替换为其他效果时，无须将原来的过渡效果删除再添加，只需要在“效果”面板中点选新的视频过渡效果后，按住并拖动到时间轴窗口中，覆盖掉剪辑上原来的视频过渡效果即可，如图 6-13 所示。

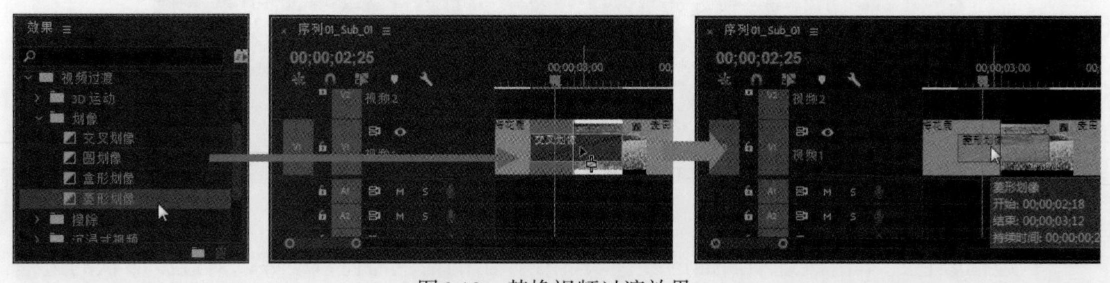

图6-13　替换视频过渡效果

6.2　视频过渡效果分类详解

Premiere Pro 在“效果”面板中提供了 8 个大类共 50 多个过渡效果，下面来分别对这些视频过渡效果的应用效果进行介绍。

6.2.1 3D运动

在 Premiere Pro 中，3D 运动类过渡效果包含 2 个特效，主要是使最终展现的图像 B 以类似在三维空间中运动的形式出现并覆盖原图像 A，如图 6-14 所示。

- 立方体旋转：将图像 B 和图像 A 作为立方体的两个相邻面，像一个立方体逐渐从一个面旋转到另一面。
- 翻转：图像 A 翻转到图像 B，通过旋转的方式实现空翻的效果。

图像A

图像B

立方体旋转

翻转

图6-14 3D运动类过渡效果

6.2.2 划像

划像类过渡效果，主要是将图像 B 按照不同的形状（如圆形、方形、菱形等），在图像 A 上展开，最后覆盖图像 A，如图 6-15 所示。

- 交叉划像：图像 B 以十字形在图像 A 上展开。
- 圆划像：图像 B 以圆形在图像 A 上展开。
- 盒形划像：图像 B 以正方形在图像 A 上展开。
- 菱形划像：图像 B 以菱形在图像 A 上展开。

图像A

图像B

交叉划像

圆划像

盒形划像

菱形划像

图6-15　效果类过渡效果

6.2.3　擦除

擦除类过渡效果主要是将图像 B 以不同的形状、样式以及方向，通过类似橡皮擦一样的方式将图像 A 擦除来展现出图像 B，如图 6-16 所示。

- 划出：图像 B 逐渐擦除图像 A。
- 双侧平推门：图像 A 以类似开门的方式切换到图像 B。
- 带状擦除：图像 B 以水平、垂直或对角线呈条状逐渐擦除图像 A。
- 径向擦除：图像 B 以斜线旋转的方式擦除图像 A。
- 插入：图像 B 呈方形从图像 A 的一角插入。
- 时钟式擦除：图像 B 以时钟转动方式逐渐擦除图像 A。
- 棋盘：图像 B 以方格棋盘状逐渐显示。
- 棋盘擦除：图像 B 呈方块形逐渐显示并擦除图像 A。
- 楔形擦除：图像 B 从图像 A 的中心以楔形旋转划入。
- 水波纹：图像 B 以来回往复换行推进的方式擦除图像 A。
- 油漆飞溅：图像 B 以类似油漆泼洒飞溅的方式逐块显示。
- 渐变擦除：图像 B 以默认的灰度渐变形式，或依据所选择的渐变图像中的灰度变化作为渐变过渡来擦除 A。

- 百叶窗：图像 B 以百叶窗的方式逐渐展开。
- 螺旋框：图像 B 以从外向内螺旋推进的方式出现。
- 随机块：图像 B 以块状随机出现擦除图像 A。
- 随机擦除：图像 B 沿选择的方向呈随机块擦除图像 A。
- 风车：图像 A 以风车旋转的方式被擦除，显露出图像 B。

图像A

图像B

划出

双侧平推门

带状擦除

径向擦除

插入

时钟式擦除

棋盘

棋盘擦除

楔形擦除

水波纹

油漆飞溅

渐变擦除

百叶窗

螺旋框

随机块

随机擦除

风车

图6-16　擦除类过渡效果

6.2.4　沉浸式视频

Premiere Pro 为 VR 视频素材的编辑提供了多种过渡效果，让沉浸式视频影片的制作处理得到更多的变化效果，如图 6-17 所示。

提示

沉浸式视频过渡特效只能添加到视频属性相同（画面尺寸、视频空间属性）的相邻视频剪辑之间。部分过渡特效用在非 VR 素材剪辑上也会产生变化，但不会产生全景空间的过渡效果。

VR视频图像A

VR视频图像B

图6-17 准备的VR视频素材

- VR 光圈擦除：从图像 A 空间中的一个点生成光圈，光圈中显示图像 B，光圈不断放大并最终覆盖擦除图像 A。点选添加到剪辑上的过渡效果后，可以通过“效果控件”面板，对光圈目标位置、光圈边缘羽化程度进行设置，如图 6-18 所示。

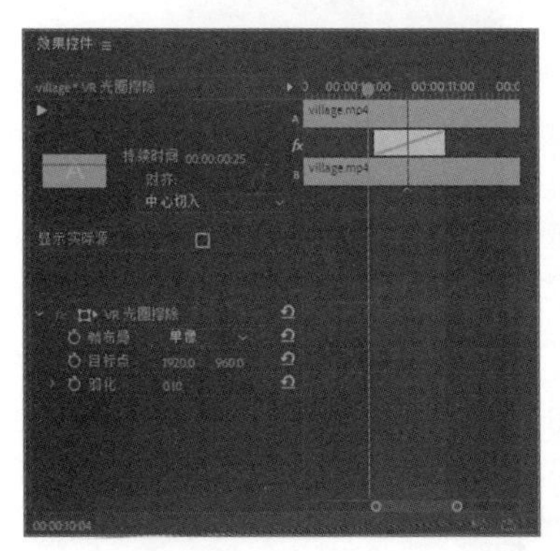

图6-18 “VR光圈擦除”设置选项与应用效果

- VR 光线：从图像 A 的起始点上生成光线射线效果，逐渐运动到图像 B 的结束点上；光线扫过的范围，从图像 A 过渡为图像 B。通过“效果控件”面板，可以对光线的起始点、结束点、光线长度、颜色、曝光度等进行设置，如图 6-19 所示。

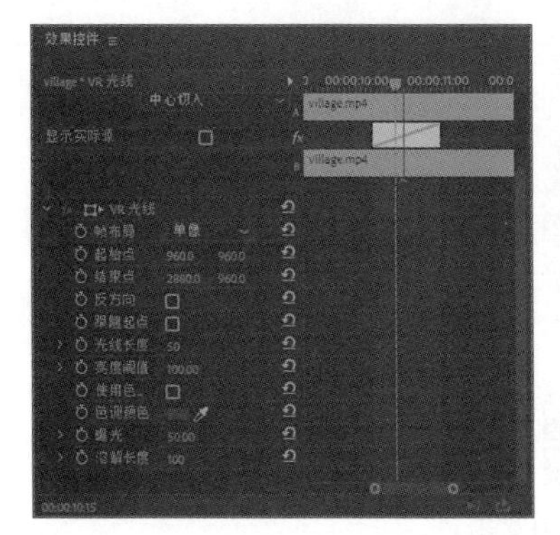

图6-19 “VR光圈擦除”设置选项与应用效果

- VR 渐变擦除：图像 B 以默认的渐变形式、指定图层中的图像内容、或依据所选择的渐变图像中的灰度变化作为渐变过渡来擦除 A。通过“效果控件”面板，可以对渐变图层、渐变图像、渐变平滑度、羽化程度等进行设置，如图 6-20 所示。

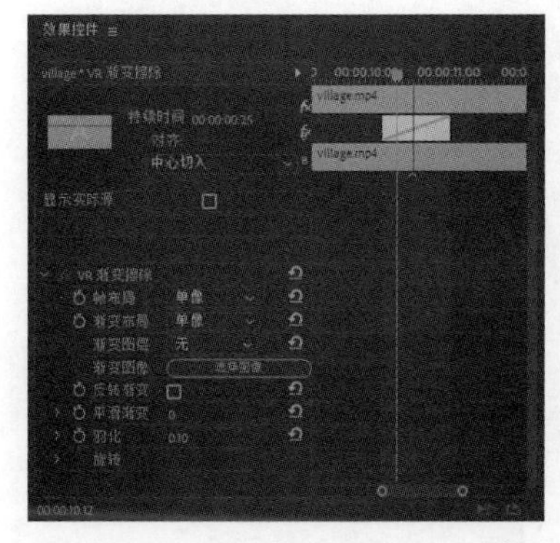

图6-20　“VR渐变擦除”设置选项与应用效果

- VR 漏光：从过渡开始时，逐渐在图像上生成动态的漏光颜色覆盖，同时图像 A 逐渐淡出并显示出图像 B。通过“效果控件”面板，可以对漏光颜色的起始色相、色谱宽度、漏光强度、旋转点位置等进行设置，如图 6-21 所示。

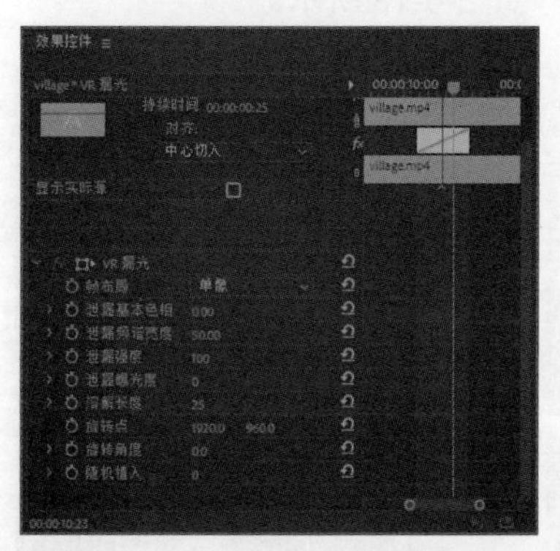

图6-21　“VR漏光”设置选项与应用效果

- VR 球形模糊：从图像 A 空间中的一个点生成逐渐加强的球形径向模糊，同时图像 A 随模糊逐渐淡出并显示出图像 B。通过“效果控件”面板，可以对模糊的位置、强度、曝光度等进行设置，如图 6-22 所示。

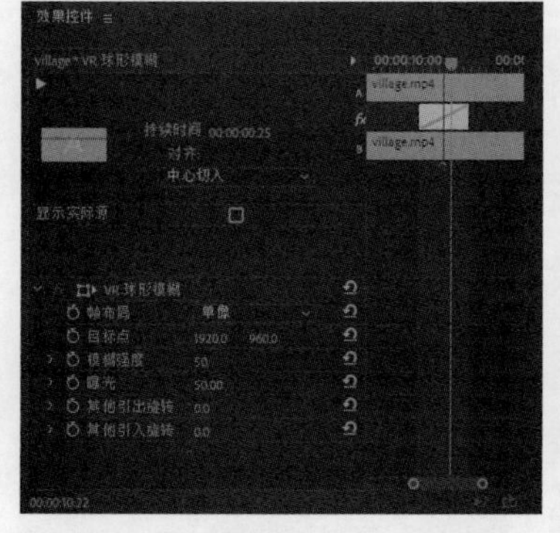

图6-22　“VR球形模糊”设置选项与应用效果

- VR 色度泄露：以图像 A 中像素的平均色彩产生动态漏光色彩覆盖效果，逐渐与图像 B 中像素的平均色相混合，显示出图像 B。通过“效果控件”面板，可以对色彩泄露强度、角度、亮度、饱和度、混合因素等进行设置，如图 6-23 所示。

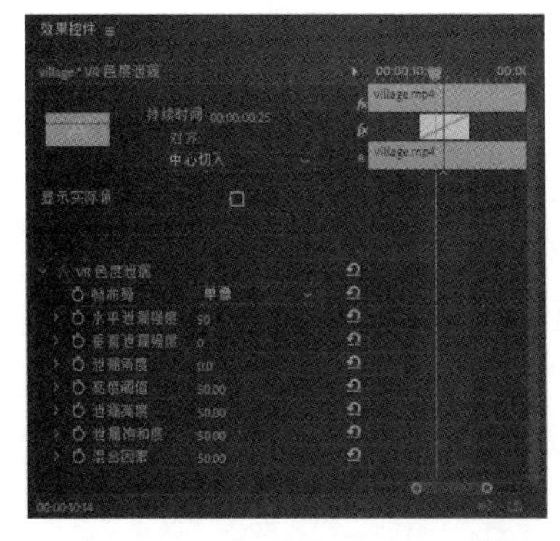

图6-23 “VR色度泄露”设置选项与应用效果

- VR 随机块：图像 B 以块状随机出现并逐步擦除图像 A。通过“效果控件”面板，可以对随机块的大小、随机大小偏差、边缘羽化程度等进行设置，如图 6-24 所示。

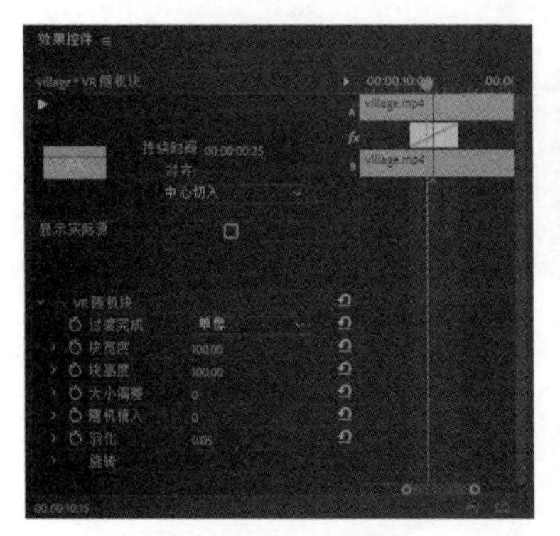

图6-24 “VR随机块”设置选项与应用效果

- VR 默比乌斯缩放：缩小的图像 B 在指定的位置以点状出现，逐渐放大到正常尺寸并覆盖图像 A。通过“效果控件”面板，可以对缩放级别、缩放目标点位置、边缘羽化程度等进行设置，如图 6-25 所示。

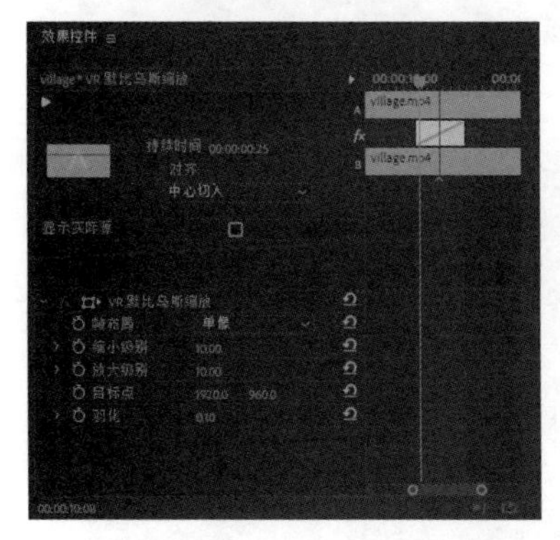

图6-25 “VR默比乌斯缩放”设置选项与应用效果

6.2.5 溶解

溶解类过渡效果主要是在两个图像切换的中间产生平滑的淡入淡出的效果，如图 6-26 所示。

- 交叉溶解：图像 A 与图像 B 同时淡化融合。
- 叠加溶解：图像 A 和图像 B 进行亮度叠加的图像融合。
- 渐隐为白色：图像 A 先淡出到白色背景中，再淡入显示出图像 B。
- 渐隐为黑色：图像 A 先淡出到黑色背景中，再淡入显示出图像 B。
- 胶片溶解：图像 A 逐渐变色为胶片反色效果并逐渐消失，同时图像 B 也由胶片反色效果逐渐显现并恢复正常色彩。
- 非叠加溶解：将图像 A 中的高亮像素溶入图像 B，排除两个图像中相同的色调，显示出高反差的静态合成图像。

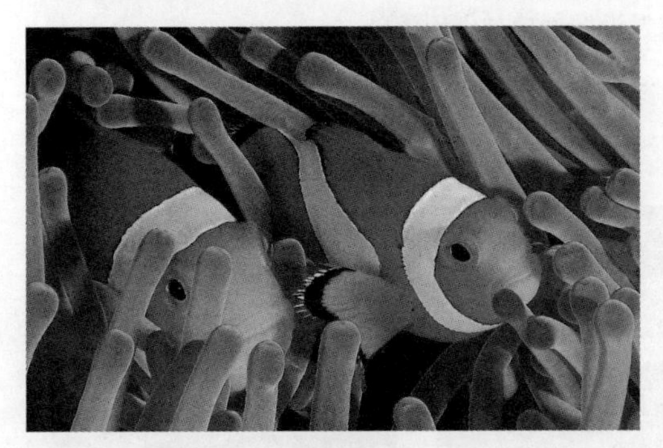

图像A

图像B

交叉溶解

叠加溶解

渐隐为白色

渐隐为黑色

胶片溶解

非叠加溶解

图6-26　溶解类过渡效果

6.2.6　滑动

滑动类过渡效果是将图像 B 分割成带状、方块状的形式，滑动到图像 A 上并覆盖，如图 6-27 所示。

- 中心拆分：图像 A 从中心分裂并滑开显示出图像 B。
- 带状滑行：图像 B 以间隔的带状推入，逐渐覆盖图像 A。
- 拆分：图像 A 向两侧分裂，显示出图像 B。
- 推：图像 B 推走图像 A。
- 滑动：此过渡效果的效果类似幻灯片的播放，图像 A 不动，图像 B 滑入覆盖图像 A。

图像A

图像B

中心拆分

带状滑行

拆分

推

滑动

图6-27　滑动类过渡效果

6.2.7 缩放

缩放类过渡效果是将图像 A 或图像 B，以不同的形状和方式缩小消失、放大出现或者二者交替，以达到图像 B 覆盖图像 A 的目的，如图 6-28 所示。

- 交叉缩放：图像 A 放大到撑出画面，然后切换到放大同样比例的图像 B，图像 B 再逐渐缩小到正常比例。

图6-28 交叉缩放过渡效果

6.2.8 页面剥落

页面剥落类过渡效果主要是使图像 A 以各种卷页的动作形式消失，最后显示出图像 B，如图 6-29 所示。

- 翻页：图像 A 以页角对折形式消失，显示出图像 B。在卷起时，背景是图像 A。
- 页面剥落：类似“翻页”的对折效果，但卷起时背景是渐变色。

图像A

图像B

翻页

页面剥落

图6-29 页面剥落类过渡效果

6.3 过渡效果应用实例

在 Premiere 中进行应用了大量图形素材的影片编辑时，常常需要应用多种视频过渡效果，它可以使画面的切换看起来更有动感。下面通过两个小案例的实践操作，进一步熟练掌握对过渡效果的应用。

6.3.1 视频过渡效果综合运用：孔雀之美

1. 启动 Premiere Pro，单击“新建项目”选项，创建一个新项目文件，设置好保存位置和名称“孔雀之美”后，单击“确定”按钮，如图 6-30 所示。
2. 执行“文件”→“新建”→“序列”命令或按下“Ctrl+N”键，打开“新建序列”对话框，在“可用预设”列表中展开 DV-NTSC 文件夹并点选“标准 48kHz”类型，然后设置好序列名称，单击“确定”按钮创建序列，如图 6-31 所示。
3. 按下“Ctrl+I”键，打开“导入”对话框，选择本书资源包中 \Chapter 6\ 孔雀之美 \Media 目录下所有的图像素材文件并导入，如图 6-32 所示。

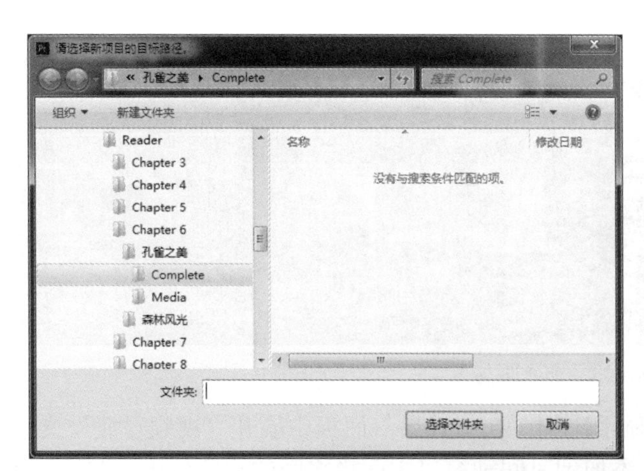

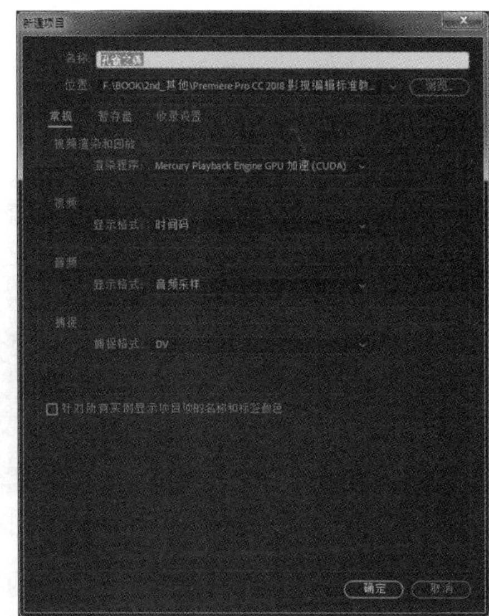

图6-30　创建项目

图6-31　新建序列

图6-32　导入素材

④ 图像素材导入后，按照图像素材的文件名称顺序，将它们全部加入到时间轴窗口中的视频 1 轨道中，如图 6-33 所示。

图6-33　加入素材

⑤ 放大时间轴窗口中时间标尺的显示比例；在“效果”面板中展开“视频过渡”文件夹，选取合适的视频过渡效果，添加到时间轴窗口中剪辑之间的相邻位置，并在“效果控件”面板中设置所有视频过渡效果的对齐位置为“中心切入”，如图 6-34 所示。

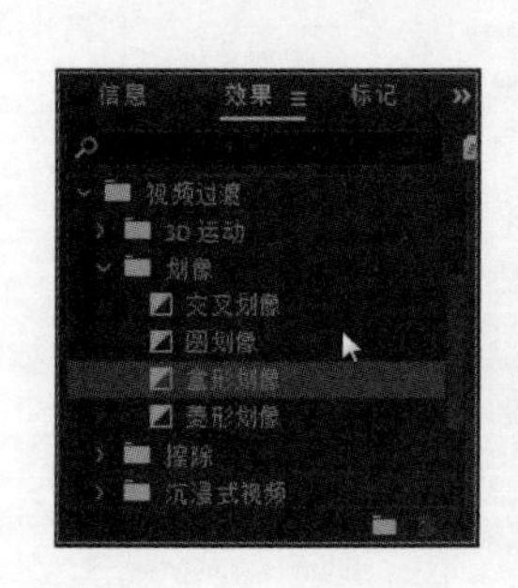

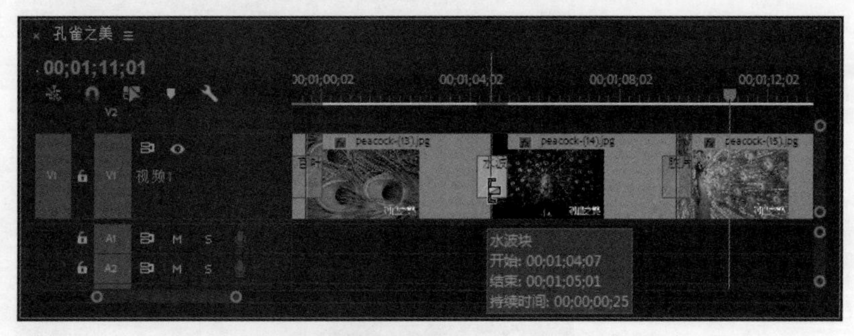

图6-34　加入视频过渡效果

⑥ 对于可以进行自定义效果设置的过渡效果，可以通过单击“效果控件”面板中的“自定义”按钮，打开对应的设置对话框，对该视频过渡效果的参数进行设置，如图 6-35 所示。

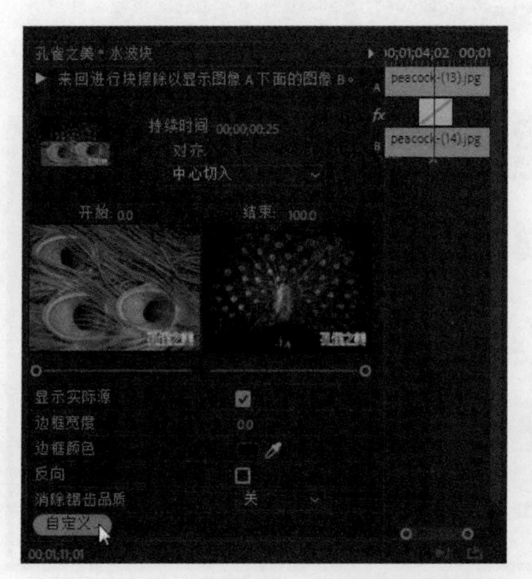

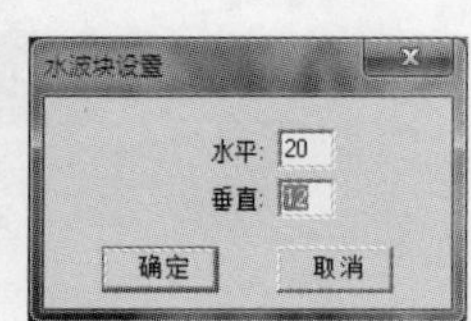

图6-35　设置过渡效果自定义参数

⑦ 编辑好需要的影片效果后，按下“Ctrl+S”执行保存；按下空格键，预览编辑完成的影片效果，如图 6-36 所示。

图6-36　预览影片

6.3.2　应用预设特效编辑过渡效果：森林风光

在 Premiere Pro 中，提供了一些编辑好了特殊动画效果的预设特效，可以直接应用到时间轴窗口中的剪辑对象上，得到前后剪辑过渡切换的衔接效果。

① 启动 Premiere Pro，单击“新建项目”选项，创建一个新项目文件，设置好保存位置和名称后，单击“确定”按钮，如图 6-37 所示。

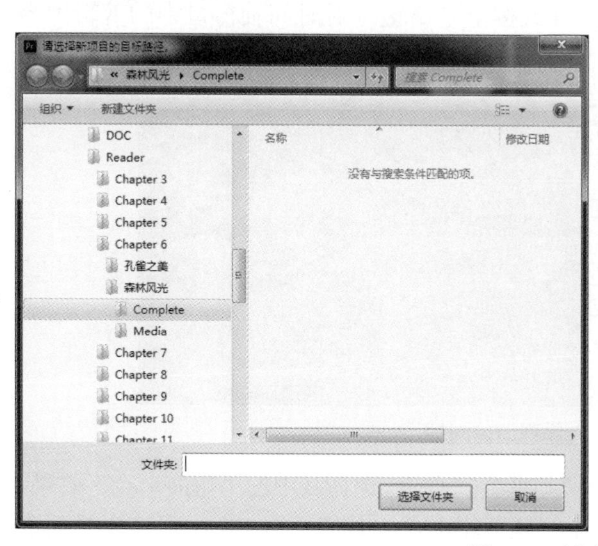

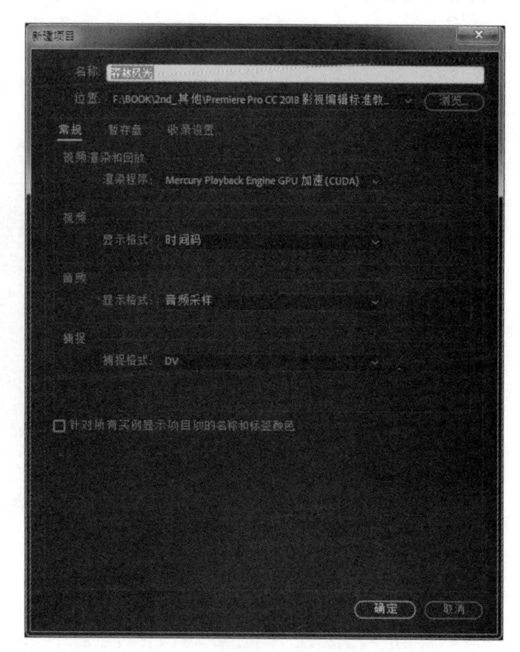

图6-37　新建项目

② 双击项目窗口的空白区域，打开“导入”对话框，将本书资源包中\Chapter 6\森林风光\Media目录下准备的视频素材全部选中，单击“打开”按钮导入到项目素材库窗口中，如图6-38所示。

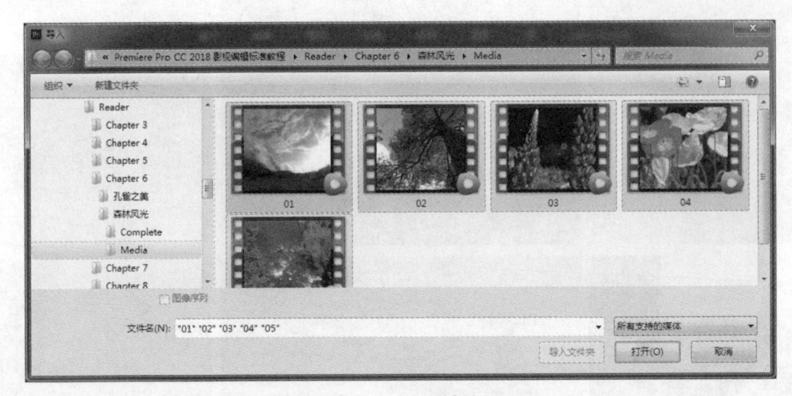

图6-38 导入素材

③ 在项目窗口的01.mov素材上单击鼠标右键并选择“从剪辑新建序列”命令，以该素材的视频属性创建序列，如图6-39所示。

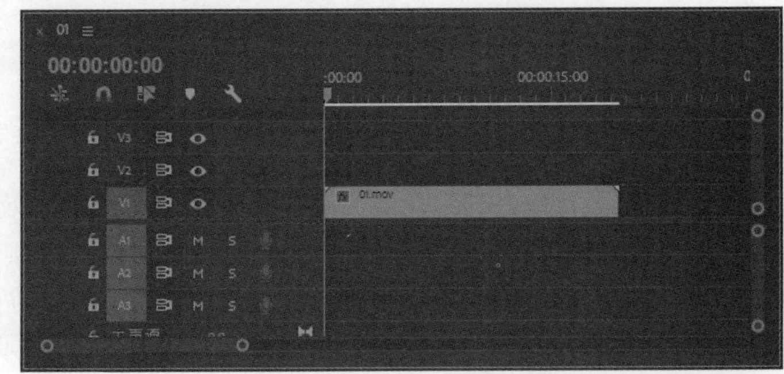

图6-39 新建序列

④ 将项目窗口的其他视频素材根据文件名序号依次加入新建序列的时间轴窗口中，如图6-40所示。此时可以拖动时间指针或按下空格键，对时间轴窗口中的剪辑内容进行播放预览。

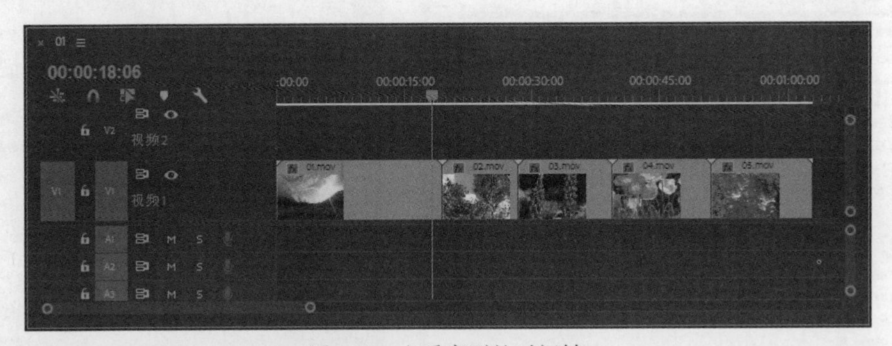

图6-40 查看序列的时间轴

⑤ 打开“效果”面板，展开“预设”→“扭曲”文件夹，选择其中的“扭曲出点”效果，将它按住并拖动到视频轨道中第一个视频剪辑上，为其应用结束前一秒产生画面逐渐扭曲的动画效果，如图6-41所示。

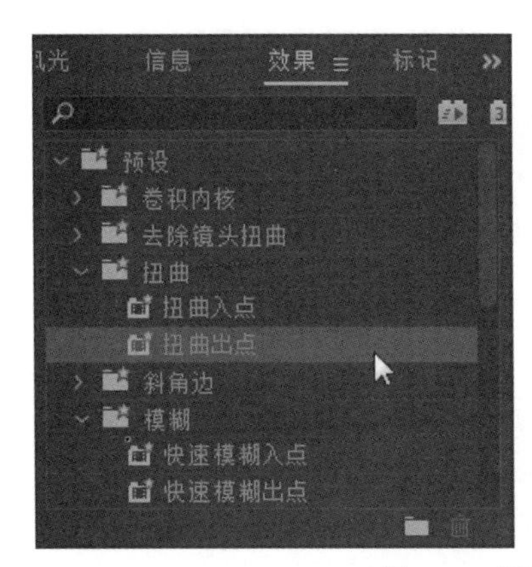

图6-41　添加“扭曲出点”效果

⑥ 在“扭曲”文件夹中选取“扭曲入点”效果，将其添加到视频轨道中的第二个视频剪辑上，如图 6-42 所示。

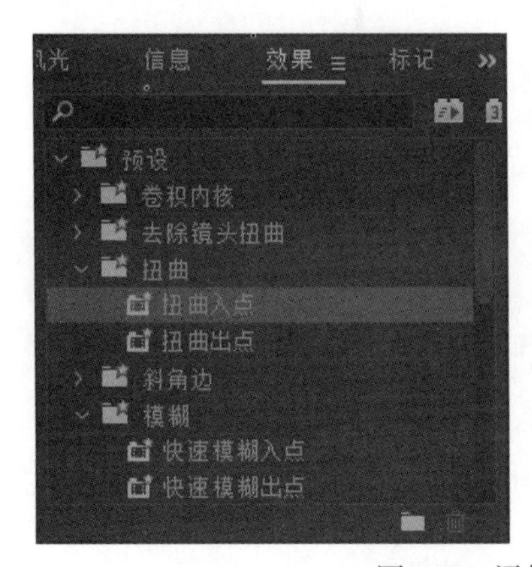

图6-42　添加“扭曲入点”效果

⑦ 展开“模糊”文件夹并选取“快速模糊出点”效果，将其添加到视频轨道中的第二个视频剪辑上，如图 6-43 所示。

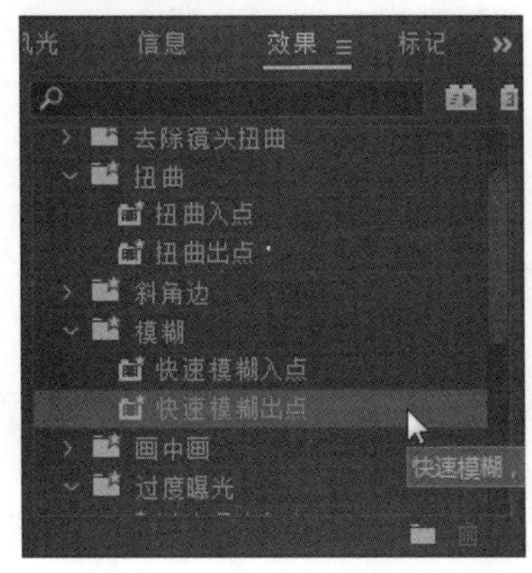

图6-43　添加“快速模糊出点”效果

⑧ 在“模糊”文件夹中选取“快速模糊入点”效果，将其添加到视频轨道中的第三个视频剪辑上，如图 6-44 所示。

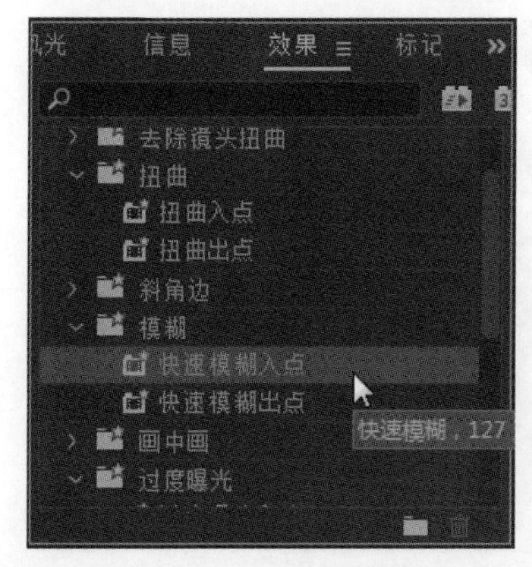

图6-44　添加“快速模糊入点”效果

9 展开“过度曝光”文件夹，依次为第三个视频剪辑添加“过度曝光出点”特效、为第四个视频剪辑添加“过度曝光入点”特效，效果如图 6-45 所示。

图6-45　设置过度曝光效果

10 展开“马赛克”文件夹，依次为第四个视频剪辑添加“马赛克出点”特效、为第五个视频剪辑添加“马赛克入点”特效，效果如图 6-46 所示。

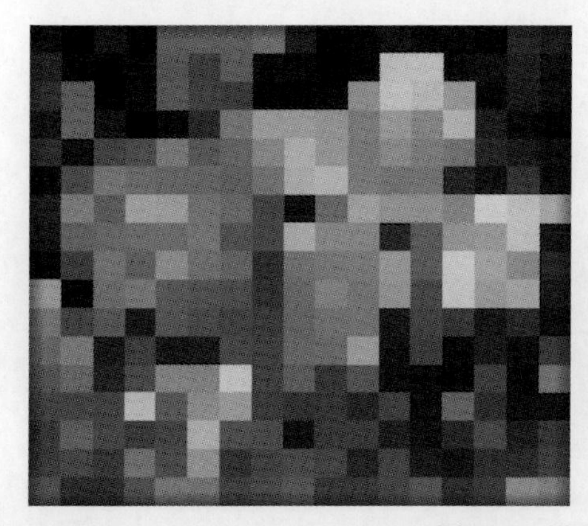

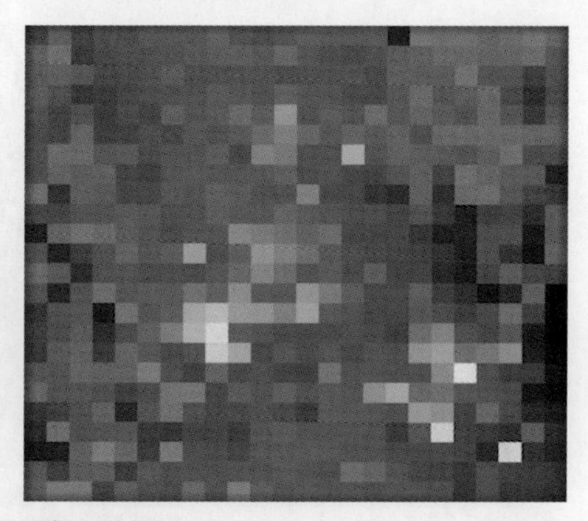

图6-46　设置马赛克效果

11 执行“文件”→“保存”，保存项目文件。拖动时间轴窗口中的时间指针或按下空格键，预览影片的完成效果。

⑫ 执行“文件”→“导出”→“媒体”命令，打开“导出设置”对话框，在对话框中设置好输出的名称和位置后，取消对“导出音频”选项的勾选，然后单击“导出”按钮，如图 6-47 所示。

图6-47 “导出设置”对话框

⑬ 输出完成后，在 Windows Media Player 中打开输出的影片，播放效果如图 6-48 所示。

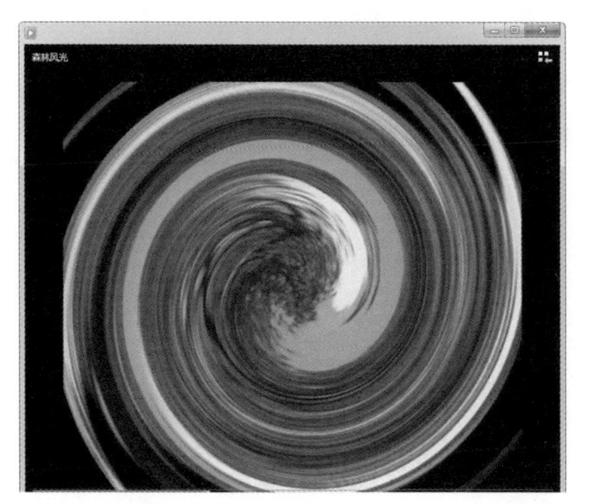

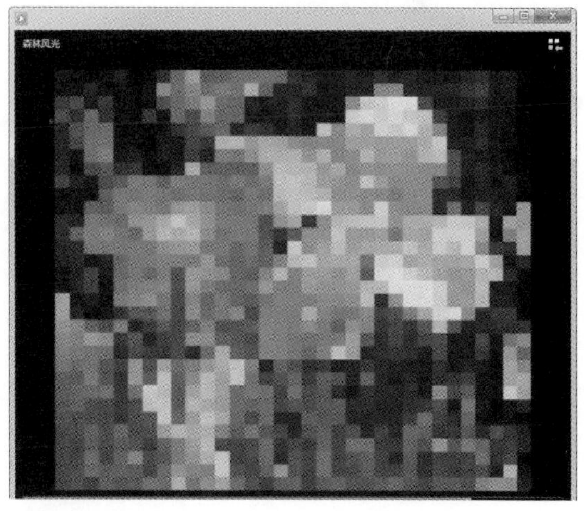

图6-48 影片播放效果

第 7 章

视频效果的编辑应用

本章主要介绍 Premiere Pro 中的视频效果处理。通过本章的学习，读者能熟悉各种特效的效果，并能针对不同的情况进行应用。

学习重点

- 了解视频效果的功能，掌握特效的设置方法
- 熟悉各个视频特效的应用效果

7.1 视频效果应用和设置

视频效果的添加和设置与视频过渡效果的应用方法基本相同：从“效果”面板中选择需要的特效命令后，按住并拖入时间轴窗口中需要的素材剪辑上，然后在“效果控件”面板中对特效进行设置。

7.1.1 视频效果的添加

视频效果的添加，与添加视频过渡效果相似；不同的是，视频过渡效果需要拖放到素材剪辑的头尾位置或相邻两个素材剪辑之间，其特效范围根据设置的持续时间来确定；视频效果是直接拖放到素材剪辑上的任意位置，即可作用于整个素材剪辑，如图 7-1 所示。

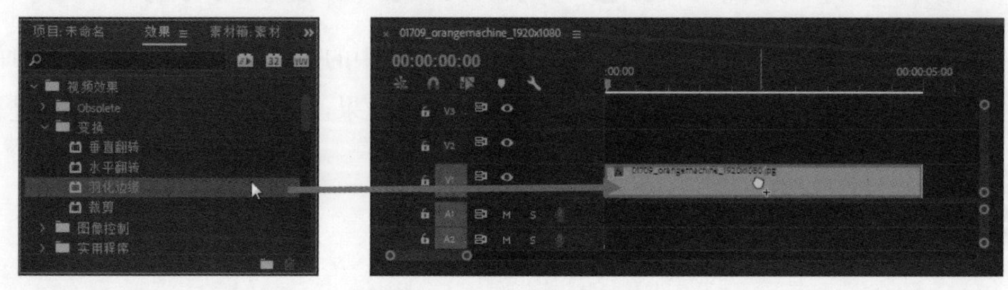

图7-1 添加视频效果

7.1.2 视频效果的设置

在 Premiere Pro 中，可以为序列中的剪辑同时添加多个视频效果。对于效果参数的设置，可以在时间轴窗口中和“效果控件”面板中进行。

1. 在“效果控件”面板中设置视频效果参数

点选添加了视频效果的素材剪辑，在“效果控件”面板中就会显示在该素材剪辑上应用的所有视频效果的设置选项，如图 7-2 所示。

和设置素材剪辑的基本属性一样，使用鼠标按住并拖动、或直接修改选项后面的参数值，即可对该选项所对应的视频效果进行调整。对于不再需要的视频效果，可以通过点选后单击鼠标右键并选择“清除”命令，或直接按下 Delete 键删除。对于需要保留，但暂时不需要的视频效果，可以单击该效果前面的“切换效果开关”fx按钮，将其变为关闭状态fx，即可关闭该效果在素材剪辑上的应用，如图 7-3 所示。

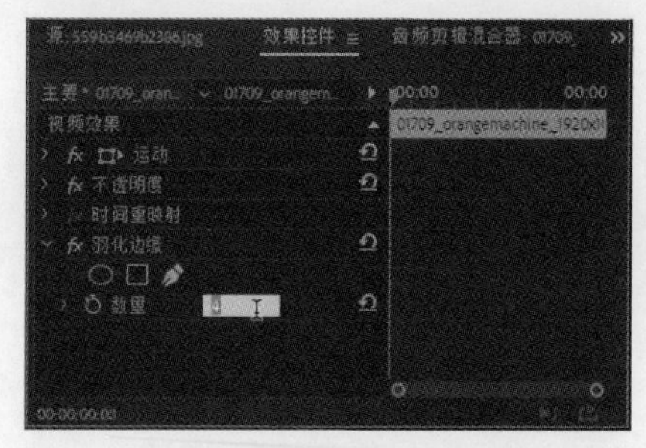

图7-2 修改效果选项参数

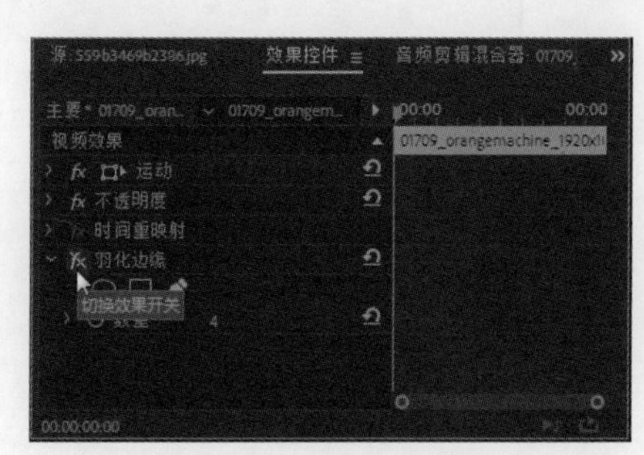

图7-3 切换效果开关

在“效果控件”面板中的视频效果，根据从上到下的顺序对当前素材剪辑的影像进行处理。按住一个视频效果并向上或向下拖动到需要的排列位置（素材剪辑的基本属性选项不可移动），在素材剪辑上生成的特效处理效果也将发生对应的变化，如图 7-4 所示。

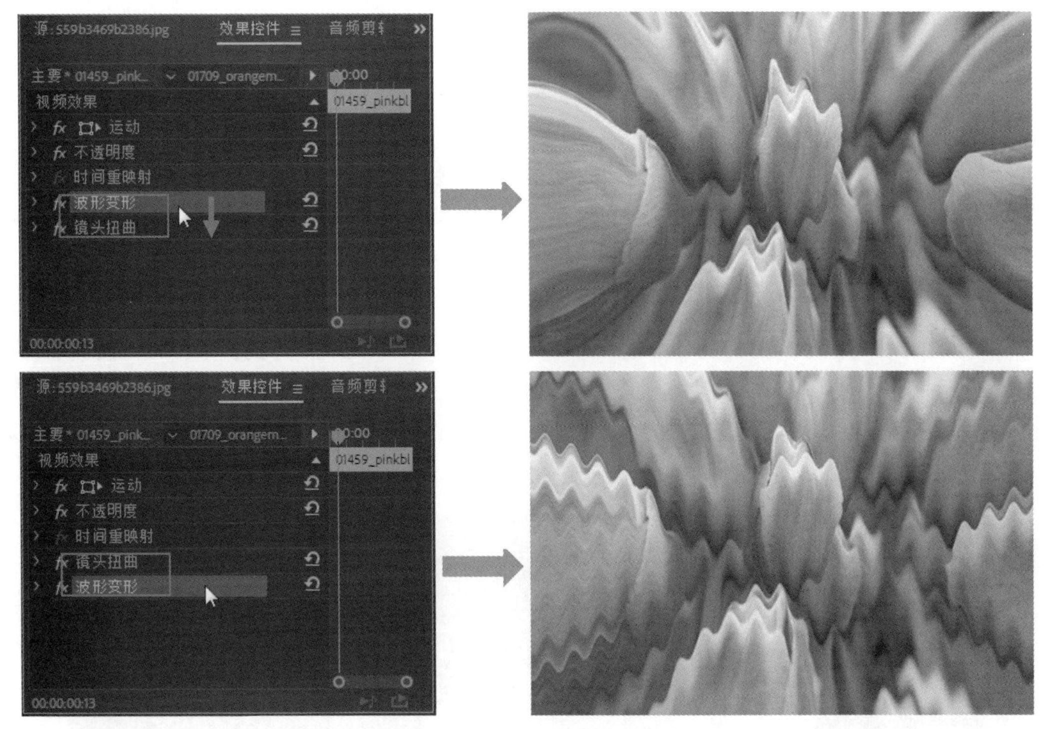

图7-4　调整视频效果应用顺序

2. 视频效果应用的蒙版设置

在 Premiere Pro 中，增加了对所添加特效进行蒙版设置的功能，如图 7-5 所示。在剪辑上创建了蒙版后，视频特效的应用效果将只显示在蒙版中。在“效果控件”面板中，在视频特效名称下面可以选择对应的工具，在当前素材剪辑上绘制椭圆形、四边形及自由形状的蒙版。创建蒙版后，可以对蒙版的路径形状进行调整，以及为其创建关键帧动画，编辑出动态变化的蒙版范围；对蒙版的边缘羽化程度、蒙版应用程度的百分比、蒙版边缘扩展、是否进行范围反转等进行设置，如图 7-6 所示。

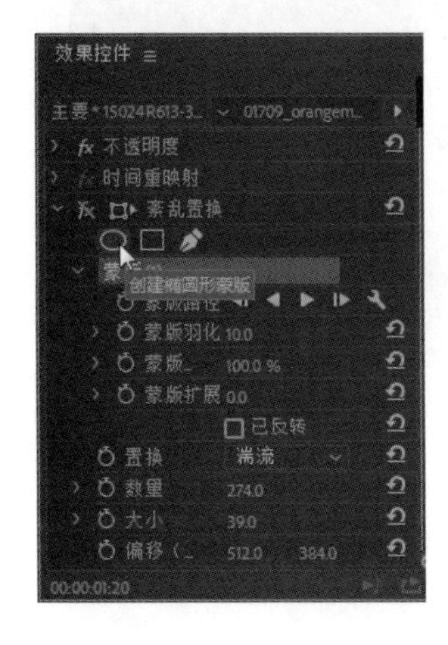

图7-5　创建效果应用蒙版

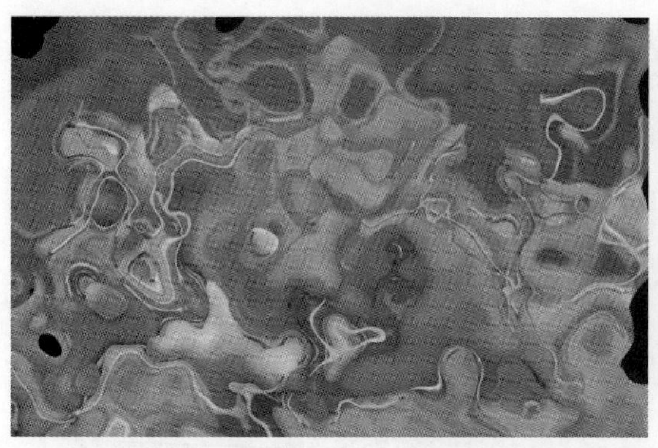
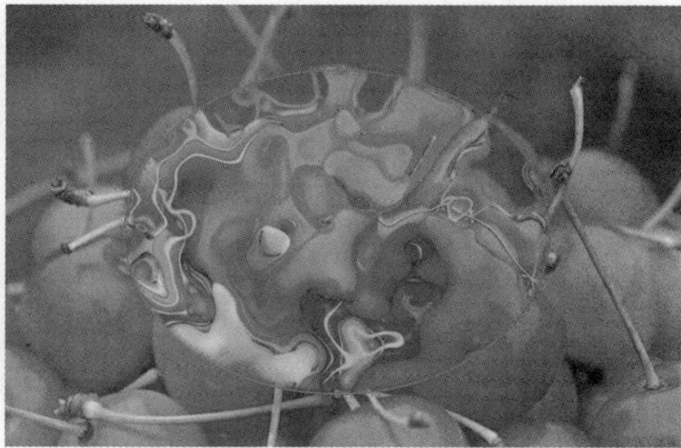

图7-6　创建蒙版前后的应用效果对比

3. 在素材剪辑上设置视频效果参数

在时间轴窗口中的素材剪辑上设置视频效果参数，主要通过素材剪辑上的关键帧控制线来完成。如果素材剪辑上的关键帧控制线当前没有显示出来，可以单击“时间轴显示设置”按钮🔧，在弹出的菜单中选中“显示视频 / 音频关键帧”命令，将其在轨道中显示出来，如图 7-7 所示。

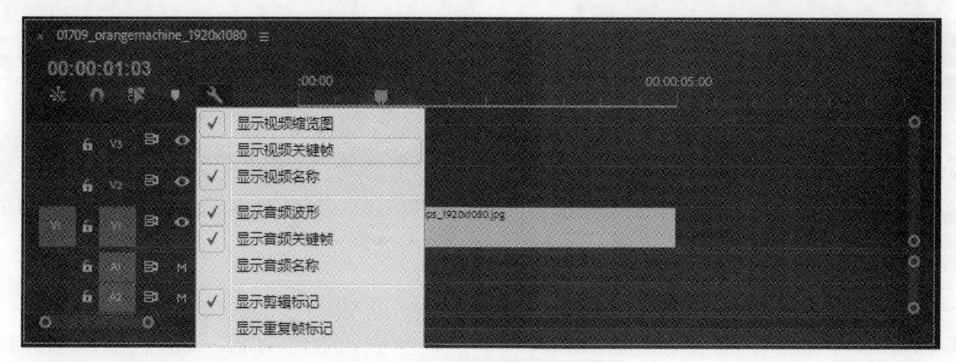

图7-7　显示出关键帧控制线

右键单击素材剪辑名称后面的fx（效果）图标，在弹出的列表中选择切换需要进行设置的效果选项，如图 7-8 所示。

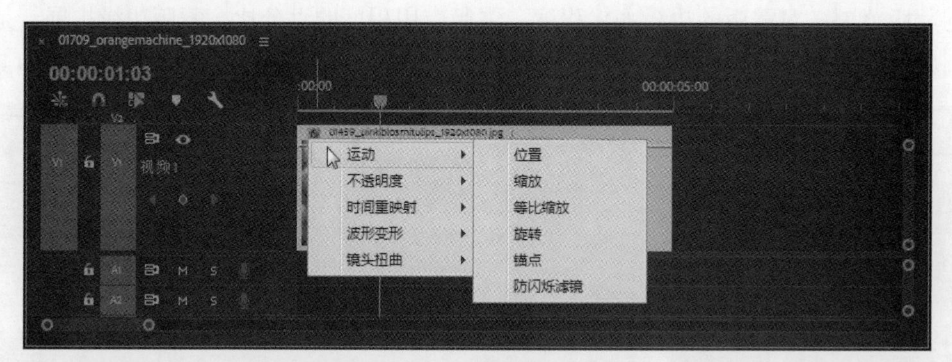

图7-8　选择需要调整的效果选项

在素材剪辑上显示出需要调整的选项控制线后，按住并上下拖动，即可增加或降低所选效果选项的参数值，如图 7-9 所示。

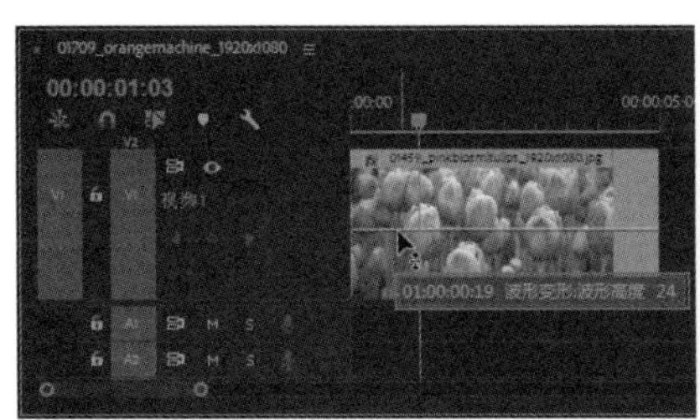
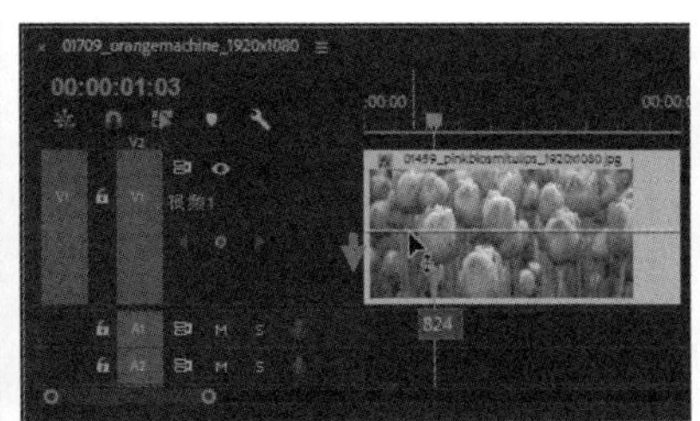
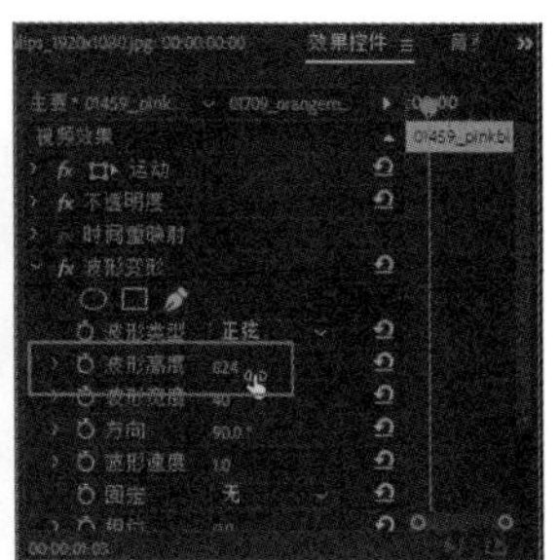

图7-9　调整效果选项参数

7.2　视频效果分类详解

Premiere Pro 在“效果”面板中提供了 19 个大类共 130 多个视频特效，下面分别对这些视频特效的应用效果进行介绍。

7.2.1　Obsolete（废旧）

此类特效只包含了一个“快速模糊”效果，可以使图像画面产生模糊效果，如图 7-10 所示。

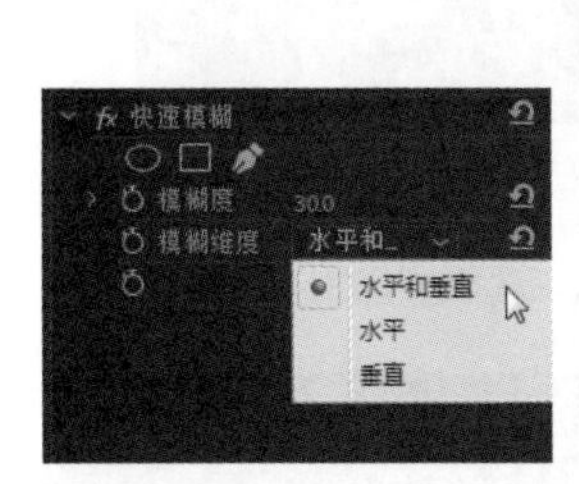

图7-10　应用“快速模糊”效果

7.2.2　变换

变换类视频效果可以使图像产生翻转、羽化边缘等变化，此类特效包含了 4 个效果。

- 垂直翻转：运用该特效，可以将画面沿水平中心翻转 180° 如图 7-11 所示。

图7-11　应用“垂直翻转”效果

- 水平翻转：运用该特效，可以将画面沿垂直中心翻转 180°，如图 7-12 所示。

图7-12　应用“水平翻转”效果

- 羽化边缘：运用该特效，可以在画面周围产生像素羽化的效果，设置“数量”选项的数值可以控制边缘羽化的程度，如图 7-13 所示。

图7-13　应用“羽化边缘”效果

- 裁剪：使用该特效可以对素材进行边缘裁剪，修改素材的尺寸，其效果如图 7-14 示。

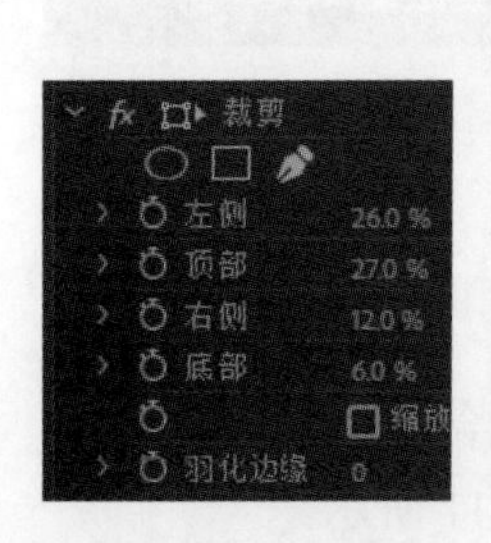

图7-14　“裁剪”设置选项与应用效果

7.2.3　图像控制

图像控制类特效主要用于调整影像的颜色，此类特效包含了 5 个效果。

- 灰度系数校正：运用该特效，通过调整“灰度系数”参数的数值，可以在不改变图像高亮区域和低亮区域的情况下，使图像变亮或变暗，如图 7-15 所示。
- 颜色平衡：运用该特效，可以按 RGB 颜色调节影片的颜色，校正或改变图像的色彩，如图 7-16 所示。

图7-15　应用“灰度系数校正”效果

图7-16　“颜色平衡”设置选项与应用效果

- 颜色替换：运用该特效，可以在保持灰度不变的情况下，用一种新的颜色代替选中的色彩以及与之相似的色彩，如图 7-17 所示。

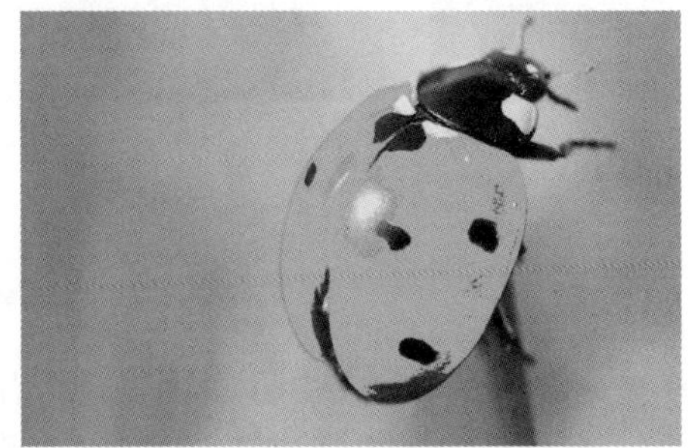

图7-17　“颜色替换”设置选项与应用效果

- 颜色过滤：运用该特效，可以将图像中没有被选中的颜色范围变为灰度色，选中的色彩范围保持不变，如图 7-18 所示。

图7-18　应用“颜色过滤”效果

- 黑白：运用该特效，可以直接将彩色图像转换成灰度图像，图 7-19 所示。

图7-19 应用“黑白”效果

7.2.4 实用程序

此类特效只包含一个“Cineon 转换器”效果，可以对图像的色相、亮度等进行快速调整，如图 7-20 所示。

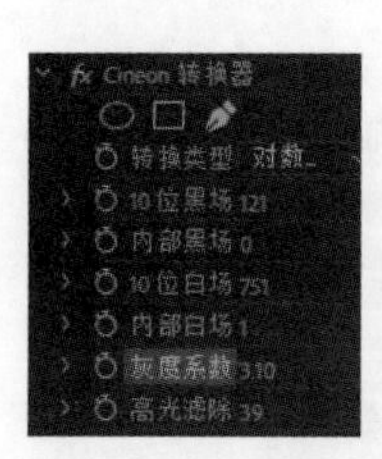

图7-20 “Cineon转换器”设置选项与应用效果

7.2.5 扭曲

扭曲类特效主要用于对图像进行几何变形，此类特效包含了 12 个效果。

- 位移：运用该特效，可以根据设置的偏移量对图像进行水平或垂直方向上位移，移出的图像将在对面的方向显示，如图 7-21 所示。

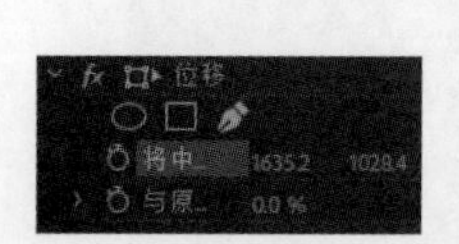

图7-21 “位移”特效设置选项与应用效果

- 变形稳定器 VFX：在使用手持摄像机的方式拍摄视频时，拍摄到的视频常常会有比较明显的画面抖动。该特效用于对拍摄时的抖动造成的不稳定的视频画面进行修复处理，减轻画面播放时的抖动。需要注意的是，应用该特效，需要素材的视频属性与序列的视频属性保持相同。在操作时，要么准备与合成序列相同视频属性的素材，要么将合成序列的视频属性修改为与所使用视频素材的视频属性一致。另外，要进行处理的视频素材最好是固定位置拍摄的同一背景画面，否则程序可能无法进行稳定处理的分析。在为视频素材应用了该特效后，可以在“效果控件”面板中设置其选项参数，如图 7-22 所示。

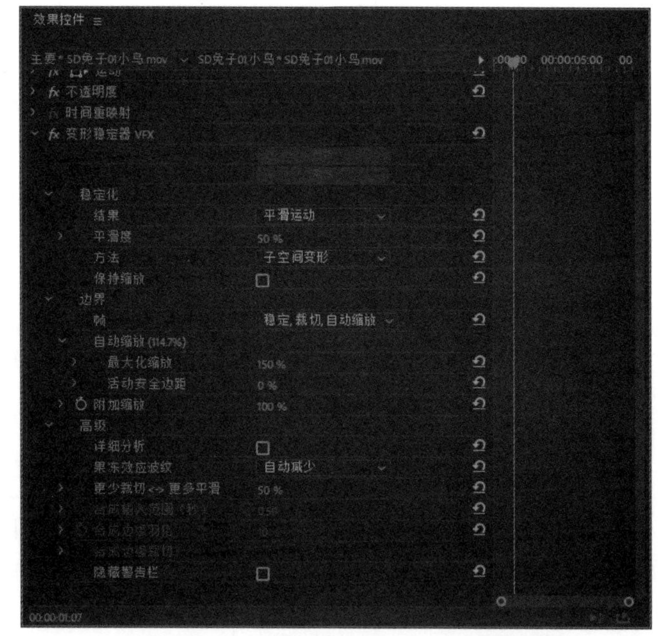

图7-22 “变形稳定器VFX”设置选项

- 分析 / 取消：单击“分析”按钮，开始对视频前后帧的画面抖动差异进行分析；如果合成序列与视频素材的视频属性一致，则在向分析完成后，将显示为“应用”，单击该按钮即可应用当前的特效设置；单击“取消”按钮可以中断或取消进行的分析。
- 结果：在该下拉列表中可以选择采用何种方式进行画面稳定的运算处理。选择“平滑运动”，则可以允许保留一定程度的画面晃动，使晃动变得平滑，可以在下面的“平滑度”选项中设置平滑程度，数值越大，平滑处理越好；选择“不运动”，则以画面的主体图像作为整段视频画面的稳定参考，对后续帧中因为抖动而产生位置、角度等差异，通过细微的缩放、旋转调整，得到最稳定的效果。
- 方法：根据视频素材中画面抖动的具体问题，在此下拉列表中选择对应的处理方法，包括“位置”“位置，缩放，旋转”“透视”和“子空间变形”。如果视频素材的画面抖动主要是上下、左右的晃动，则选择“位置”选项；如果抖动较为剧烈且有角度、远近等的细微变化，选择“子空间变形”选项可以得到更好的稳定效果。
- 帧：在对视频画面应用所选“方法”的稳定处理后，将会出现因为旋转、缩放、移动了帧画面而出现的画面边缘不整齐的问题，可以在此选择对所有帧的画面边缘进行整齐的方式，包括“仅稳定”“稳定，裁切”“稳定，裁切，自动缩放”和“稳定、合成边缘”；例如选择“仅稳定”，则保留各帧画面边缘的原始状态；选择“稳定，裁切，自动缩放”，则可以对画面边缘进行裁切整齐、自动匹配合成序列画面尺寸的处理。
- 最大化缩放：该选项只在上一选项中选择了“稳定，裁切，自动缩放”时可用，用以设置对帧画面进行缩放来匹配稳定时的最大放大程度。
- 活动安全边距：该选项只有在上一选项中选择了“稳定，裁切，自动缩放”时可用，用以设置在对帧画面进行缩放、裁切时，保持帧边缘向内的安全距离百分比，以确保需要的主体对象不被缩放或裁切出画面外，其功能是对“最大化缩放”应用的约束，防止对画面的缩放或裁切量过大。

➢ 附加缩放：设置对帧画面稳定处理后的二次辅助缩放调整。

➢ 详细分析：勾选该选项，可以重新对视频素材进行更精细的稳定处理分析。

➢ 果冻效应波纹：在该选项的下拉列表中，选择对因为缩放、旋转调整产生的画面场序波纹加剧问题的处理方式，包括“自动减少”和“增强减少”。

➢ 更少裁切 <-> 更多平滑：在此设置较小的数值，则执行稳定处理时偏向保持画面完整性，稳定效果也较好；设置较大的数值，则执行稳定处理时偏向使画面更稳定、平滑，但对视频画面的处理会有更多的缩放或旋转处理，会降低画面质量。

➢ 合成输入范围：在“帧”选项中选择“稳定、合成边缘”时可用，用以设置从视频素材的第几帧开始进行分析。

➢ 合成边缘羽化：在“帧”选项中选择“稳定、合成边缘”时可用，设置在对帧画面边缘进行缩放、裁切处理后的羽化程度，以使画面边缘的像素变得平滑。

➢ 合成边缘裁切：可以在展开此选项后，分别手动设置对各边缘的裁切距离，可以得到更清晰整齐的边缘，单位为像素。

➢ 隐藏警告栏：勾选该选项，可以隐藏进行分析、处理时在画面上显示的警告栏。

- 变换：运用该特效，可以对图像的位置、尺寸、透明度、倾斜度等进行设置，如图 7-23 所示。

图7-23 “变换”特效设置选项与应用效果

- 放大：运用该特效，可以放大图像中的指定区域，如图 7-24 所示。

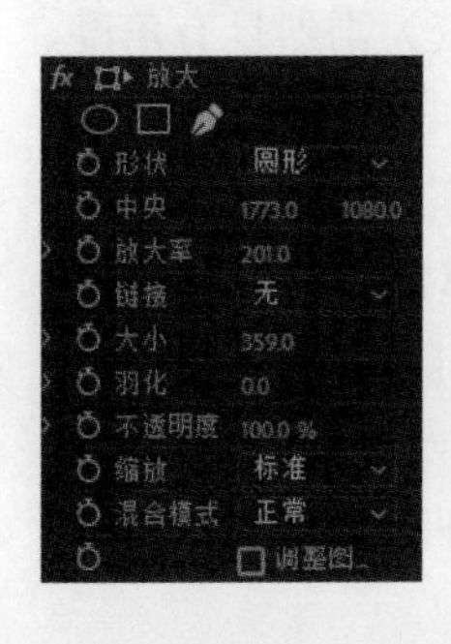

图7-24 “放大”特效设置选项与应用效果

- 旋转：运用该特效，可以使图像产生沿中心轴旋转的效果，如图 7-25 所示。
- 果冻效应复位：使用此特效，可以对视频素材的场序类型进行更改，以得到需要的匹配效果，或降低隔行扫描视频素材的画面闪烁。

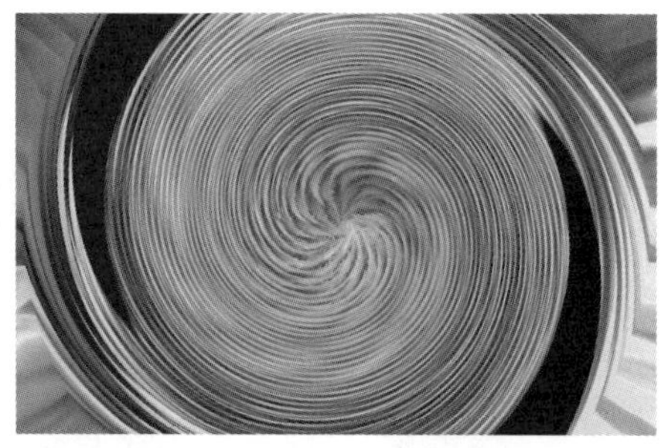

图7-25　“旋转”特效设置选项与应用效果

- 波形变形：该特效类似“弯曲”效果，可以对波纹的形状、方向及宽度等进行详细的设置，如图 7-26 所示。

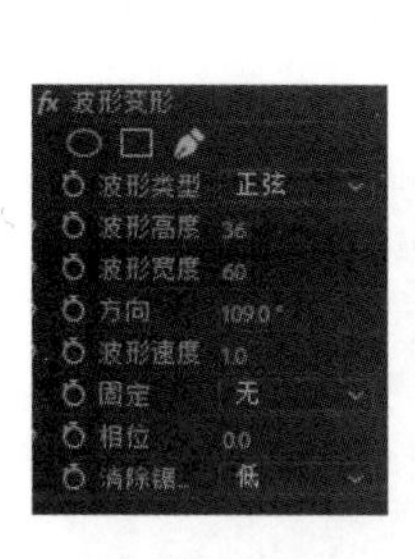

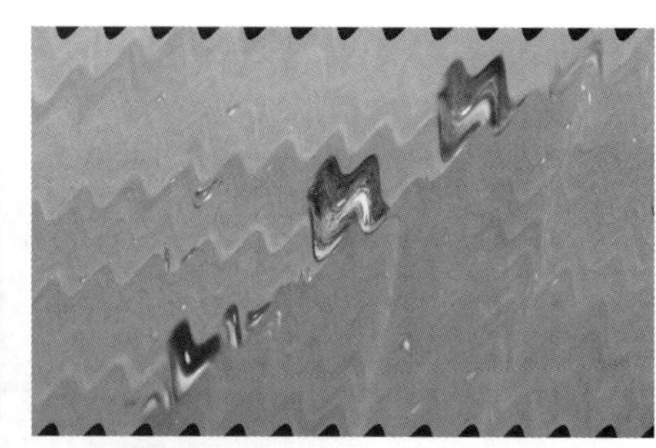

图7-26　“波形变形”特效设置选项与应用效果

- 球面化：运用该特效，可以在素材图像中制作出球面变形的效果，类似用鱼眼镜头拍摄的照片效果，如图 7-27 所示。

图7-27　“球面化”特效设置选项与应用效果

- 紊乱置换：运用该特效，可以对素材图像进行多种方式的扭曲变形，如图 7-28 所示。

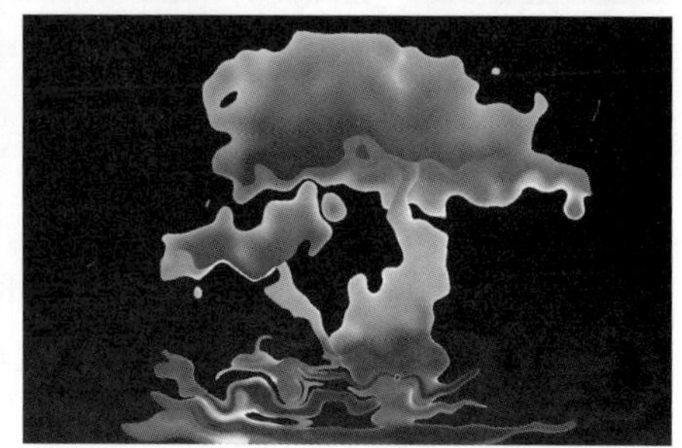

图7-28　“紊乱置换”特效设置选项与应用效果

- 边角定位：运用该特效，通过参数设置重新定位图像的四个顶点位置，得到图像扭曲变形的效果，如图 7-29 所示。

图7-29 “边角定位”特效设置选项与应用效果

- 镜像：运用该特效，可以将图像沿指定角度的射线进行反射，制作出镜像的效果。如图 7-30 所示。

图7-30 “镜像”特效设置选项与应用效果

- 镜头扭曲：运用该特效，可以将图像四角进行弯折，制作出镜头扭曲的效果，如图 7-31 所示。

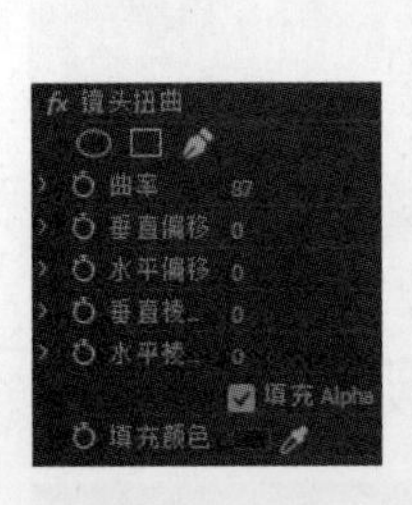

图7-31 “镜头扭曲设置”特效设置选项与应用效果

7.2.6 时间

时间类特效用于对动态素材的时间特性进行控制，此类特效包含了 4 个效果。

- 像素运动模糊：该特效可以使动态素材剪辑产生类似相机快门按下时的画面运动模糊效果。

- 抽帧时间：该特效可以为动态素材剪辑设置一个新的帧速率进行播放，产生“跳帧”的效果。与修改素材剪辑的持续时间不同，使用此特效不会更改素材剪辑的持续时间，也不会产生快放或慢放效果；该特效只有一项“帧速率”参数，设置的帧速率高于素材剪辑本身的帧速率时无变化；设置的帧速率低于素材剪辑的帧速率时，程序会自动计算出要播放的下一帧的位置，跳过中间的一些帧，以保证与素材原本相同的持续时间播放完整段素材剪辑，该设置对素材剪辑的音频内容不产生影响。
- 时间扭曲：该特效可以选择应用多种运算方法，对动态素材剪辑的动画内容时间进行扭曲调整，例如设置以更快的播放速度后，在播放时将产生快放效果，但原有的动画内容被快放完后，剪辑的持续时间并没有结束，则画面将定格在原本结束帧的画面，并保持到剪辑的持续时间结束。
- 残影：该特效可以将动态素材剪辑中不同时间的多个帧进行同时播放，产生动态残影效果；其设置选项如图 7-32 所示。

图7-32　“残影”特效设置选项与应用效果

7.2.7　杂色与颗粒

杂色与颗粒类特效主要用于对图像进行柔和处理，去除图像中的噪点，或在图像上添加杂色效果等，此类特效包含了 6 个效果。

- 中间值：运用该特效，可以将图像的每一个像素都用它周围像素的 RGB 平均值来代替，以减少图像上的杂色噪点。设置较大的“半径”数值，可以使图像产生类似水粉画的效果，如图 7-33 所示。

图7-33　“中间值”特效设置选项与应用效果

- 杂色：运用该特效，将在画面中添加模拟的噪点效果，如图 7-34 示。

图7-34 “杂波”特效设置选项与应用效果

- 杂色 Alpha：该特效用于在图像的 Alpha 通道中生成杂色，如图 7-35 所示。

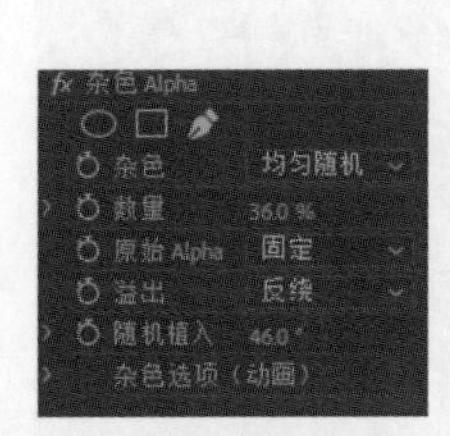

图7-35 “杂色Alpha”特效设置选项与应用效果

- 杂色 HLS：该特效可以在图像中生成杂色效果后，对杂色噪点的亮度、色调及饱和度进行设置，如图 7-36 所示。

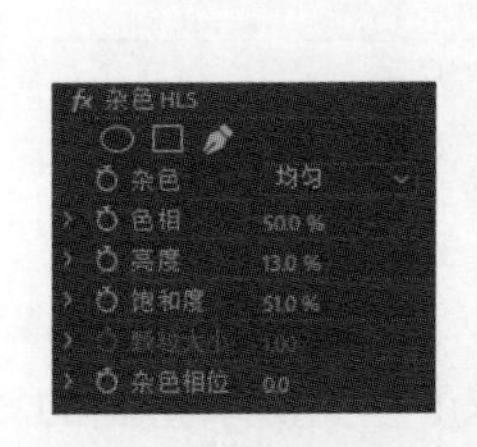

图7-36 “杂色HLS”特效设置选项与应用效果

- 杂色 HLS 自动：该特效与“杂色 HLS”相似，只是在设置参数中多了一个“杂色动画速度”选项，通过为该选项设置不同数值，可以得到不同杂色噪点以不同速度运动的动画效果，如图 7-37 所示。

图7-37 “杂色HLS自动”特效设置选项与应用效果

- 蒙尘与划痕：该特效可以在图像上生成类似灰尘的杂色噪点效果，如图 7-38 所示。

图7-38 “蒙尘与划痕”特效设置选项与应用效果

7.2.8 模糊和锐化

模糊和锐化类特效主要用于调整画面的模糊和锐化效果，此类特效包含了 7 个效果。

- 复合模糊：运用该特效，可以使素材图像产生柔和模糊的效果；在“模糊图层”中，可以选择将其他视频轨道中的图形内容作为模糊的范围，如图 7-39 所示。

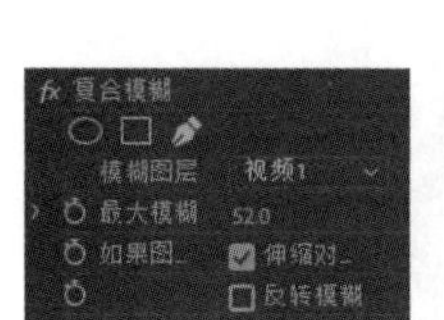

图7-39 “复合模糊”特效设置选项与应用效果

- 方向模糊：运用该特效，可以使图像产生指定方向的模糊，类似运动模糊效果，如图 7-40 所示。

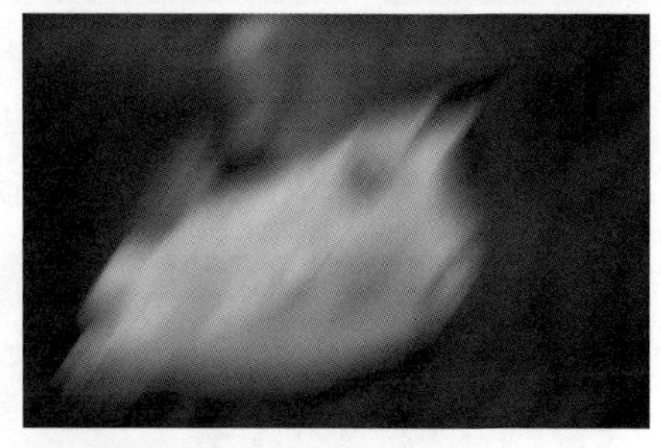

图7-40 “方向模糊”特效设置选项与应用效果

- 相机模糊：运用该特效，可以使图像产生类似相机拍摄时没有对准焦距的“虚焦”效果，通过设置其唯一的“百分比模糊”参数来控制模糊的程度，如图 7-41 所示。
- 通道模糊：运用该特效，可以对素材图像的红、绿、蓝或 Alpha 通道单独进行模糊，如图 7-42 所示。

图7-41　“相机模糊”特效应用效果

图7-42　“通道模糊”特效设置选项与应用效果

- 钝化蒙版：该特效用于调整图像的色彩锐化程度，如图 7-43 所示。

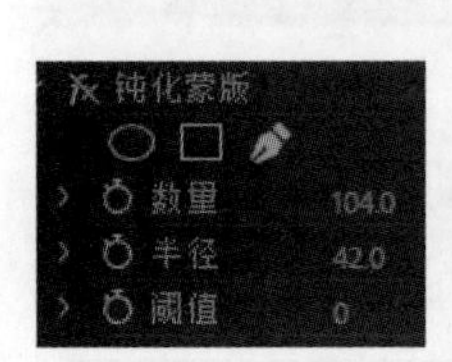

图7-43　“钝化蒙版”特效设置选项与应用效果

- 锐化：运用该特效，通过设置其“锐化量”参数，可以增强相邻像素间的对比度，使图像变得更清晰，如图 7-44 所示。

图7-44　“锐化”特效应用效果

- 高斯模糊：该特效的选项参数与“快速模糊”相同，可以大幅度模糊图像，使图像产生不同程度的虚化效果，如图 7-45 所示。

图7-45 “高斯模糊”特效应用效果

7.2.9 沉浸式视频

视频类特效包含了 11 个效果，用于在 VR 视频编辑环境中，为素材剪辑添加各种类型的变化特效。

- VR 分形杂色：应用该特效，可以在素材剪辑上生成 4 种样式的分形杂色图像效果，还可以设置其不透明度和混合模式，得到各种合成效果，如图 7-46 所示。

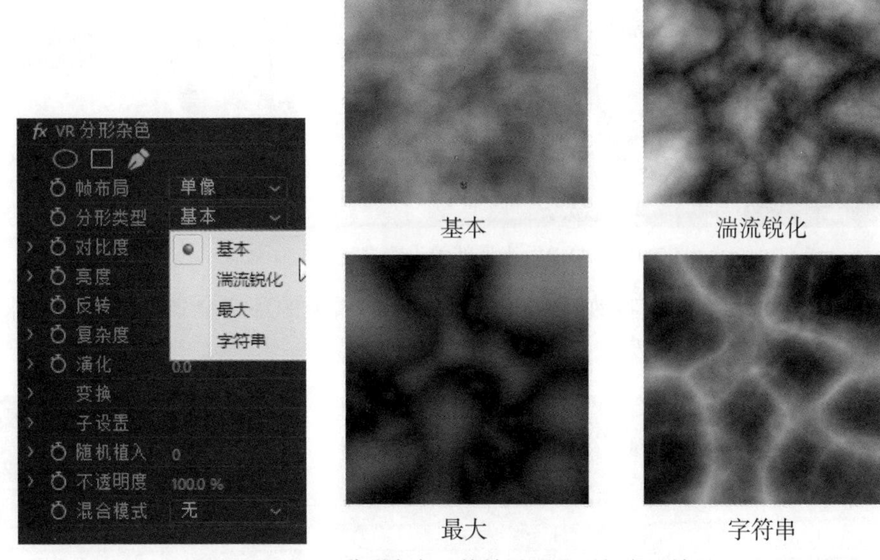

图7-46 “VR分形杂色”特效设置选项与应用效果

提示

在应用沉浸式视频过渡或视频特效时，在该特效的选项中“帧布局”的默认设置为“单像”，表示对剪辑图像直接应用当前特效；选择“立体 - 上 / 下”选项，则图像会生成以水平线为对称轴的上下镜像效果；部分特效还有“立体 - 并排”布局选项，图像将以垂直坐标轴进行左右镜像。在编辑工作中，可以根据实际需要进行选择，如图 7-47 所示。

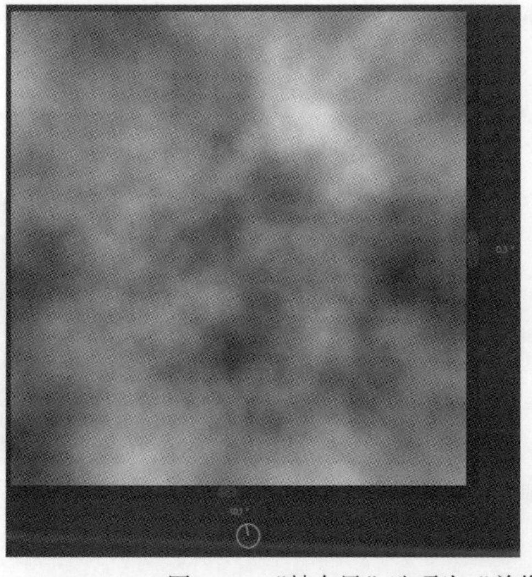
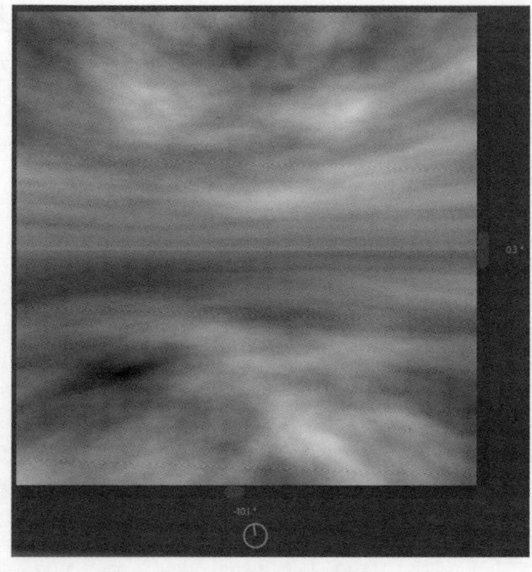

图7-47　“帧布局”选项为“单像”与“立体-上/下”时的应用效果

- VR 发光：应用该特效，可以在剪辑图像上亮度高的像素周围生成辉光效果，如图 7-48 所示。

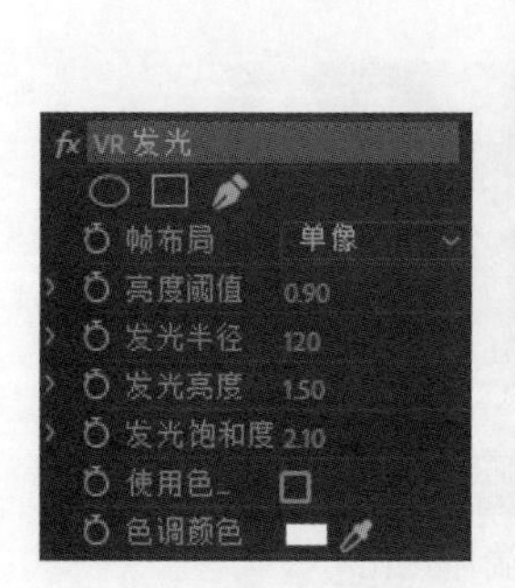

图7-48　“VR发光”特效设置选项与应用效果

- VR 平面到球面：应用该特效，可以将 VR 环境中看见的环绕全景图像映射到球面空间，产生观看平面荧幕的效果，如图 7-49 所示。

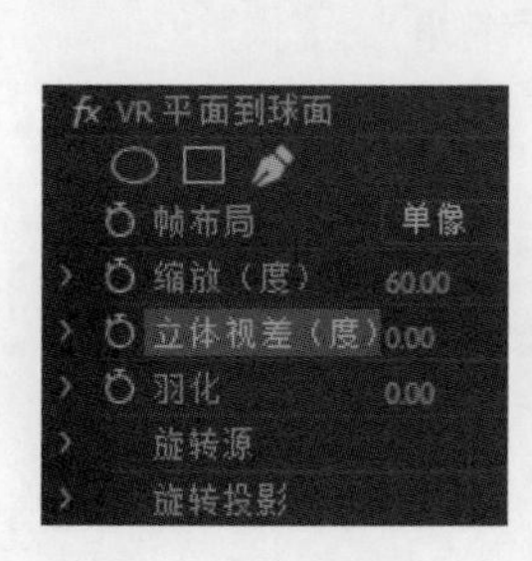

图7-49　“VR平面到球面”特效设置选项与应用效果

- VR 投影：该特效用于在 VR 环境中为剪辑对象添加投影效果。需要特别提示的是，勾选该特效中的“拉伸以填充帧”选项，可以对长宽比例不合适的 VR 素材画面进行边缘拉伸衔接，得到任意视角都是完整衔接的全景画面，如图 7-50 所示。

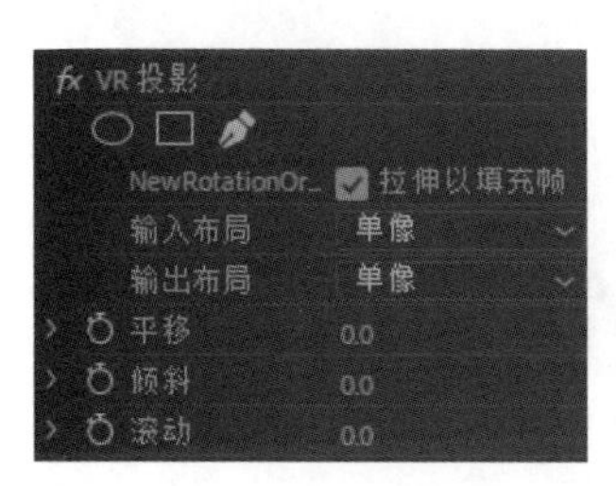

图7-50 “VR投影”特效设置选项与应用效果

- VR 数字故障：应用该特效，可以使素材剪辑的画面产生类似观看电视节目时遇到数字信号故障的花屏效果，如图 7-51 所示。

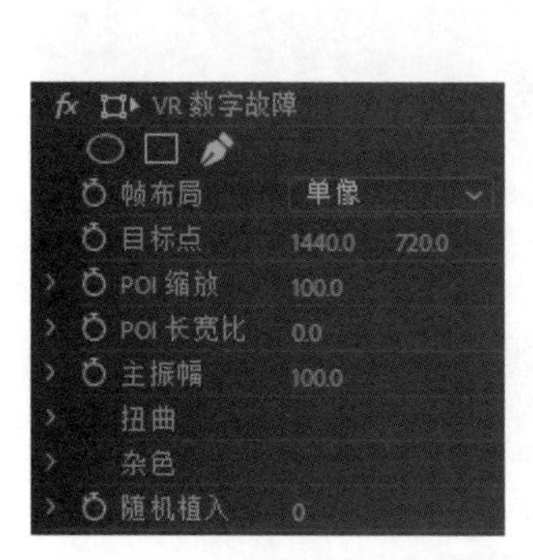

图7-51 “VR数字故障”特效设置选项与应用效果

- VR 旋转球面：应用该特效，可以在不调整节目监视器窗口中视角的情况下，对画面的显示角度进行调整；可以通过为对应的坐标轴选项创建关键帧动画，得到 VR 画面在播放中视角运动变化的动画，如图 7-52 所示。

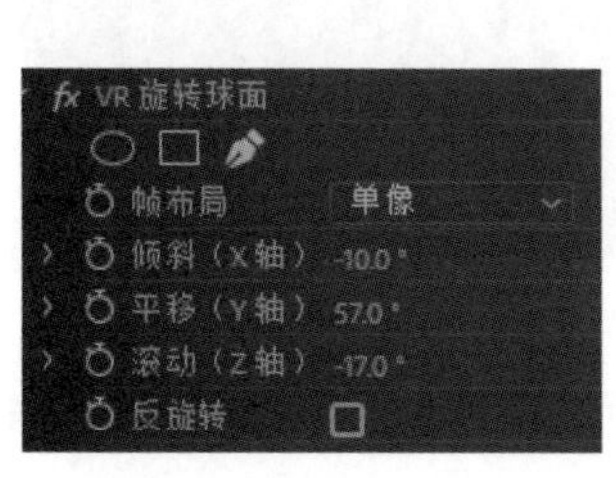

图7-52 “吸管填充”特效设置选项与应用效果

- VR 模糊：应用该特效，可以使 VR 环境中的剪辑图像产生像素模糊效果，如图 7-53 所示。

fx VR 模糊
帧布局 单像
模糊度 29

图7-53 “VR模糊”特效设置选项与应用效果

- VR 色差：应用该特效，可以使素材剪辑在目标位置周围的图像产生偏色重影效果，如图 7-54 所示。

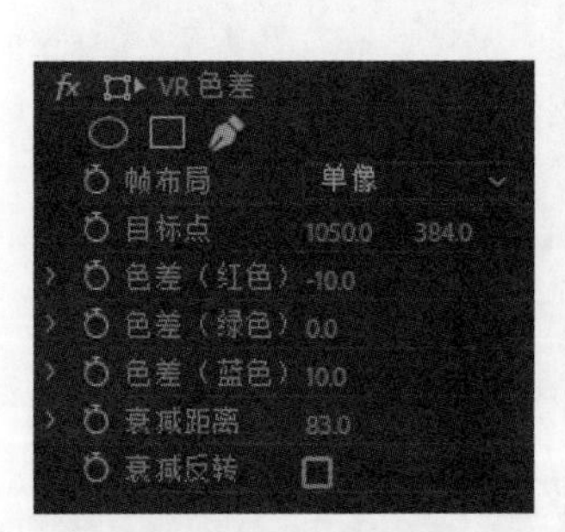

图7-54 “VR色差”特效设置选项与应用效果

- VR 锐化：应用该特效，可以使 VR 环境中的剪辑图像产生像素锐化效果，如图 7-55 所示。

图7-55 “VR锐化”特效设置选项与应用效果

- VR 降噪：应用该特效，可以通过对剪辑图像进行适当的像素模糊处理，达到杂色降噪的效果，如图 7-56 所示。

图7-56 “VR降噪”特效设置选项与应用效果

- VR 颜色渐变：应用该特效，可以在素材剪辑上生成多色渐变叠加效果，可以对其进行不透明度、混合模式设置，得到与原始图像的合成效果，如图 7-57 所示。

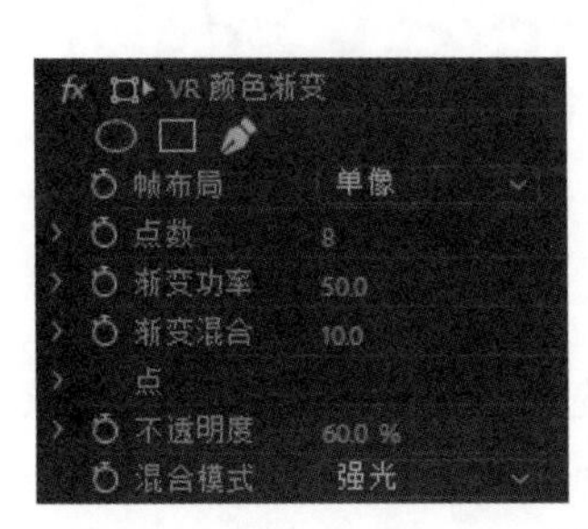

图7-57 “VR颜色渐变”特效设置选项与应用效果

7.2.10 生成

生成类特效主要是对光和填充色的处理应用，可以使画面看起来具有光感和动感，此类特效包含了 12 个效果。

- 书写：运用该特效，可以在图像上创建画笔运动的关键帧动画，并记录其运动路径，模拟出书写绘画效果，如图 7-58 所示。

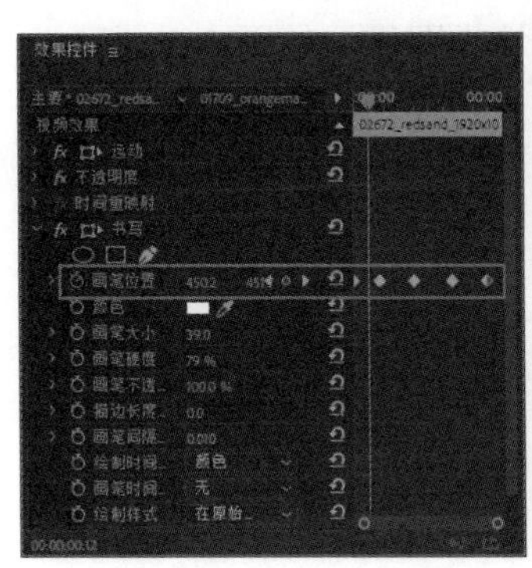

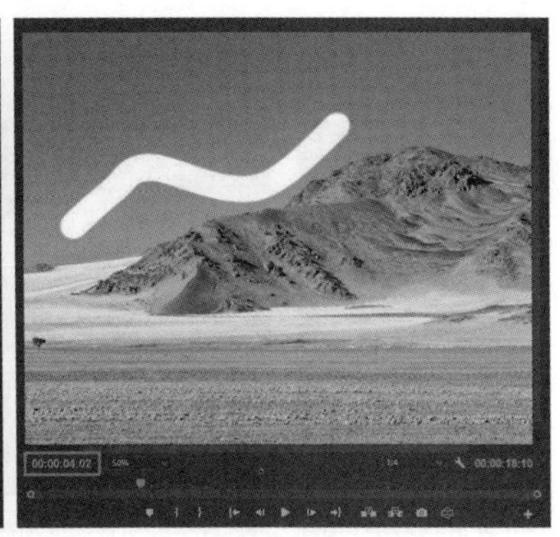

图7-58 “书写”特效设置选项与应用效果

- 单元格图案：运用该特效，可以在图像上模拟生成不规则的单元格效果。在“单元格图案”下拉列表中选择要生成单元格的图案样式，包含了“气泡”“晶体”“印板”“静态板”“晶格化”“枕状”和“管状”等 12 种图案模式，如图 7-59 所示。

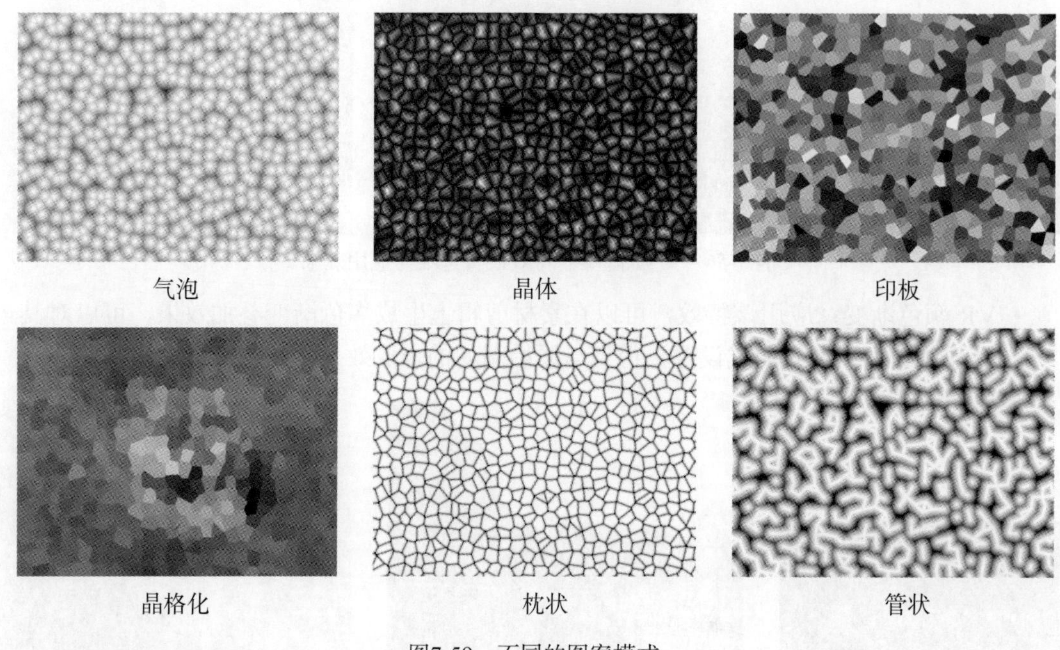

图7-59　不同的图案模式

- 吸管填充：运用该特效，可以提取采样坐标点的颜色来填充整个画面，如果设置与原始图像的混合度可得到整体画面的偏色效果，如图 7-60 所示。

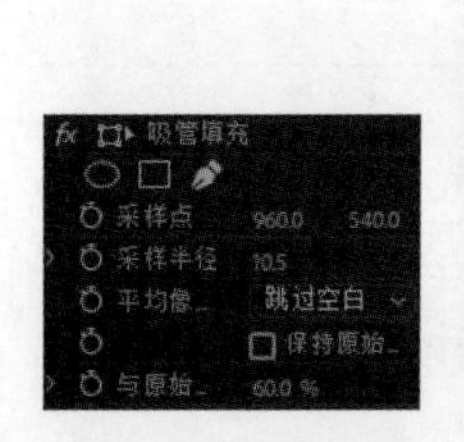

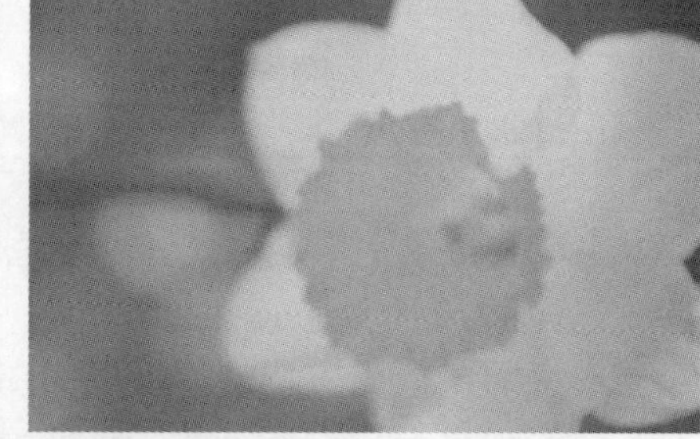

图7-60　“吸管填充”特效设置选项与应用效果

- 四色渐变：运用该特效，可以设置 4 种互相渐变的颜色来填充图像，如图 7-61 所示。

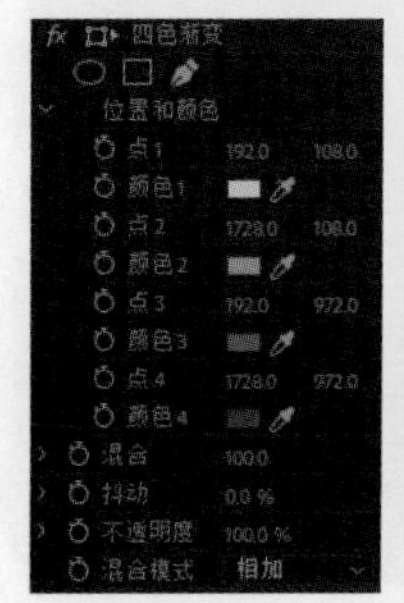

图7-61　“四色渐变”特效设置选项与应用效果

- 圆形：该特效用于在图像上创建一个自定义的圆形或圆环，如图 7-62 所示。

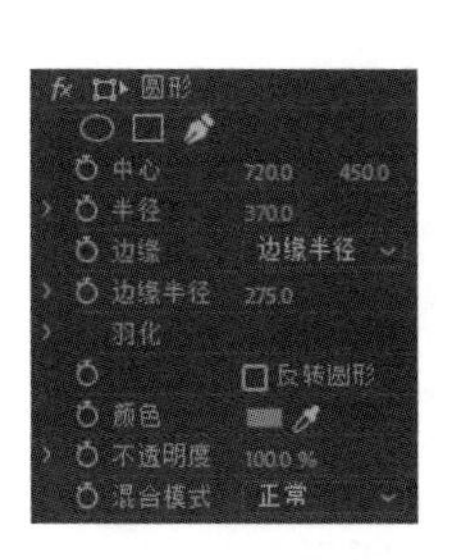

图7-62 “圆形”特效设置选项与应用效果

- 棋盘：运用该特效，可以在图像上创建一种棋盘格的图案效果，如图 7-63 所示。

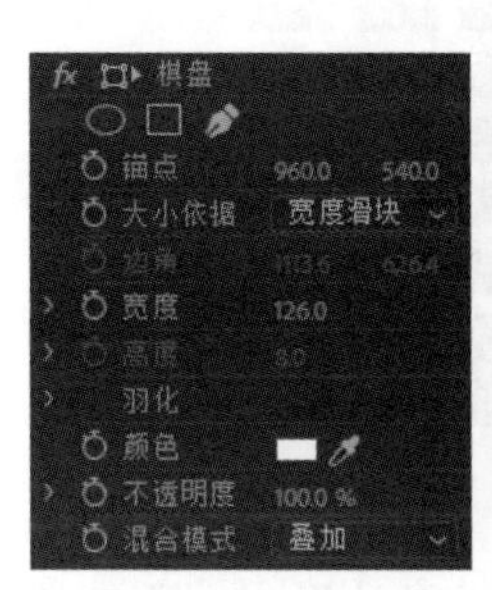

图7-63 “棋盘”特效设置选项与应用效果

- 椭圆：运用该特效，可以在图像上创建一个椭圆形的光圈图案效果，如图 7-64 所示。

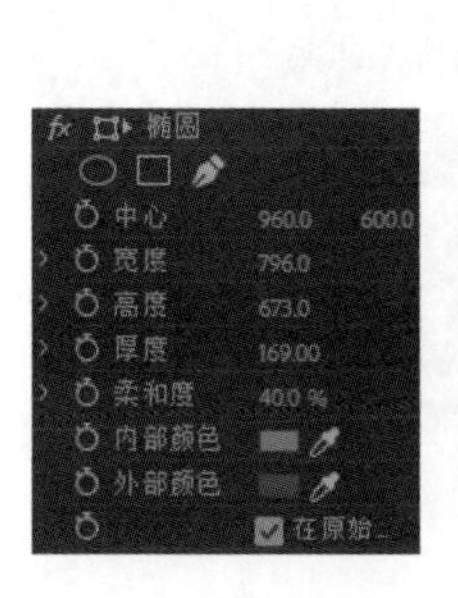

图7-64 “椭圆”特效设置选项与应用效果

- 油漆桶：该特效用于将图像上指定区域的颜色替换为另外一种颜色，如图 7-65 所示。

图7-65 “油漆桶”特效设置选项与应用效果

- 渐变：运用该特效，可以在图像上叠加一个双色渐变填充的蒙版，如图 7-66 所示。

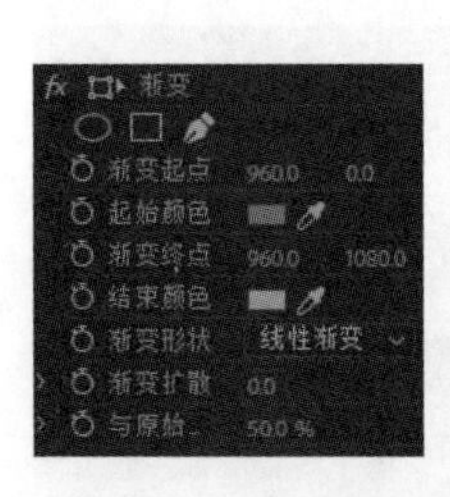

图7-66 “渐变”特效设置选项与应用效果

- 网格：运用该特效，可以在图像上创建自定义的网格效果，如图 7-67 所示。

图7-67 “网格”特效设置选项与应用效果

- 镜头光晕：运用该特效，可以在图像上模拟出相机镜头拍摄的强光折射效果，如图 7-68 所示。

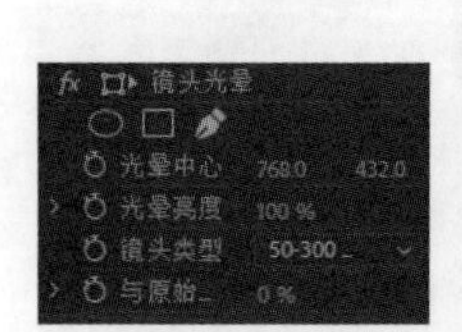

图7-68 “镜头光晕”特效设置选项与应用效果

- 闪电：运用该特效，可以在图像上产生类似闪电或电火花的光电效果，如图 7-69 所示。

图7-69 “闪电”特效设置选项与应用效果

7.2.11 视频

视频类特效包含了 4 个效果，用于对剪辑进行明暗调整、在合成序列中显示出素材剪辑的名称、时间码或自定义信息。

- SDR 遵从情况：运用该特效，可以对图像的亮度、对比度进行调整，如图 7-70 所示。

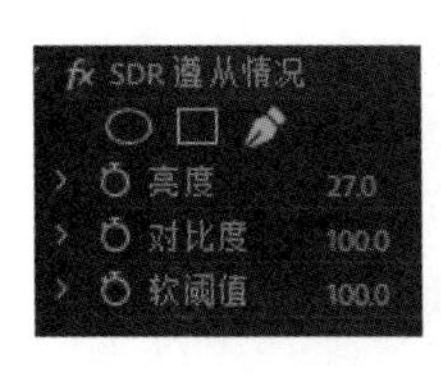

图7-70　SDR运用特效

- 剪辑名称：在素材剪辑上添加该特效后，节目监视器窗口中播放到到素材剪辑时，将在其画面中显示出该素材剪辑的名称，如图 7-71 所示。

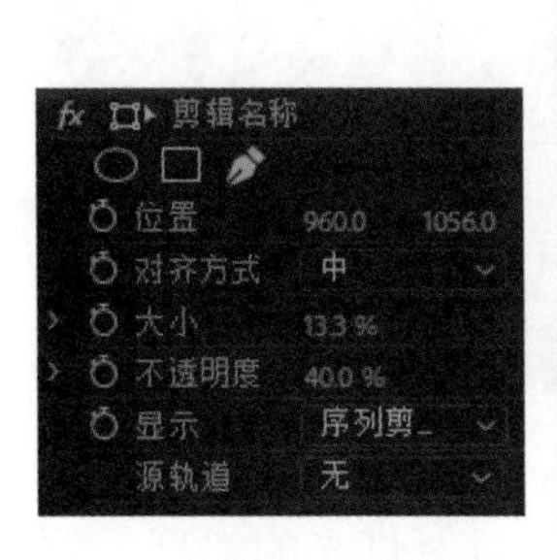

图7-71　“剪辑名称”特效设置选项与应用效果

- 时间码：在素材剪辑上添加该特效后，可以在该素材剪辑的画面上，以时间码的方式显示出该素材剪辑当前播放的时间位置，如图 7-72 所示。

图7-72　“时间码”特效设置选项与应用效果

- 简单文本：应用该特效，可以在剪辑画面上添加自定义的显示文字，文字内容及位置、字号等属性在“效果控件”面板中进行设置，如图 7-73 所示。

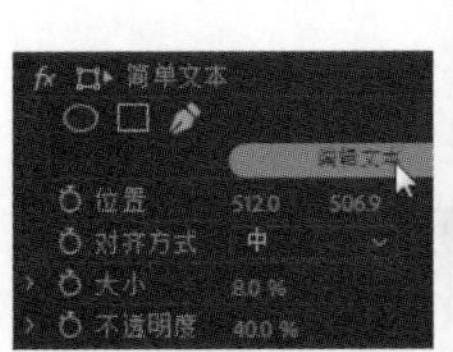

图7-73 “简单文本”特效设置选项与应用效果

7.2.12 调整

调整类特效主要用于对图像的颜色进行调整，修正图像中存在的颜色缺陷，或者增强某些特殊效果，此类特效包含了 5 个效果。

- ProcAmp：该特效可以同时对图像的亮度、对比度、色相、饱和度进行调整，并可以设置只在图像中的部分范围应用效果，如图 7-74 所示。

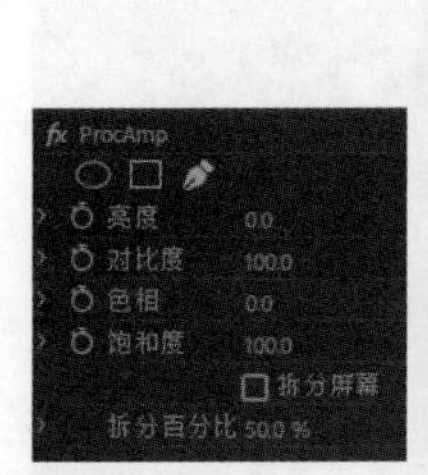

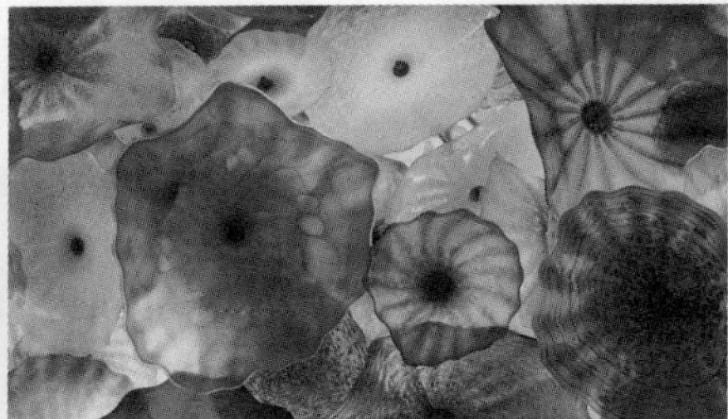

图7-74 ProcAmp特效设置选项与应用效果

- 光照效果：运用该特效，可以在图像上添加灯光照射的效果，通过对灯光的类型、数量、光照强度等进行设置，模拟逼真的灯光效果，如图 7-75 所示。

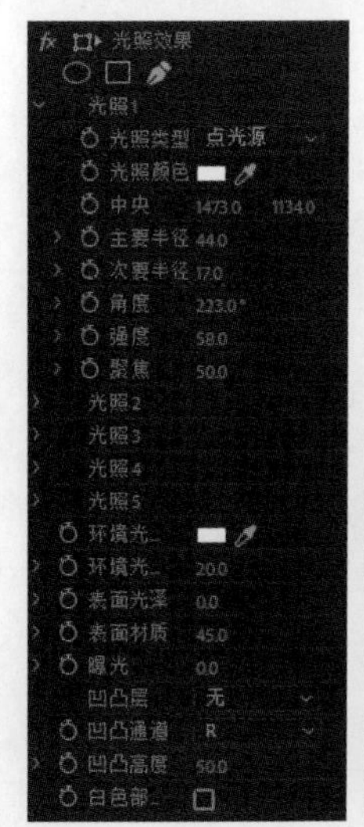

图7-75 “光照效果”特效设置选项与应用效果

- 卷积内核：该特效可以改变素材中每个亮度级别的像素的明暗度，如图 7-76 所示。

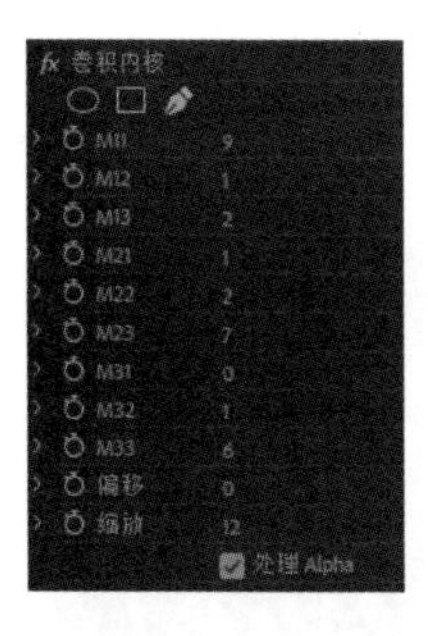

图7-76　“卷积内核”特效设置选项与应用效果

- 提取：在视频素材中提取颜色，生成一个有纹理的灰度蒙版，可以通过定义灰度级别来控制应用效果，如图 7-77 所示。

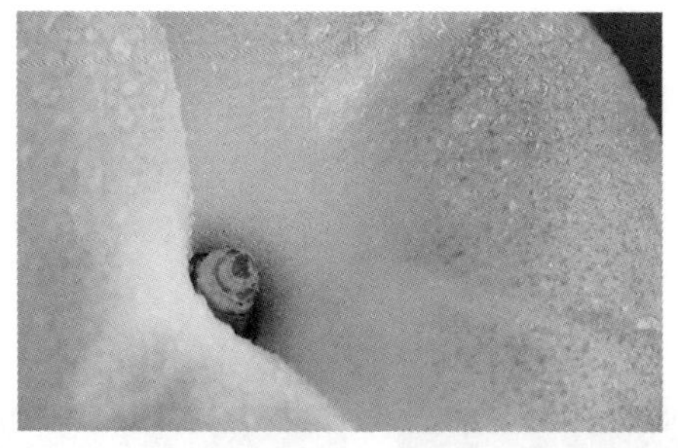

图7-77　“提取”特效设置选项与应用效果

- 色阶：该特效用于调整图像的亮度和对比度，如图 7-78 所示。

图7-78　“色阶”特效设置选项与应用效果

7.2.13　过时

过时类特效是指以往版本中所使用的特效，主要包括了对素材画面颜色、对比度和亮度等颜色属性进行调整的 10 个效果。

- RGB 曲线：该特效通过曲线调整红色、绿色和蓝色通道中的数值，达到改变图像色彩的目的；颜色校正类特效的选项参数中的“辅助颜色校正”选项，主要用于设置二级色彩修正。如图 7-79 所示。

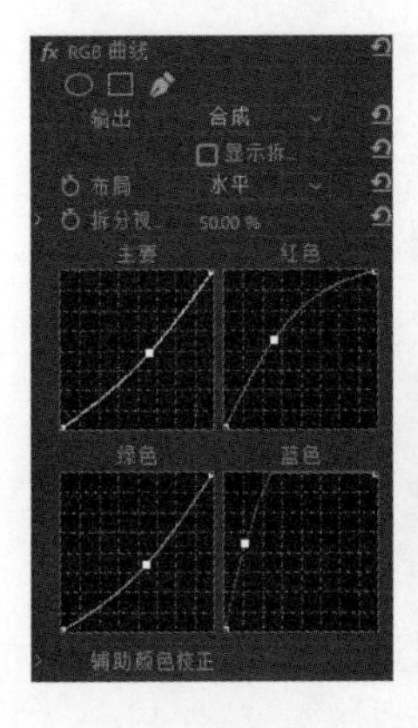

图7-79 “RGB曲线”特效设置选项与应用效果

- RGB 颜色校正器：该特效主要通过修改 RGB 三个色彩通道的参数，实现图像色彩的改变，如图 7-80 所示。

图7-80 “RGB颜色校正器”特效设置选项与应用效果

- 三向颜色校正器：该特效通过旋转阴影、中间调、高光这 3 个控制色盘来调整颜色的平衡，并同时可以对图像的色彩饱和度、色阶亮度等进行调节，如图 7-81 所示。

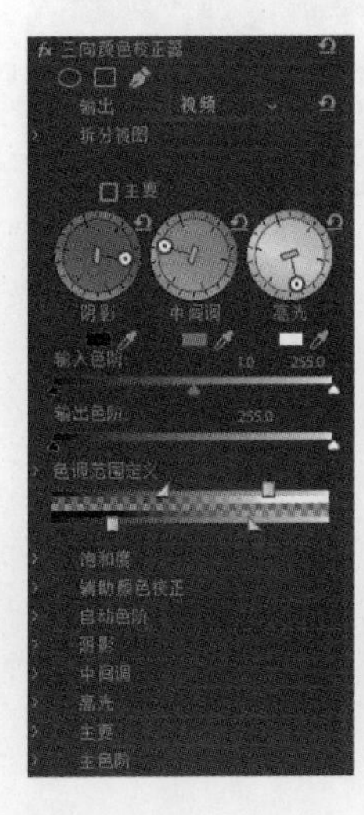

图7-81 “三向颜色校正器”特效设置选项与应用效果

- 亮度曲线：该特效通过调整亮度曲线图实现对图像亮度的调整，如图 7-82 所示。

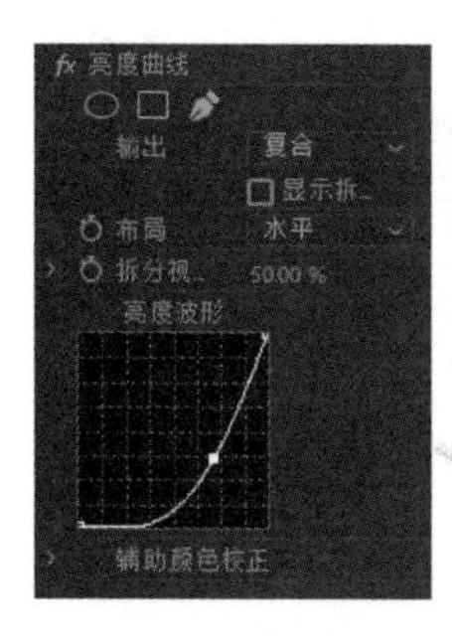

图7-82 “亮度曲线”特效设置选项与应用效果

- 亮度校正器：该特效用于对图像的亮度进行校正调整，增加或降低图像中的亮度，对中间调作用更明显，如图 7-83 所示。

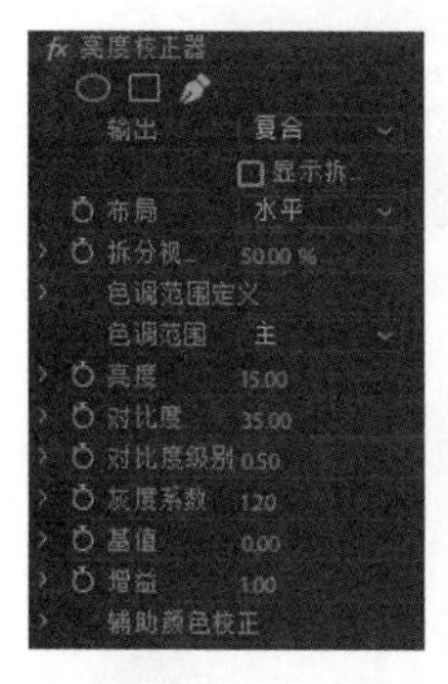

图7-83 “亮度校正器”特效设置选项与应用效果

- 快速颜色校正器：该特效用于快速地进行图像颜色的修正，如图 7-84 所示。

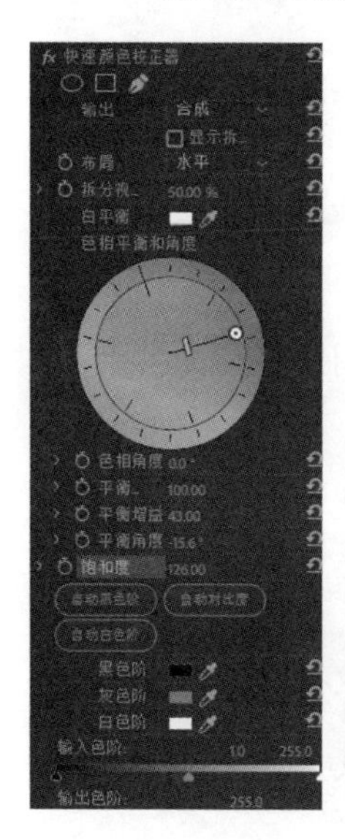

图7-84 “快速颜色校正器”特效设置选项与应用效果

- 自动对比度：该特效用于对素材图像的色彩对比度进行调整，图 7-85 所示。
- 自动色阶：该特效用于对素材图像的色阶亮度进行自动调整，其参数选项与“自动对比度”效果的选项基本相同，图 7-86 所示。

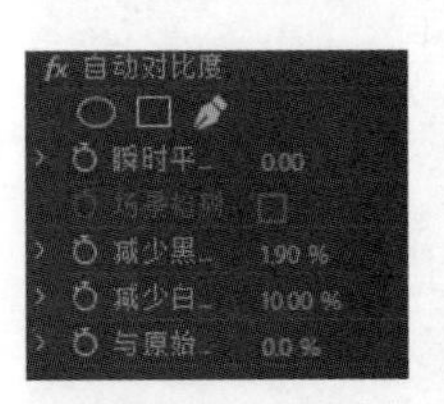

图7-85 “自动对比度”特效设置选项与应用效果

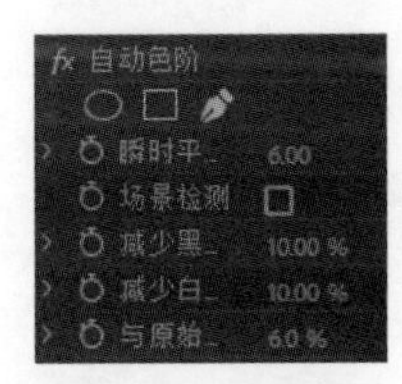

图7-86 “自动色阶”特效设置选项与应用效果

- 自动颜色：该特效用于对素材图像的色彩进行自动调整，其参数选项与“自动对比度”效果的选项基本相同，图 7-87 所示。

图7-87 “自动颜色”特效设置选项与应用效果

- 阴影 / 高光：该特效可对素材中的阴影和高光部分进行调整，包括阴影和高光的数量、范围、宽度及色彩修正等，如图 7-88 所示。

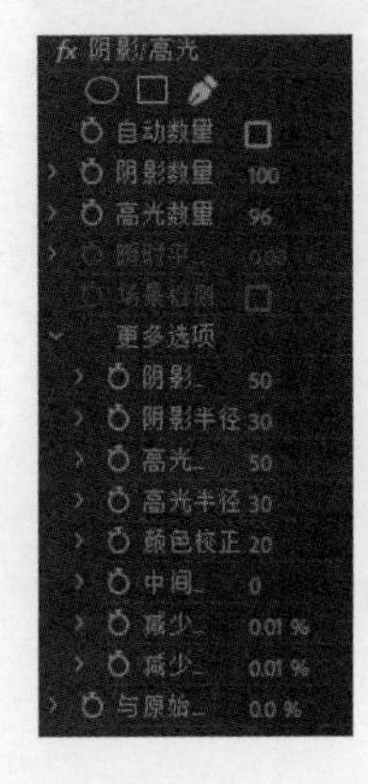

图7-88 “阴影/高光”特效设置选项与应用效果

7.2.14 过渡

过渡类特效的图像效果与应用视频过渡的效果相似，清除上层图像后显示出下层图像。不同的是过渡类特效默认是对整个素材图像进行处理。也可以通过创建关键帧动画，来编辑素材之间、视频轨道之间的图像连接过渡效果，此类特效包含了 5 个效果。

- 块溶解：该特效可以在图像上产生随机的方块对图像进行溶解，如图 7-89 所示。

图7-89 “块溶解”特效设置选项与应用效果

- 径向擦除：运用该特效，可以围绕指定点以旋转的方式将图像擦除，如图 7-90 所示。

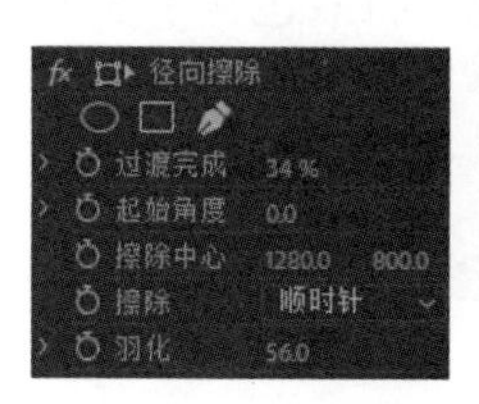

图7-90 “径向擦除”特效设置选项与应用效果

- 渐变擦除：该特效可以根据两个图层的亮度值建立一个渐变层，在指定层和原图层之间进行渐变切换，如图 7-91 所示。

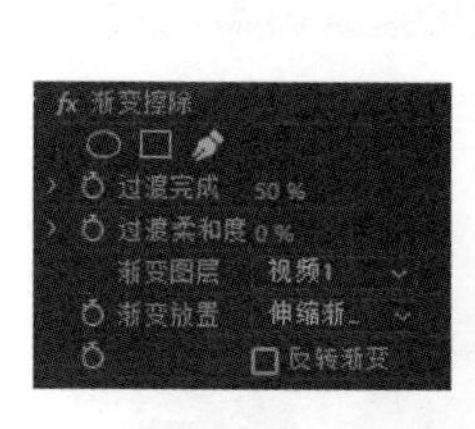

图7-91 “渐变擦除”特效设置选项与应用效果

- 百叶窗：该特效通过对图像进行百叶窗式的分割，形成图层之间的过渡切换，如图 7-92 所示。
- 线性擦除：该特效通过线条划过的方式，在图像上形成擦除效果，如图 7-93 所示。

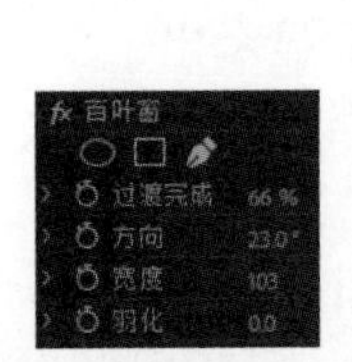

图7-92 “百叶窗”特效设置选项与应用效果

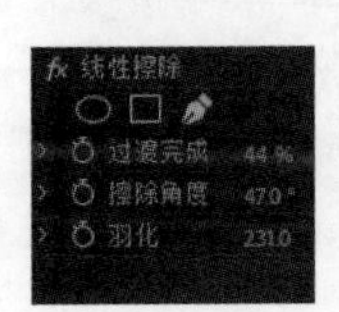

图7-93 “线性擦除”特效设置选项与应用效果

7.2.15 透视

透视类特效可以对图像进行空间变形，使其看起来具有立体的效果，此类特效包含了 5 个效果。

- 基本 3D：运用该特效，可以在一个虚拟的三维空间中操作图像。在该虚拟空间中，图像可以绕水平和垂直的轴转动，还可以产生图像运动的移动效果，还可以在图像上增加反光，从而产生更逼真的空间特效，如图 7-94 所示。

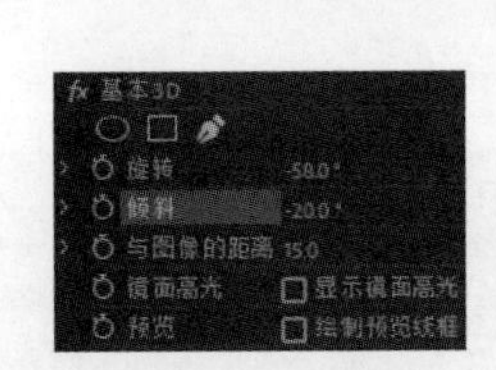

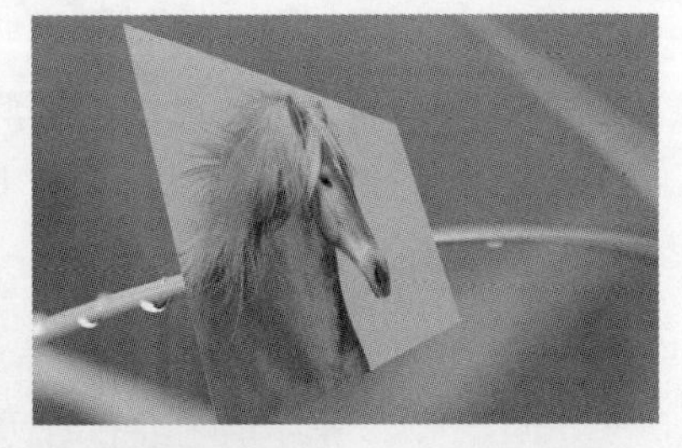

图7-94 “基本3D”特效设置选项与应用效果

- 投影：运用该特效，可以为图像添加阴影效果，如图 7-95 所示。

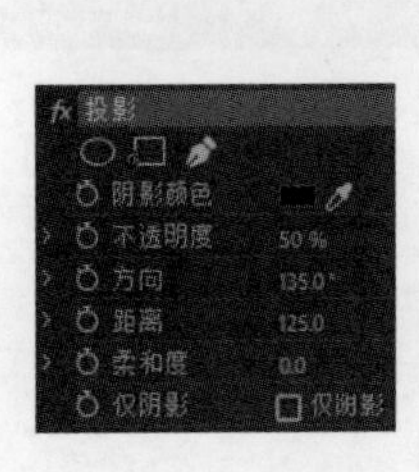

图7-95 “投影”特效设置选项与应用效果

• 放射阴影：该特效将在指定位置的光源照射到图像上，在下层图像上投射出阴影的效果，如图 7-96 所示。

图7-96 “放射阴影”特效设置选项与应用效果

• 斜角边：运用该特效，可以使图像四周产生斜边框的立体凸出效果，如图 7-97 所示。

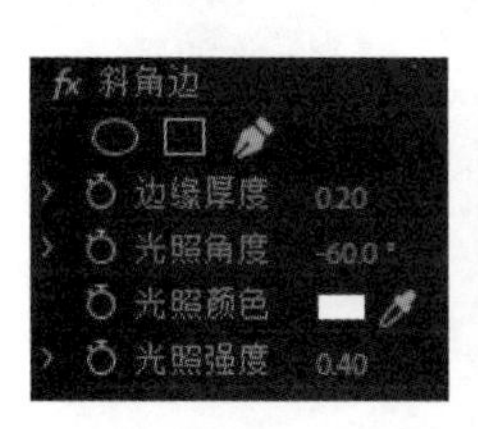

图7-97 “斜角边”特效设置选项与应用效果

• 斜面 Alpha：运用该特效，可以使图像中的 Alpha 通道产生斜面效果；如果图像中没有保护 Alpha 通道，则直接在图像的边缘产生斜面效果，其设置选项与“斜角边”相同，如图 7-98 所示。

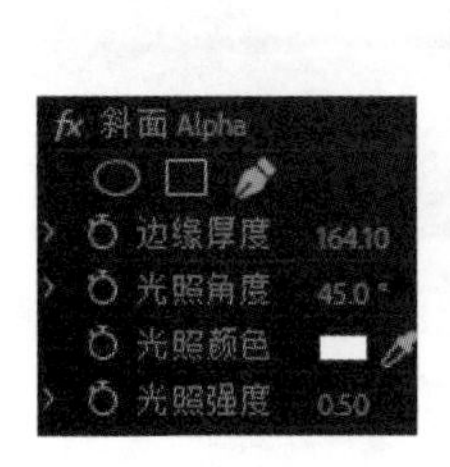

图7-98 “斜面Alpha”特效设置选项与应用效果

7.2.16 通道

通道类特效可以对素材的通道进行处理，实现图像颜色、色调、饱和度和亮度等颜色属性的改变，此类特效包含了 7 个效果。

• 反转：该特效可以将指定通道的颜色反转成相应的补色，对图像的颜色信息进行反相，如图 7-99 所示。

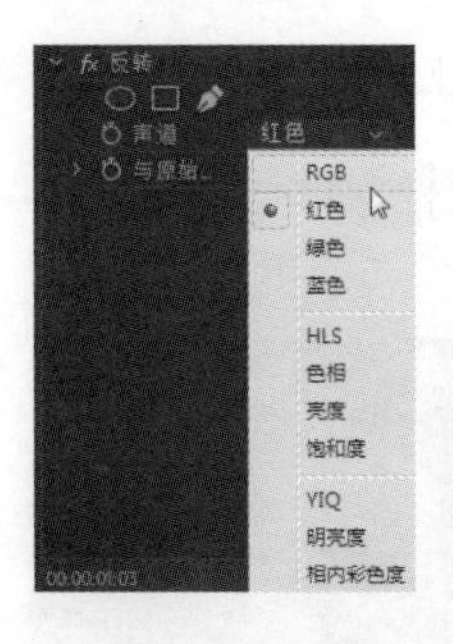

图7-99　“反转”特效设置选项

- 复合运算：运用该特效，可以以数学运算的方式合成当前层和指定层中的图像，如图 7-100 所示。

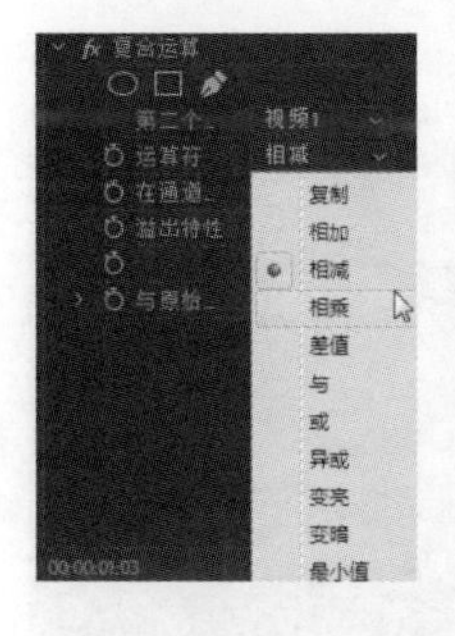

图7-100　“复合运算”特效设置选项

- 混合：运用该特效，可以将当前图像与指定轨道中的素材图像进行混合，如图 7-101 所示。

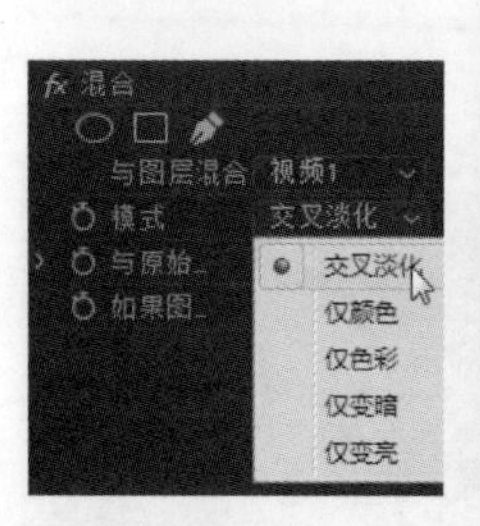

图7-101　“混合”特效设置选项

- 算术：运用该特效，可以对图像的色彩通道进行简单的数学运算，如图 7-102 所示。

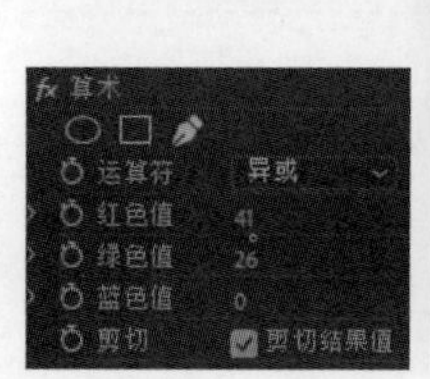

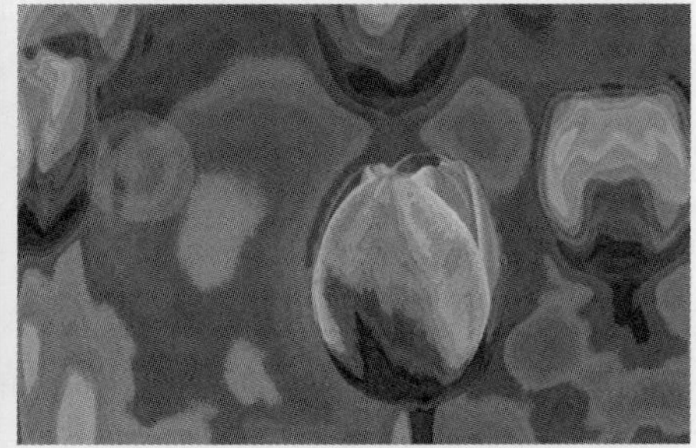

图7-102　“算术”特效设置选项与应用效果

• 纯色合成：该特效可以应用一种设置的颜色与图像进行混合，如图 7-103 所示。

图7-103 “纯色合成”特效设置选项与应用效果

• 计算：该特效通过混合指定的通道来进行颜色调整，如图 7-104 所示。

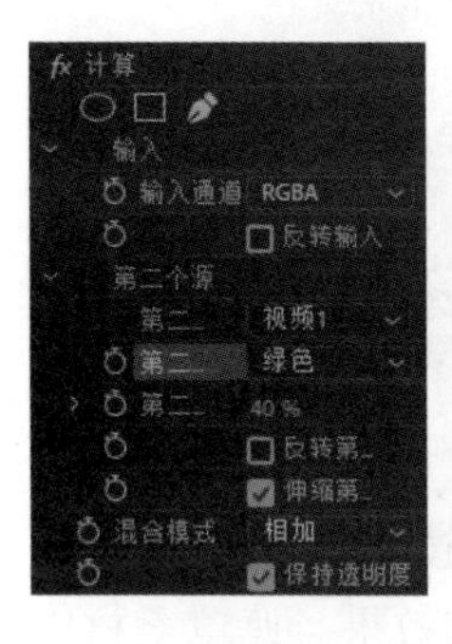

图7-104 “计算”特效设置选项与应用效果

• 设置遮罩：该特效以当前层中的 Alpha 通道取代指定层中 Alpha 通道，以产生运动屏蔽的效果，如图 7-105 所示。

图7-105 “设置遮罩”特效设置选项与应用效果

7.2.17 键控

键控类特效主要用在有两个重叠的素材图像时产生各种叠加效果，以及清除图像中指定部分的内容，形成抠像效果，此类特效包含了 9 个效果。

• Alpha 调整：运用该特效，可以应用上层图像中的 Alpha 通道来设置遮罩叠加效果，如图 7-106 所示。

• 亮度键：运用该特效，可以将生成图像中的灰度像素设置为透明，并且保持色度不变。该特效对明暗对比十分强烈的图像作用明显，如图 7-107 所示。

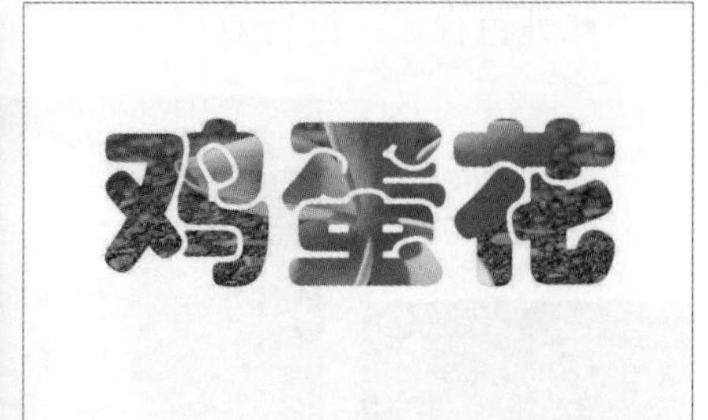

图7-106　“亮度键”特效设置选项与应用效果

图7-107　“亮度键”特效设置选项与应用效果

- 图像遮罩键：运用该特效，通过单击该效果名称后面的“设置”按钮，在打开的对话框中选择一个外部素材作为遮罩，控制两个图层中图像的叠加效果。遮罩素材中的黑色所叠加部分变为透明，白色部分不透明，灰色部分不透明，如图 7-108 所示。

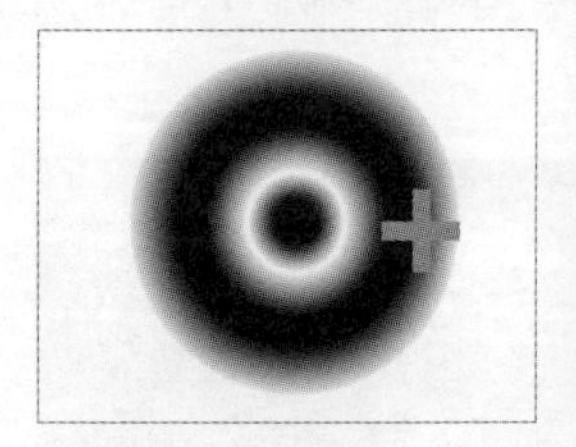

图7-108　“图像遮罩键”特效设置选项与应用效果

- 差值遮罩：该特效可以叠加两个图像中相互不同部分的纹理，保留对方的纹理颜色，如图 7-109 所示。

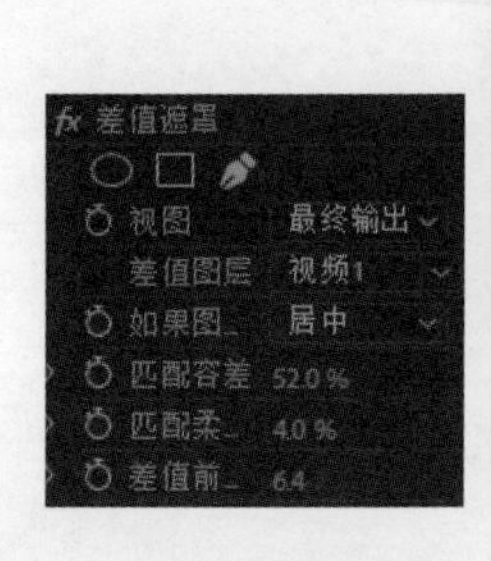

图7-109　“差值遮罩”特效设置选项与应用效果

- 超级键：该特效可以将图像中的指定颜色范围生成遮罩，并通过参数设置对遮罩效果进行精细调整，得到需要的抠像效果，如图 7-110 所示。

图7-110 “极致键”特效设置选项与应用效果

- 移除遮罩：该特效用于清除图像遮罩边缘的白色残留或黑色残留，是对遮罩处理效果的辅助处理，如图 7-111 所示。

图7-111 “移除遮罩”特效设置选项与应用效果

- 轨道遮罩键：该特效将当前图层之上的某一轨道中的图像指定为遮罩素材来完成与背景图像的合成，如图 7-112 所示。

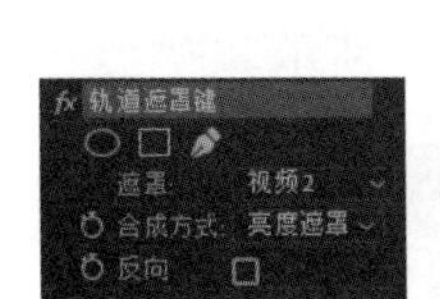

图7-112 “轨道遮罩键”特效设置选项与应用效果

- 非红色键：该特效用于去除图像中除红色以外的其他颜色，即蓝色或绿色，如图 7-113 所示。

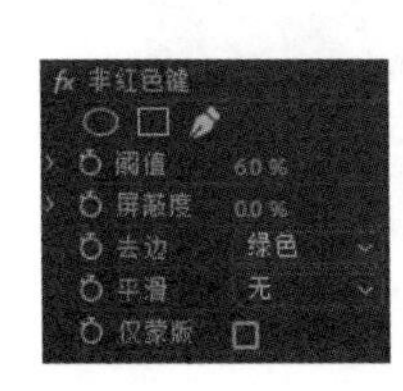

图7-113 “非红色键”特效设置选项与应用效果

- 颜色键：该特效可以将图像中指定颜色的像素清除，常用来进行抠像，如图 7-114 所示。

图7-114 “颜色键”特效设置选项与应用效果

7.2.18 颜色校正

颜色校正类特效主要用于对素材图像进行颜色的校正，此类特效包含了 12 个效果。

- ASC CDL：该特效分别对图像像素的红、绿、蓝颜色值进行精细地调整，如图 7-115 所示。

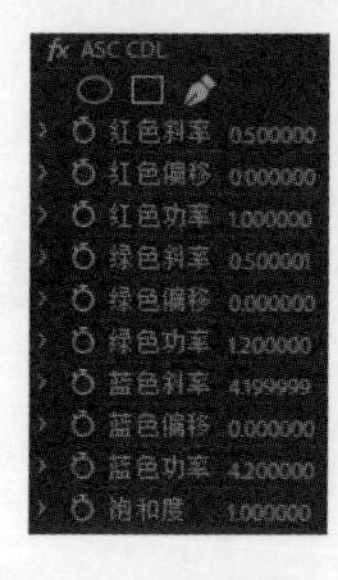

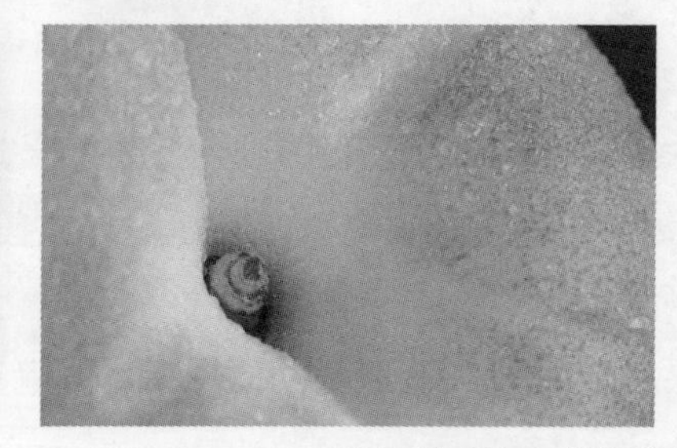

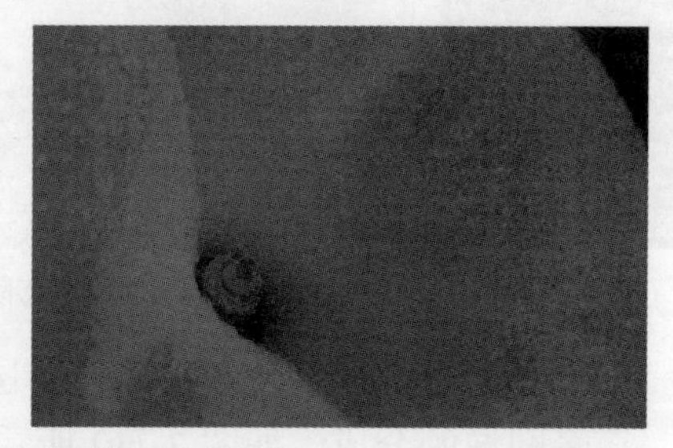

图7-115 “亮度与对比度”特效设置选项与应用效果

- Lumetri 颜色：该特效具有丰富的颜色调整选项，可以对图像色彩进行极为细致的调整。展开“创意”选项组，在“Look”选项的下拉列表中，可以选择各种预设的 Lumetri 颜色处理样式，实际上就是“效果”面板在“Lumetri 预设”文件夹中预置的 Lumetri 颜色校正引擎特效，可以在“效果”面板中直接选取应用，如图 7-116 所示。

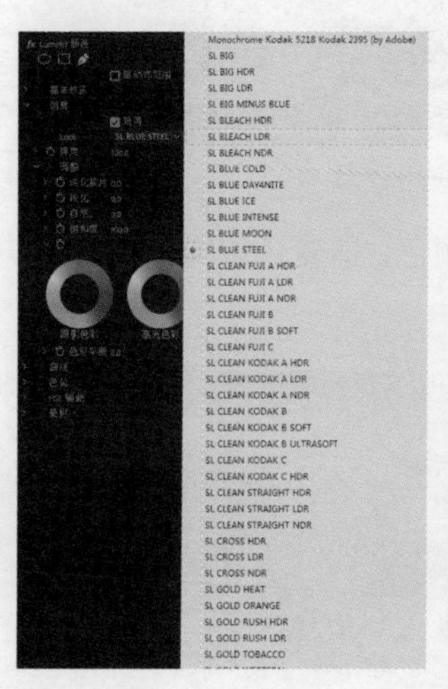

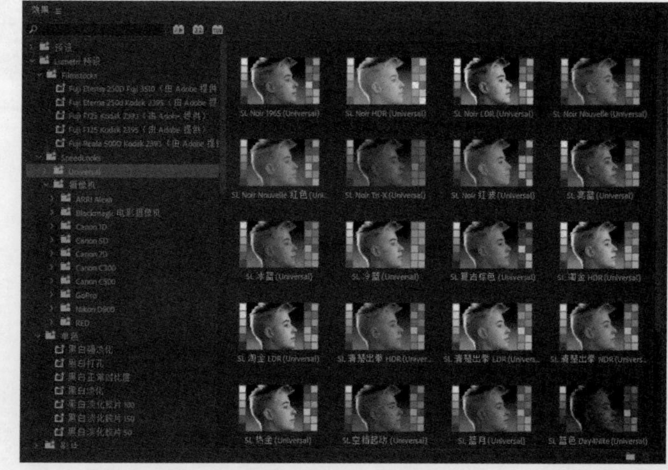

图7-116 “Lumetri预设”图像调整特效

- 亮度与对比度：该特效用于直接调整素材图像的亮度和对比度，如图 7-117 所示。

图7-117 “亮度与对比度”特效设置选项与应用效果

- 分色：该特效可以清除图像中指定颜色以外的其他颜色，将其变为灰度图像，如图 7-118 所示。

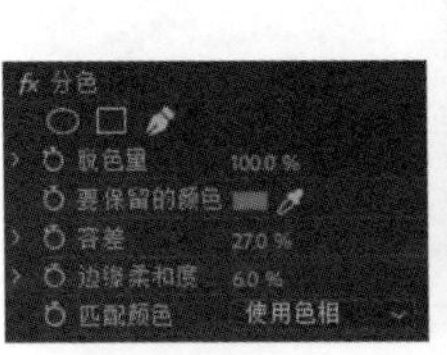

图7-118 “分色”特效设置选项与应用效果

- 均衡：该特效用于对图像中像素的颜色值或亮度进行平均化处理，如图 7-119 所示。

图7-119 “均衡”特效设置选项与应用效果

- 更改为颜色：该特效可以将在图像中选定的一种颜色更改为另外一种颜色，如图 7-120 所示。

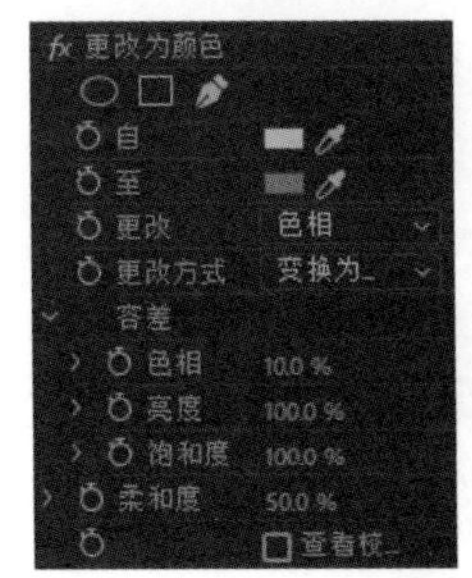

图7-120 “更改为颜色”特效设置选项与应用效果

- 更改颜色：运用该特效，可以对图像中指定颜色的色相、亮度、饱和度等进行更改，如图 7-121 所示。

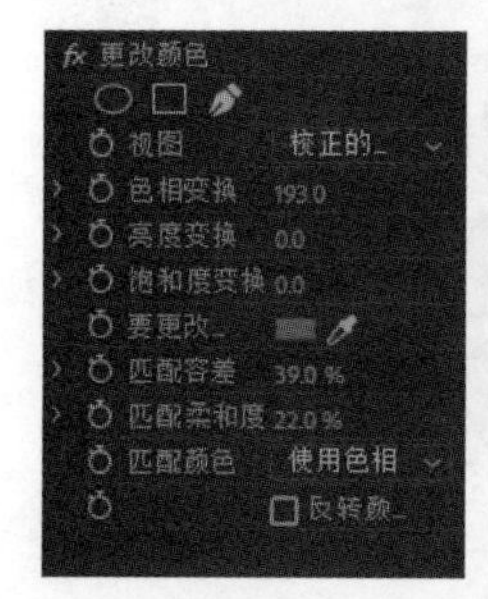

图7-121 “更改颜色”特效设置选项与应用效果

- 色彩：该特效用于将图像中的黑色调和白色调映射转换为其他颜色，如图 7-122 所示。

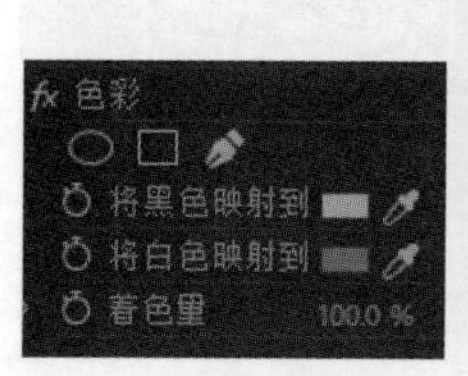

图7-122 “色调”特效设置选项与应用效果

- 视频限幅器：该特效利用视频限幅器对图像的颜色进行调整，如图 7-123 所示。

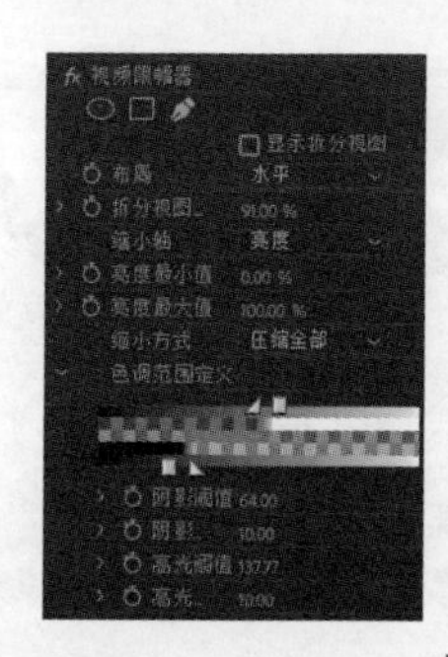

图7-123 “视频限幅器”特效设置选项与应用效果

- 通道混合器：该特效用于对图像中的 R、G、B 颜色通道分别进行色彩通道的转换，实现图像颜色的调整，如图 7-124 所示。

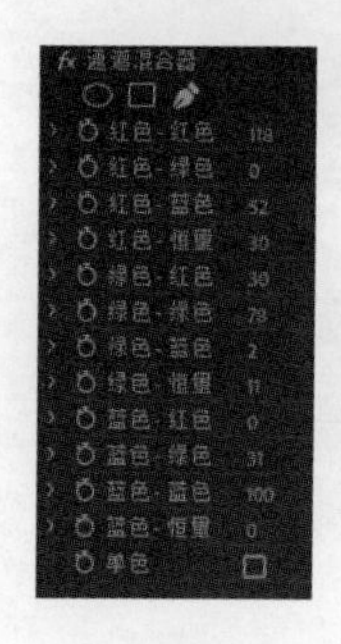

图7- 124 “通道混合器”特效设置选项与应用效果

- 颜色平衡：该特效用于对图像的阴影、中间调、高光范围中的 R、G、B 颜色通道分别进行增加或降低调整，来实现图像颜色的平衡校正，如图 7-125 所示。

图7-125　“颜色平衡”特效设置选项与应用效果

- 颜色平衡（HLS）：该特效可以分别对图像中的色相、亮度、饱和度进行增加或降低调整，以实现图像颜色的平衡校正，如图 7-126 所示。

图7-126　“颜色平衡（HLS）”特效设置选项与应用效果

7.2.19　风格化

风格化类特效与 Photoshop 中的风格化类滤镜的应用效果基本相同，主要用于对图像进行艺术风格的美化处理，此类特效包含 13 个效果。

- Alpha 辉光：该特效对含有 Alpha 通道的图像素材起作用，可以在 Alpha 通道的边缘向外生成单色或双色过渡的辉光效果，如图 7-127 所示。

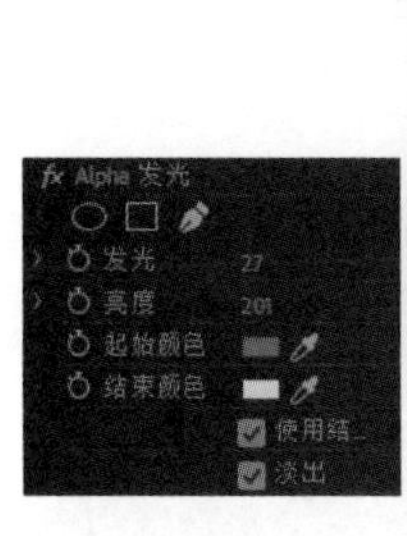

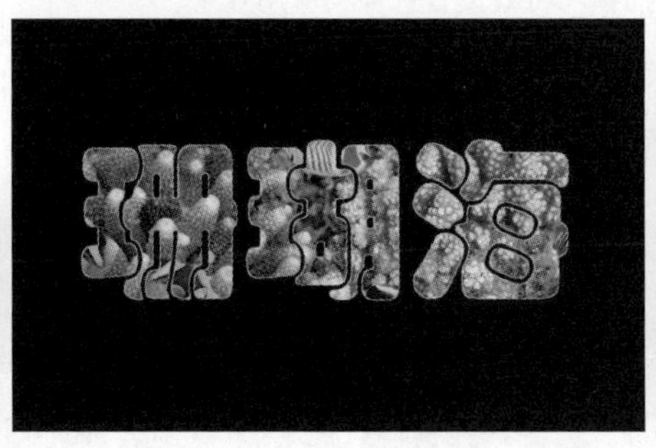

图7-127　“Alpha辉光”特效设置选项与应用效果

- 复制：该特效只有一个“计数”参数，用以设置图像的复制数量，复制得到的每个区域都将显示完整的效果，如同电视墙一样，如图 7-128 所示。

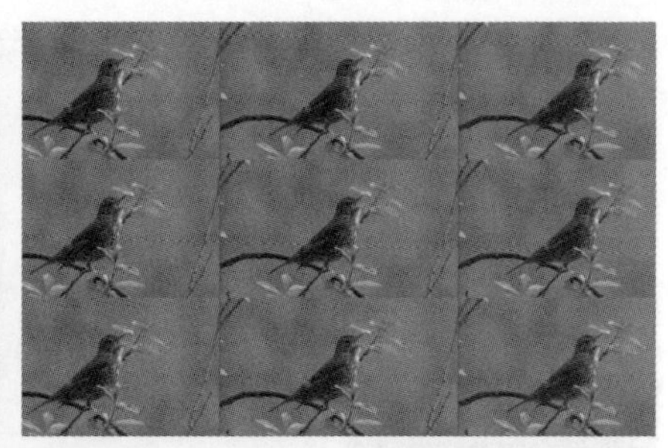

图7-128 “复制”特效设置选项与应用效果

- 彩色浮雕：该特效可以将图像处理成轻浮雕的效果，如图 7-129 所示。

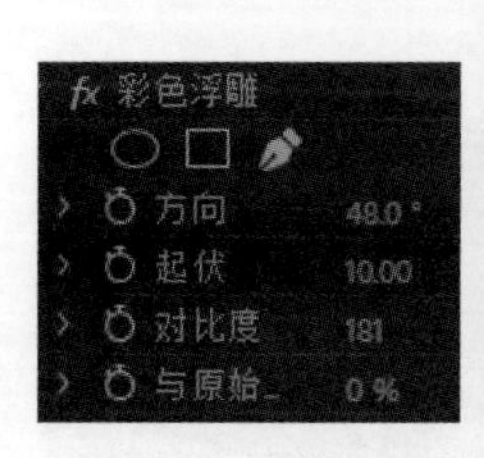

图7-129 “彩色浮雕”特效设置选项与应用效果

- 抽帧：该特效可以改变图像的色彩层次数量，设置其“级别”选项的数值越大，色彩层次越丰富；数值越小，色彩层次越少，色彩对比度也越强烈，如图 7-130 所示。

图7-130 “抽帧”特效设置选项与应用效果

- 曝光过度：运用该特效，可以将图像处理成类似相机底片曝光的效果，“阈值”参数值越大，曝光效果越强烈，如图 7-131 所示。

图7-131 “曝光过度”特效设置选项与应用效果

- 查找边缘：运用该特效，可以对图像中颜色相同的成片像素以线条进行边缘勾勒，如图 7-132 所示。

图7-132 “查找边缘”特效设置选项与应用效果

- 浮雕：该特效可以在图像上产生浮雕效果，同时去掉原有的颜色，只在浮雕效果的凸起边缘保留一些高光颜色，如图 7-133 所示。

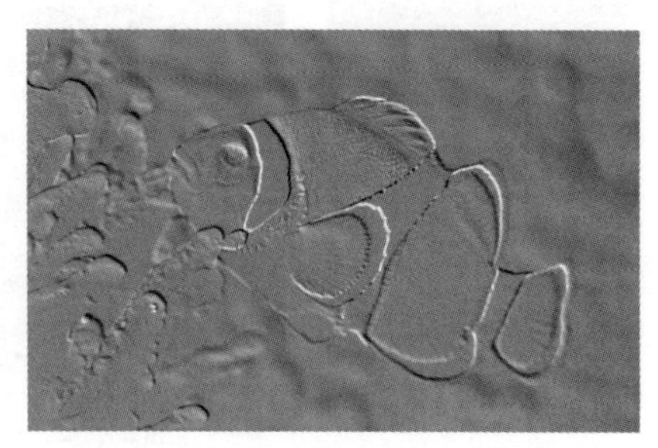

图7-133 “浮雕”特效设置选项与应用效果

- 画笔描边：该特效可以模拟出画笔绘制的粗糙外观，得到类似油画的艺术效果，如图 7-134 所示。

图7-134 “画笔描边”特效设置选项与应用效果

- 粗糙边缘：该特效可以将图像的边缘粗糙化，模拟边缘腐蚀的纹理效果，如图 7-135 所示。

图7-135 “粗糙边缘”特效设置选项与应用效果

- 纹理化：该特效可以用指定图层中的图像作为当前图像的浮雕纹理，如图 7-136 所示。

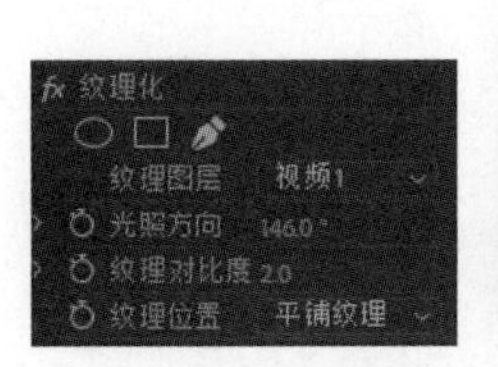

图7-136 “纹理化”特效设置选项与应用效果

- 闪光灯：该特效可以在素材剪辑的持续时间范围内，将指定间隔时间的帧画面上覆盖指定的颜色，从而使画面在播放过程中产生闪烁效果，如图 7-137 所示。

图7-137 “闪光灯”特效设置选项与应用效果

- 阈值：该特效可以将图像变成黑白模式，通过设置“级别”参数，调整图像的转换程度，如图 7-138 所示。

图7-138 “阈值”特效设置选项与应用效果

- 马赛克：运用该特效，可以在画面上产生马赛克效果，将画面分成若干的方格，每一格都用该方格内所有像素的平均颜色值进行填充，如图 7-139 所示。

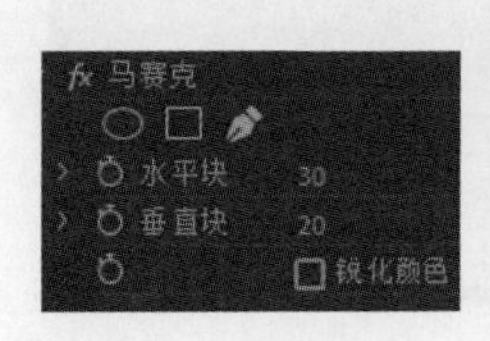

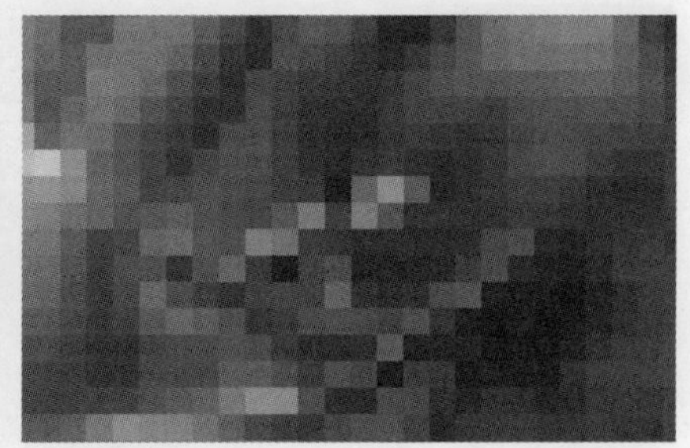

图7-139 “马赛克”特效设置选项与应用效果

7.3　安装外挂特效

Premiere Pro 允许用户安装第三方软件商开发的特效插件程序，来进一步丰富视频特效的编辑处理功能，使用户可以轻松地制作出更加精彩的影片。

外挂插件的安装很简单，如果是提供了安装程序的，只需要根据安装提示，设置好安装路径并逐步完成即可，如图 7-140 所示。大多数特效插件都只需要将其程序文件复制到 Premiere Pro 安装目录下的 Plug-ins\Common 目录中即可，如图 7-141 所示。外挂视频特效的使用方法，与 Premiere 中自带视频特效的方法基本相同。

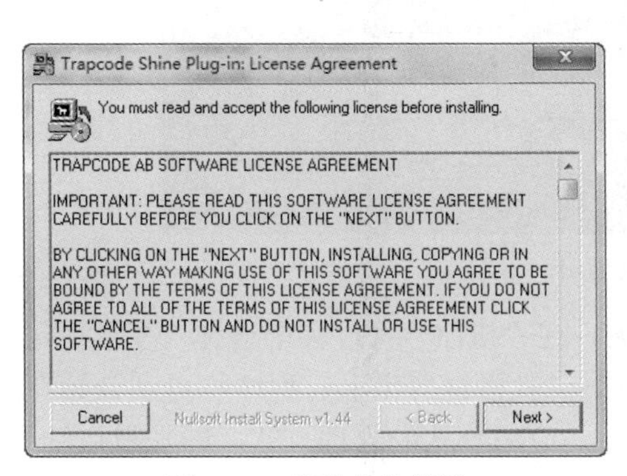

图7-140　安装外挂特效

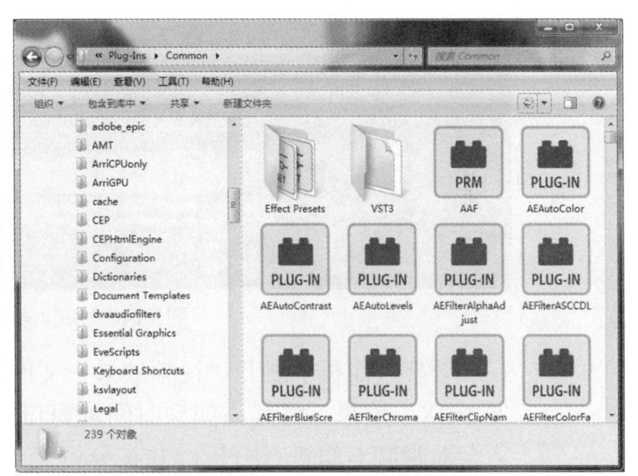

图7-141　外挂特效安装位置

在后面的学习中，将会介绍到利用外挂视频特效进行影片编辑的详细操作方法。

7.4　视频效果应用实例

视频特效可以使画面产生多种需要的变化效果，也可以对视频剪辑进行调色、抠像、稳定处理等编辑，下面通过具体的实例讲解视频特效的应用方法。

7.4.1　应用变形稳定器特效修复视频抖动

① 新建一个项目文件后，在项目窗口中创建一个合成序列。

② 按“Ctrl+I”键，打开“导入”对话框，选择本书资源包中 \Chapter 7\ 修复视频抖动 \Media 目录下的“打地鼠 .mp4”素材文件并导入，如图 7-142 所示。

③ 将导入的视频素材从项目窗口拖入时间轴窗口中，在弹出的“剪辑不匹配警告”对话框中单击“更改序列设置”按钮，将合成序列的视频属性修改为与视频素材一致，如图 7-143 所示。

④ 为方便进行稳定处理前后的效果对比，再将视频素材加入两次到时间轴窗口中，并依此排列在视频 1 轨道中，如图 7-144 所示。

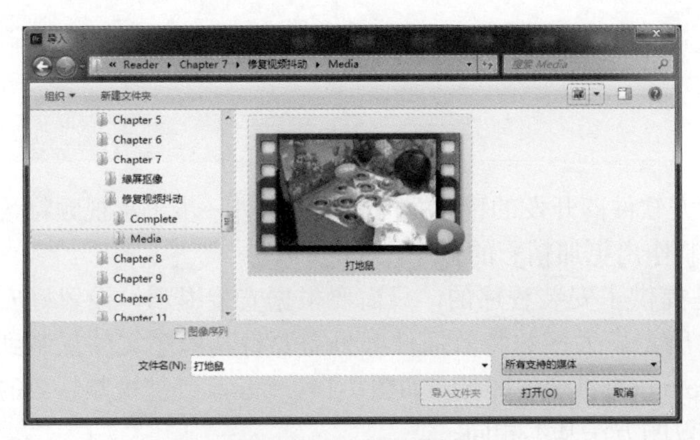

图7-142　导入视频素材

图7-143　更改序列设置

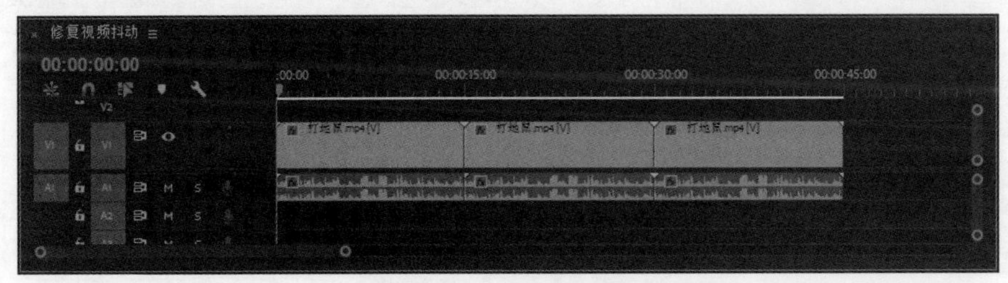

图7-144　编排素材剪辑

⑤ 在“效果”面板中展开“视频效果”文件夹，在“扭曲”文件夹中选择“变形稳定器 VFX”效果，将其添加到时间轴窗口中第二段素材剪辑上，程序将自动开始在后台对视频剪辑进行分析，并在分析完成后，应用默认的处理方式（即平滑运动）和选项参数对视频素材进行稳定处理，如图 7-145 所示。

图7-145　为视频素材应用稳定特效

⑥ 再次选择“变形稳定器 VFX”效果，将其添加到时间轴窗口中第三段素材剪辑上，然后在效果控件中单击“取消”按钮，停止自动开始的分析。在“结果”下拉列表中选择“不运动”选项，然后单击“分析”按钮，以最稳定的处理方式对第三段剪辑进行分析处理，如图 7-146 所示。

⑦ 分析处理完成后，按下空格键或拖动时间指针进行播放预览，即可查看到处理完成的画面抖动修复效果。可以看到，第一段原始的视频素材剪辑中，手持拍摄的抖动

比较剧烈；第二段以“平滑运动”方式进行稳定处理的视频，抖动已经不明显，变成了拍摄角度小幅度平滑移动的效果，整体画面略有放大；第三段视频稳定效果最好，基本没有了抖动，像是固定了摄像机拍摄一样，但整体画面放大度最多，对画面原始边缘的裁切也最多，如图 7-147 所示。

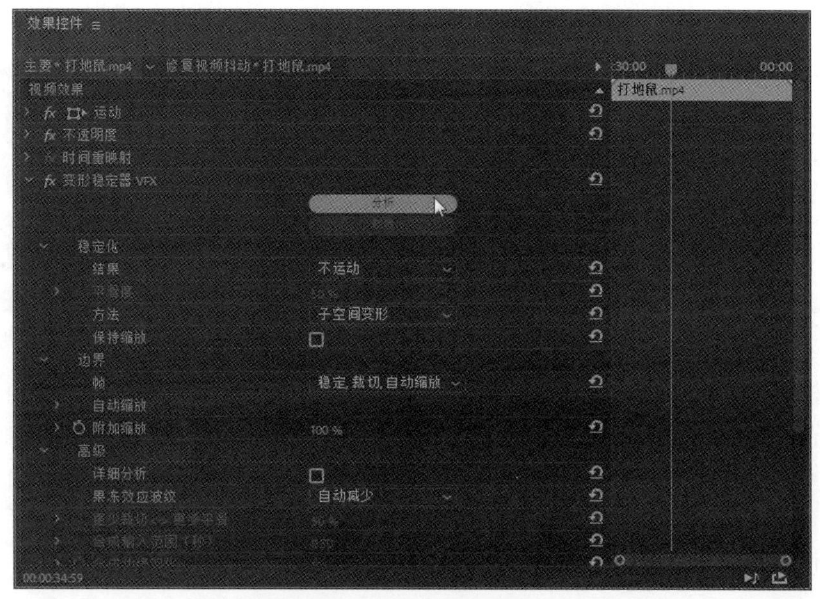

图7-146　设置特效选项并应用

图7-147　第一和第三个剪辑中同一时间位置的画面对比

⑧ 编辑好需要的影片效果后，按“Ctrl+S”键执行保存。

7.4.2　应用颜色键特效处理绿屏抠像

① 新建一个项目文件后，在项目窗口中双击鼠标左键，打开“导入”对话框，打开本书资源包中 \Chapter 7\ 绿屏抠像 \Media 目录，选中其中准备的素材文件，将它们导入到项目窗口中，如图 7-148 所示。

② 在“恐龙 .mp4”素材上单击鼠标右键并选择“从剪辑新建序列”命令，应用其视频属性创建序列，如图 7-149 所示。

图7-148　导入素材

图7-149　创建序列

③ 双击新建的序列，打开其时间轴窗口。拖动时间指针，可以在监视器窗口中查看到该视频素材的内容为绿色背景上有一头恐龙走过，本实例将清除视频画面中的绿色像素。为方便对比抠像处理前后的合成效果，在时间轴窗口中先将原有的剪辑移动到视频 2 轨道中，然后再加入一次“恐龙 .mp4”素材到该轨道中，与前一剪辑相邻排列，如图 7-150 所示。

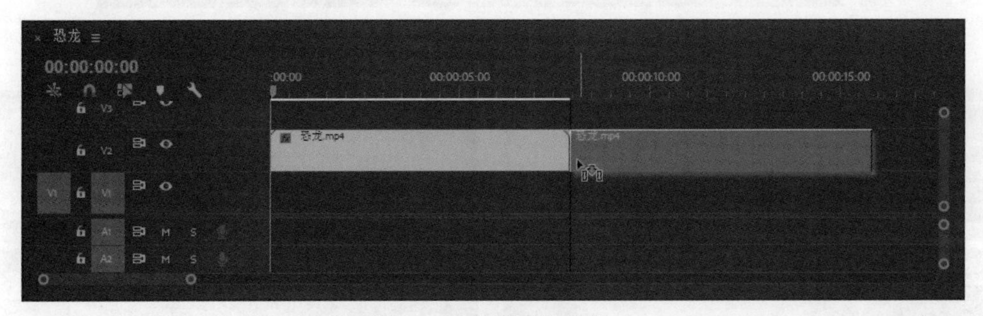

图7-150　编排素材剪辑

④ 从项目窗口中将导入的图像素材加入到时间轴窗口中的视频轨道 1 中，并将其持续时间调整到与视频 2 轨道中的剪辑对齐，如图 7-151 所示。

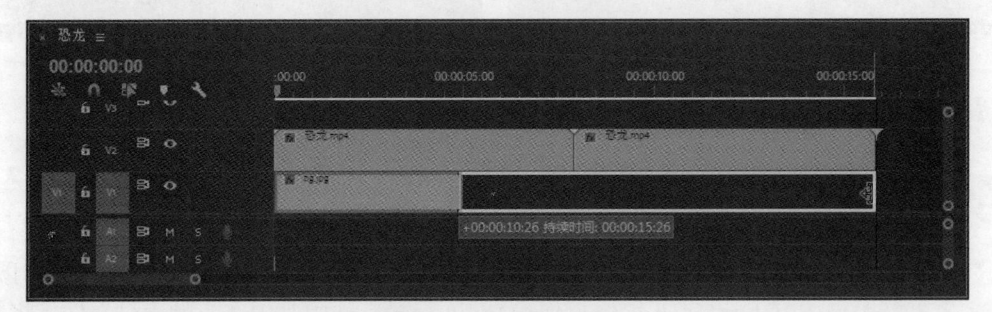

图7-151　编排素材剪辑

⑤ 打开“效果”面板，在“视频效果”文件夹中展开“键控”类特效，选取“颜色键”特效并添加到时间轴窗口中视频 2 轨道中的第二段素材剪辑上，如图 7-152 所示。

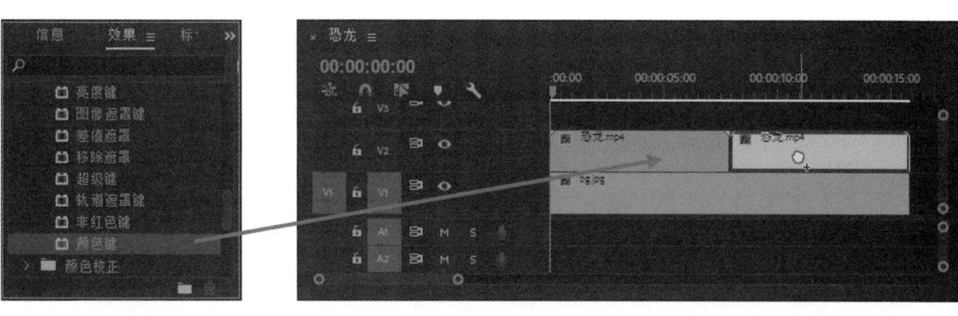

图7-152　添加特效

⑥ 在时间轴窗口中将时间指针定位在视频 2 轨道中的第二段素材剪辑上。在“效果控件”面板中展开“颜色键”特效选项组，单击“颜色”选项后面的吸管按钮，在节目监视器窗口中图像的绿色背景上单击以拾取要清除的颜色。

⑦ 参考节目监视器窗口中剪辑图像的变化效果，在“效果控件”面板中调整特效选项的数值，得到完美的去除背景抠像效果，如图 7-153 所示。

图7-153　应用“颜色键”特效

⑧ 编辑好需要的影片效果后，按“Ctrl+S”键执行保存。

第 8 章

关键帧动画的编辑应用

本章主要介绍视频编辑处理过程中，对剪辑进行运动、缩放、旋转和透明度变化动画的编辑设置。通过本章的学习，读者应掌握这些常用的编辑方法，使编辑的视频画面看起来更加流畅，富有动感。

- 理解关键帧动画的工作原理。
- 掌握创建和编辑关键帧动画的两种常用方法。
- 掌握创建和设置位移动画、缩放动画、旋转动画以及不透明度动画的操作方法。

8.1 关键帧动画的创建与设置

关键帧动画的概念，来源于早期的卡通动画创作。动画设计师在故事脚本的基础上，绘制好动画影片中的关键画面，然后由工作室中的助手来完成关键画面之间连续内容的绘制，再将这些连贯起来的画面拍摄成一帧帧的胶片，在放映机上按一定的速度播放出这些连贯的胶片，就形成了动画影片。而这些关键画面的胶片，就称为关键帧。

在 Premiere Pro 中编辑的关键帧动画也是同样的原理：为素材剪辑的动画属性（例如位置、缩放、旋转、不透明度、音量、特效选项等）在不同时间位置建立关键帧，并在这些关键帧上设置不同的参数，Premiere Pro 就可以自动计算并在两个关键帧之间插入逐渐变化的画面来产生动画效果。

8.1.1 影像剪辑的基本效果设置

在选中时间轴窗口中的图像或视频剪辑后，可以通过“效果控件”面板为所选剪辑对象设置基本的效果参数，包括“运动”“不透明度”和“时间重映射”等三个基本属性；在添加了过渡特效、视频 / 音频特效后，会在这几个基本属性的下方显示特效的设置选项，如图 8-1 所示。

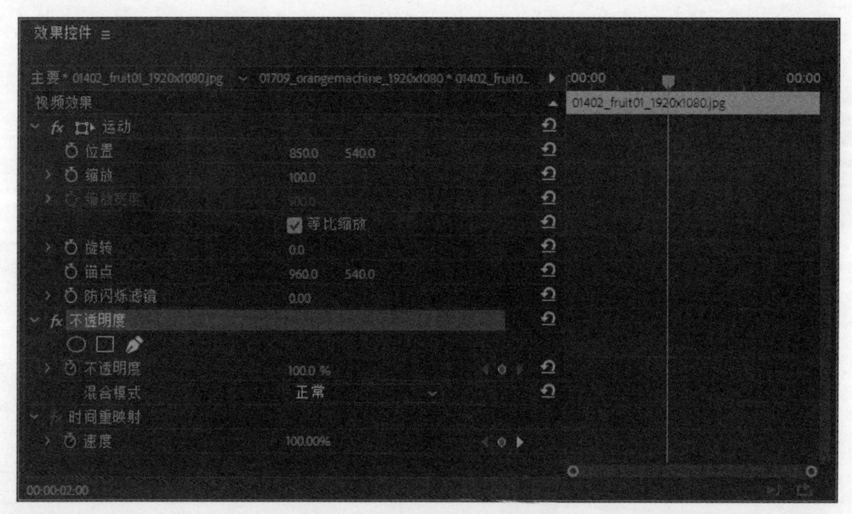

图8-1 “效果控件”面板

1. “运动”选项

“运动”选项组中的选项，用于设置素材剪辑的位置、大小、旋转角度等基本属性，如图 8-2 所示。

- 位置：以素材剪辑的锚点作为中心点，相对于影片画面左上角顶点的坐标位置。可以通过改变 x、y 数值，对素材剪辑在影片中的水平、垂直位置进行调整。
- 缩放：素材剪辑的尺寸百分比，可以通过输入新的数值或拖动下面的滑块，对剪辑图像的大小进行等比例调整。取消对其下方“等比缩放”复选框的勾选时，该选项将显示为“缩放高度”和“缩放宽度”，以分别对素材图像的高度或宽度进行调整，如图 8-3 所示。

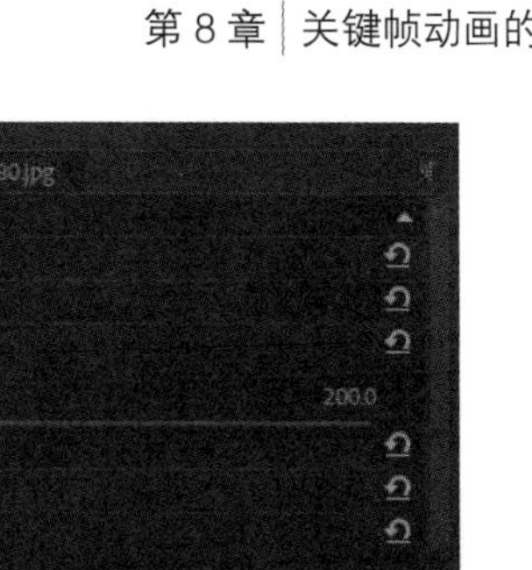

图8-2 “运动”选项组

原大小

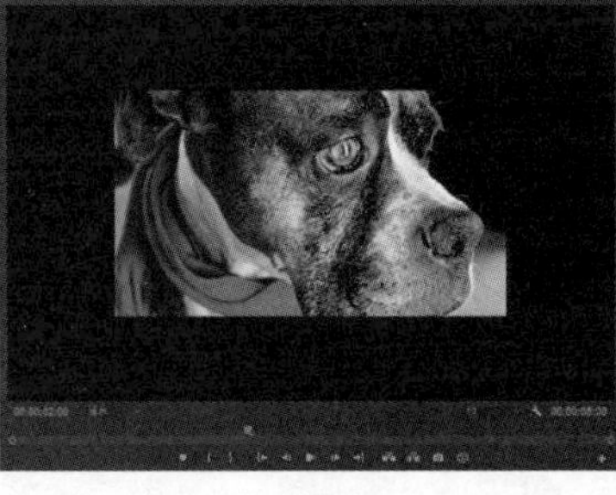

等比缩小

压扁加宽

图8-3 图像大小的缩放

- 旋转：设置素材以其锚点中心进行旋转的角度以及圈数，如图 8-4 所示。
- 锚点：可以通过调整数值对素材的锚点位置进行调整。在节目监视器窗口中双击素材剪辑，可以显示出该剪辑当前的锚点位置，如图 8-5 所示。

图8-4 旋转素材剪辑

图8-5 图像素材的锚点位置

- 防闪烁滤镜：对于隔行扫描的视频素材，如果视频图像存在播放闪烁的问题，可以通过调整该数值，对素材进行防闪烁过滤的设置。同时，对于设置了运动效果的图形素材剪辑也有效。

2. “不透明度”选项

通过调整“不透明度”选项的数值，可以改变所选素材剪辑在画面中的不透明度，如图8-6所示。

图8-6 修改文字不透明度为50%

在“混合模式”下拉列表中，可以设置当前素材剪辑与其下层视频轨道中的图像在像素色彩、亮度、饱和度等方面的混合方式，部分混合效果如图 8-7 所示。

颜色加深

滤色

叠加

差值

相除

发光度

图8-7 素材剪辑的图像混合模式

3. “时间重映射”选项

该选项用于修改动态视频素材的播放速率，以改变素材剪辑的持续时间，得到快镜头或慢镜头播放的效果。也可以通过在不同位置创建关键帧并设置不同数值，得到视频素材播放时的动态变速效果。在“效果控件”面板中，向上或向下拖动“速度”选项后面时间标尺区的水平控制线，即可加快或减慢视频素材的播放速率百分比，改变素材剪辑在时间轴窗口中的持续时间，如图 8-8 所示。

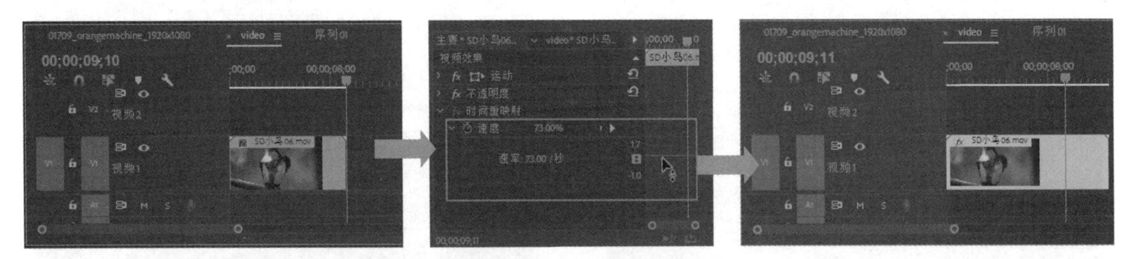

图8-8　修改视频素材播放速率百分比

提示

在“效果控件”面板中单击各属性选项或添加的特效后面的“重置”按钮，可以恢复该属性选项或特效的参数为默认值。

8.1.2　通过“效果控件”面板创建并编辑动画

通过“效果控件”面板创建关键帧动画，可以更准确地设置关键帧上的选项参数，是在 Premiere Pro 中创建关键帧动画最常用的方法。

① 点选时间轴窗口中需要编辑关键帧动画的素材剪辑后，打开“效果控件”面板，将时间指针定位在开始位置，然后单击需要创建动画效果的属性选项前面的“切换动画”按钮，例如“位置”选项，在该时间位置创建关键帧，如图 8-9 所示。

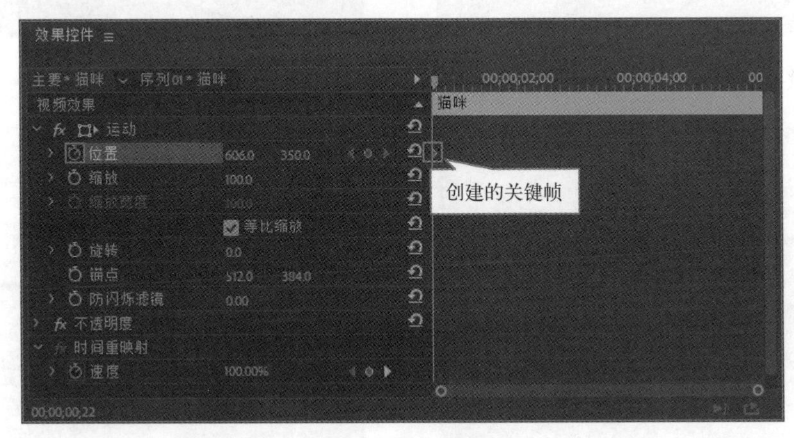

图8-9　创建关键帧

② 将时间指针移动到新的位置后，单击“添加 / 移除关键帧”按钮，即可在该位置添加一个新的关键帧。在该关键帧上修改“位置”选项的数值，即可为素材剪辑在上一个关键帧与当前关键帧之间创建位置移动动画效果，如图 8-10 所示。

③ 在当前选项的“切换动画”按钮处于状态时，将时间指针移动到新的位置后，直接修改当前选项的数值，即可在该时间位置创建包含新参数值的关键帧，如图 8-11 所示。

④ 在创建了多个关键帧以后，单击当前选项后面的“转到上一关键帧”按钮或“转到下一关键帧”按钮，可以快速将时间指针移动到上一个或下一个关键帧的位置，然后根据需要修改该关键帧的参数值，对关键帧动画效果进行调整，如图 8-12 所示。

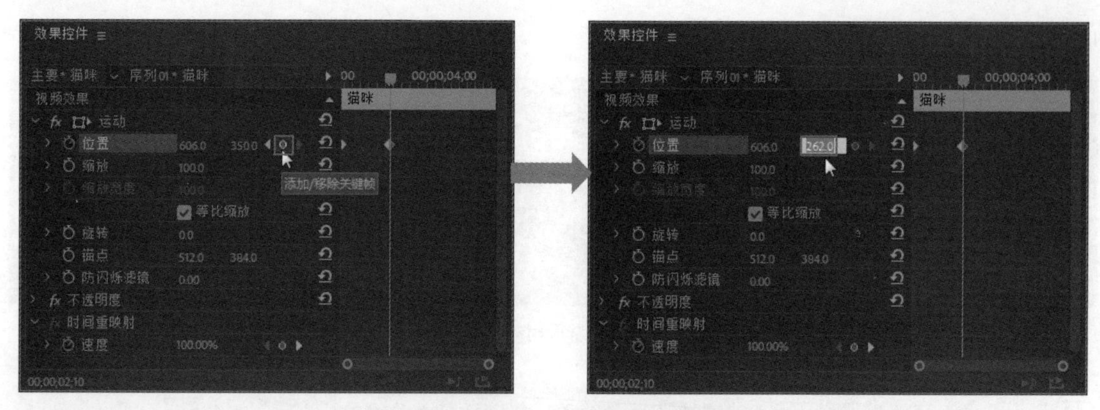

图8-10　创建关键帧并修改参数值

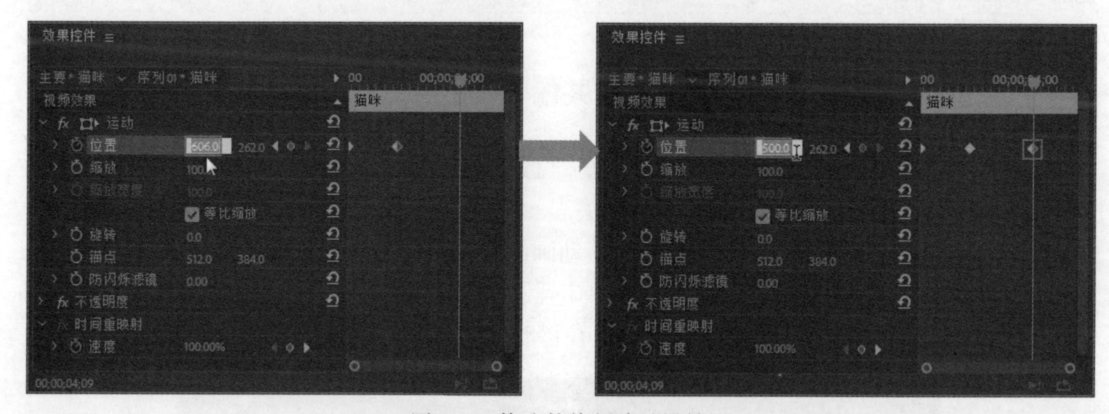

图8-11　修改数值创建关键帧

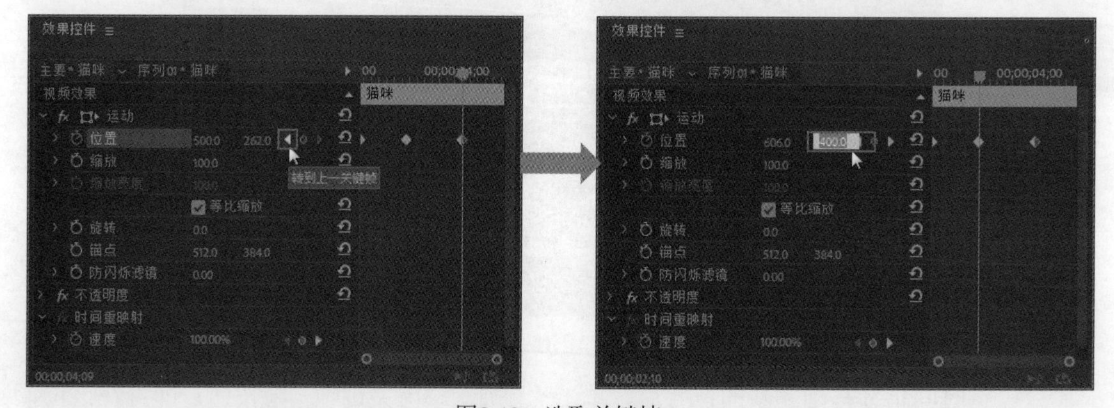

图8-12　选取关键帧

⑤ 直接用鼠标框选一个或多个关键帧后（被选中的关键帧将以蓝色图标显示），用鼠标按住并左右拖动，可以改变所选关键帧的时间位置，进而改变所创建动画的快慢效果，如图 8-13 所示。

提示

改变关键帧之间的距离，可修改运动变化的时间长短。保持关键帧上的参数值不变，缩短关键帧之间的距离，可以加快运动变化的速度；延长关键帧之间的距离，可以减慢运动变化的速度。

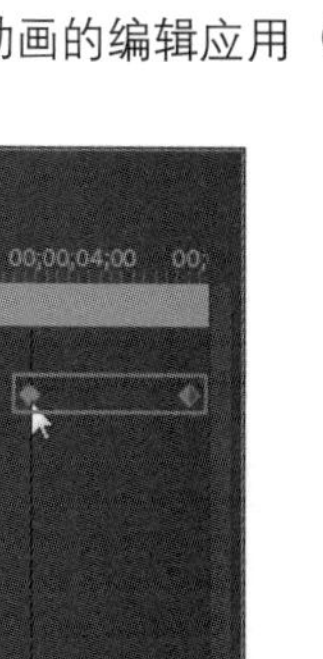

图8-13　移动关键帧

⑥ 将时间指针移动到一个关键帧上以后，单击“添加 / 移除关键帧”按钮，可以删除该关键帧，如图 8-14 所示。

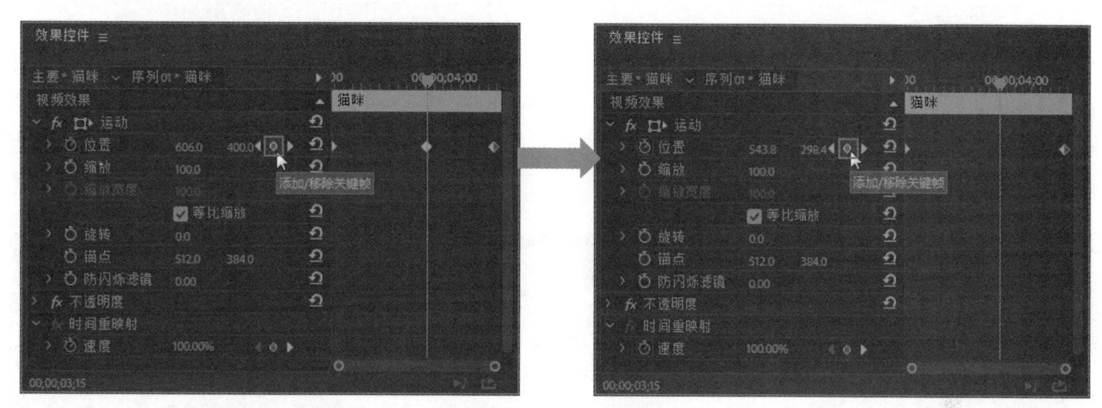

图8-14　删除关键帧

⑦ 直接用鼠标点选或框选需要删除的一个或多个关键帧后，可以按下 Delete 键直接将其删除，如图 8-15 所示。

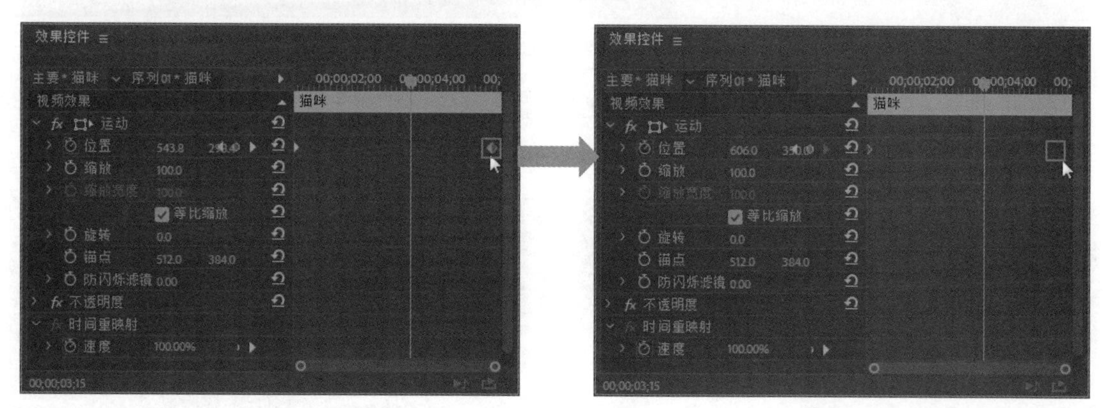

图8-15　删除关键帧

⑧ 在为选项创建了关键帧以后，单击选项名称前面的“切换动画”按钮，在弹出的对话框中单击“确定”按钮，即可删除设置的所有关键帧，取消对该选项编辑的动画效果，并且以时间指针当前所在位置的参数值，作为取消关键帧动画后的选项参数值，将如图 8-16 所示。

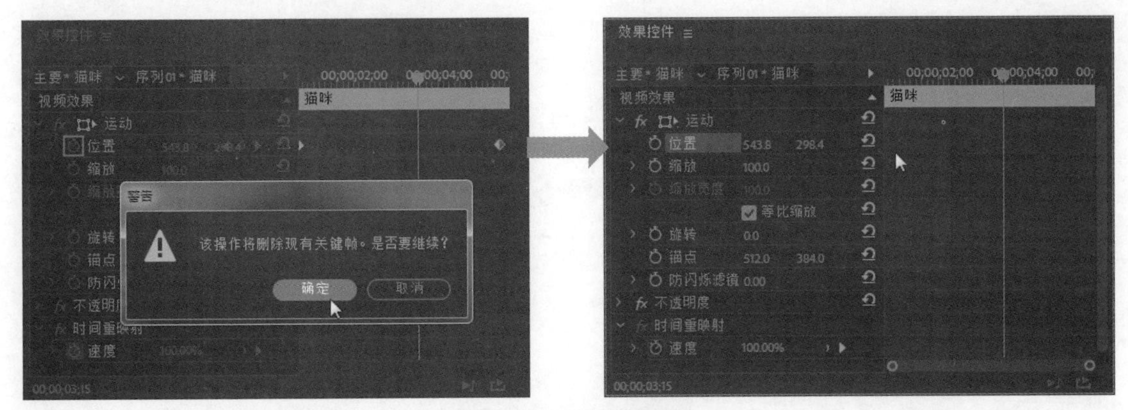

图8-16 取消关键帧动画

8.1.3 在轨道中创建与编辑动画

要在轨道中为素材剪辑添加关键帧动画效果，首先需要显示出关键帧控制线。单击时间轴窗口顶部的“时间轴显示设置”按钮，在弹出的菜单中选择“显示视频关键帧”或“显示音频关键帧”命令，即可在展开轨道的状态下，在轨道中的素材剪辑上显示出对应的关键帧控制线，如图 8-17 所示。

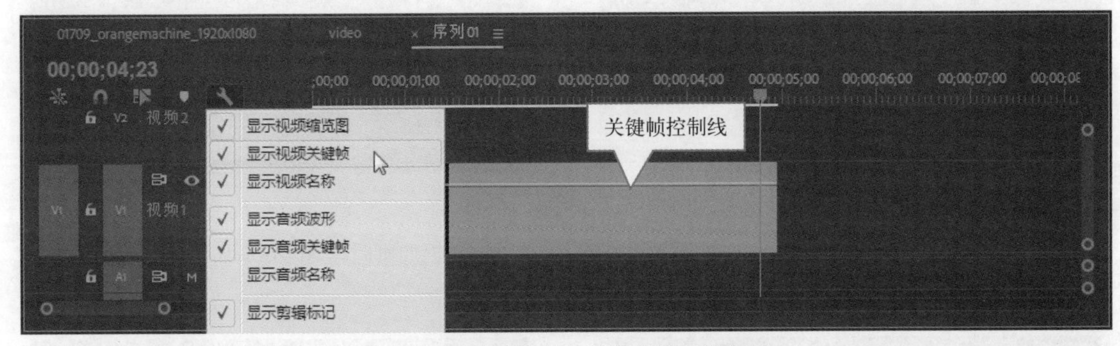

图8-17 显示出素材剪辑的关键帧控制线

右键单击素材剪辑上名称后面的（效果）图标，在弹出的列表中可以选择切换当前控制线所显示的效果属性，如图 8-18 所示。

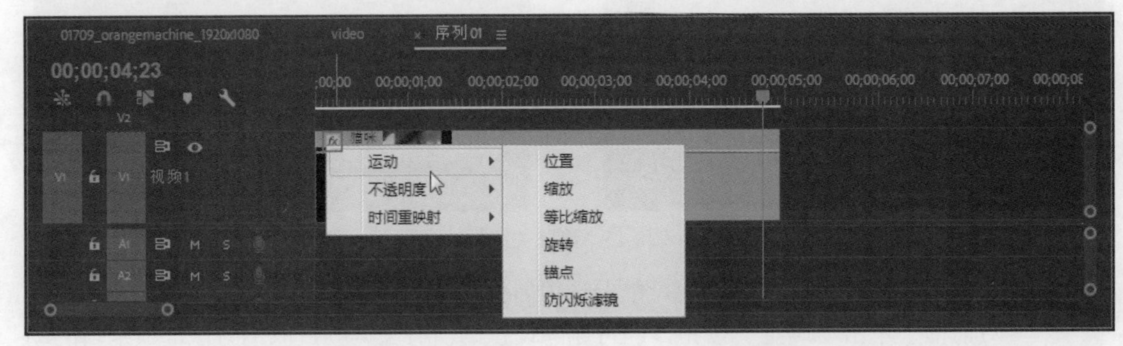

图8-18 切换关键帧控制线所显示的效果属性

双击轨道头中的轨道名称，可以在其下方显示出“添加 / 移除关键帧”按钮。点选素材剪辑后，将时间指针移动到需要添加关键帧的位置，然后单击“添加 / 移除关键帧”按钮，即可在该位置添加一个关键帧，如图 8-19 所示。

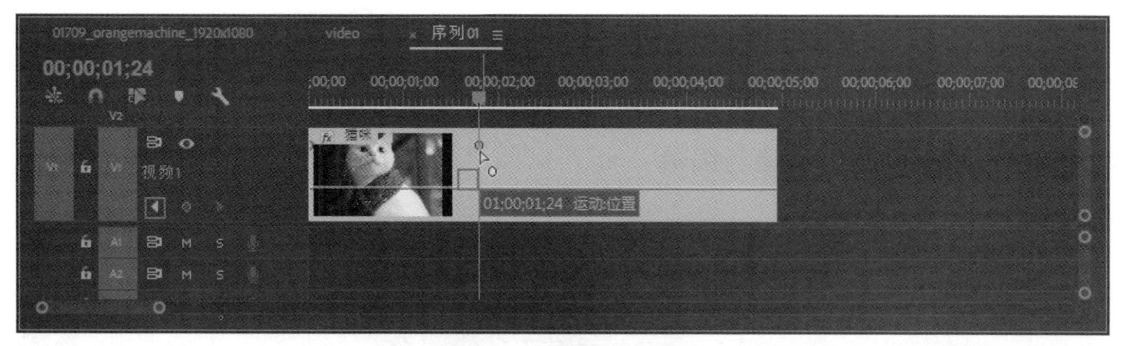

图8-19 添加的关键帧

在添加了关键帧以后，可以配合使用“效果控件”面板，对所选效果属性的关键帧参数值进行设置。在轨道中按住并左右拖动素材剪辑上的关键帧，可以改变关键帧的时间位置，如图 8-20 所示。

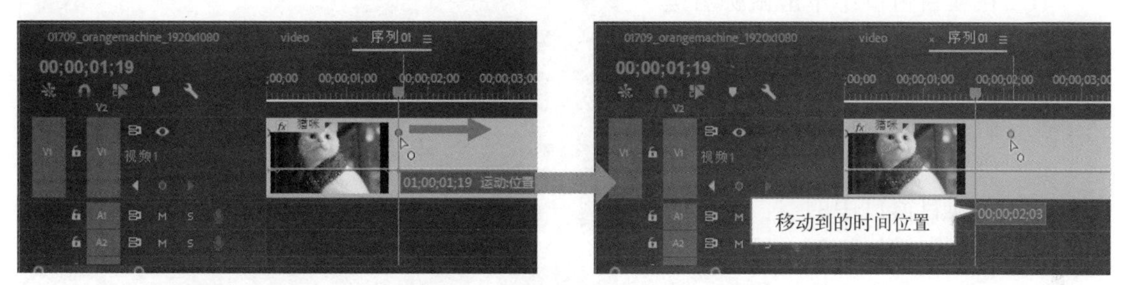

图8-20 移动关键帧的时间位置

大部分关键帧（例如缩放、旋转、不透明度等）可以通过按住并上下拖动来改变该关键帧的参数值，如图 8-21 所示。不过用鼠标拖动来改变参数值的操作通常不够精确，为了得到更准确的动画效果，最好还是通过“效果控件”面板对所选关键帧的参数值进行设置。

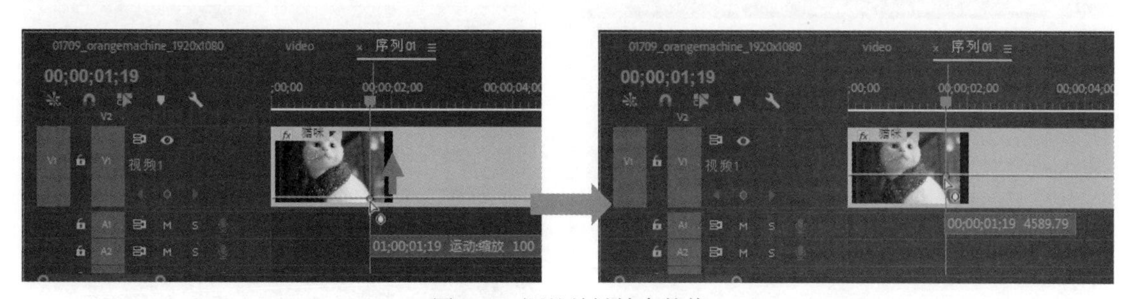

图8-21 调整关键帧参数值

通过轨道头中的“添加 / 移除关键帧”按钮或按 Delete 键，也可以对不再需要的关键帧进行删除操作。

8.2 各种动画效果的创建与编辑

在了解并掌握了关键帧动画的创建与设置方法后，下面讲解各种运动类型的动画编辑方法。

8.2.1 位移动画的创建与编辑

对象位置的移动动画是最基本的动画效果，通过在“效果控件”面板中为“位置”选项在不同位置创建关键帧并修改参数值来创建。在实际工作中，对于位移动画的运动路径编辑，在节目监视器窗口中进行编辑更加方便直观。

① 在项目窗口中单击鼠标右键并选择“新建项目”→“序列”命令，新建一个 DV NTSC 制式的合成序列，如图 8-22 所示。

图8-22 新建合成序列

② 在项目窗口中的空白处双击鼠标左键，打开“导入”对话框，选择 fish.psd 和 coral.jpg 素材文件，然后单击“打开”按钮，在弹出的“导入分层文件”对话框中设置导入 PSD 文件的方式为“合并所有图层”，如图 8-23 所示。

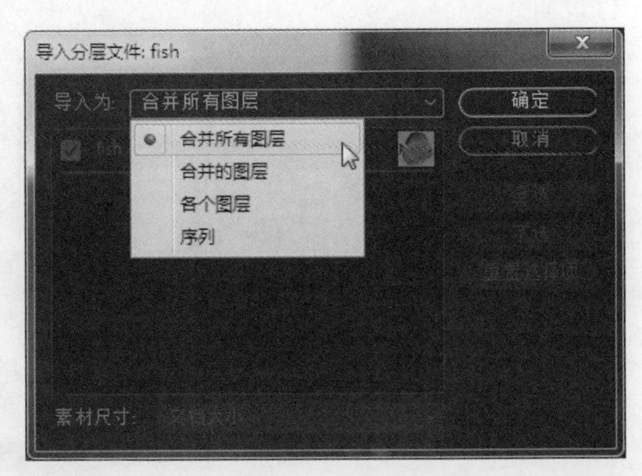

图8-23 导入素材文件

③ 将珊瑚素材图像加入到视频 1 轨道中，将热带鱼图像加入到视频 2 轨道中，并延长它们的持续时间到 10 秒的位置，如图 8-24 所示。

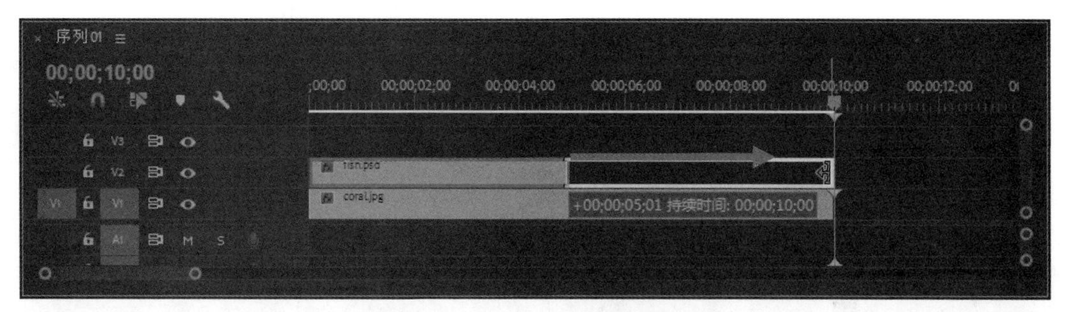

图8-24　加入素材并延长持续时间

④ 在节目监视器窗口中双击热带鱼图像，进入其编辑状态后，将其等比例缩小到合适的大小，如图 8-25 所示。

图8-25　缩小热带鱼图像

⑤ 在时间轴窗口中将时间指针移动到开始位置，在节目监视器窗口中，将热带鱼图像移动到画面左侧靠下的位置，如图 8-26 所示。

⑥ 打开“效果控件”面板并展开“运动”选项，按下“位置”选项前的“切换动画”按钮，在合成开始的位置创建关键帧，如图 8-27 所示。

图8-26　定位剪辑图像

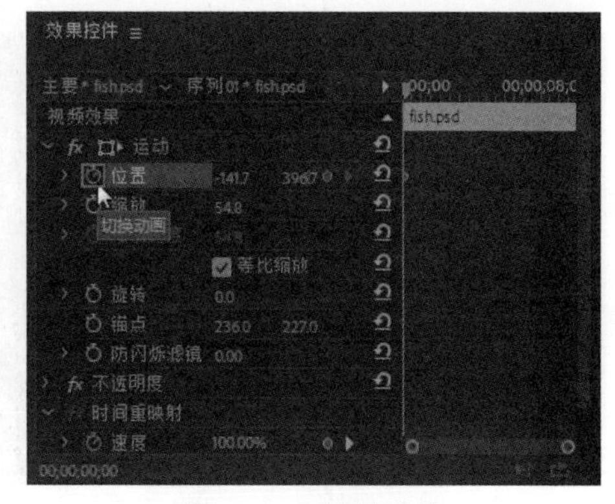

图8-27　创建关键帧

⑦ 将时间指针移动到 3 秒的位置，在节目监视器窗口中按住并拖动热带鱼图像到画面左上角的位置，Premiere Pro 将自动在“效果控件”面板中 3 秒的位置添加一个关键帧，如图 8-28 所示。

图8-28　移动剪辑并添加关键帧

⑧ 用同样的方法，在第 5 秒、8 秒、结束的位置添加关键帧，为热带鱼图像创建移动到画面中下部、右上方、右侧外的动画，如图 8-29 所示。

图8-29　编辑位移动画

⑨ 在时间轴窗口中拖动时间指针或按下空格键，可以预览目前编辑完成的位移动画效果。接下来对热带鱼图像的位移路径进行调整，使位移动画有更多的变化。将鼠标指针移动到运动路径中第 5 秒关键帧左侧的控制点上，在鼠标指针改变形状后，按住并向左拖动一定距离，即可改变两个关键帧之间的位移路径曲线，如图 8-30 所示。

图8-30　调整运动路径

⑩ 将鼠标指针移动到运动路径中第 5 秒关键帧上，在鼠标指针改变形状后，按住并向上拖动一定距离，可以改变该关键帧前后的位移路径曲线，如图 8-31 所示。

图8-31　移动关键帧位置

⑪ 根据需要将热带鱼图像的运动路径调整好后，为了使其游动的动画更逼真，可以对其在画面中的旋转角度进行适当的调整，如图 8-32 所示。

图8-32　调整运动曲线和图像角度

⑫ 编辑好需要的位移动画效果后，按“Ctrl+S”键保存工作。

8.2.2 缩放动画的创建与编辑

下面继续利用上一实例的项目文件，在其位移动画的基础上编辑缩放动画，制作热带鱼在海水中游远变小、游近变大的动画。

① 在时间轴窗口中将时间指针移动到开始位置，打开“效果控件”面板，按下“缩放”选项前的“切换动画”按钮创建关键帧，并将该关键帧的参数值设置为 50%，如图 8-33 所示。

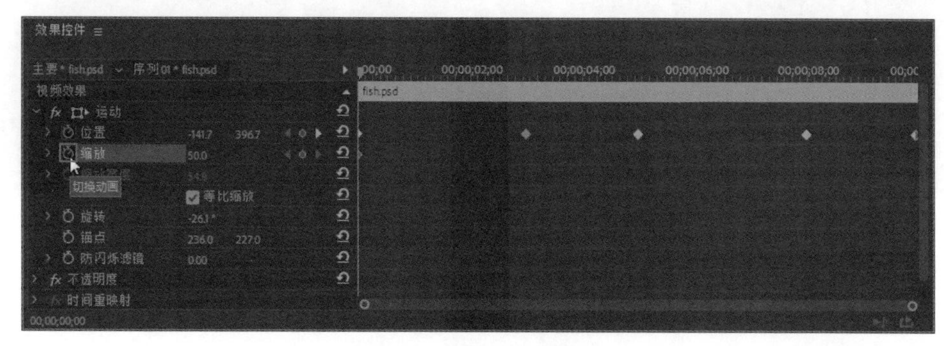

图8-33　创建缩放关键帧

② 按下“位置”选项后面的“转到下一关键帧”按钮▶，将时间指针定位到第 3 秒的位置，然后将“缩放”选项的参数值修改为 40，在该位置添加一个关键帧，如图 8-34 所示。

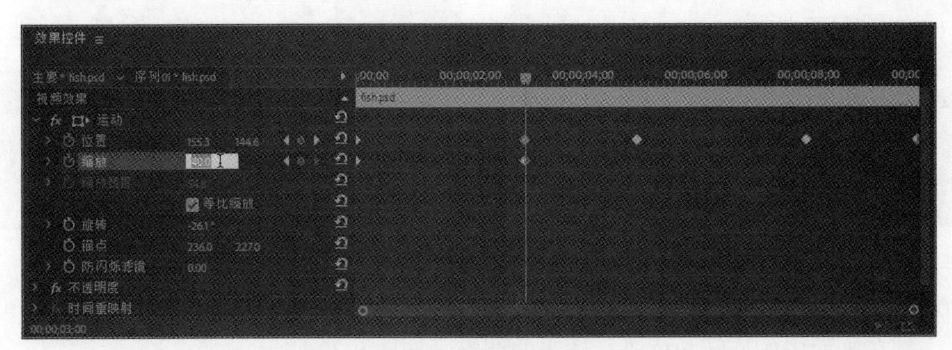

图8-34 添加关键帧

③ 用同样的方法，为“缩放”选项添加新的关键帧并修改参数值，编辑出缩放变化的动画，如图 8-35 所示。

时间	00:00:05:00	00:00:08:00	00:00:09:29
缩放	65%	40%	50%

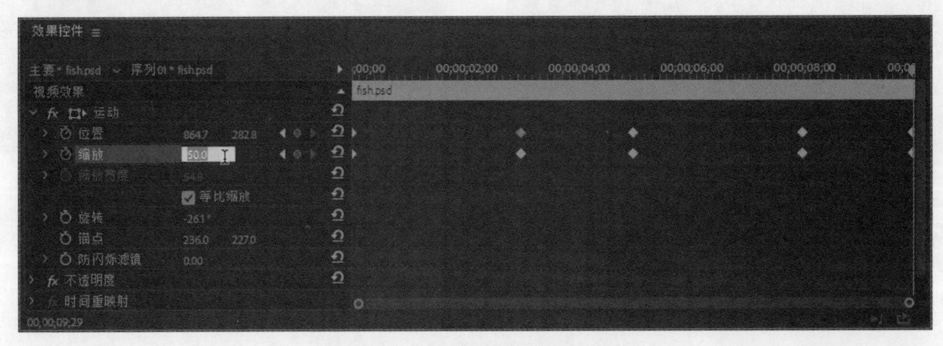

图8-35 添加关键帧并设置参数

④ 在时间轴窗口中拖动时间指针或按下空格键，预览编辑完成的位移和缩放动画效果，如图 8-36 所示。编辑好需要的位移动画效果后，按“Ctrl+S”键保存。

图8-36 预览缩放动画

8.2.3 旋转动画的创建与编辑

在上面的实例中，热带鱼的游动角度并没有随着运动路径的变化而改变。下面通过为其创建旋转动画，使其在画面中的游动动画更逼真。

① 在时间轴窗口中将时间指针移动到开始位置，打开“效果控件”面板，按下“旋转”选项前的“切换动画”按钮创建关键帧，并将该关键帧的参数值设置为 –30.0°，如图 8-37 所示。

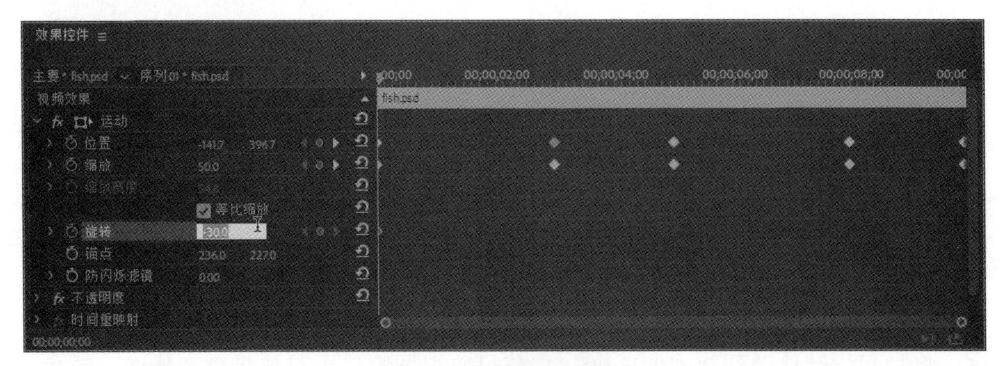

图8-37 创建缩放关键帧

② 将时间指针定位到第 3 秒，在节目监视器窗口中双击热带鱼图像，进入其编辑状态后，参考位移动画运动路径的方向，对热带鱼图像的旋转角度进行适当调整，如图 8-38 所示。

图8-38 添加关键帧并旋转图像

③ 将时间指针移动到第 4 秒，在节目监视器窗口中，参考运动路径的方向，对热带鱼图像的旋转角度进行调整，如图 8-39 所示。

图8-39 添加关键帧并旋转图像

④ 将时间指针移动到第 5 秒，在节目监视器窗口中参考运动路径的方向，调整热带鱼图像的旋转角度，如图 8-40 所示

图8-40　添加关键帧并旋转图像

⑤ 将时间指针移动到 00;00;07;00，在节目监视器窗口中对热带鱼图像的旋转角度进行调整，如图 8-41 所示。

图8-41　添加关键帧并旋转图像

⑥ 将时间指针移动到 00;00;09;29，在节目监视器窗口中对热带鱼图像的旋转角度进行调整，如图 8-42 所示。

图8-42　添加关键帧并旋转图像

⑦ 在时间轴窗口中拖动时间指针或按空格键，预览编辑完成的热带鱼游动动画效果，如图 8-43 所示。编辑好需要的位移动画效果后，按“Ctrl+S”键保存。

图8-43　预览动画效果

8.2.4　不透明度动画的编辑

为影像剪辑添加不透明度动画，可以制作图像在影片中显示或消失、渐隐渐现的动画效果。下面继续利用上节编辑的实例文件，编辑热带鱼图像在游入时逐渐显现，游出时逐渐消失的动画效果。

① 在效果控制面板中将时间指针定位在开始的位置，然后展开“不透明度”选项组，默认情况下，“不透明度”选项前面的“切换动画”按钮处于按下状态。直接单击“添加 / 移除关键帧”按钮，即可在当前时间位置添加一个关键帧。

② 将时间指针分别移动到第 2 秒、8 秒和结束位置，在这些位置添加关键帧，如图 8-44 所示。

图8-44　添加关键帧

③ 分别将开始和结束位置的关键帧的“不透明度”参数值修改为 0%，如图 8-45 所示。

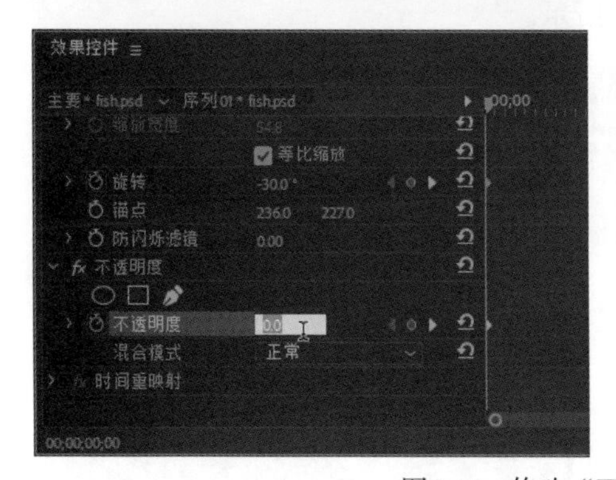
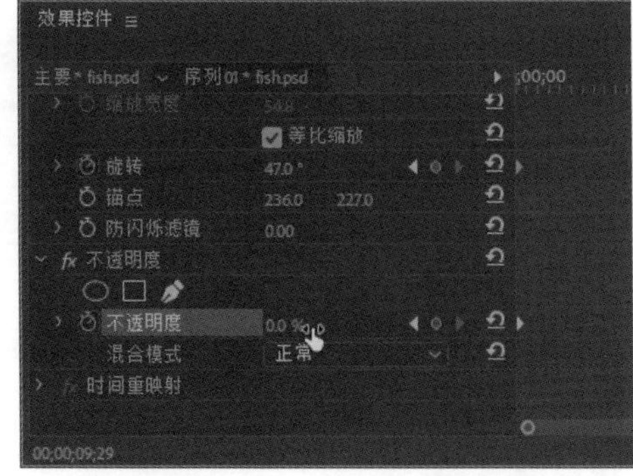

图8-45　修改“不透明度”参数值

④ 在时间轴窗口中拖动时间指针或按下空格键，预览编辑完成的热带鱼游动动画效果，如图 8-46 所示。编辑好需要的位移动画效果后，按“Ctrl+S”键保存。

图8-46 预览不透明度动画效果

8.3 关键帧动画应用实例

通过应用关键帧动画编辑影片内容，可以使画面看起来更加生动，更有层次感，下面通过制作两个实例影片来介绍一下运动特效影片的编辑方法。

8.3.1 运动路径及缩放效果的应用——飞碟迷踪

本实例通过对运动路径及缩放效果的应用，模拟出一艘飞碟在天空中飞过的动画效果，具体操作步骤如下。

① 启动 Premiere Pro 并创建一个项目，并将其以“飞碟迷踪”命名保存到指定的目录。双击项目窗口中的空白区域，打开“导入”对话框，选择本书资源包中 \Chapter 8\飞碟迷踪 \Media 目录下准备的素材文件，将它们导入到 Premiere 的项目窗口中，如图 8-47 所示。

② 在 UFO.png 素材上单击鼠标右键并选择“从剪辑新建序列”命令，新建序列并将其重命名为“UFO 晃动”，如图 8-48 所示。

图8-47 导入素材

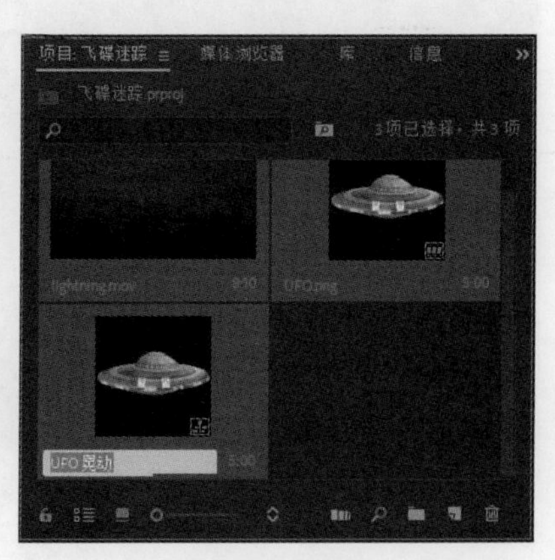

图8-48 重命名

③ 进入“UFO 晃动”序列的时间轴窗口，将其中图像剪辑的持续时间缩短为 1 秒，如图 8-49 所示。

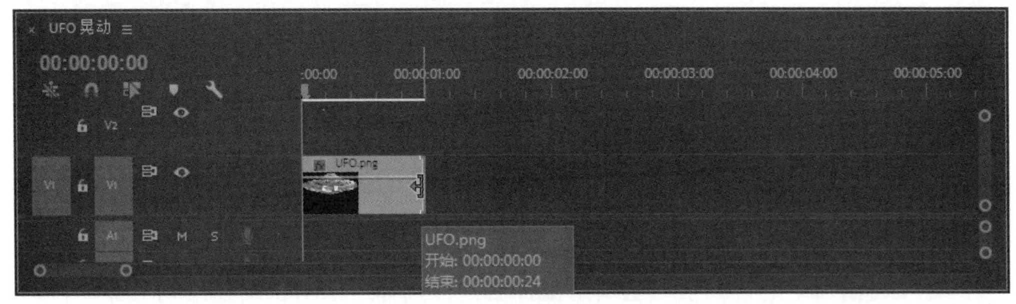

图8-49 调整持续时间

④ 打开“效果控件”面板，为当前剪辑对象创建“旋转”关键帧动画。在开始位置、第 6 帧、第 18 帧和结束帧添加关键帧，然后设置第 6 帧关键帧的数值为 10.0°，第 18 帧关键帧的数值为 –10.0°，得到 UFO 上下晃动一次的动画，如图 8-50 所示。

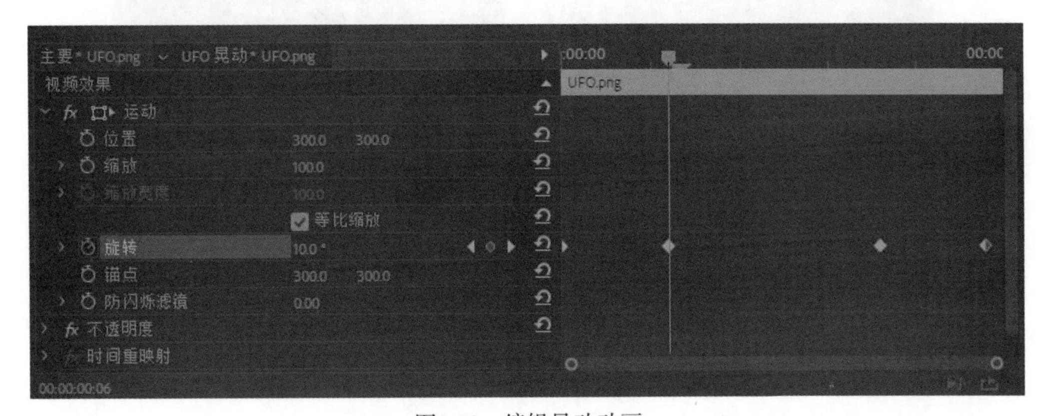

图8-50 编辑晃动动画

⑤ 在项目窗口中的“UFO 晃动”上单击鼠标右键并选择“从剪辑新建序列”命令，新建序列并将其重命名为“UFO 晃动 - 持续”，如图 8-51 所示。

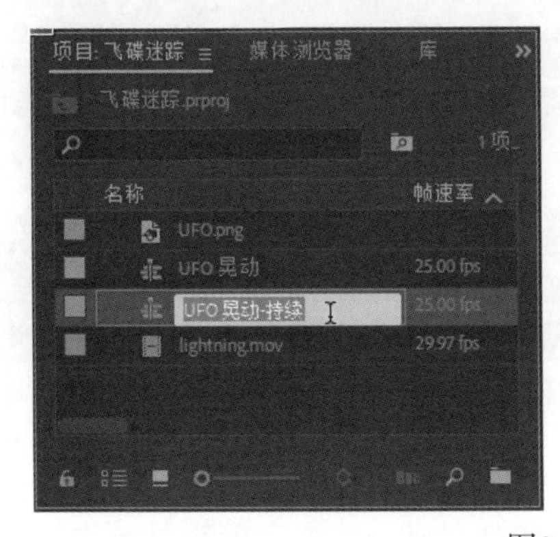

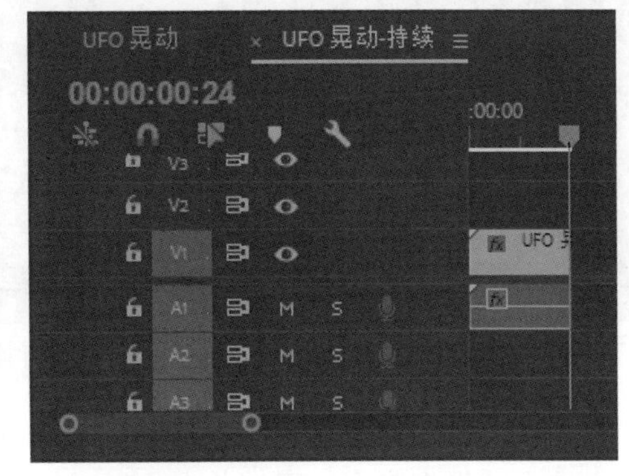

图8-51 创建序列

⑥ 点选“UFO 晃动 - 持续”序列中的剪辑对象并按下“Ctrl+C”键，将时间指针定位在该剪辑的结束位置（00:00:01:00），然后按 8 次“Ctrl+V”键，得到持续时间共 9 秒的序列动画，如图 8-52 所示。

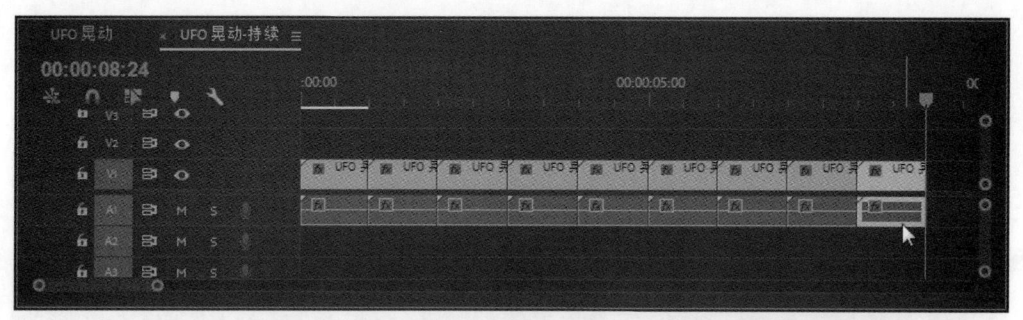

图8-52 复制剪辑

⑦ 在项目窗口中的视频素材上单击鼠标右键并选择“从剪辑新建序列”命令，以其图像属性创建一个序列，并修改其序列名称为“飞碟迷踪”，如图 8-53 所示。

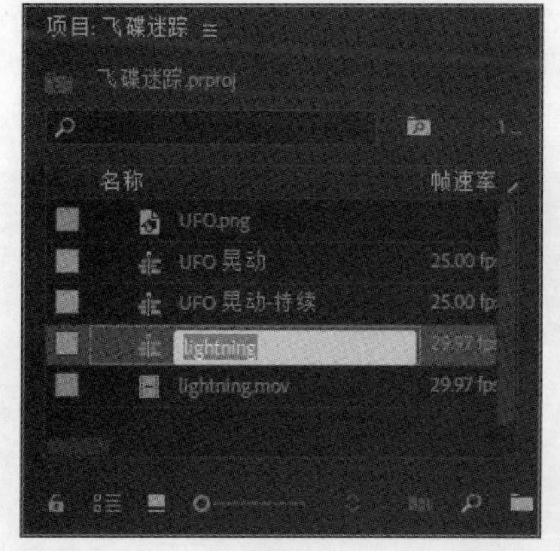

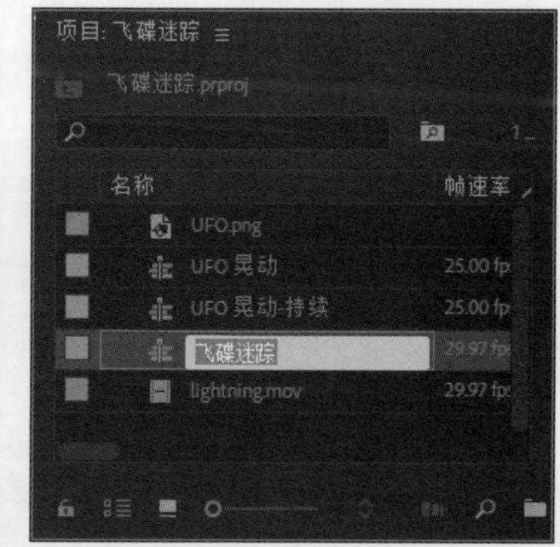

图8-53 新建序列

⑧ 双击新创建的“飞碟迷踪”序列，打开其时间轴和节目监视器窗口。将项目窗口中的“UFO 晃动 - 持续”序列加入到视频 2 轨道中，然后调整其出点的位置与视频 1 轨道中剪辑的出点对齐，如图 8-54 所示。

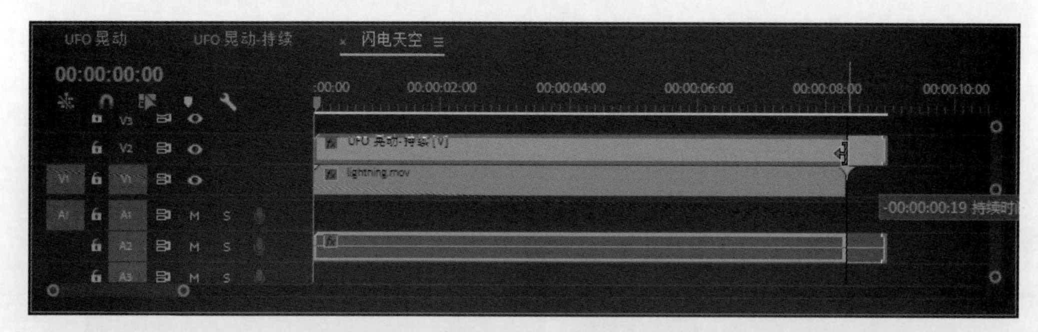

图8- 54 加入剪辑并调整持续时间

⑨ 将序列对象作为素材剪辑嵌套到其他序列中，默认会包含一条音轨内容，但这里的音轨中并没有声音，可以将其删除。“在 UFO 晃动 - 持续”剪辑是单击鼠标右键并选择“取消链接”命令，拆分该剪辑的视频内容和音频内容的链接关系，然后点选音频轨道中的剪辑对象并按 Delete 键将其删除，如图 8-55 所示。

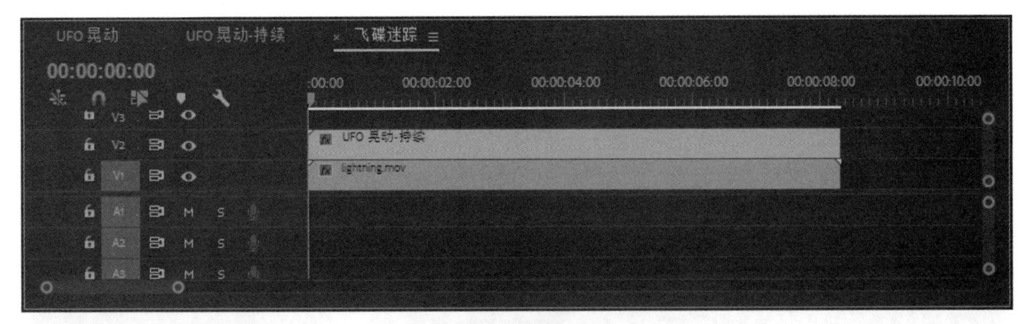

图8-55　删除音轨内容

⑩ 选中节目监视器窗口中的飞碟对象，将其移动到画面左下角的外侧。将时间指针定位在开始位置，打开“效果控件”面板并按下“位置”选项前面的“切换动画”按钮，创建飞碟图像掠过画面的关键帧动画，如图 8-56 所示。

时间	00:00:00:00	00:00:02:00	00:00:04:00	00:00:06:00	00:00:07:15	00:00:08:09
位置	-300.0,500.0	380.0,350.0	620.0,410.0	470.0,200.0	680.0,230.0	1300.0,120.0

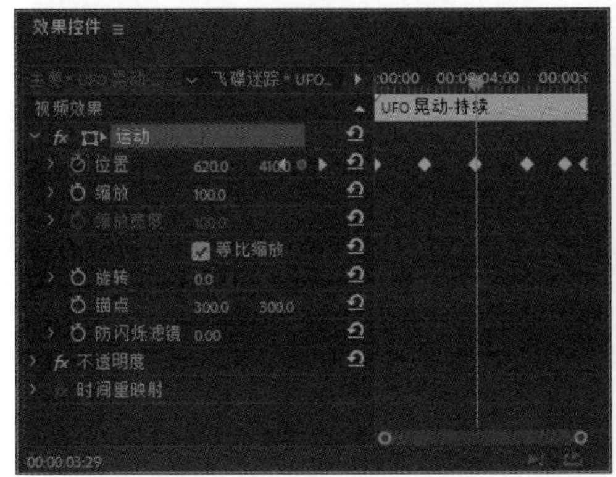

图8-56　编辑关键帧动画

⑪ 在“效果控件”面板中分别点选中间的关键帧，并在其上单击鼠标右键选择“缓入”命令，再单击鼠标右键并选择“缓出”命令，得到在动画播放到这些关键帧时放慢进入、放慢飞出的动画效果，如图 8-57 所示。

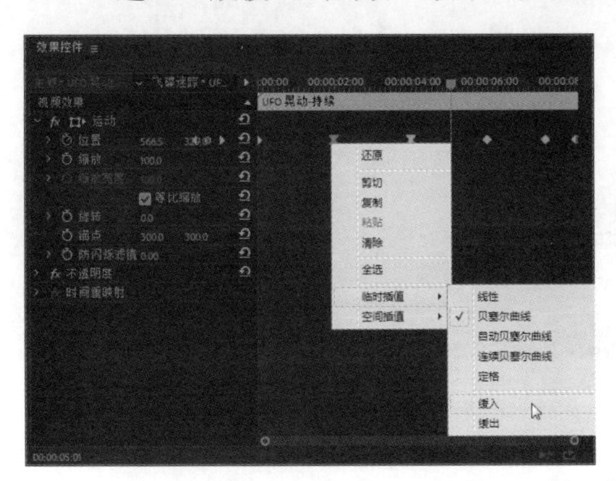

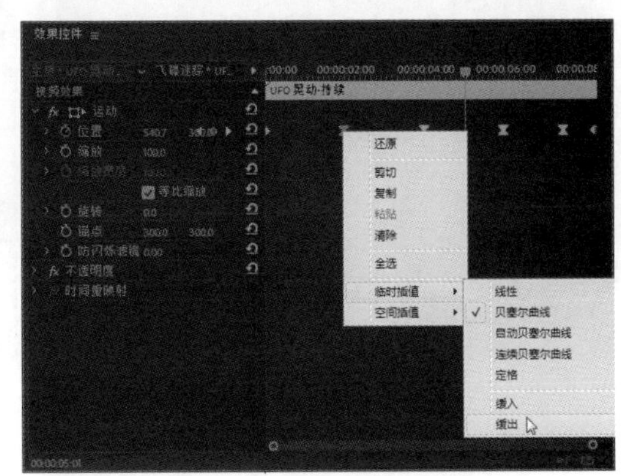

图8-57　设置关键帧临时差值

- 线性：在关键帧上产生间距一致的变化率，变化效果为平直。

• 贝塞尔曲线：设置帧变化曲线为贝塞尔曲线，可以手动调节曲线的形状和关键帧之间的曲线路径。此时放大该视频轨道的显示高度并显示出对应的关键帧控制线，可以查看其帧变化曲线效果，如图 8-58 所示。

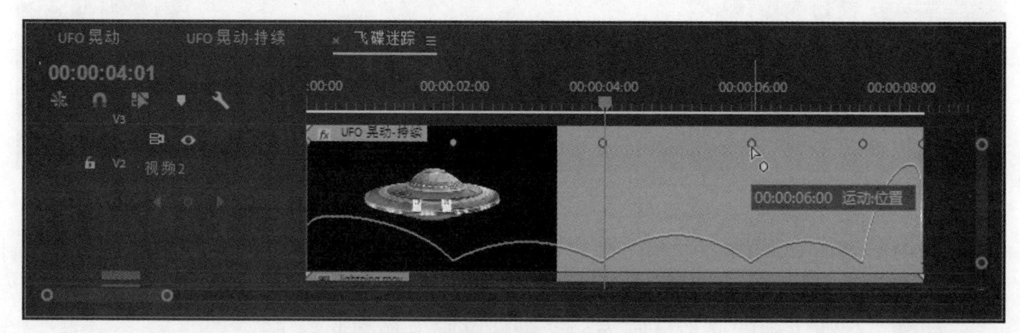

图8-58　关键帧控制线的变化曲线

• 自动贝塞尔曲线：设置帧变化曲线为自动贝塞尔曲线，在改变关键帧上的曲线时，程序会自动调整控制柄的位置来保持关键帧之间的平滑过渡。
• 连续贝塞尔曲线：设置帧变化曲线为持续贝塞尔曲线，在调整曲线时，可以影响整个关键帧动画的曲线路径。
• 定格：该插值算法会产生突变运动，只保持关键帧画面，一直到下一个关键帧时再突然发生变化，而关键帧之间的帧变化会被取消不显示。
• 缓入：减缓进入所选择关键帧的动画速率。
• 缓出：减缓离开所选择关键帧的动画速率。

⑫ 将时间指针定位在开始位置，在“效果控件”面板并按下“缩放”选项前面的“切换动画”按钮，创建飞碟图像掠过画面时近大远小的关键帧动画，如图 8-59 所示。

时间	00:00:00:00	00:00:02:00	00:00:04:00	00:00:06:00	00:00:07:15	00:00:08:09
缩放	70.0	40.0	80.0	50.0	95.0	30.0

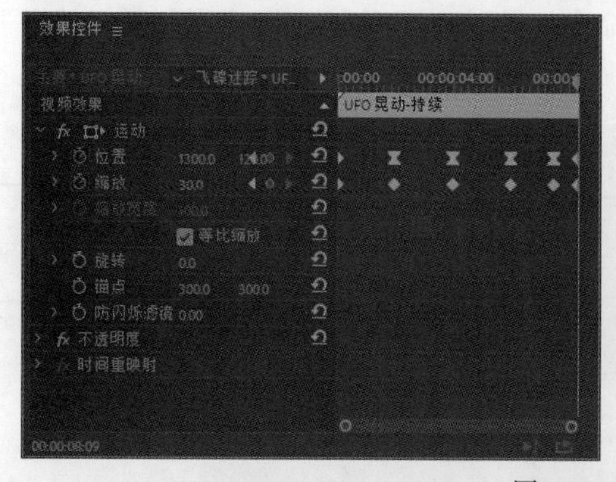

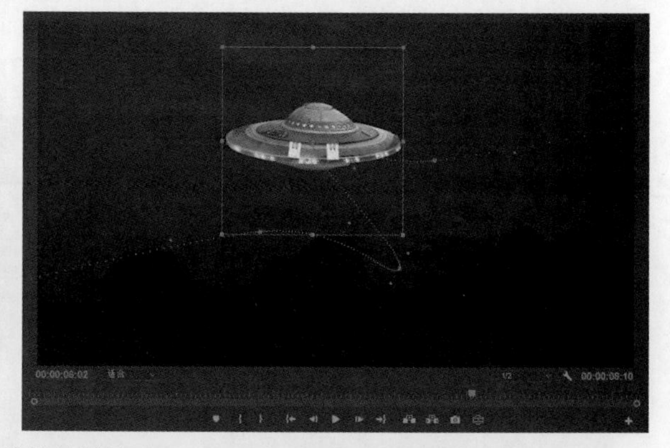

图8-59　编辑关键帧动画

⑬ 拖动时间指针，预览编辑完成的动画效果；然后按下“Ctrl+S”键保存项目。

⑭ 执行“文件”→“导出”→“媒体”命令，在打开的“导出设置”对话框中勾选“与序列设置匹配”选项，然后单击“输出名称”后面的链接，打开“另存为”对话框，

将影片以“飞碟迷踪”命名保存到指定的目录中。单击“导出”按钮，开始导出视频文件，如图 8-60 所示。

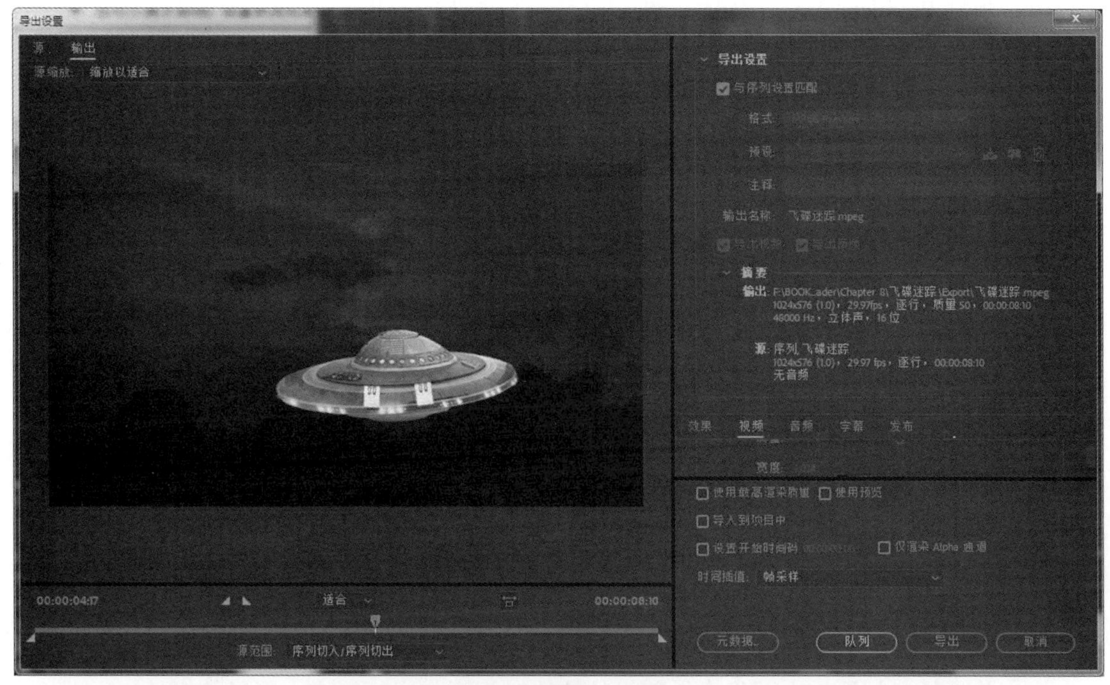

图8-60　设置导出参数

⑮ 输出完成后，可以在播放器中观看影片完成后的效果，如图 8-61 所示。

图8-61　观看影片完成效果

8.3.2　复制关键帧快速编辑新动画——光阴故事

在编辑旋转关键帧动画时，可以通过调整剪辑对象上锚点的位置，得到图像沿指定中心位置进行旋转的动画效果。应用自动贝塞尔动画曲线调整缩放动画，可以很方便地得到流畅的缩放动画效果。将剪辑上编辑完成的动画关键帧，复制并粘贴到其他剪辑上，可以快速编辑出多个具有相同动画效果的内容。下面通过一个小实例来对这些编辑方法进行讲解。

① 启动 Premiere Pro，创建一个项目并将其以“光阴故事”命名，保存在指定目录下。

② 在项目窗口中的空白处双击鼠标左键，打开“导入”对话框，选择本实例素材目录中准备的 PSD 图像文件，将其以合成序列的方式导入，如图 8-62 所示。

③ 再次打开“导入”对话框，导入本实例素材目录中准备的音频素材文件，如图 8-63 所示。

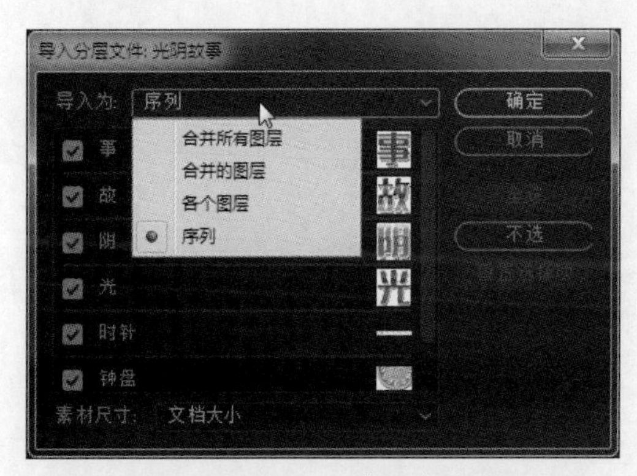

图8-62　导入PSD素材为序列

图8-63　导入音频素材

④ 双击导入生成的合成序列，打开其时间轴窗口，将音频素材加入到音频 1 轨道中，并延长视频轨道中图像素材剪辑的持续时间到与音频轨道中素材剪辑的出点对齐，如图 8-64 所示。

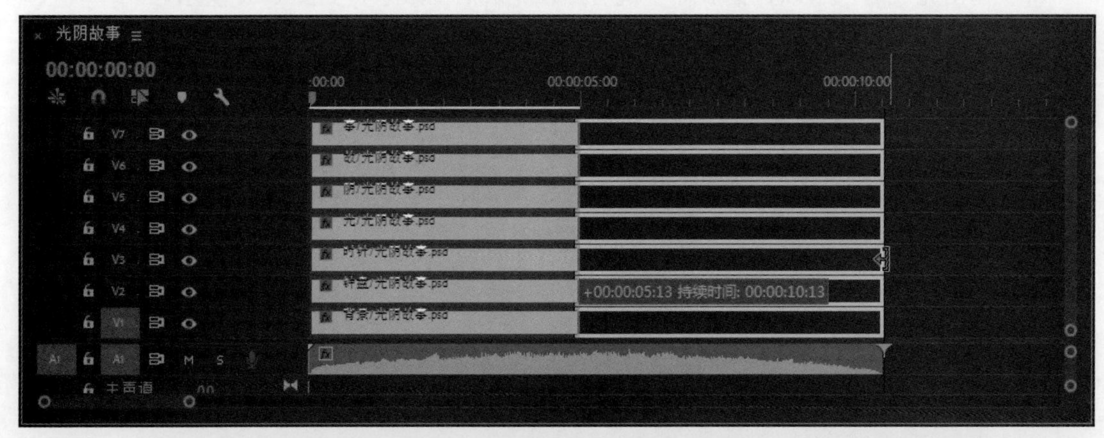

图8-64　调整素材剪辑的持续时间

⑤ 点选视频 3 轨道中的“时针”素材剪辑，在“效果控件”面板中将其锚点移动到转动轴的中心位置，然后将其移动到与原位置对齐，如图 8-65 所示。

⑥ 点选视频 2 轨道中的“钟盘”素材剪辑，在“效果控件”面板中为其编辑不透明度，以实现从开始的 0% 到第 2 秒 100% 的淡入动画效果，如图 8-66 所示。

⑦ 点选视频 3 轨道中的“时针”素材剪辑，同样为其创建从开始到第 2 秒的淡入动画，并编辑从开始到第 10 秒，旋转角度从 0 到 120° 的动画效果，再将旋转动画结束关键帧的临时插值设置为缓入效果，如图 8-67 所示。

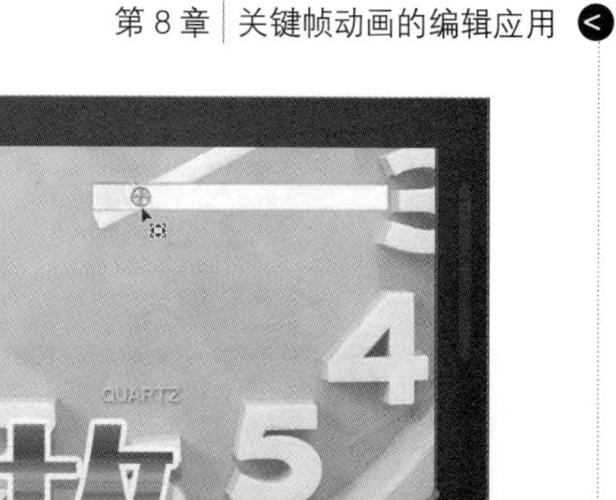

图8-65　调整时针图像的锚点和位置

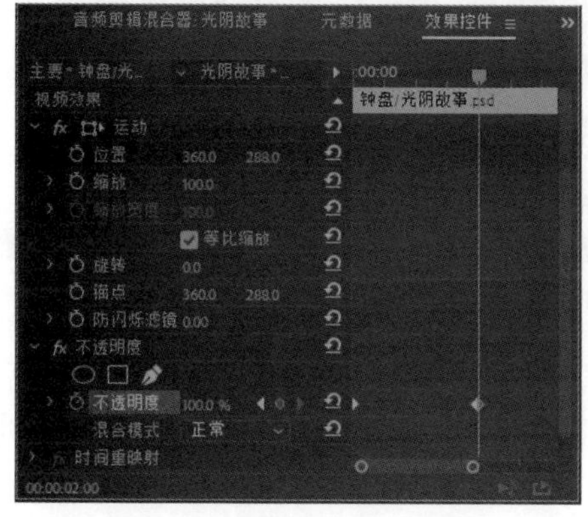

图8-66　编辑钟盘淡入动画

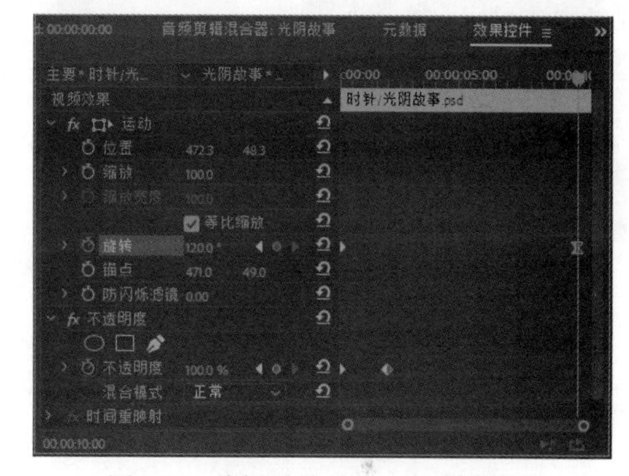

图8-67　编辑时针的淡入和旋转动画

⑧ 点选视频 4 轨道中的“光”图像剪辑，为其编辑淡入并弹跳缩放到正常大小的关键帧动画，如图 8-68 所示。

时间		1秒	2秒	3秒	4秒	5秒	6秒	7秒	7秒15帧
⏱	缩放	30%	150%	60%	120%	80%	110%	95%	100%
⏱	不透明度	0%				100%			

图8-68　编辑文字弹跳淡入显示动画

⑨ 在“缩放”选项第2~7个关键帧上分别单击鼠标右键并选择“自动贝塞尔曲线”命令，然后在结束关键帧上单击鼠标右键并选择“缓入”命令，对动画曲线上的文字图像弹跳动画播放速率进行调整，使文字图像的弹跳动画变得更加流畅自然，如图8-69所示。

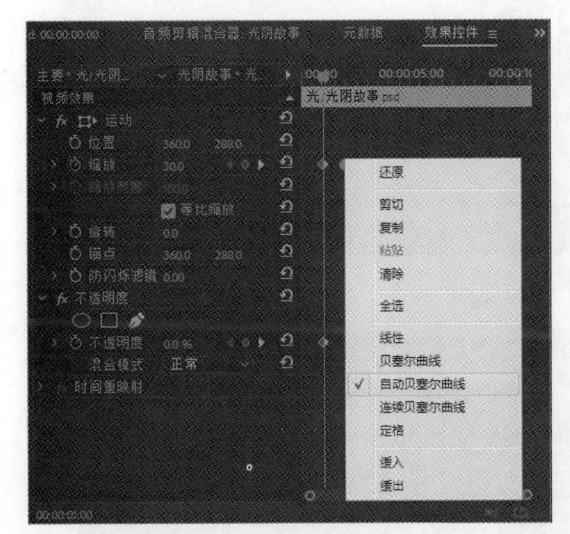

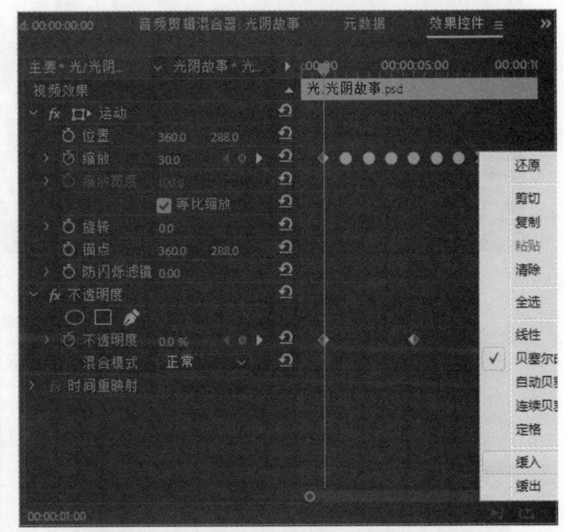

图8-69　调整缩放动画曲线

⑩ 在“效果控件”面板中框选所有的关键帧并按“Ctrl+C”键对其进行复制，然后在时间轴窗口中点选视频5轨道中的“阴”图像剪辑，在“效果控件”面板中将时间指针定位到00:00:01:20，然后按“Ctrl+V”键执行粘贴，为其应用同样的动画效果，如图8-70所示。

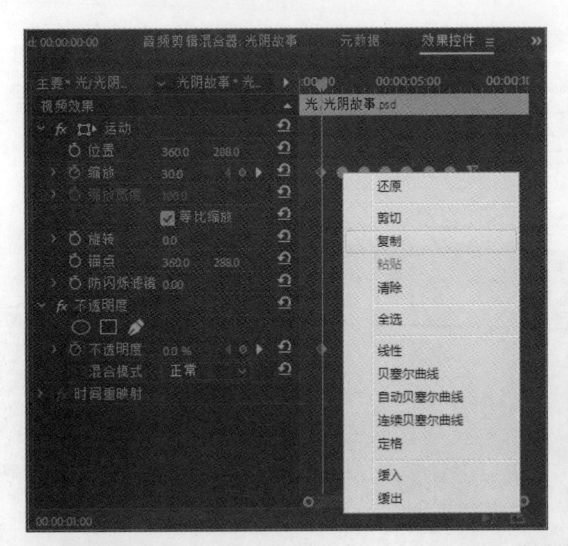

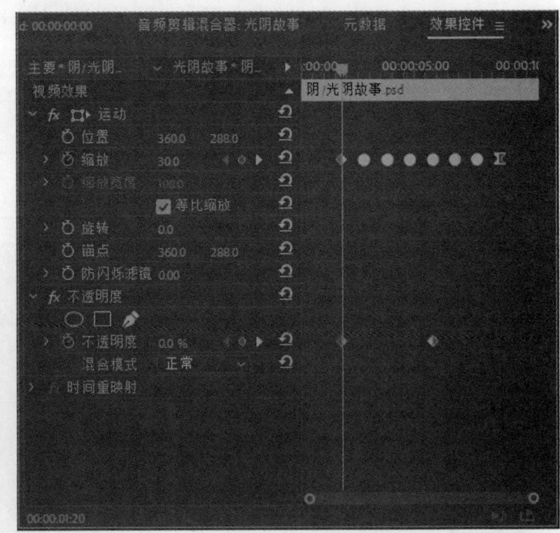

图8-70　复制并粘贴关键帧

⑪ 用同样的方法，为视频6、7轨道中的图像剪辑依次延迟20帧并粘贴关键帧，完成影片动画效果的编辑，如图8-71所示。

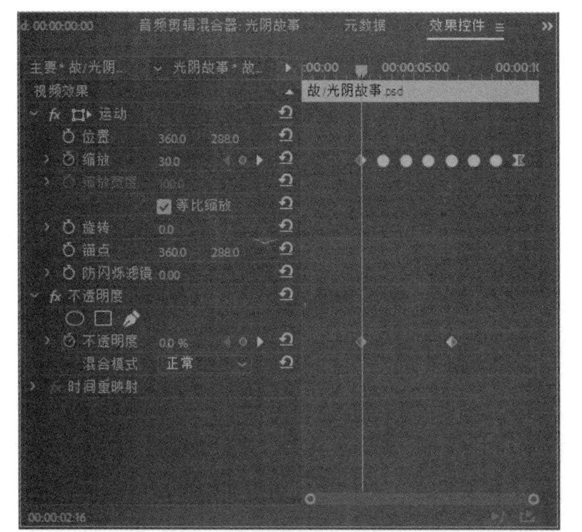
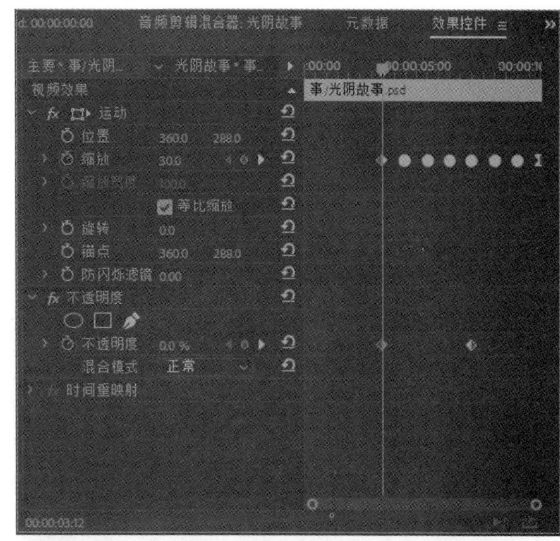

图8-71　逐次粘贴关键帧

⑫ 拖动时间指针，预览编辑完成的动画效果；然后按“Ctrl+S”键保存项目。

⑬ 执行“文件”→“导出”→“媒体”命令,在打开的“导出设置”对话框中勾选“与序列设置匹配”选项，然后单击“输出名称”后面的链接，打开“另存为”对话框，将影片以“光阴故事”命名，保存到指定的目录中；单击“导出”按钮，开始导出视频文件，如图 8-72 所示。

图8-72　输出影片

⑭ 输出完成后，可以在播放器中观看影片完成后的效果，如图 8-73 所示。

图8-73　观看影片完成效果

音频内容的编辑应用

本章主要介绍了音频内容的原理、编辑方法以及相关的基础知识等。通过本章的学习，读者应该掌握 Premiere 中音频轨道的关键帧技术，利用调音台进行设置，并且熟悉音频特效和录制音频的方法。

- 了解音频内容的编辑方式
- 掌握音频素材和剪辑的各种编辑方法
- 熟悉常用音频过渡和音频效果的应用与设置方法
- 了解录制音频的方法

9.1 音频内容编辑基础

在 Premiere Pro 中提供了丰富的音频编辑处理功能，对影片中的音频内容进行恰当的编辑处理，可以对影片制作起到锦上添花的作用。本章主要介绍在 Premiere Pro 进行音频内容的基本编辑方法、各种常用音频特效的应用与设置丰富等。对音频内容的编辑，相比对图像素材的编辑操作要简单些，而且在添加使用、应用和设置特效方面的操作也基本相同。下面先来了解一下在 Premiere Pro 中对音频内容处理的基础知识。

9.1.1 音频素材的导入与应用

音频素材的导入和应用，与图像、视频素材的导入和应用方法相同。在导入音频素材时，也可以通过三种方法来完成。

- 通过执行导入命令或按“Ctrl+I”键，打开“导入”对话框，选取需要的音频素材执行导入操作。
- 打开“媒体浏览器”面板，展开保存音频素材的文件夹，将需要导入的一个或多个音频文件选中，然后单击鼠标右键并选择“导入”命令，即可完成音频素材的导入。
- 在文件夹（资源管理器）窗口中将需要导入音频文件选中，然后按住并拖入 Premiere 的项目窗口中，即可快速地完成指定素材的导入。

将音频素材加入到合成序列中可以通过以下几种方法来完成。

- 选取导入到项目窗口中的音频素材，按住并拖入时间轴窗口中需要的音频轨道中。
- 在项目窗口中双击音频素材，将其在源监视器窗口中打开，对其进行编辑处理后（如修剪入点或出点、添加标记等），通过单击“插入”按钮或“覆盖”按钮，将音频素材添加到当前选取的工作轨道中时间指针所在的位置。
- 在文件夹窗口中选取音频素材文件后，直接将其按住并拖入合成序列的时间轴窗口中，即可快速地完成对素材导入的同时，将音频素材加入到需要的位置，如图 9-1 所示。

图9-1 快速添加音频素材

9.1.2 对音效内容的编辑方式

在 Premiere Pro 中对音频内容进行的编辑处理，可以通过以下 5 种方式。

- 在时间轴窗口的音频轨道中，可以对音频剪辑的持续时间进行调整与修剪，以及通过添加、删除关键帧、移动关键帧的位置、调整关键帧控制线等操作对音频内容进行音量调节、特效设置等处理，如图 9-2 所示。

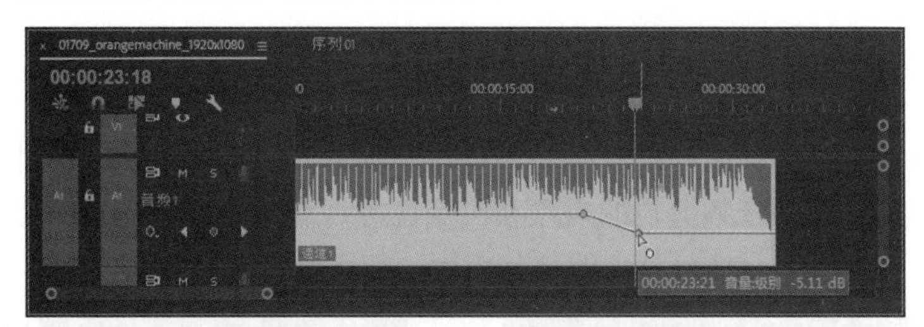

图9-2　对音频素材进行关键帧编辑

- 使用菜单中的命令，对所选音频素材或音频剪辑进行编辑。例如在选中音频素材后，在“剪辑”菜单中可以选择修改音频声道、调整音频增益等命令对音频进行编辑修改，如图 9-3 所示。
- 在“效果控件”面板中，为音频剪辑的基本属性选项或添加的音频特效进行参数设置，改变音频剪辑的播放效果，如图 9-4 所示。

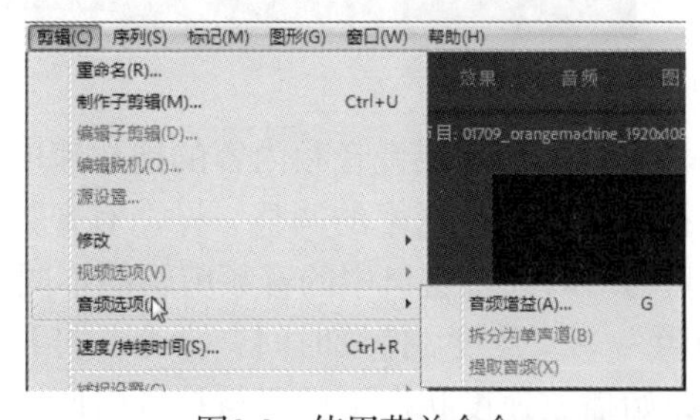

图9-3　使用菜单命令

图9-4　编辑音频效果

- 双击视音频素材或音频剪辑，在源监视器中打开该音频素材，可以在其中对音频素材进行播放预览、持续时间的修剪、添加标记、插入到指定音频轨道中等基本编辑处理，如图 9-5 所示。
- 在“音轨混合器”或“音频剪辑混合器”面板中，可以对音频素材或音频剪辑进行调整音量、调整声道平衡、添加特效等编辑处理，如图 9-6 所示。

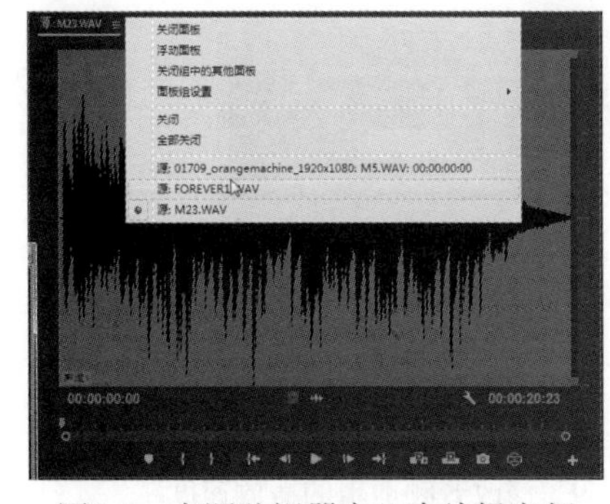

图9-5　在源监视器窗口中编辑音频

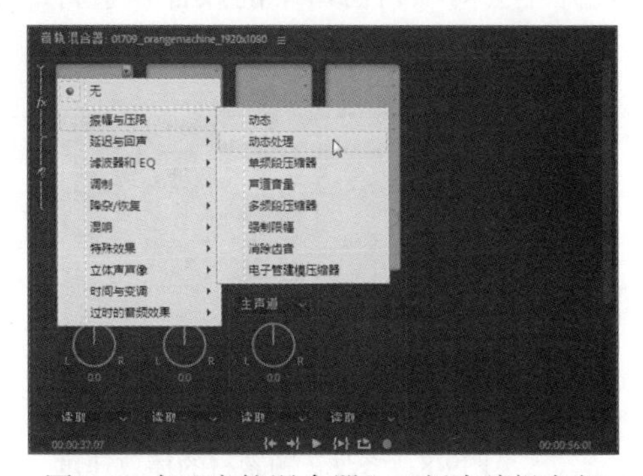

图9-6　在“音轨混合器”面板中编辑音频

9.2 音频素材的编辑

对音频素材的基本编辑，包括对音频素材或剪辑播放速度、持续时间的调整，对音频剪辑音量的控制，设置音频音量增益等，下面分别对这些编辑操作进行介绍。

9.2.1 调整音频持续时间和播放速度

对音频素材在合成序列中的持续时间调整有两种不同的处理方式。一种是不改变音频内容的播放速率，通过调整音频剪辑的入点和出点位置，对音频剪辑的持续时间进行修剪，使音频剪辑在影片中播放时只播放其中的部分内容，如图 9-7 所示。

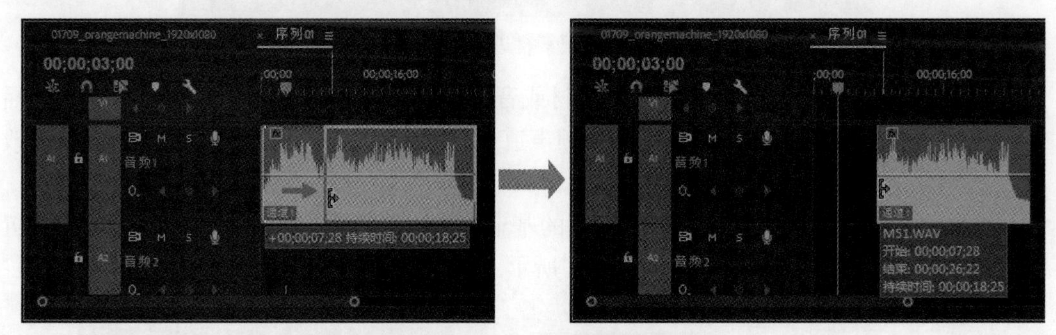

图9-7　修剪音频剪辑的持续时间

另一种方式是对音频的播放速度进行修改，可以加快或减慢音频内容的播放速度，进而改变音频剪辑在影片中应用的持续时间。与对视频素材播放速率的调整一样，对音频素材的播放速率调整，也包括对项目窗口中的音频素材与对时间轴窗口中的音频剪辑的不同处理。

点选项目窗口中的音频素材后，执行“剪辑”→“速度 / 持续时间”命令，打开的“剪辑速度 / 持续时间”对话框中，其中显示了在原始播放速度状态下的素材持续时间，可以通过输入新的百分比数值或调整持续时间参数值，修改所选素材对象的默认持续时间，如图 9-8 所示。这样修改后，以后在每次将该素材加入到合成序列中时，都将在音频轨道中显示新的持续时间。

点选音频轨道中的音频剪辑后，执行“剪辑”→“速度 / 持续时间”命令，在打开的“剪辑速度 / 持续时间”对话框中修改参数值，可以单独对该音频剪辑的播放速度与持续时间进行调整，并不会对项目窗口中的该音频素材产生影响，如图 9-9 所示。

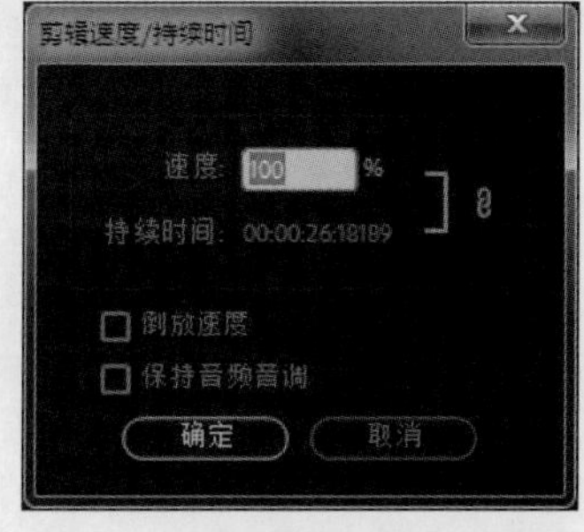

图9-8　修改音频素材的播放速度

图9-9　修改音频剪辑的播放速度

提示

对修改音频轨道中的音频剪辑持续时间时，在“剪辑速度 / 持续时间”对话框中勾选“波纹编辑，移动尾部剪辑”复选框，可以使用波纹编辑模式调整剪辑的持续时间，在单击“确定”按钮进行应用后，音频轨道中该素材剪辑后面的剪辑，将根据该素材持续时间的变化而自动前移或后移，如图 9-10 所示。

图9-10　勾选“波纹编辑，移动尾部剪辑”选项前后执行修改的效果对比

9.2.2　调节音频剪辑的音量

对音频剪辑在影片中播放时的音量控制，可以通过以下三种方法来进行修改调节。

- 选中音频素材，在“效果控件”面板中展开“音量”选项组，修改“级别”选项的参数值，即可调节该音频剪辑的音量，如图 9-11 所示。

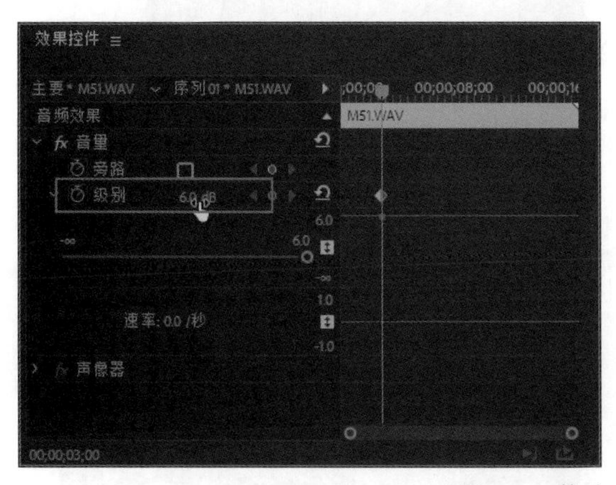

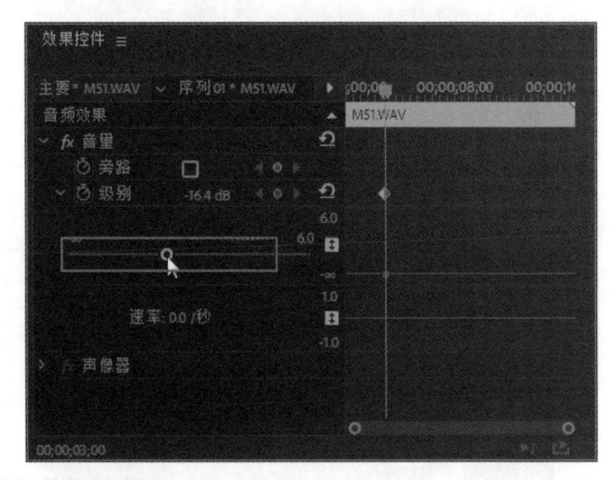

图9-11　修改音频剪辑的音量

- 在时间轴窗口中单击“时间轴显示设置”按钮🔧，在弹出的命令选单中选中“显示音频关键帧”命令，然后单击音频剪辑上的fx图标，在弹出的命令选单中选中“音量”→“级别”选项后，即可通过上下拖动音频剪辑上的关键帧控制线，调整音频剪辑的音量，如图 9-12 所示。
- 点选音频轨道中的音频剪辑，然后打开“音频剪辑混合器”面板，向上或向下拖动该音频剪辑所在轨道控制选项组中的音量调节器，即可修改该音频素材的音量，如图 9-13 所示。在调整了音量调节器的位置后，可以看见音频轨道中该音频剪辑的音量控制线也会发生对应的调整。

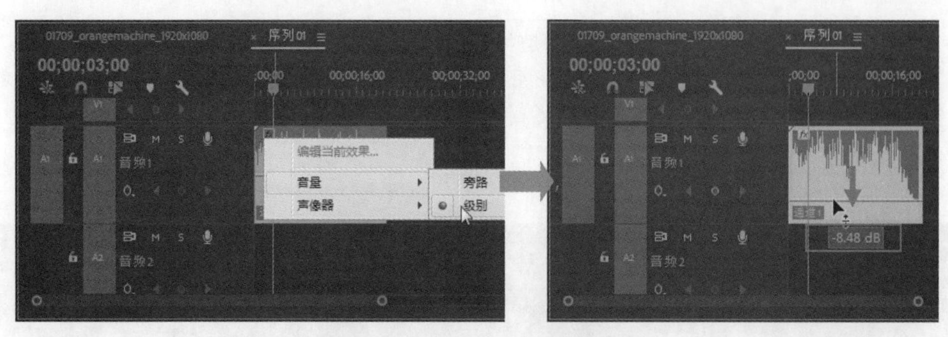

图9-12　拖动关键帧控制音量

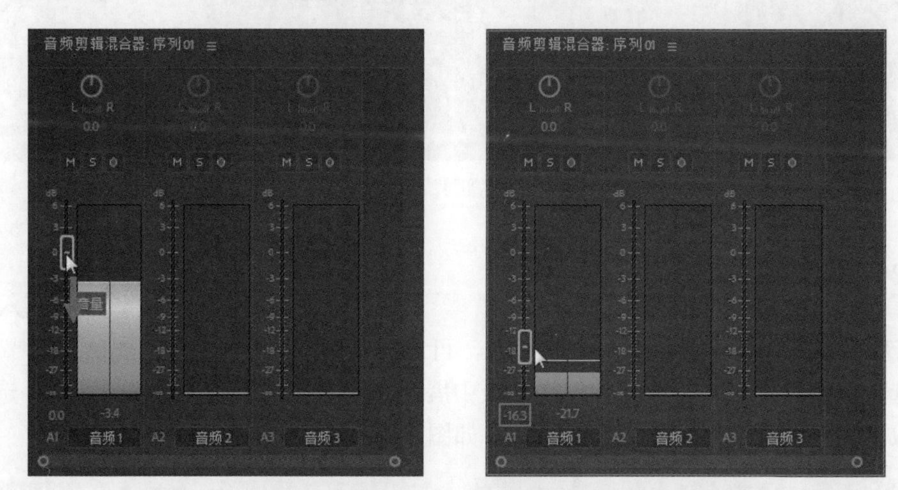

图9-13　通过“音频剪辑混合器”面板修改音频剪辑音量

9.2.3　调节音频轨道的音量

通过向上或向下拖动“音轨混合器”面板中的音量调节器，可以对音频轨道中的音量进行整体控制，使该音频轨道中的所有音频剪辑的音量都在原来的基础上增加或降低设定参数值的音量，如图 9-14 所示。

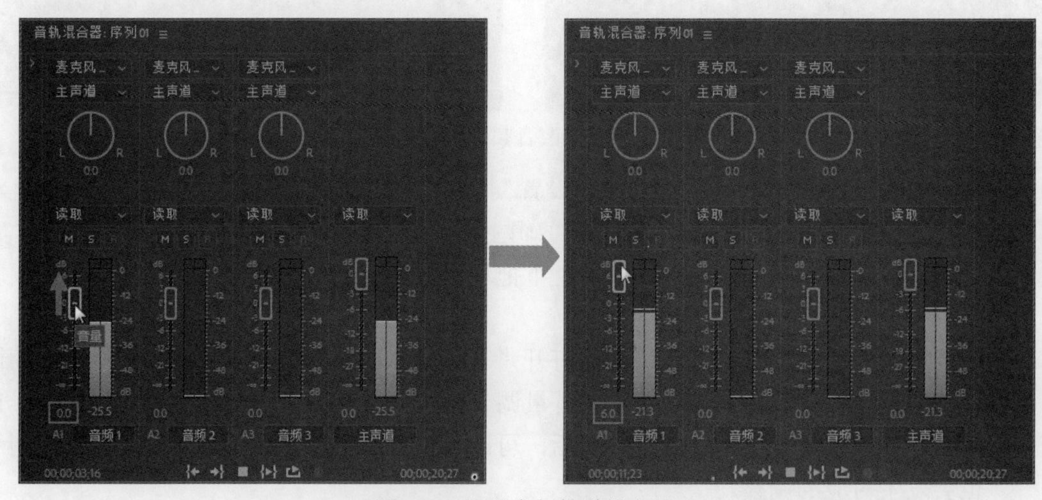

图9-14　调整音频轨道的音量

在“音频剪辑混合器”面板或“音轨混合器”面板中调整了音量调节器的位置后，双击音量调节器，可以将其快速恢复到默认的音量位置（即 0.0dB）。

9.2.4 调节音频增益

音频增益是在音频素材或音频剪辑原有音量的基础上，通过对音量峰值的附加调整，增加或降低音频的频谱波形幅度，从而改变音频素材或音频剪辑的播放音量。与调整音频素材和音频剪辑的播放速率一样，对音频素材和音频剪辑执行的音频增益调整，同样会产生不同的影响。

选取项目窗口中的音频素材，或选取音频轨道中的音频剪辑后，执行“剪辑”→“音频选项”→“音频增益”命令，在弹出的“音频增益”对话框中，根据需要进行调整设置并单击“确定”按钮，即可在源监视器窗口或音频轨道中查看到音频频谱的改变，其在播放时的音量也将发生对应的改变，如图 9-15 所示。

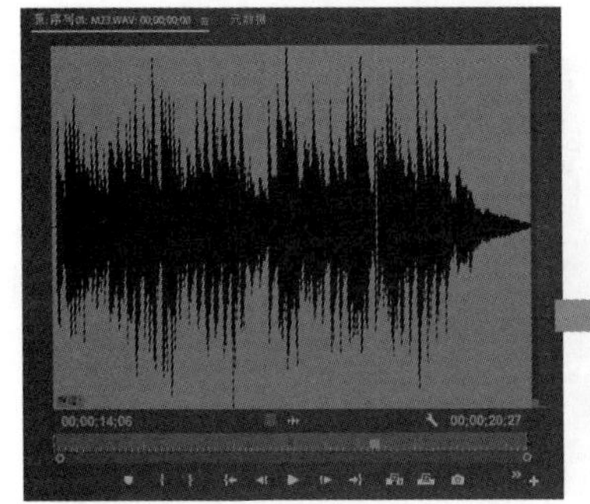

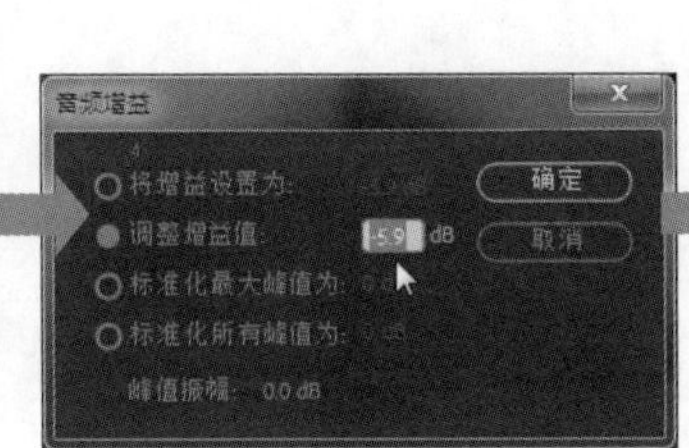

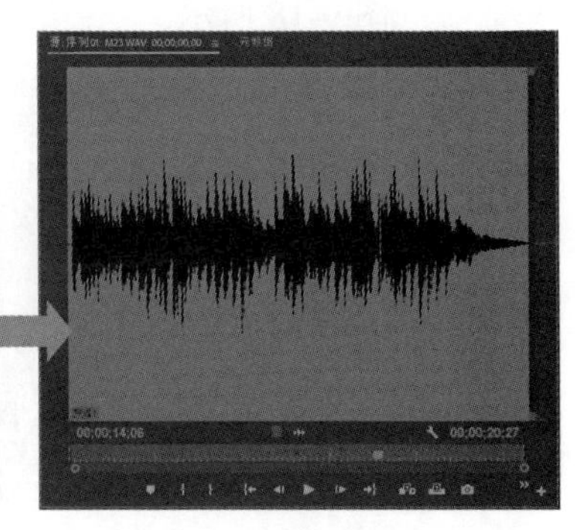

图9-15 调节音频增益

- 将增益设置为：可以将音频素材或音频剪辑的音量增益指定为一个固定值。
- 调整增益值：输入正数值或负数值，可以提高或降低音频素材或音频剪辑的音量。
- 标准化最大峰值为：输入数值，可以为音频素材或音频剪辑中的音频频谱设定最大峰值音量。
- 标准化所有峰值为：输入数值，可以为音频素材或音频剪辑中音频频谱的所有峰值设定限定音量。

9.2.5 单声道和立体声之间的转换

在编辑操作中常用的音频素材，通常为单声道或立体声两种声道格式。在 Premiere Pro 中对音频素材的编辑，也会涉及到对其左右声道的处理，某些音频特效也只适用于单声道音频或立体声音频。如果导入的音频素材的声道格式不符合编辑需要，就需要对其进行声道格式的转换处理。

1. 新建一个项目文件后，在项目窗口中创建一个合成序列。
2. 按“Ctrl+I”键，打开“导入”对话框，选择本书资源包中 \Chapter 9\Media 目录下的“单声道 .wav”素材文件并导入，如图 9-16 所示。
3. 在项目窗口中双击导入的音频素材，可以在源监视器窗口中将其打开，可以看到该音频文件是只有一个波形频谱的单声道音频，如图 9-17 所示。

图9-16　导入音频素材文件

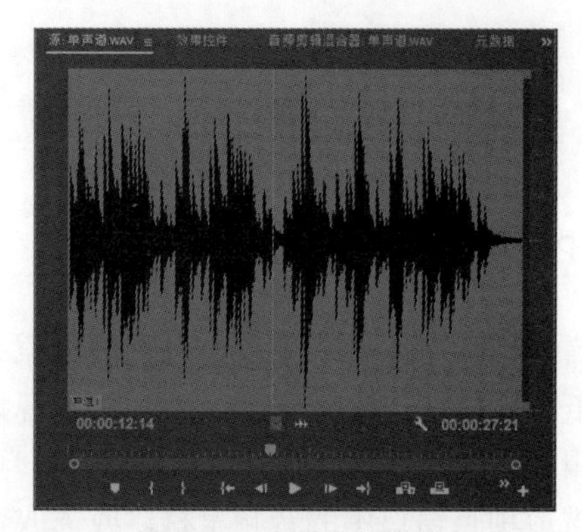

图9-17　查看音频素材

④ 为方便进行声道格式转换前后的效果对比，先将当前的单声道音频素材加入到时间轴窗口的音频轨道 1 中，可以看见音频轨道中的音频剪辑显示为一个波形频谱，如图 9-18 所示。

图9-18　加入音频剪辑

⑤ 点选项目窗口中的单声道音频素材，执行“剪辑”→“修改”→“音频声道”命令，在打开的“修改剪辑”对话框中，可以在声道列表中查看到当前音频素材只有一个声道。单击“剪辑声道格式”选项后的下拉按钮并选择“立体声”，然后在声道列表中勾选新增的声道条目名称 R，即表示将原音频的单声道复制为立体声音频的右声道，原来的单声道则自动设置为左声道，如图 9-19 所示。

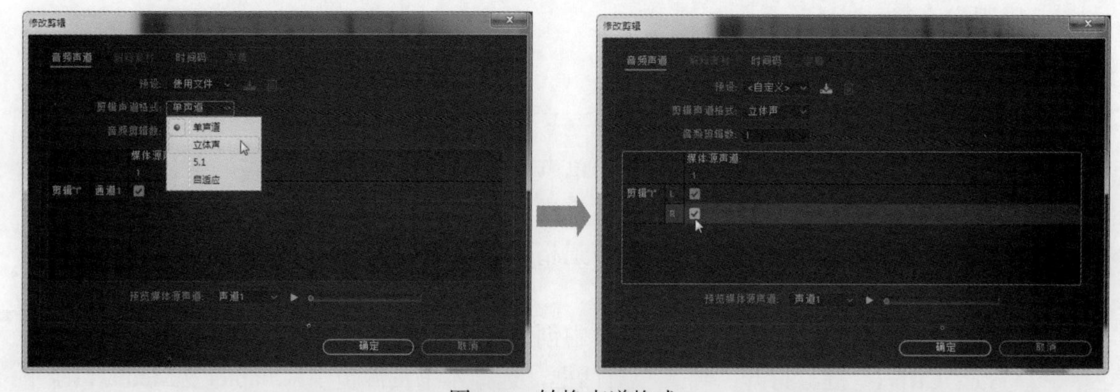

图9-19　转换声道格式

⑥ 单击“确定”按钮，程序将弹出提示框，提示用户对音频声道格式的修改不会对已经加入到合成序列中的音频剪辑发生作用，将在以后新加入到合成序列中时应用为立体声。

⑦ 应用对音频素材声道格式的修改后，即可看见在源监视器窗口中的音频素材变成了立体声的波形，如图 9-20 所示。

⑧ 再次将该音频素材加入到音频轨道中前一音频剪辑的后面，可看到两段音频剪辑的波形不同，如图 9-21 所示。按下空格键进行播放预览，可以分辨出音频在播放时的效果差别。

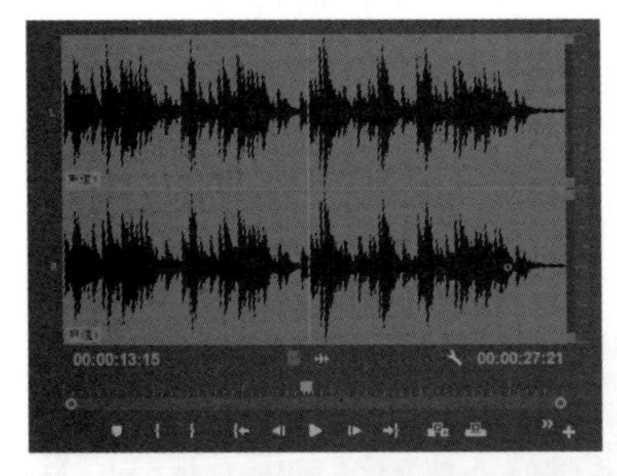

图9-20　源监视器窗口中的音频波形

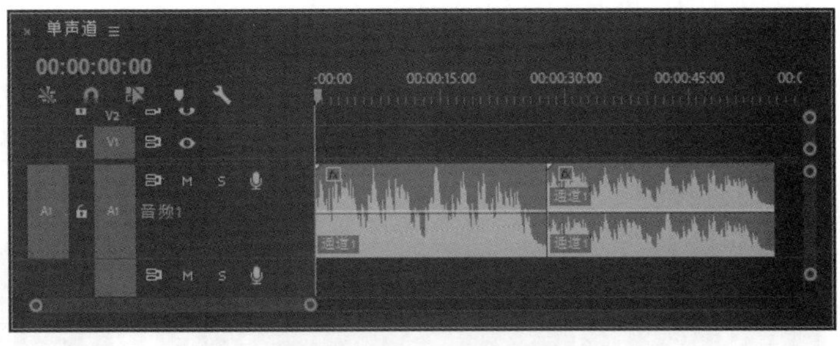

图9-21　加入音频素材

用同样的方法，也可以将立体声音频素材转换为单声道素材。在“修改剪辑”对话框中单击“剪辑声道格式”选项后的下拉按钮并选择“单声道”即可，如图 9-22 所示。

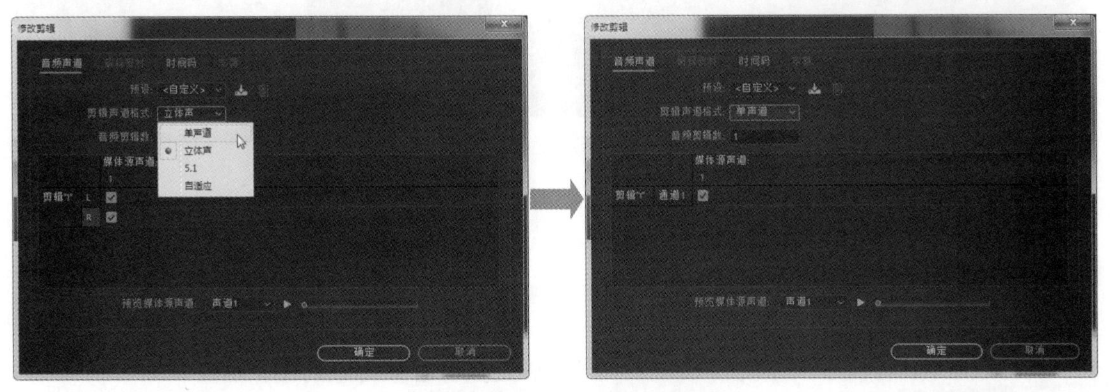

图9-22　将立体声转换为单声道

立体声音频的左右两个声道中可以包含不同的音频内容，通常应用在影视项目中，可以在一个声道中保存语音内容，另一个声道保存音乐内容。在项目窗口中选中立体声音频素材后，执行“剪辑”→“音频选项”→“拆分为单声道”命令，即可将立体声素材的两个声道拆分为两个单独的音频素材，得到两个包含单独声道内容的音频素材，如图 9-23 所示。

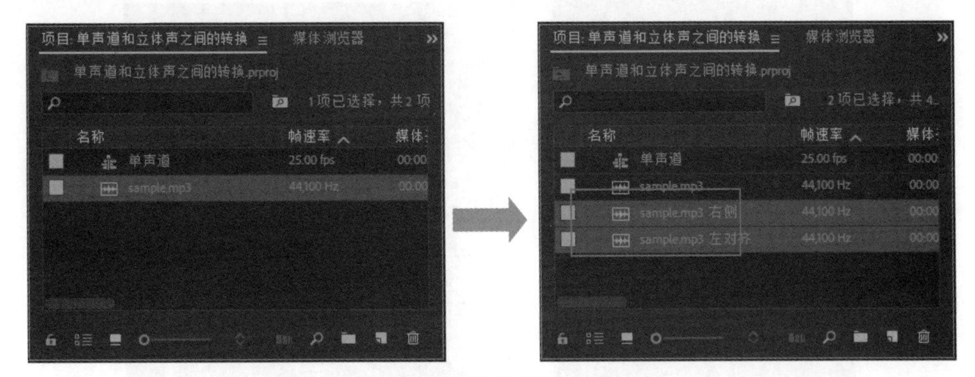

图9-23　将立体声分离为单声道

9.3 音频过渡的应用

音频过渡效果的作用与视频过渡效果的用途相似，用于添加在音频剪辑的头尾或相邻音频剪辑之间，使音频剪辑产生淡入淡出效果，或在两个音频剪辑之间产生播放过渡效果。

在“效果”面板中展开“音频过渡”文件夹，在其中的“交叉淡化”文件夹下面提供了“恒定功率”“恒定增益”“指数淡化”三种音频过渡效果，它们的应用效果都基本相同，在将其添加到音频剪辑上以后，在“效果控件”面板中设置好需要的持续时间、对齐方式即可，如图 9-24 所示。

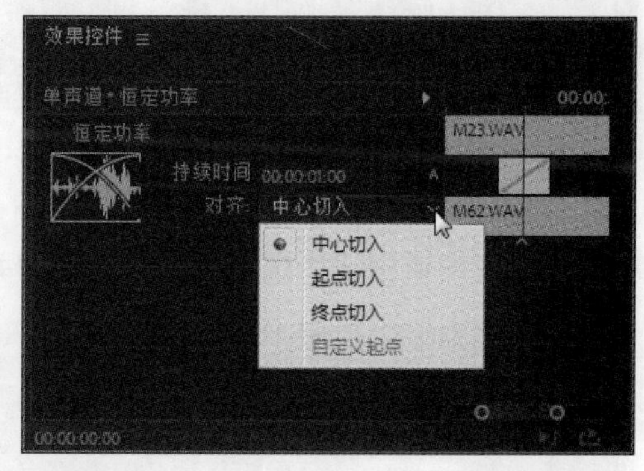

图9-24　添加音频过渡效果

9.4 音频效果的应用

Premiere Pro 提供了大量的音频效果，可以满足多种音频特效的编辑需要。

9.4.1 音频效果的应用设置

音频效果的应用方法与视频特效一样，只需在添加到音频剪辑上后，在“效果控件”面板中对其参数选项进行设置即可，如图 9-25 所示。

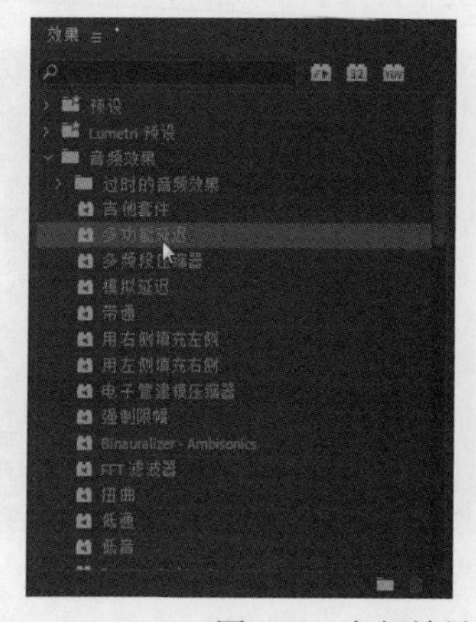

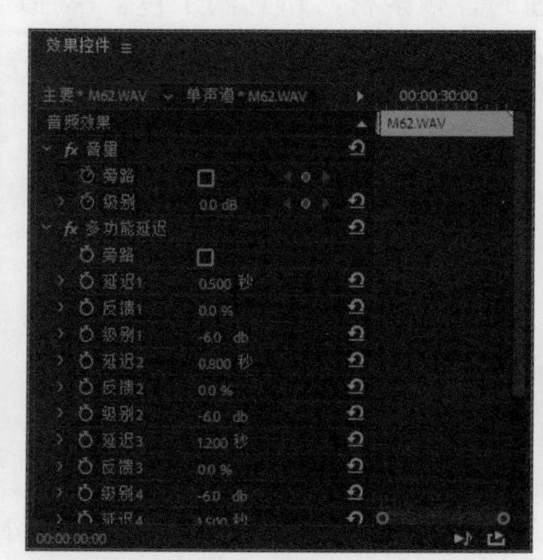

图9-25　音频效果文件夹与音频效果设置选项

9.4.2 常用音频效果介绍

下面对一些常用的、典型的音频效果的应用与设置方法进行介绍。

1. 多功能延迟

延迟效果可以使音频剪辑产生回音效果，“多功能延迟”特效则可以产生 4 层回音，可以通过参数设置，对每层回音发生的延迟时间与程度进行控制，其参数如图 9-26 所示。

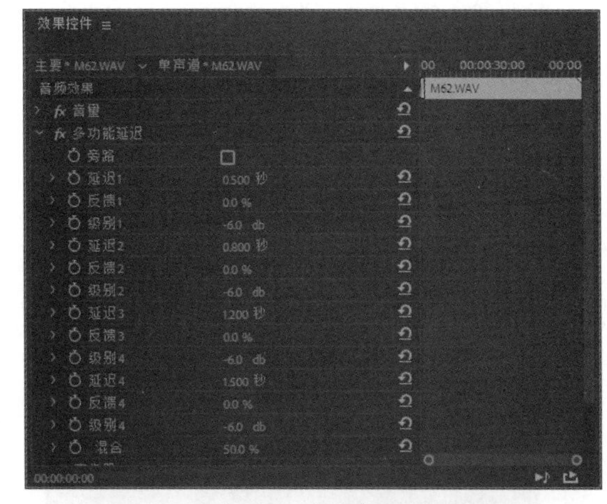

图9-26 多功能延迟

2. 自适应降噪

用于自动探测音频中的噪音并将其消除，其参数如图 9-27 所示。

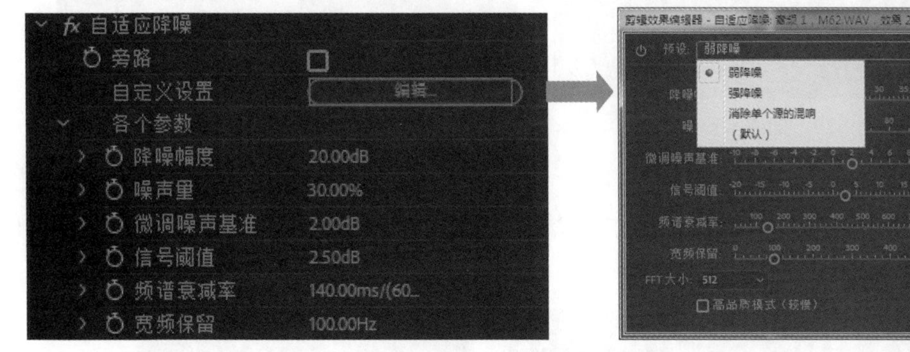

图9-27 自适应降噪

3. 参数均衡器

该特效类可以通过对音频的多个频段进行频率调整，来改变音频的音响效果，通常用于对背景音乐的效果提升。和常见音频播放器程序中的 EQ 均衡器的作用相同，除了可以自行设置调整参数，还可以选择多种预设的均衡方案，如图 9-28 所示。

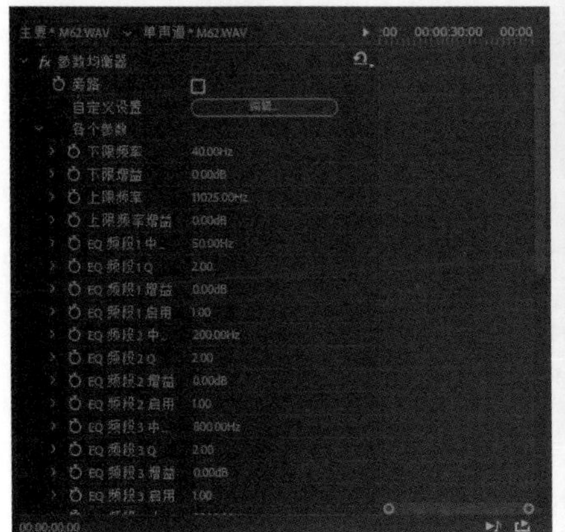

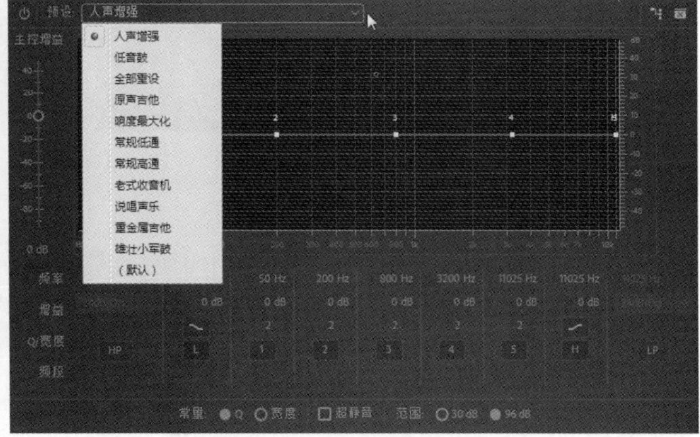

图9-28 参数均衡器

4. 低通／高通

低通效果用于删除高于指定频率界限的频率，使音频产生浑厚的低音音场效果；高通效果用于删除低于制定频率界限的频率，使音频产生清脆的高音音场效果，其参数设置如图 9-29 所示。

5. 低音／高音

低音效果用于提升音频的波形中低频部分的音量，使音频产生低音增强效果；高音效果用于提升音频的波形中高频部分的音量，使音频产生高音增强效果，其参数设置如图 9-30 所示。

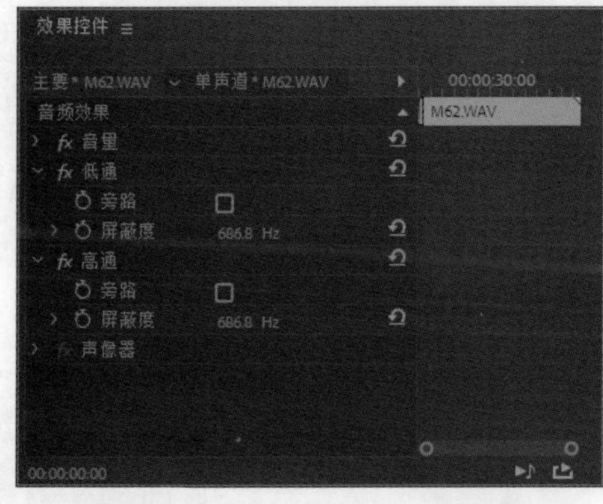

图9-29　低通/高通

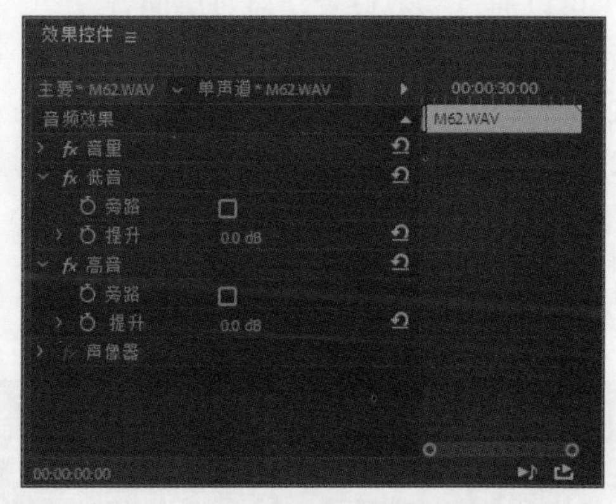

图9-30　低音/高音

6. 室内混响

该特效可以对音频素材模拟出在室内剧场中的音场回响效果，可以增强音乐的感染氛围，其参数设置如图 9-31 所示。

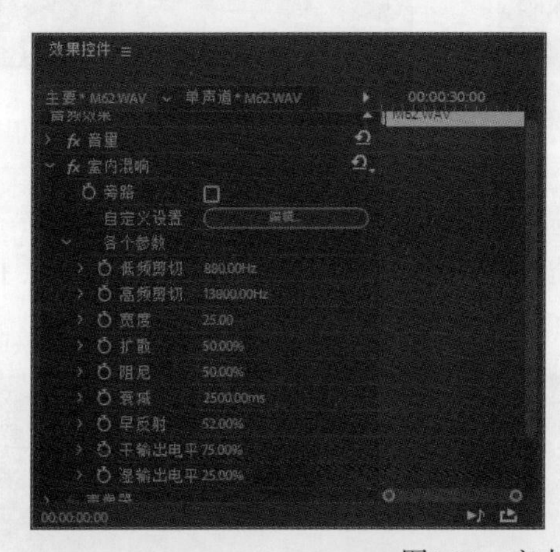

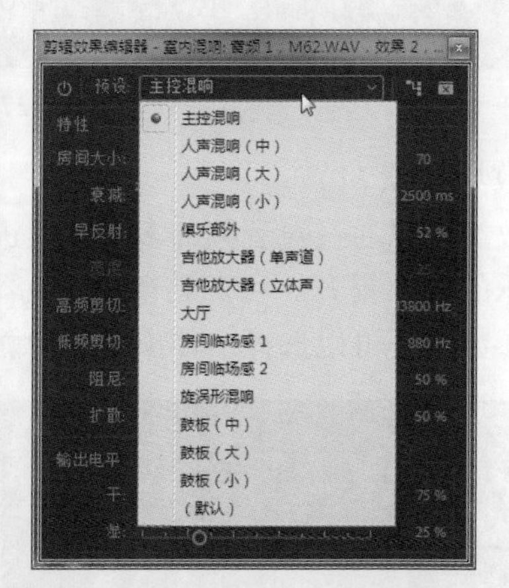

图9-31　室内混响

7. 平衡

该特效只能用于立体声音频素材，用于控制左右声道的相对音量。该效果只有一个“平衡”参数，参数值为正时增大右声道的音量，负值时增大左声道的音量。

8. 消除齿音

该特效主要用于对人物语音音频的清晰化处理，消除人物对着麦克风说话时产生的齿音。在其参数设置中，可以根据语音的类型和实际情况，选择对应的预设处理方式，对指定的频率范围进行限制，快速完成音频内容的优化处理，如图 9-32 所示。

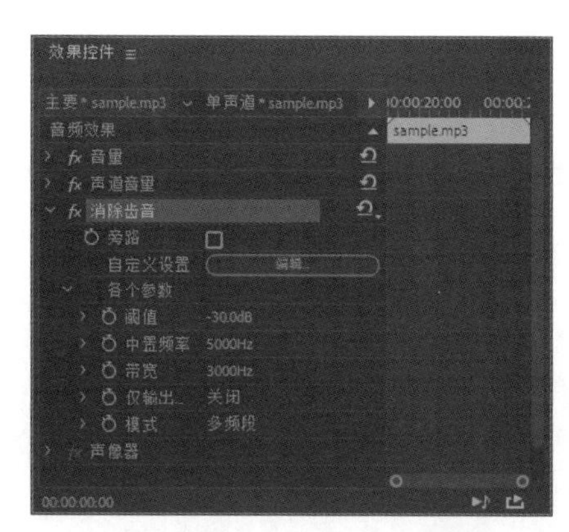

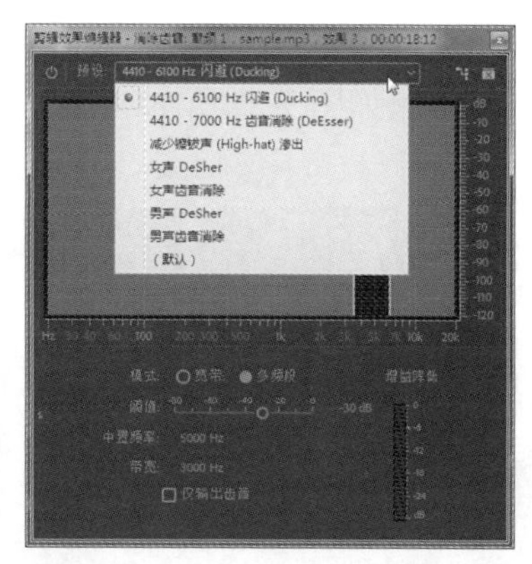

图9-32　消除齿音

9.5　创建5.1声道环绕音频

所谓 5.1 声道，是指包含一个低波段辅助低音扬声器、两个前置、两个后置和一个中央的音频系统，可以得到如同在电影院、音乐厅里面听到的环绕立体声效果。在制作高清 DVD 影片时，可以得到更精彩的音频播放效果。

创建 5.1 环绕声道的音频，就是把单声道的音频剪辑配制到这六个声道上，把每个 Pan/Balance 分配到 5.1 声道协议允许的中央、前左、前右、后左、后右以及 LFE 的辅助低音扬声器。LFE（Low-Frequency Effects）通过辅助低音扬声器来输出 120 Hz 以下的低音。除了 LFE 之外的其他轨道分别接声道独立输出，低音部分混合 5 个声道输出，所以不被称为 6 个声道，而称为 5.1 声道。接下来介绍在 Premiere Pro 中创建 5.1 声道环绕音频的具体方法。

① 在新建的空白项目中，新建一个序列，在打开的“新建序列”对话框中单击“轨道”选项卡，在“主音轨”下拉列表中选择“5.1”选项，“声道数”设置为 6，然后单击“确定”按钮，如图 9-33 所示。

② 单击三次 + 按钮，为新建的序列添加三个音频轨道，如图 9-34 所示。

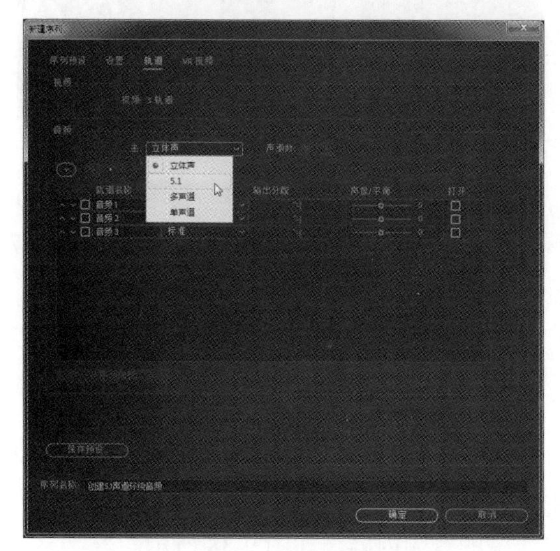

图9-33　新建项目

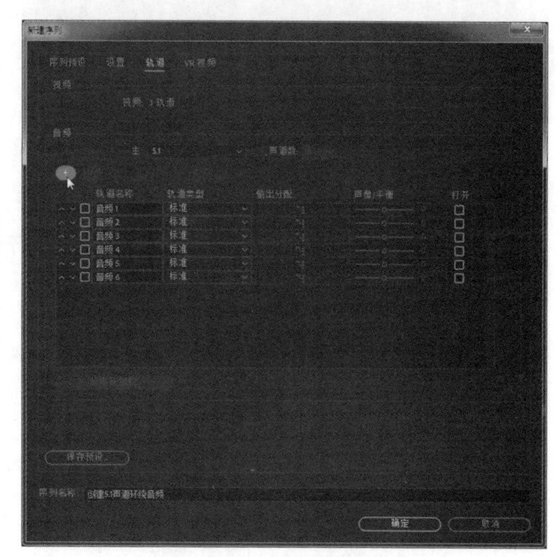

图9-34　添加音频轨道

③ 创建好序列项目后，执行“窗口”→“工作区”→“音频”命令，以音频编辑模式进行操作，如图 9-35 所示。

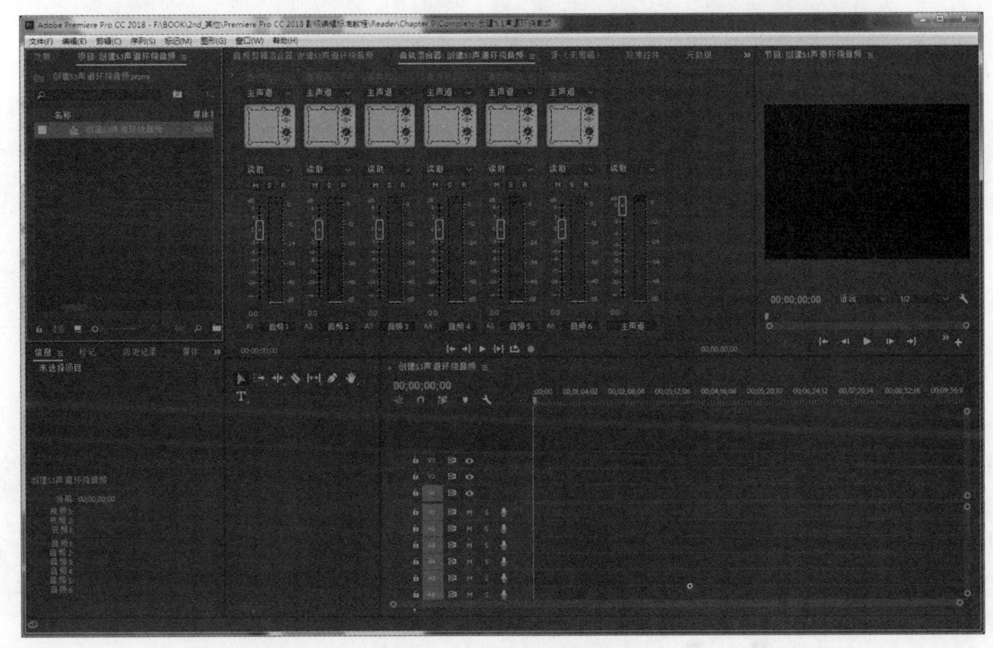

图9-35　音频编辑模式

④ 打开“音轨混合器”面板，双击音频 1 至音频 6 中的文本框选项，分别以“中央”“前左”“前右”“后左”“后右”和“综合”命名，如图 9-36 所示。

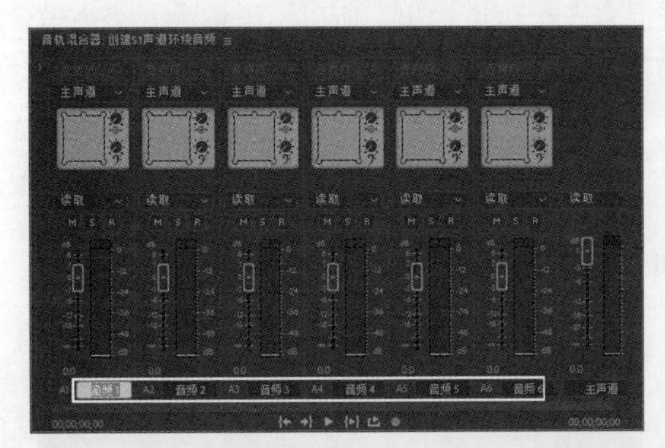

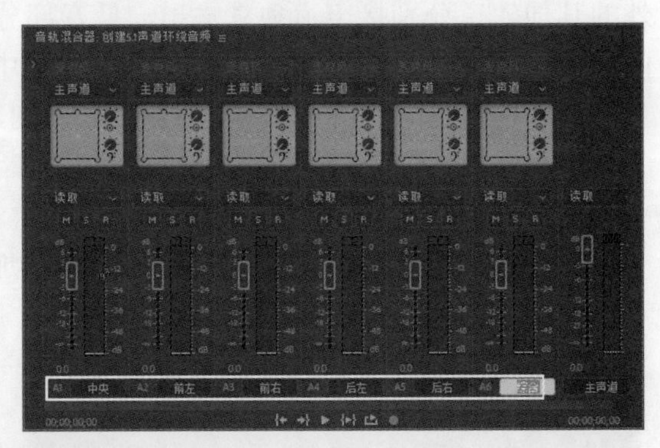

图9-36　命名各个轨道

⑤ 执行“文件”→“导入”命令，打开“导入”对话框，选择本书资源包中 \Chapter 9\Media 目录下的 m1.wav~m6.wav 音频文件，将它们导入到项目窗口中，如图 9-37 所示。

提示

导入的素材为单声道音频，无法添加到立体声音频轨道上，因此需要将素材转换为立体声音频。

⑥ 在项目窗口中选中所有导入的音频文件，执行“剪辑”→“修改”→“音频声道”命令，打开“修改剪辑”对话框，在“声道格式”下拉列表中，选中“立体声”选项，然后将右侧声道选择为“声道 1”中的音频内容，如图 9-38 所示。

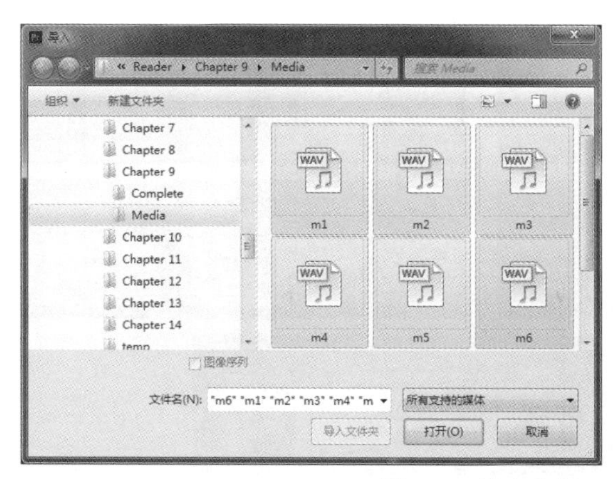
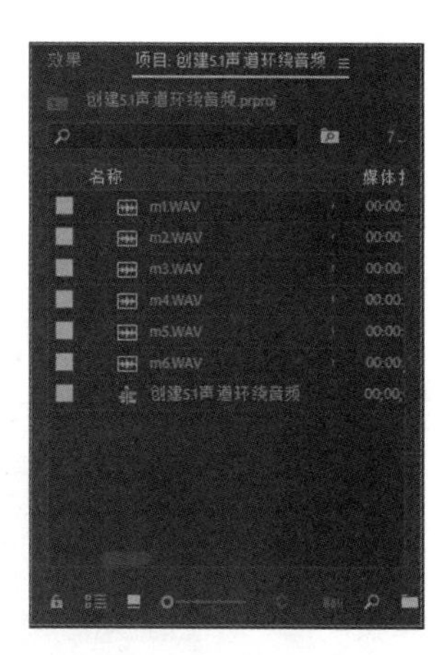

图9-37　导入音频

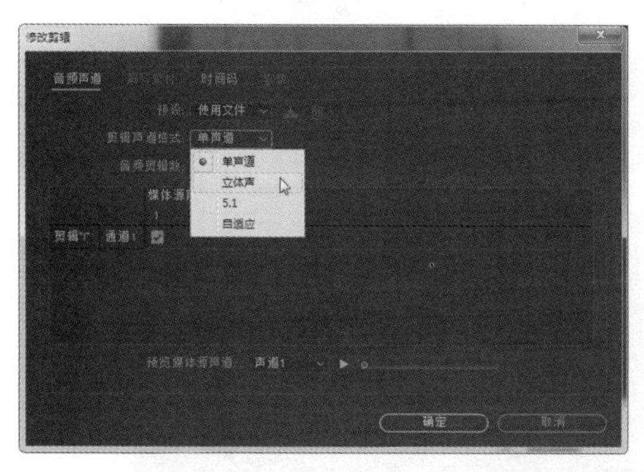
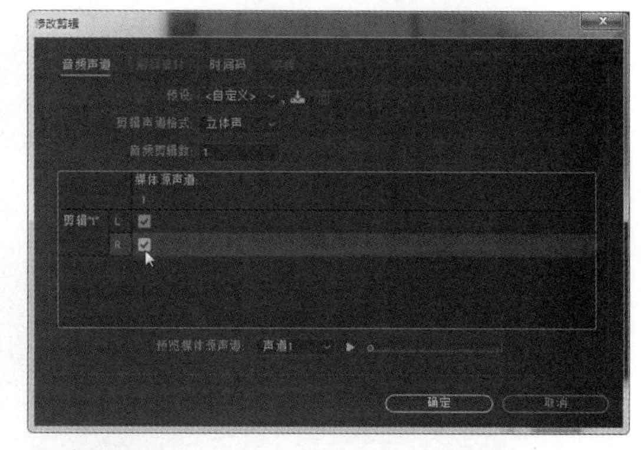

图9-38　修改音频素材属性

⑦ 从项目窗口中将声音文件 m1.wav~m6.wav 拖放到时间轴窗口，并按图 9-39 所示进行排列。

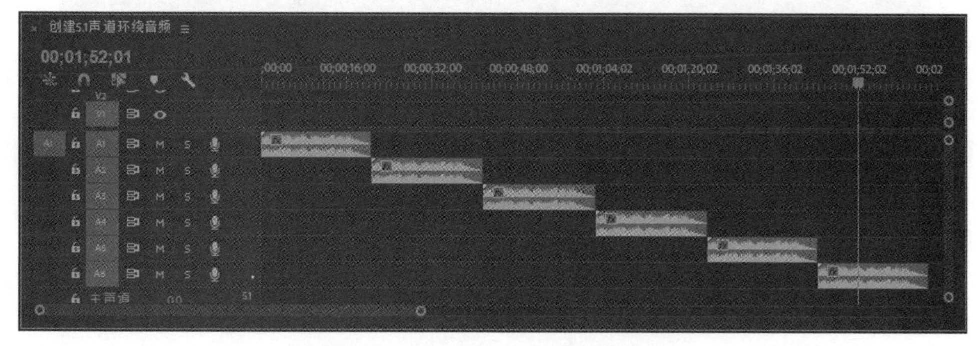

图9-39　导入声音文件到各个轨道

⑧ 按下“播放”按钮或按空格键，执行播放预览。

⑨ 在播放预览进行中，根据各音频轨道所处声道音源位置的安排，在“音轨混合器”面板中的 5.1 声像调整区域中，拖动中心的黑色圆点到对应的位置，设置对应的音源效果，如图 9-40 所示。

⑩ 为了更逼真地模拟出各声道音源位置的效果，还可以对各个声道的音量做对应的调整。例如，向上拖动中央声道中的音量滑块，适当增加中央声道中的音量，如图 9-41 所示。

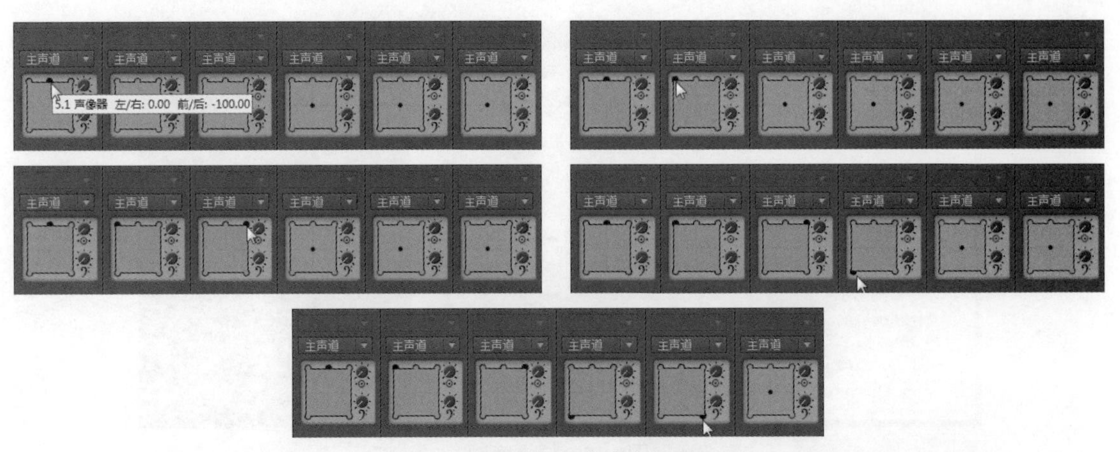

图9-40　设置各声道的音源位置

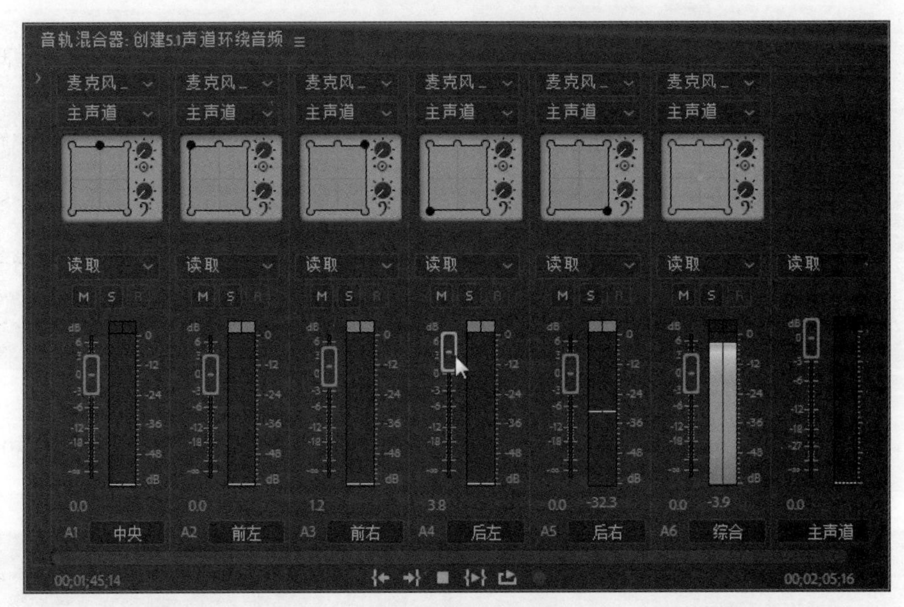

图9-41　调整音量

⑪ 执行“文件”→“保存”命令，保存项目。单击播放按钮，收听 5.1 立体声环绕音频效果。

⑫ 执行“文件”→“导出”→“媒体”命令，在打开的“导出设置”对话框中，取消对“导出视频”选项的勾选。单击“格式”后面的下拉按钮，选择输出格式为音频格式，例如 MP3 或波形音频（WAV），然后设置好输出目录和文件名称，单击“导出”按钮，将项目内容以 5.1 声道的格式文件导出音频，如图 9-42 所示。

上面的实例中，为了便于区分不同声道中播放时的音场效果，在序列中安排的音频剪辑是前后相连依次播放。而实际的影片项目中，则可以同时在多个声道中都有声音，在编辑时应根据实际需要进行安排。

在欣赏 5.1 声道的声音时，通常都有专门的环境音效，比如家庭影院中需要根据声道配置两个前置、两个后置、一个中置音箱和一个重低音，这样才能达到最好的效果。有时在电视或电脑上欣赏 DVD 时，可能就没有这种音场感觉，而 Premiere Pro 为了解决这个问题，就提供了一个 5.1 混合功能的设置。所谓 5.1 混合，就是在低声道环境下欣赏 5.1 声道音效。

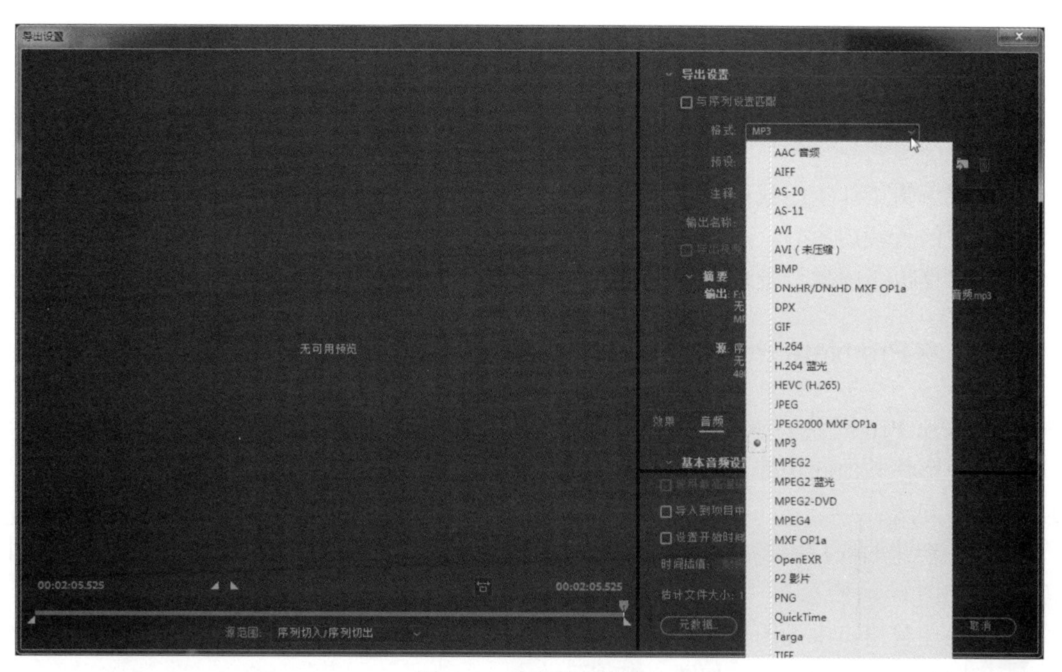

图9-42　音频导出设置

① 在编辑好的 5.1 声道项目中执行“编辑”→“首选项”→“音频”命令，打开“首选项”对话框。

② 在“5.1 混音类型”下拉列表中选择“前置 + 后置环绕 + 重低音”选项，即 5.1 声道，如图 9-43 所示。

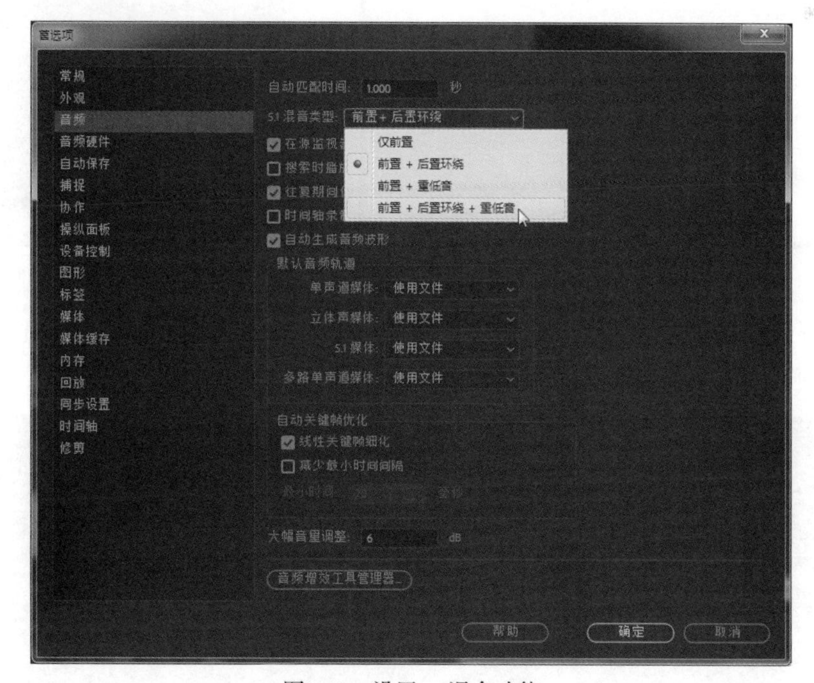

图9-43　设置5.1混合功能

③ 单击“确定”按钮执行应用，再进行播放预览，就可以在低声道的环境下也可以感受到类似标准 5.1 声道的效果了。

9.6 录制音频素材

在影视编辑工作中，我们常常需要录制音频来得到素材文件。例如在需要为视频影片添加语音解说的音频内容时，就需要通过录制音频来完成。录制音频的设备相当简单，只需要一台个人计算机、一款具备录音功能的声卡，以及一个麦克风就可以了。

9.6.1 在Premiere Pro中录制音频内容

Premiere Pro 提供了录制音频的功能，可以很方便地在编辑序列内容的同时进行音频录制，得到与影片画面同步的音频，尤其是在为影片配音的时候非常实用。下面介绍录制音频的具体操作方法。

① 在新建的项目中，导入本书资源包中 \Chapter 9\Media 目录下准备好的图像文件，如图 9-44 所示。

② 在项目窗口中的图像素材上单击鼠标右键并选择“从剪辑新建序列”命令，基于其图像属性创建序列，如图 9-45 所示。

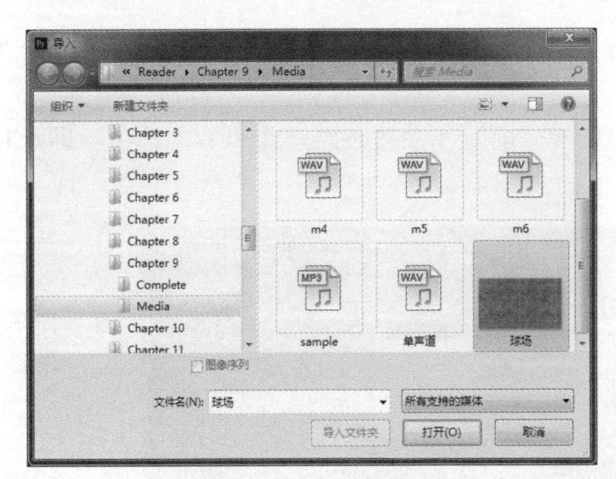

图9-44 导入图像素材

图9-45 创建序列

③ 打开新建序列的时间轴窗口，将其中图像剪辑的持续时间延长到 25 秒，作为影片的画面内容，如图 9-46 所示。

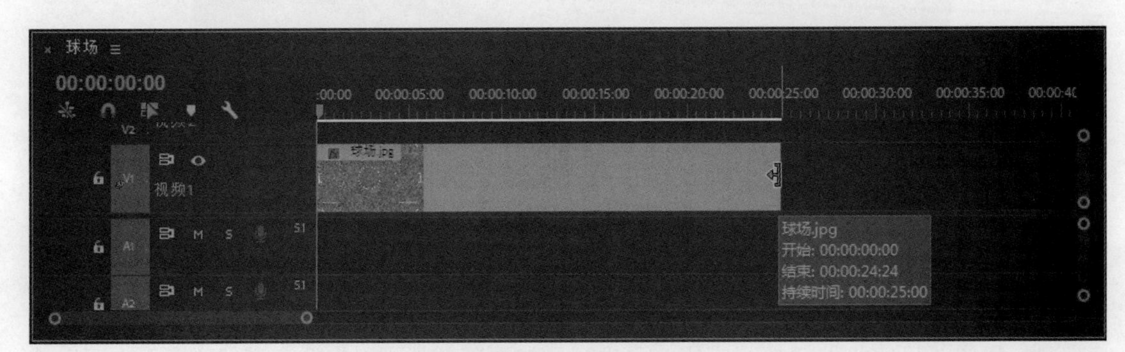

图9-46 延长剪辑持续时间

④ 执行“编辑”→“首选项”→“音频硬件”命令，在“首选项”对话框打开后，在“默认输入”下拉列表中选择当前电脑中所使用的录音设备，然后单击“确定”按钮，如图 9-47 所示。

图9-47　选择音频输入设备

⑤ 执行“序列”→“添加轨道”命令，在打开的对话框中设置添加 1 个音频轨道，如图 9-48 所示。

⑥ 单击“确定”按钮执行添加，然后打开“音轨混合器”面板，可以查看到新增的音频轨道。单击“启用轨道以进行录制”按钮，将其变为红色状态，将该轨道设置为音频录制轨道，如图 9-49 所示。

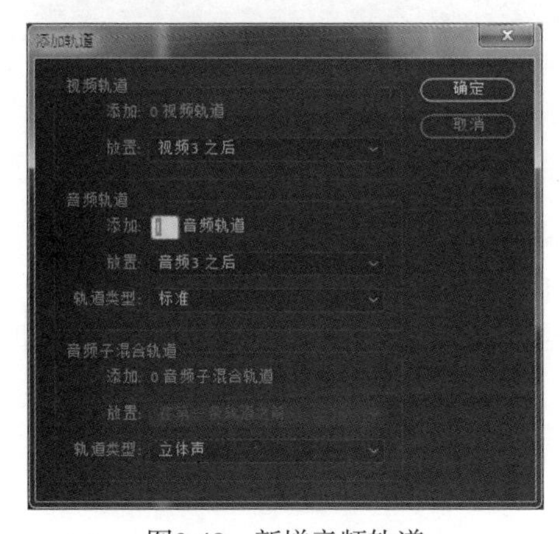

图9-48　新增音频轨道

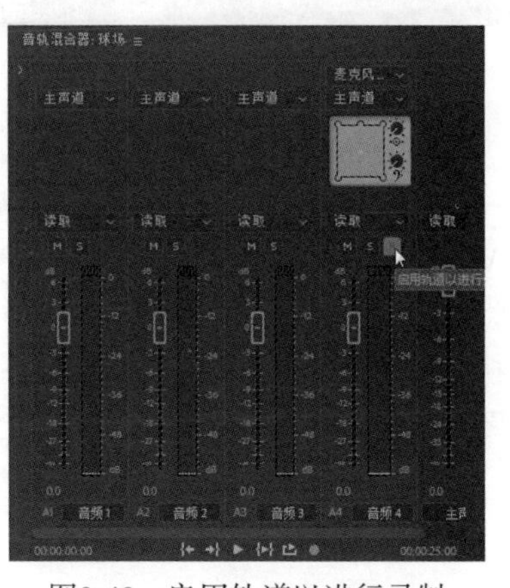

图9-49　启用轨道以进行录制

⑦ 将时间指针定位在开始（或需要的）位置，单击“音轨混合器”面板下面的“录制”按钮，开启音频录制，然后单击“播放 - 停止切换”按钮或按空格键，即可开始进行录音了。此时可以对着录音麦克风说出需要录制的语音内容，在节目监视器窗口中会同步显示录音工作状态，如图 9-50 所示。

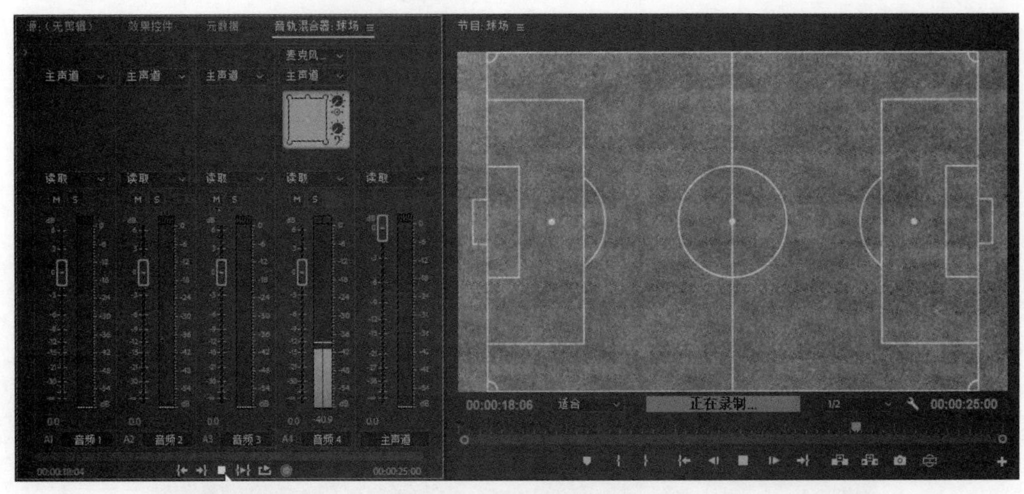

图9-50　录制音频进行中

⑧ 录制好需要的音频内容后，再次单击“播放 - 停止切换”按钮或按空格键结束录制，即可在音频轨道中查看到录制生成的音频剪辑，同时在项目窗口中也会出现该音频素材，如图 9-51 所示。

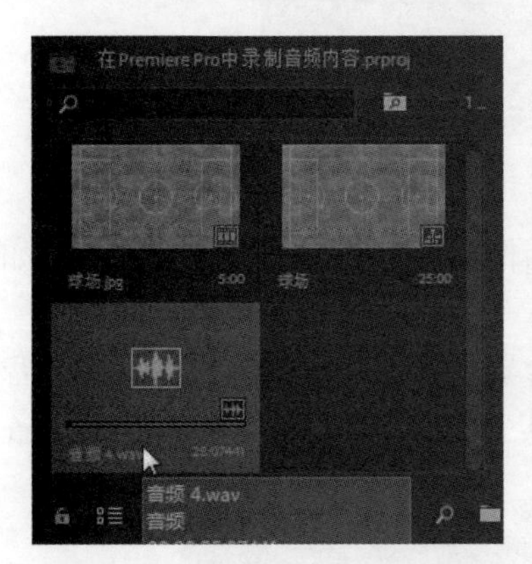

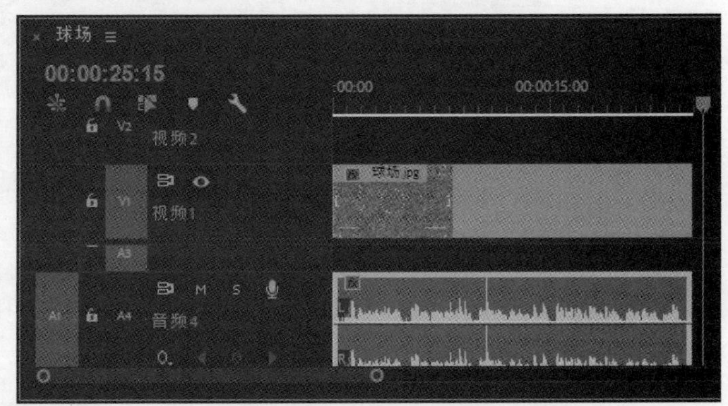

图9-51　录制完成的音频

9.6.2　使用Windows录音机

使用 Windows 录音机程序，是所有声音录制方法中最简单的，其具体操作步骤如下：

① 将麦克风插入声卡的对应插口中，确保麦克风能够正常工作。

② 执行“开始”→“所有程序”→“附件”→“录音机”命令，打开录音机程序，如图 9-52 所示。

图9-52　Windows录音机

③ 单击“开始录制”按钮 开始录制音频，此时“开始录制”按钮变成“停止录制”按钮，如图 9-53 所示。

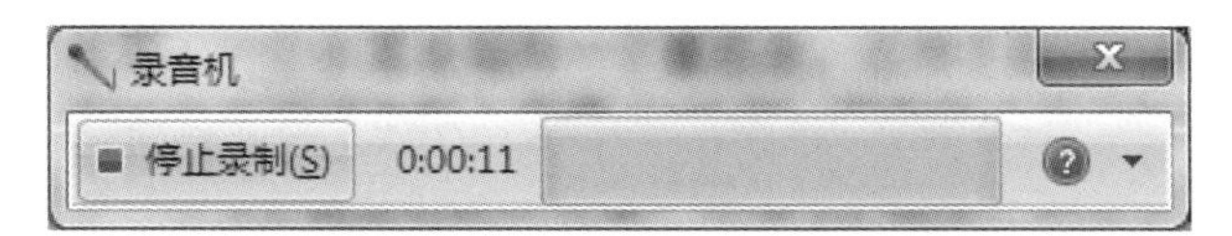

图9-53　开始录制音频

④ 单击“停止录制”按钮 停止录音，弹出“另存为”对话框。在对话框中设置保存的位置和名称后，单击“保存”按钮保存录制的音频，如图 9-54 所示。

图9-54　保存音频文件

⑤ 打开保存音频文件的文件夹，使用播放器播放录制的音频，如图 9-55 所示。

图9-55　播放录制的音频

9.6.3　其他音频编辑软件

录制音频非常简单，除了上述的方法外，还可以使用其他专业的音频编辑软件，它们基本都具有音频录制功能，例如 Adobe Audition、Sound Forge 等，如图 9-56 所示。

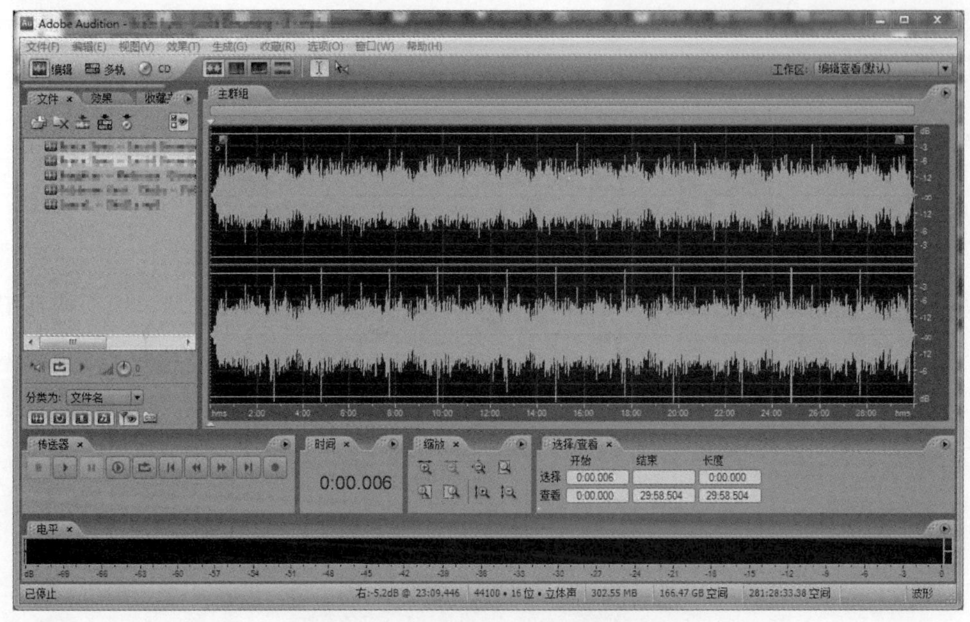

图9-56　Adobe Audition音频编辑软件

第10章 文字内容的编辑

本章主要介绍了在影片中进行文字内容编辑的方法，并对三种文字内容的创建、编辑，以及字幕窗口中的各项功能及使用方法进行了详细的介绍。通过本章的学习，掌握编辑文字内容的方法。

- 熟悉三种文字内容的创建方法
- 熟悉图形文字的编辑方法
- 熟悉字幕的编辑与应用方法
- 熟悉字幕设计器窗口中各组成部分的功能和使用方法
- 熟练掌握对字幕文本进行属性和效果设置操作方法
- 对影片字幕和旧版动画字幕的创建和编辑方法进行操作实践

10.1 三种文字内容的创建方法

文字内容用于在影视项目作中添加字幕、提示文字、标题文字等信息表现元素，除了可以帮助更完整地展现相关内容信息，还可以起到美化画面、表现创意的作用。

Premiere Pro 对影片中文字内容的创建编辑做了很大的革新，新增了字幕编辑功能，并对之前的文字编辑应用进行了优化。在影片编辑中，可以根据实际需要，选择创建三种类型的文字内容：对使用“文字工具”创建的图形化文字，优化了属性编辑功能；新增了实用的影片字幕编辑功能，使影片内容说明、语音解说的同步字幕编辑变得更加方便快捷；保留之前版本中的标题字幕编辑功能，方便用户创建显示效果更丰富的标题字幕。

10.1.1 创建字幕文字

在 Premiere Pro 中新增的字幕文字，可以通过三种方法来创建，执行“文件”→“新建”→“字幕”命令，在项目窗口中单击“新建项”按钮，或在项目窗口中按下鼠标右键弹出的命令选单中选择“字幕”命令，都可以打开“新建字幕”对话框，在对话框中选择需要创建的字幕类型并进行视频属性设置后，单击“确定”按钮，即可创建一个字幕文字素材对象，如图 10-1 所示。

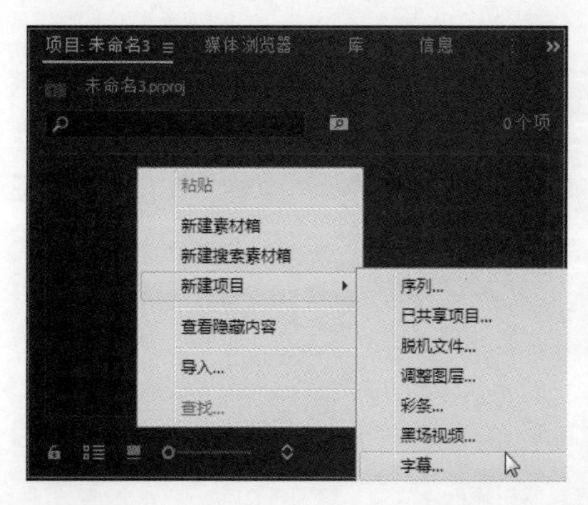

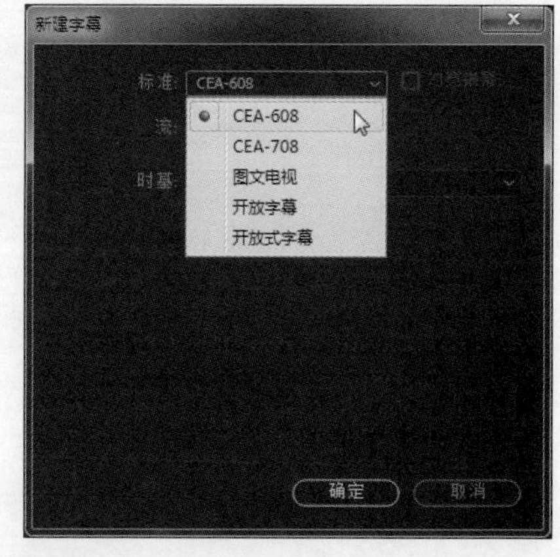

图10-1 新建字幕

- CEA 608/708：用于创建隐藏式字幕，方便有听力障碍的人士或在无音条件下观看节目，需要专用设备，通过文字或符号将声音和音乐描述出来，通常在北美地区才会用到。
- 图文电视：20 世纪 70 年代在英国发展起来的一种信息广播系统，主要利用电视信号场消隐期中的某几行传送图文和数据信息，方便向大众传播即时的新闻、体育、天气、电视节目预告和字幕等信息。目前主要在欧洲地区使用。
- 开放字幕 / 开放式字幕：用于创建普通字幕，例如台词对白、语音解说等字幕，通常采用开放式字幕，可以很方便地设置与当前影片相同的视频图像属性。

10.1.2 创建图形文本

图形文本是指具有图像素材属性的文字，和视频、图像素材一样可以在时间轴窗口中作为一个剪辑图层进行编辑应用。可以使用工具面板中的“文字工具”在节目监视器窗口中单击来创建，也可以通过执行“图形”→“新建图层”→“文本（直排文本）”命令来创建，然后通过“基本图形”面板对其文字内容和图形属性进行编辑设置，如图 10-2 所示。

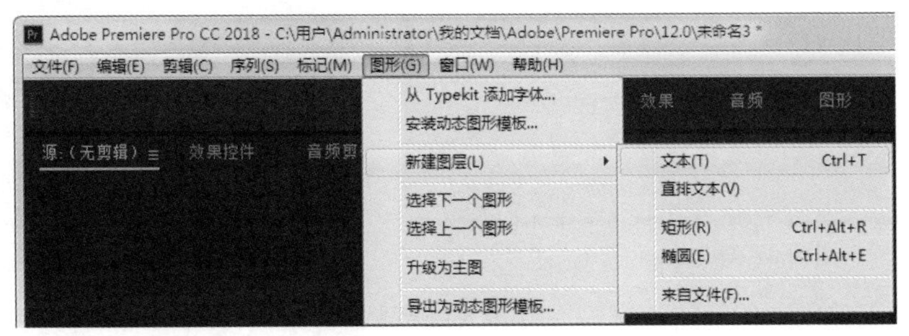

图10-2 创建图形文本

10.1.3 创建标题字幕

标题字幕是指通过字幕设计器窗口创建的图形化文字，可以编辑出丰富多样的显示效果，只能通过执行“文件”→“新建”→“旧版标题”命令来创建，如图 10-3 所示。

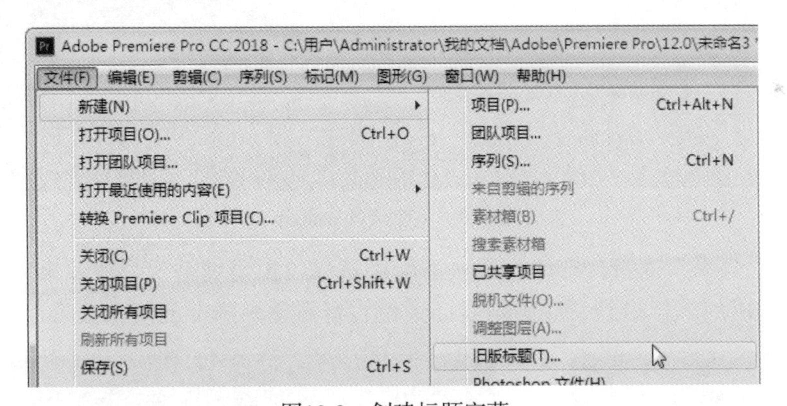

图10-3 创建标题字幕

10.2 字幕文字的编辑

下面通过一个简单的影片实例制作，对在 Premiere Pro 中进行字幕文字编辑的具体方法进行讲解。

① 新建一个项目文件后，在项目窗口中双击鼠标左键，导入本书资源包中 \Chapter 10\字幕文字的编辑 \Media 目录下准备的素材文件，如图 10-4 所示。

② 在 spring.MP4 素材上单击鼠标右键并选择“从剪辑新建序列”命令，以其视频属性新建序列，如图 10-5 所示。

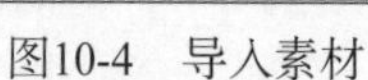
图10-4 导入素材

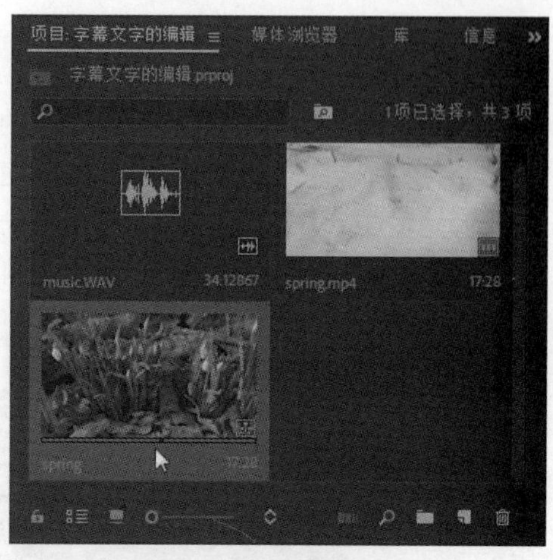

图10-5 从剪辑新建序列

③ 打开新建序列的时间轴窗口，将导入的音频素材加入其中，然后修剪音频剪辑的出点到与视频剪辑的出点对齐，如图 10-6 所示。

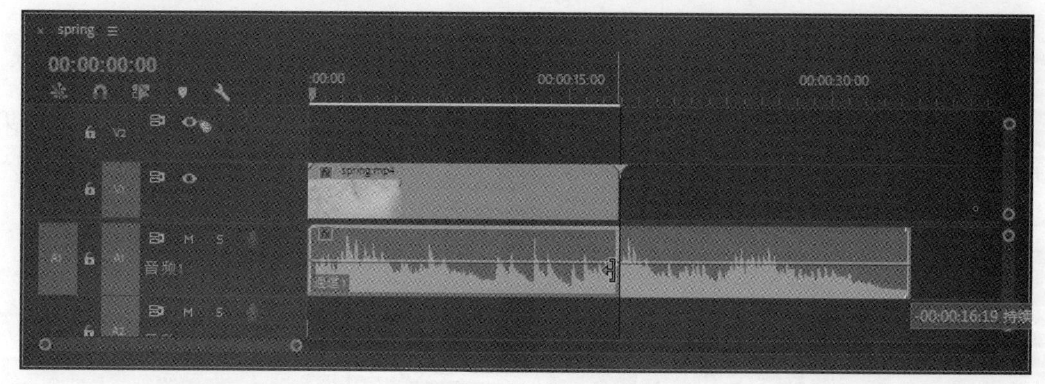

图10-6 加入音频素材

④ 打开“效果”面板，在“音频过渡”中选择“恒定增益”过渡效果，将其添加到音频剪辑的末尾，得到音频剪辑在结束位置音量逐渐降低的淡出效果，如图 10-7 所示。

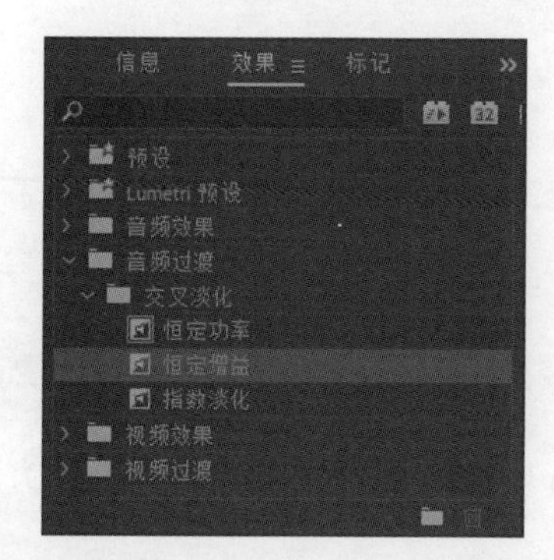

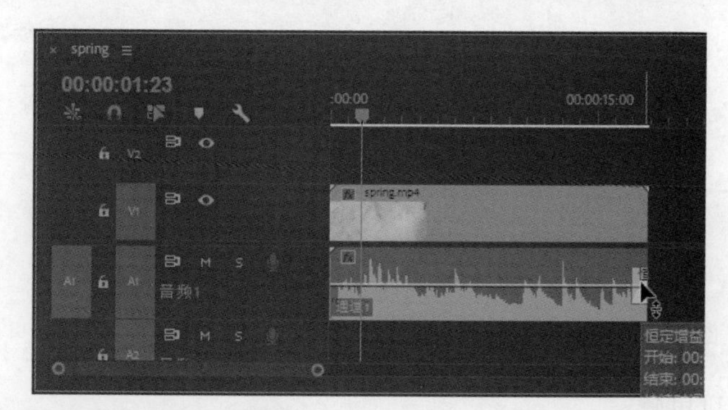

图10-7 添加音频过渡效果

⑤ 在项目窗口中按下“新建项”按钮并选择“字幕”命令，在弹出“新建字幕”对话框的“标准”下拉列表中选择“开放式字幕”，然后单击“确定”按钮，如图 10-8 所示。

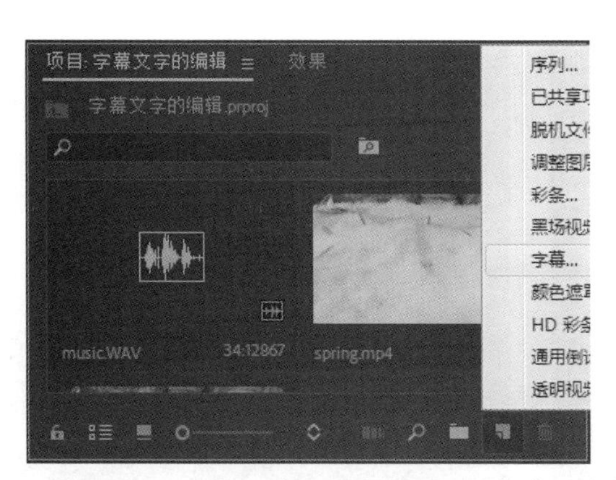

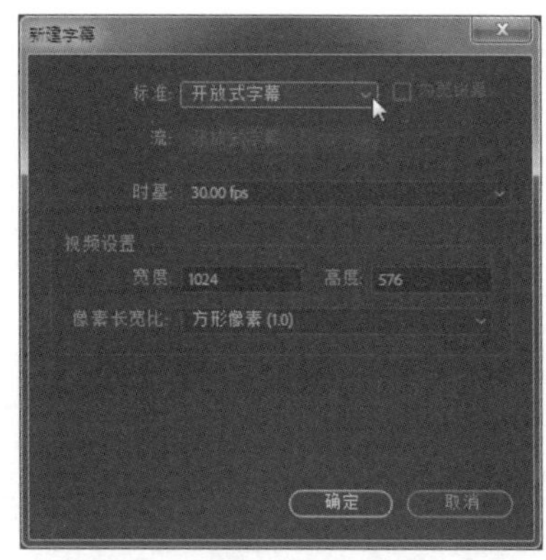

图10-8 新建开放式字幕

⑥ 在项目窗口中双击新建的字幕素材，进入“字幕”面板，如图 10-9 所示。

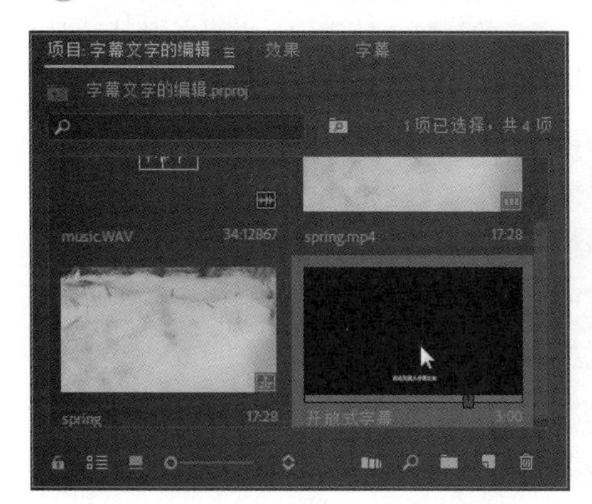

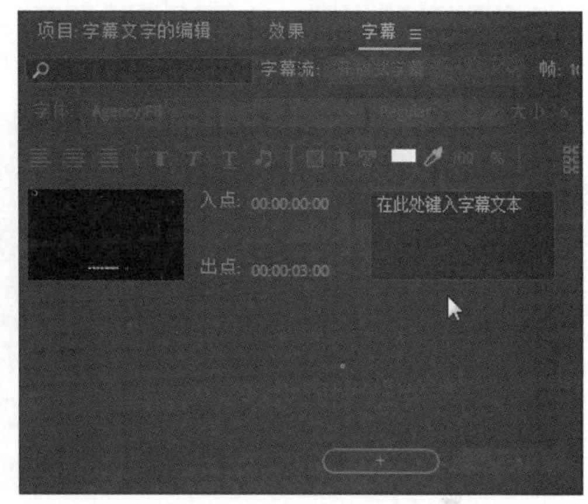

图10-9 “字幕”面板

⑦ 在文本输入框中输入需要的文字内容（这里中文和英文需要换行输入），即可在源监视器窗口中同步查看到这些文字的显示效果，如图 10-10 所示。

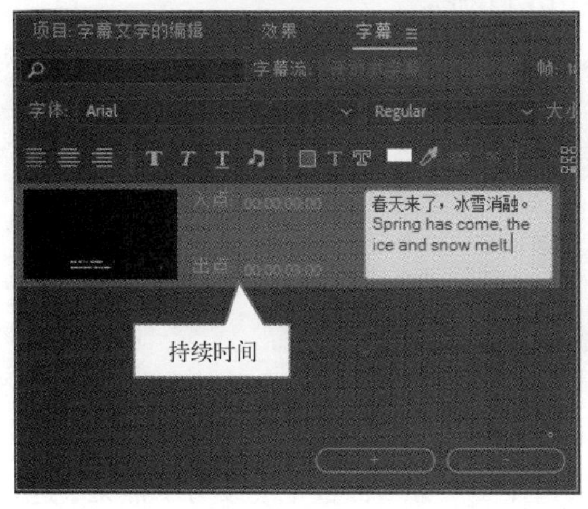

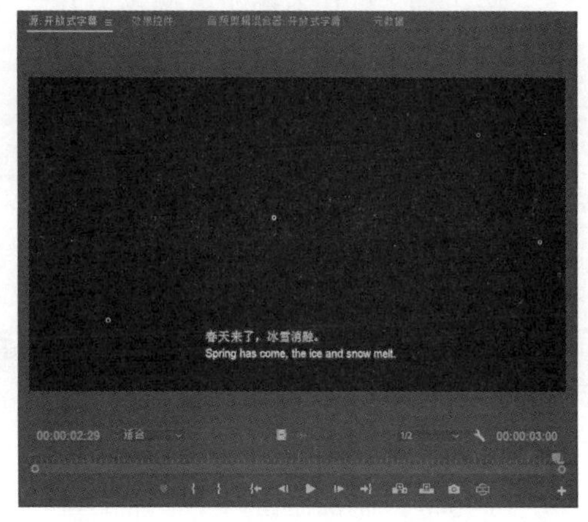

图10-10 输入字幕文字

⑧ 在文本输入框中选中所有文字，然后按下工具栏中的“居中对齐”按钮，使选中的中文、英文两行文字居中对齐，如图 10-11 所示。

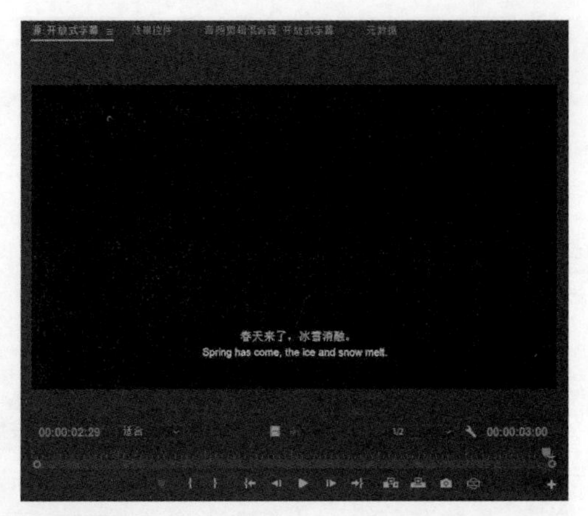

图10-11　设置字幕对齐

⑨ 从项目窗口中将字幕素材加入到时间轴窗口的视频 2 轨道中，并延长其持续时间到与下层轨道中的剪辑对齐，如图 10-12 所示。

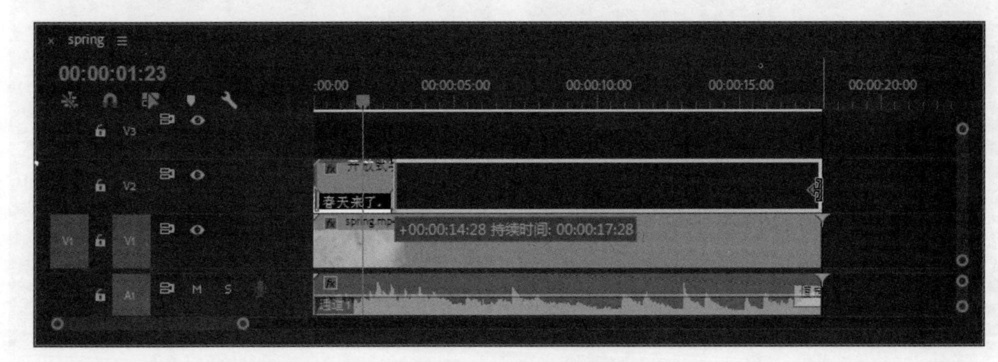

图10-12　加入字幕素材

⑩ 此时通过节目监视器窗口，可以看见字幕文字的默认显示效果为带有黑色背景的白色文字，下面来对其显示属性进行设置。在“字幕”面板中按下“背景颜色”按钮■，将其不透明度调整为 0，如图 10-13 所示。

图10-13　清除文字背景

⑪ 参考节目监视器窗口中字幕的显示效果，在“字幕”面板中继续对字幕文字进行属性设置。按下“文字颜色”T，单击后面的颜色块，在弹出的“拾色器”对话框中设置文字颜色为红色；按下“边缘颜色”按钮T，设置文字描边色为白色；设置字号大小为 36，边缘宽度为 6；在输入文本框中框选中文文字，设置字体为“微软雅黑”，完成效果如图 10-14 所示。

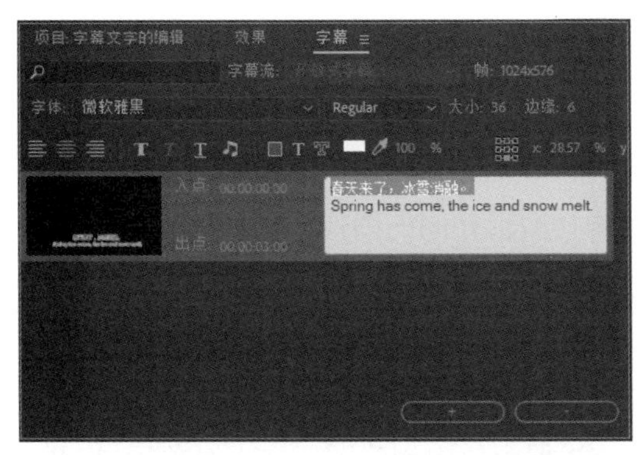

图10-14　编辑文字属性

⑫ 按下“字幕”面板下面的“添加字幕”按钮，添加新的字幕条目，即可自动应用上一条字幕设置好的字幕属性，输入新的文字内容，如图 10-15 所示。

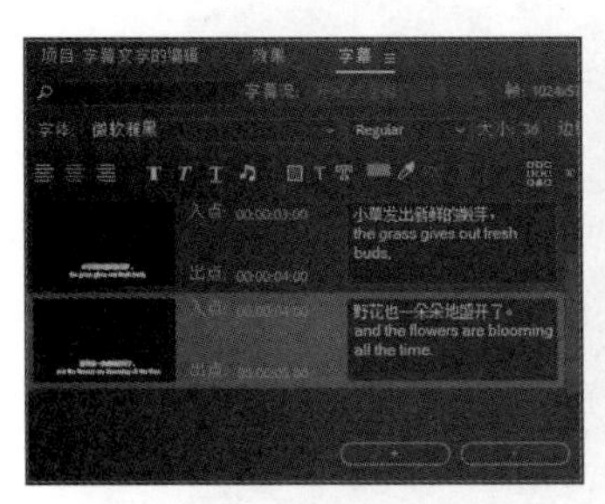

图10-15　继续添加字幕

⑬ 在时间轴窗口中，配合节目监视器窗口中的显示内容，对字幕剪辑中三条字幕文字的入点、出点位置进行调整，如图 10-16 所示。

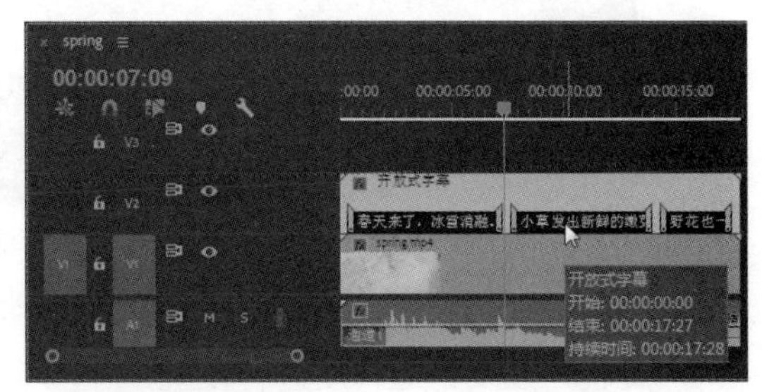

图10-16　调整字幕条目内容的持续时间

⑭ 编辑好需要的影片效果后，按下“Ctrl+S”执行保存。按下空格键预览编辑完成的影片效果，如图 10-17 所示。

图10-17　字幕编辑完成效果

10.3 图形文本的编辑

图形文本是最基本的文本形式，具有和图形素材剪辑相同的图像属性，可以被应用各种视频特效，但不会在项目窗口中生成素材对象。

10.3.1 文本显示属性的编辑

通过“图形”菜单命令或“文字工具”在节目监视器窗口中创建图形文本对象后，打开“基本图形”面板的“编辑”标签，在文本对象列表中点选要编辑的文本，通过下面的选项对图形文本的显示属性进行设置，如图 10-18 所示。

图10-18　编辑图形文本

- 对齐并变换：该选项用于对文本对象的对齐位置、显示位置、锚点位置、缩放比例、旋转角度及不透明度进行设置。
- 主样式：在该下拉列表中选择预设的文本样式，应用到当前所选文本上。
- 文本：该选项用于设置文本对象的字体、字号、段落对齐方式、制表符宽度、字间距、行距等属性。
- 外观：该选项用于设置文本对象的填充色、描边色和描边宽度、阴影效果等属性，如图 10-19 所示。
- 新建图层：单击文本对象列表下方的该按钮（或执行“图形”→“新建图层”命令），在弹出的命令选单中选择对应的命令（或者使用工具面板中对应的工具），即可在当前图形文本剪辑对象中再添加新的图层，编辑需要的图文内容，如图 10-20 所示。

提示

点选图形文本对象后，还可以通过“效果控件”面板对其基本显示属性进行设置，如图 10-21 所示。

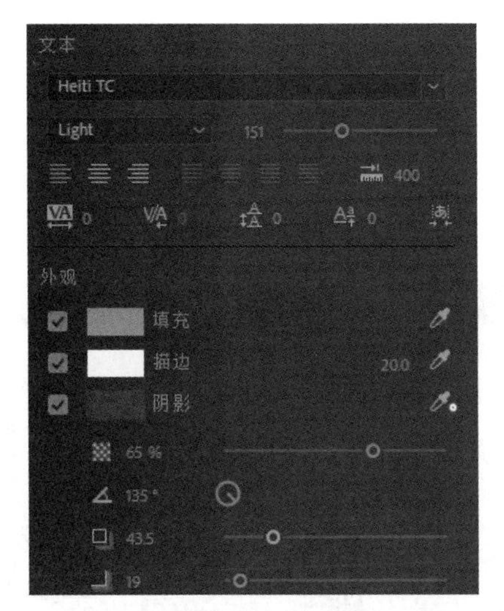

图10-19　设置文本显示属性

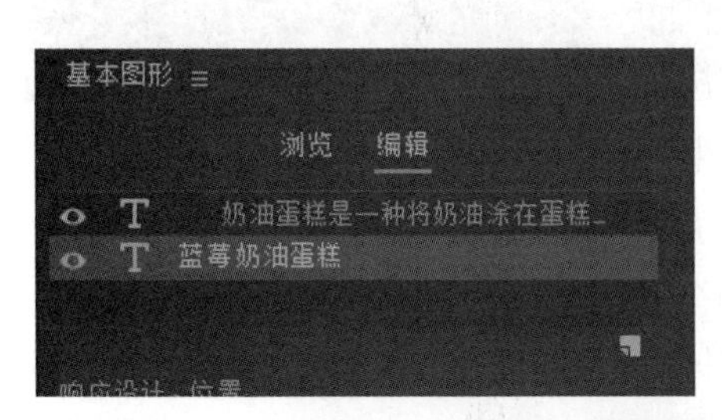

图10-20　添加文本图层并编辑内容

图10-21　在“效果控件”面板中设置图形文本

10.3.2 编辑文本滚动动画

在文本对象列表中的空白处单击鼠标左键，退出文本属性编辑状态，勾选显示出的“滚动”复选框，可以为当前图文剪辑启用从下向上的滚动动画效果，可以通过拖动时间指针或按下空格键进行预览，如图 10-22 所示。

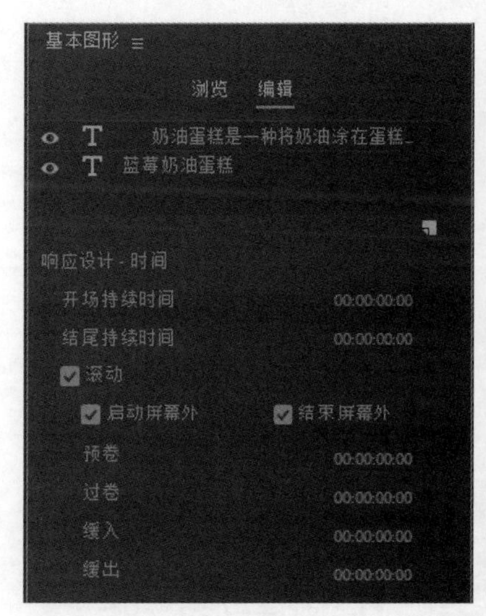

图10-22 设置图形文本滚动动画

- 启动屏幕外：勾选该复选框，图形文本将在动画开始时从屏幕外进入屏幕中。
- 结束屏幕外：勾选该复选框，图形文本将在动画结束时完全移到屏幕外。
- 预卷：设置滚动开始之前保持静止状态的等待时间。
- 过卷：设置滚动在停止后保持静止状态的时间。
- 缓入：设置滚动动画达到正常播放速度前，从静止到逐渐加速的时间。
- 缓出：设置滚动动画结束前，逐渐减速运动到静止的时间。

10.4 标题字幕的编辑

新增的图形文本虽然使用方便，但是样式简单，不能设置渐变、纹理等更丰富的显示效果。所以 Premiere Pro 依旧保留了旧版标题字幕，可以编辑出更多显示效果的图文标题，并且可以作为素材对象存放在项目窗口中，方便反复使用或导出分享。

执行“文件”→“新建”→“旧版标题”命令，打开“新建字幕”对话框，对标题字幕的视频属性进行设置（默认情况下与当前合成序列保持一致），然后单击“确定”按钮，即可打开字幕设计器窗口，如图 10-23 所示。

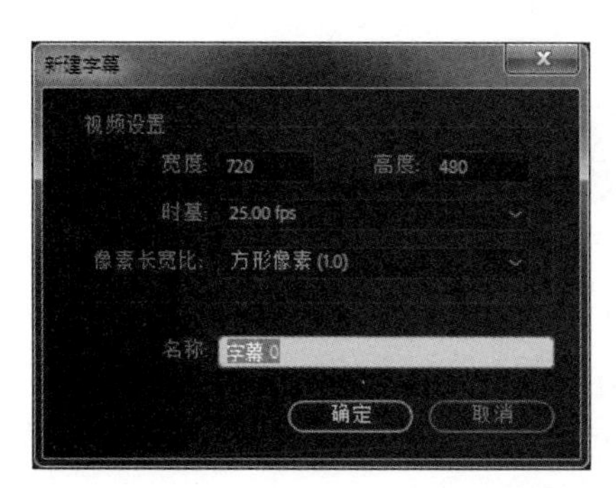

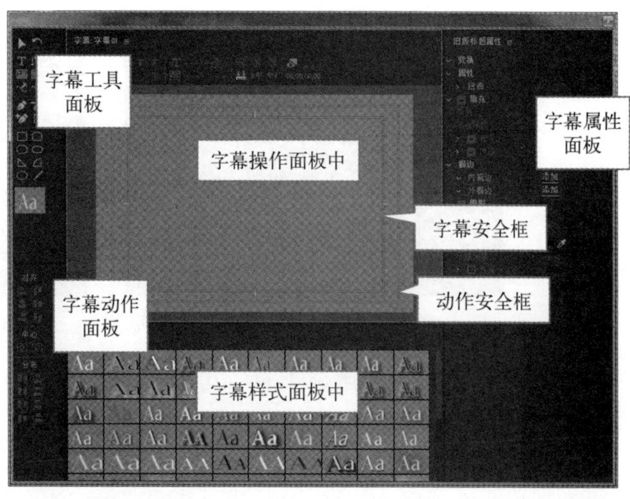

图10-23　字幕设计器窗口

10.4.1　字幕工具面板

在字幕工具面板中的工具，用于在字幕编辑窗口中创建字幕文本、绘制简单的几何图形，还可以定义文本的样式，接下来对其具体功能进行详细介绍。

- 选择工具：用于在字幕编辑窗口中选取、移动以及缩放文字或图像对象，如图 10-24 所示。
- 旋转工具：用于对文本或图形对象进行旋转操作。使用该工具时，将鼠标移动到所选对象边框的控制点上，在鼠标指针改变形状后按住并拖拽鼠标即可进行旋转，如图 10-25 所示。

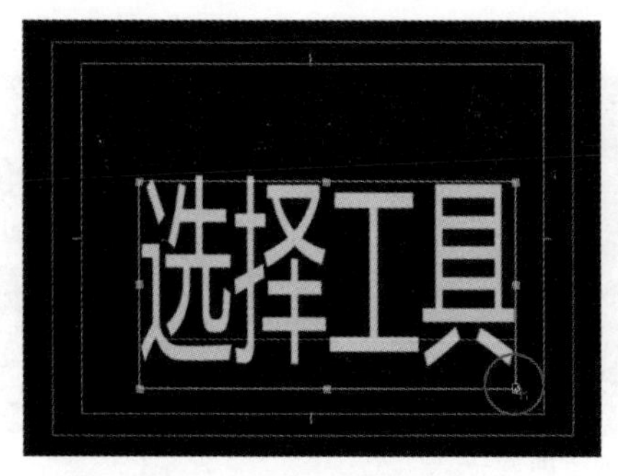

图10-24　缩放文本对象

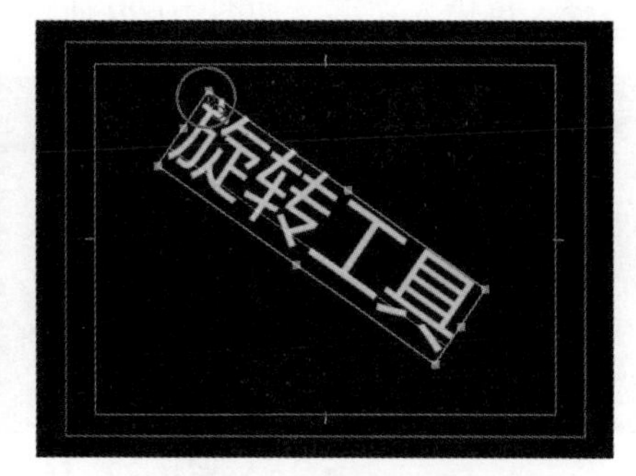

图10-25　旋转文本对象

- 文字工具：使用该工具可以在字幕编辑窗口中输入水平方向的文字。
- 垂直文字工具：使用该工具可以在字幕编辑窗口中输入垂直方向的文字。
- 区域文字工具：选择该工具后，将鼠标移动到字幕编辑窗口的安全区内，按住鼠标左键并拖动，即可在出现的矩形框内输入水平方向的多行文字，如图 10-26 所示。
- 垂直区域文字工具：使用该工具可以在字幕编辑窗口中输入垂直方向的多行文本，如图 10-27 所示。

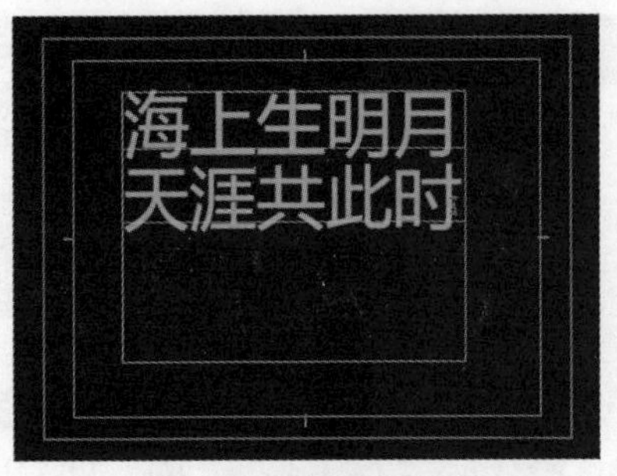

图10-26　输入区域文本

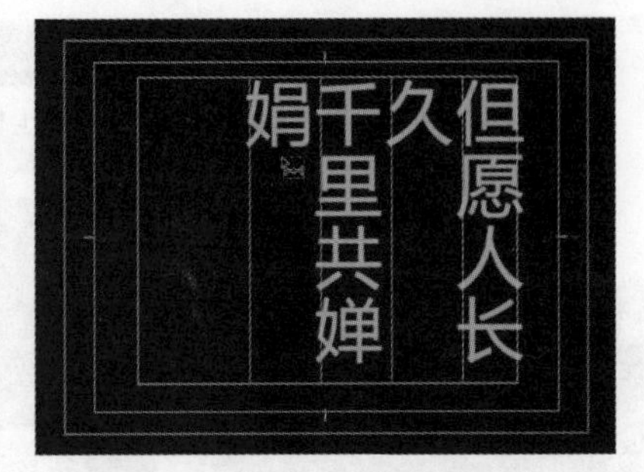

图10-27　输入垂直区域文本

- 路径文字：使用该工具，可以创建出沿路径弯曲且平行于路径的文本。选择该路径文字工具后，将先自动切换为路径绘制工具，在字幕编辑窗口中绘制出需要的路径后，再次选取该工具，在字幕编辑窗口中的路径范围上单击鼠标左键，即可在输入光标处显示出来后输入文字，如图 10-28 所示。

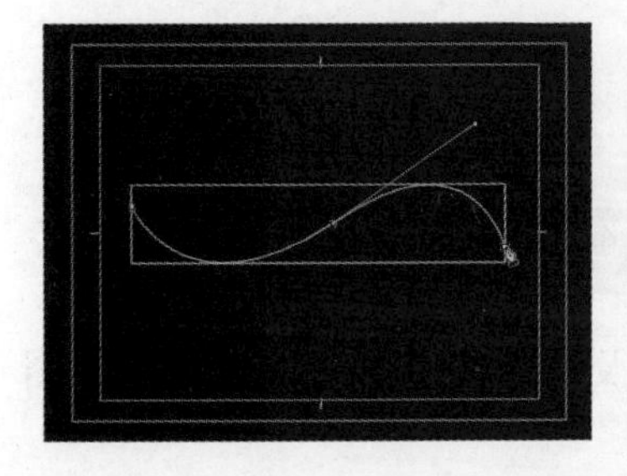

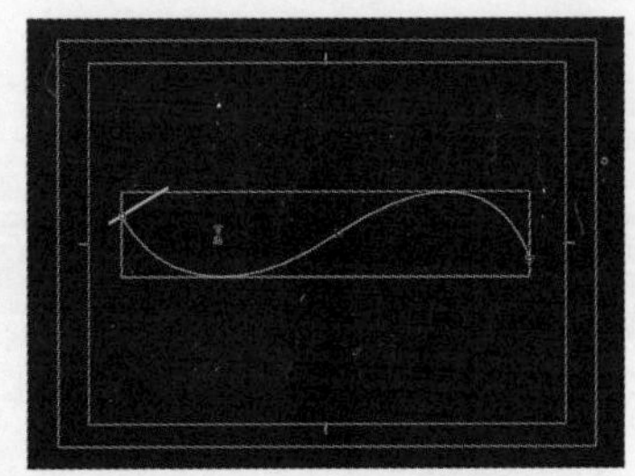

图10-28　输入路径文本

- 垂直路径文字：使用该工具，可以创建出沿路径弯曲且垂直于路径的文本。选择该路径文字工具后，将鼠标移动到字幕编辑窗口的安全区内，单击鼠标指定文本的显示路径，再输入文字，如图 10-29 所示。

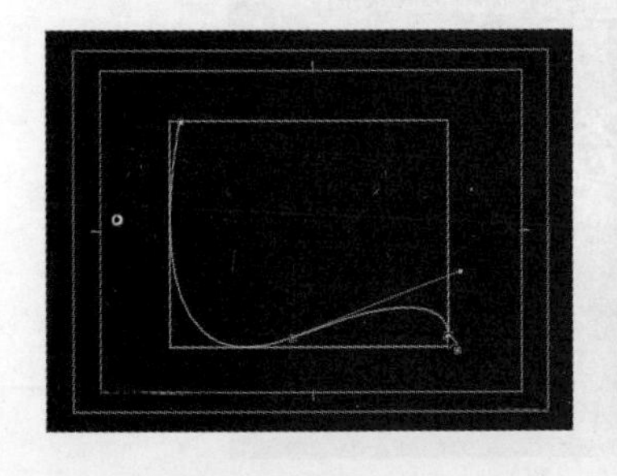

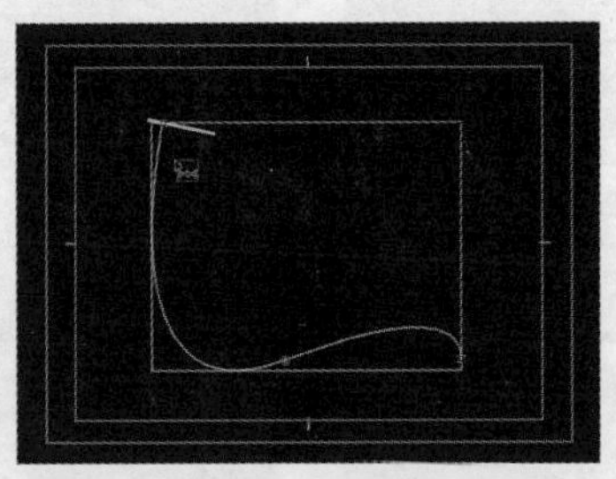

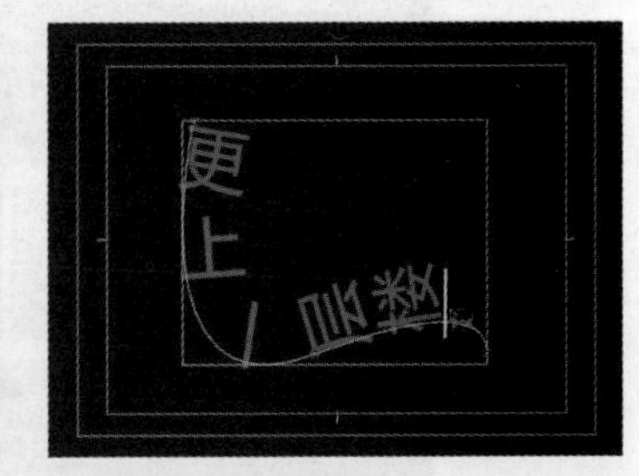

图10-29　输入垂直路径文本

- 钢笔工具：该工具用于绘制和调整路径曲线，如图 10-30 所示。还可以用于调节使用路径文字工具和垂直路径文字工具所创建路径文本的路径。选择钢笔工具后，将鼠标移动到用路径文本的路径节点上，就可以对文本的路径进行调整，如图 10-31 所示。
- 添加锚点工具：用于在所选曲线或文本路径上增加锚点，以方便对路径进行曲线形状的调整。
- 删除锚点工具：用于删除曲线路径和文本路径上的锚点。

图10-30　绘制路径曲线

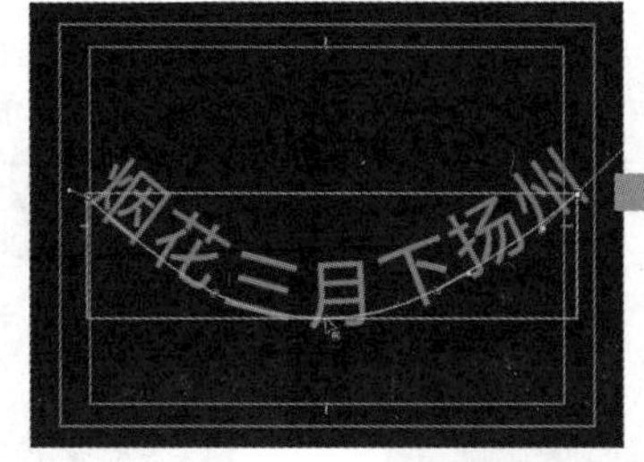

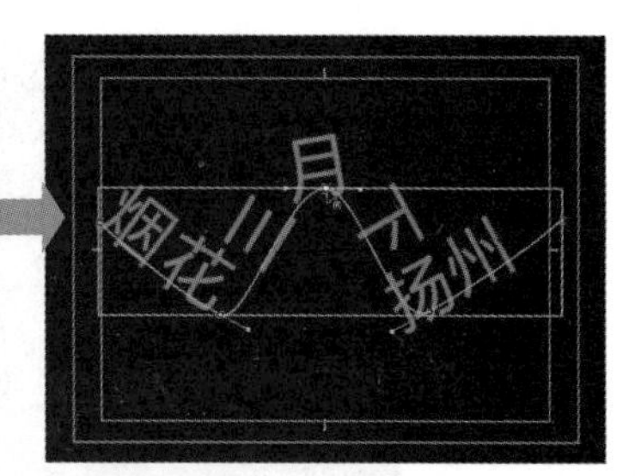

图10-31　调整文本路径

- 转换锚点工具：使用该工具单击路径上的圆滑锚点，可以将其转换为尖角锚点。在尖角锚点上按住并拖动鼠标指针，可以拖拽出锚点控制柄，将尖角锚点转换为圆滑锚点；拖动路径锚点的控制柄，可以调整锚点两端路径的平滑度。
- 矩形工具：该工具用于在字幕编辑窗口中绘制矩形；在按下“Shift”键的同时按住并拖动鼠标指针，可以绘制出正方形。通过字幕属性面板，可以定义矩形的填充色和线框色等，如图 10-32 所示。
- 圆角矩形工具：该工具用于绘制圆角矩形，使用方法和矩形工具一样，如图 10-33 所示。

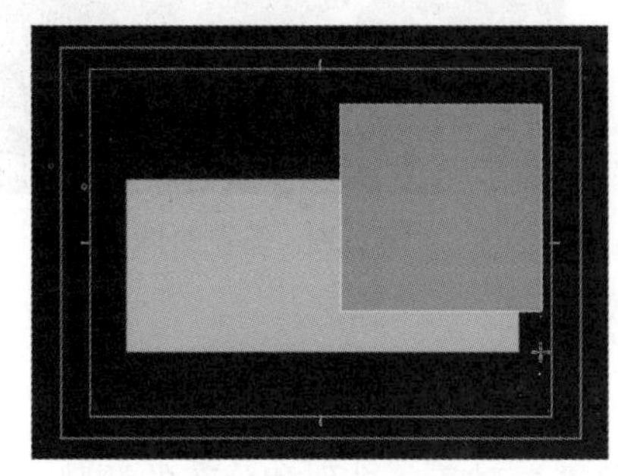

图10-32　绘制矩形

图10-33　绘制圆角矩形

- 切角矩形工具：该工具用于绘制切角矩形，如图 10-34 所示。
- 圆边矩形工具：该工具用于绘制边角为圆形的矩形，如图 10-35 所示。

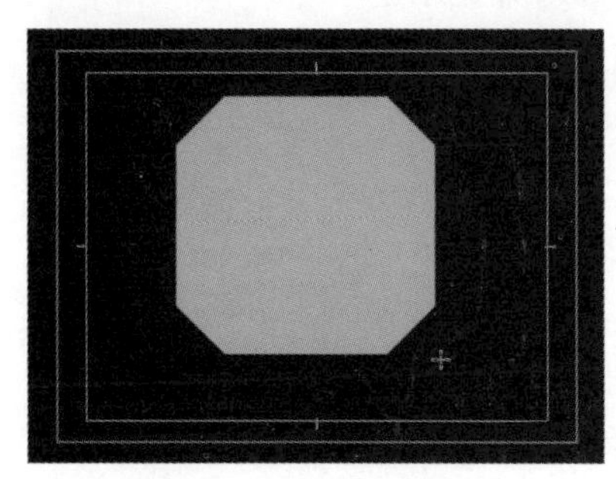

图10-34　绘制切角矩形

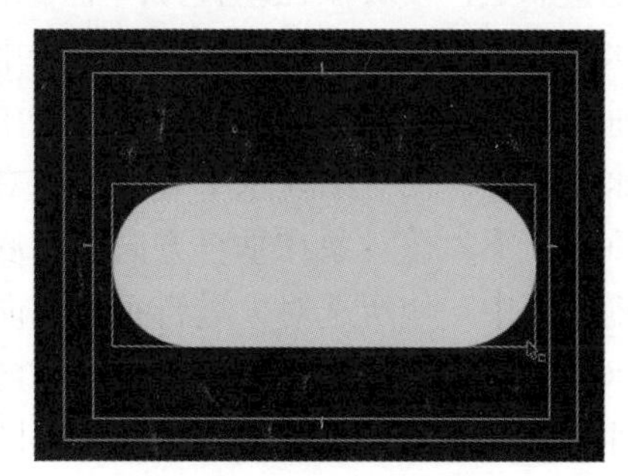

图10-35　绘制圆边矩形

- 楔形工具工具：该工具用于绘制三角形。在按下“Shift”键的同时拖动鼠标指针，可以绘制等边直角三角形，如图 10-36 所示。
- 弧形工具工具：该工具用于绘制弧形，如图 10-37 所示。

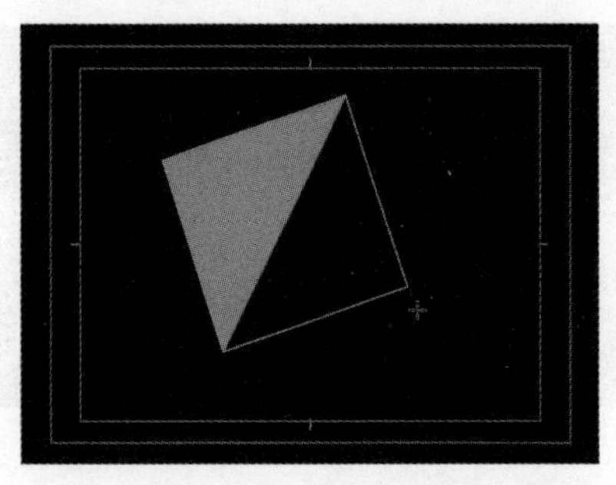

图10-36　绘制三角形

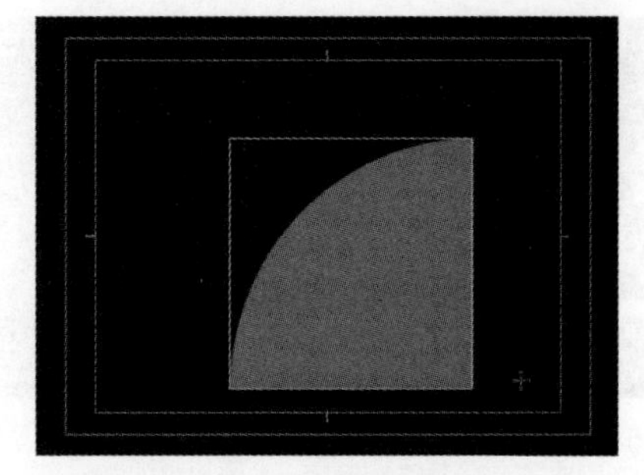

图10-37　绘制圆弧形

- 椭圆形工具：该工具用于绘制椭圆形；在按下“Shift”键的同时拖动鼠标指针，可以绘制出正圆形，如图 10-38 所示。
- 直线工具：该工具用于绘制直线线段，如图 10-39 所示。

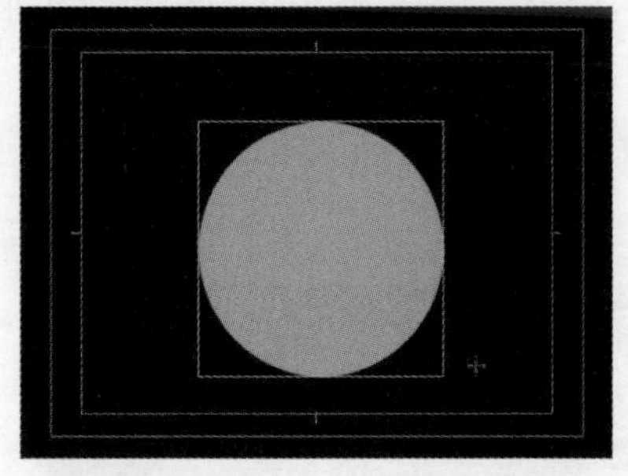

图10-38　绘制圆形

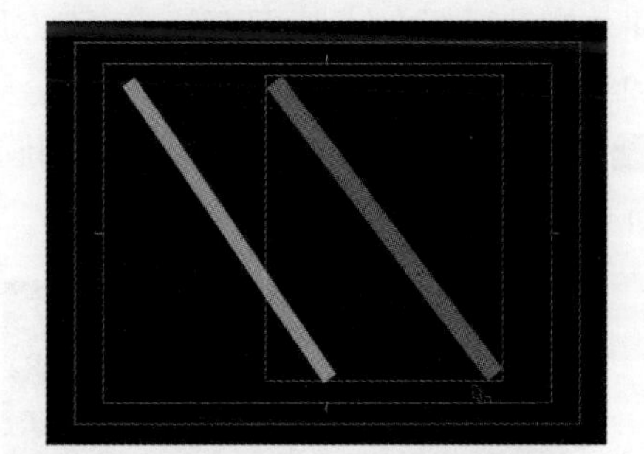

图10-39　绘制直线

10.4.2　字幕动作面板

字幕动作面板主要用于对单个或者多个对象进行对齐、排列和分布的调整。单击对应的按钮，可以对选中的单个或者多个对象进行排列位置或间距分布的对齐调整。

- 水平靠左：使对象在水平方向上靠左边对齐显示。
- 垂直靠上：使对象在垂直方向上靠顶部对齐显示。
- 水平居中：使对象在水平方向上居中显示。
- 垂直居中：使对象在垂直方向上居中显示。
- 水平靠右：使对象在水平方向上靠右边对齐显示。
- 垂直靠下：使对象在垂直方向上靠底部对齐显示。
- 垂直居中：使所选对象进行垂直方向上的居中对齐。
- 水平居中：使所选对象进行水平方向上的居中对齐。
- 水平靠左：对三个或三个以上的对象进行水平方向上的左对齐，并且每个对象左边缘之间的间距相同。
- 垂直靠上：对三个或三个以上的对象进行垂直方向上的顶部对齐，且每个对象上边缘之间的间距相同。
- 水平居中：对三个或三个以上的对象进行水平方向的居中均匀对齐。
- 垂直居中：对三个或三个以上的对象进行垂直方向的居中均匀对齐。

- 水平靠右：对三个或三个以上的对象进行水平方向上的右对齐，并且每个对象右边缘之间的间距相同。
- 垂直靠下：对三个或三个以上的对象进行垂直方向上的底部对齐，且每个对象下边缘之间的间距相同。
- 水平等距间隔：对三个或三个以上的对象进行水平方向上的均匀分布对齐。
- 垂直等距间隔：对三个或三个以上的对象进行垂直方向上的均匀分布对齐。

10.4.3 字幕操作面板

字幕操作面板在字幕设计器窗口的中间，包括效果设置按钮区域和字幕编辑预览区域。窗口顶部的功能按钮，用于新建字幕、设置字幕动画类型、设置文本字体、字号、字体样式、对齐方式等常用的字幕文本编辑。如图 10-40 所示。

图10-40 字幕操作面板

- 基于当前字幕新建字幕：单击该按钮，在弹出的“新建字幕”对话框中进行视频设置和名称设置后，单击“确定”按钮，可以基于当前字幕创建新的字幕，新的字幕中将保留与当前字幕窗口中相同的内容，以方便在当前字幕内容的基础上编辑新的字幕效果，如图 10-41 所示。
- 滚动 / 游动选项：单击该按钮，将打开“滚动 / 游动选项”对话框，在其中可以对字幕的类型和运动方式进行设置，如图 10-42 所示。

图10-41 “新建字幕”对话框

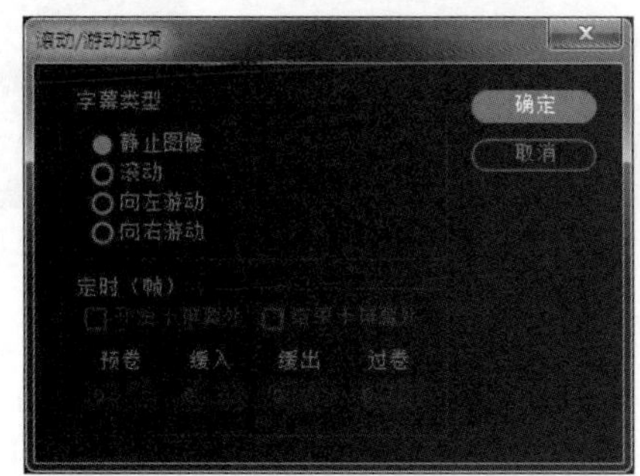

图10-42 “滚动/游动选项”对话框

- 100.0 大小：在该选项的文字按钮上按住鼠标并左右拖动，或直接单击并输入数值，设置需要的字号大小。
- 0.0 字偶间距：通过调整文字按钮或直接单击并输入数值，设置需要的文本字符间距，。
- 行距：设置文本段落中文字行之间的间距。
- 左 / 居中 / 右对齐：单击对应按钮，将所选文本段落设置为对应的对齐方式，如图 10-43 所示。

图10-43　设置段落对齐

- 显示背景视频：按下该按钮，可以在字幕编辑区域中显示出合成序列中当前时间指针所在位置的图像画面；调整该按钮下面的时间码数值，可以调整需要显示的画面时间位置。
- 制表位：单击该按钮，可以在打开的“制表位”对话框中对所选段落文本的制表位进行设置，对段落文本进行排列的格式化处理。

10.4.4　字幕属性面板

在字幕属性面板中的选项，用于对字幕文本进行多种效果和属性的设置，包括设置变换效果、设置字体属性、设置文本外观以及其他选项的参数设置。

1. 变换

“变换”选项组中的选项用于对所选中的文本对象进行不透明度、位置、大小与旋转角度的调整，如图 10-44 所示。

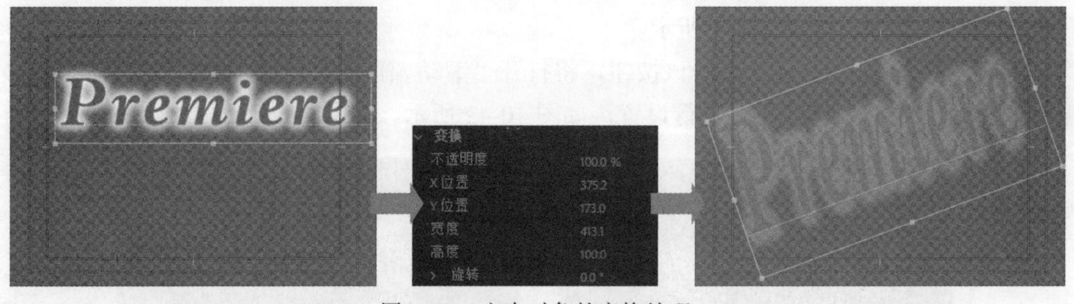

图10-44　文本对象的变换处理

2. 属性

“属性”选项组中的选项用于对所选中的文本对象进行字体、字体样式、字号大小、字符间距、行距、倾斜、字母大写方式、字符扭曲等基本属性的调整设置，如图 10-45 所示。

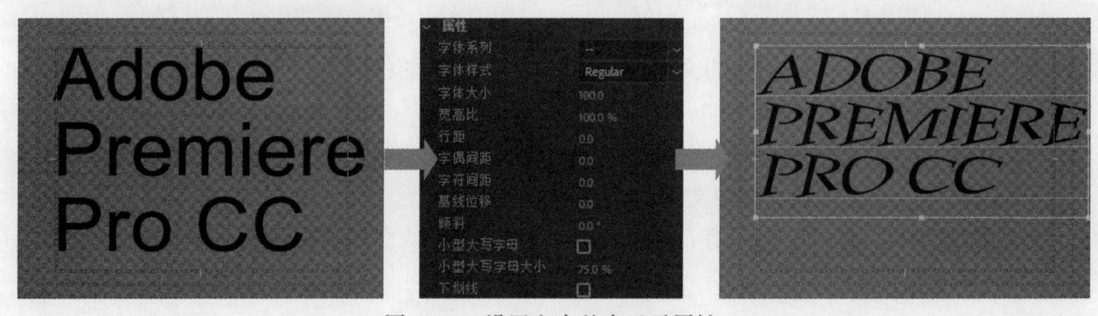

图10-45　设置文本基本显示属性

3. 填充

“填充”选项组中的选项用于对所选中的文本对象进行样式、颜色、光泽、纹理等显示效果的设置，如图 10-46 所示。

- 填充：勾选该复选框，才可以对文字应用填充效果；取消对该选项的勾选，则不显示出文字的填充效果，如图 10-47 所示。
- 填充类型：在该选项的下拉列表中选择一种填充类型后，在下面将显示对应的设置选项，分别编辑对应的色彩填充效果。

实底：单色填充，默认的填充类型。可以为所选文本对象设置一个填充色与填充的不透明度，如图 10-48 所示。

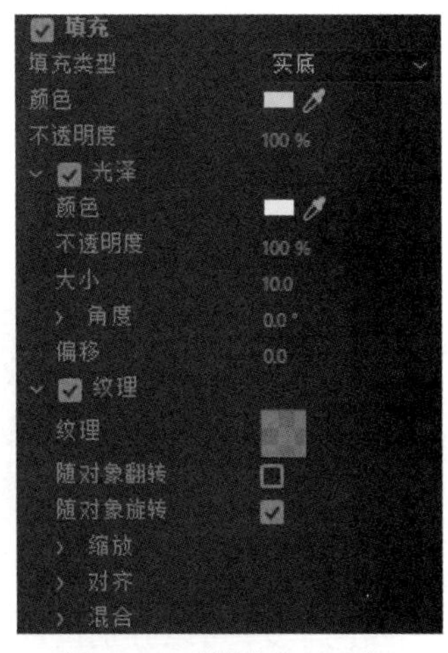

图10-46 “填充”选项组

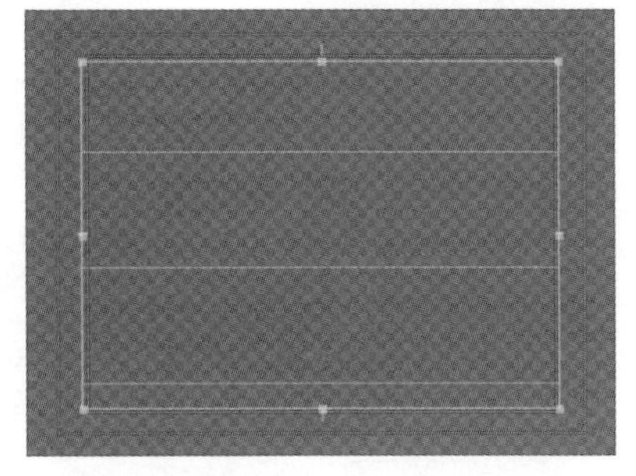

图10-47 取消勾选“填充”复选框

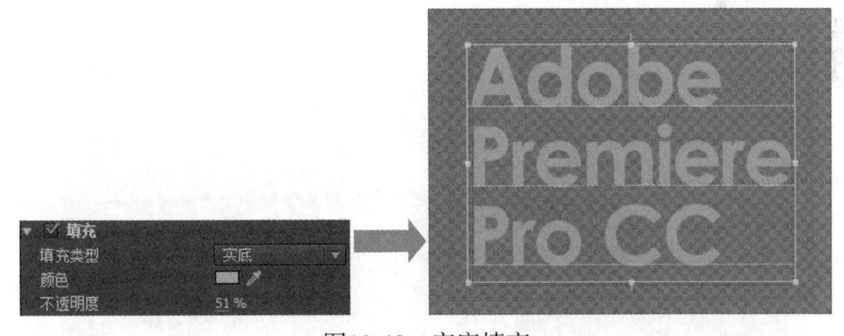

图10-48 实底填充

线性渐变：设置从一种颜色以一定角度渐变到另一个颜色的填充，并个单独设置每个颜色的填充不透明度，以及渐变填充的角度、渐变重复次数等，如图 10-49 所示。

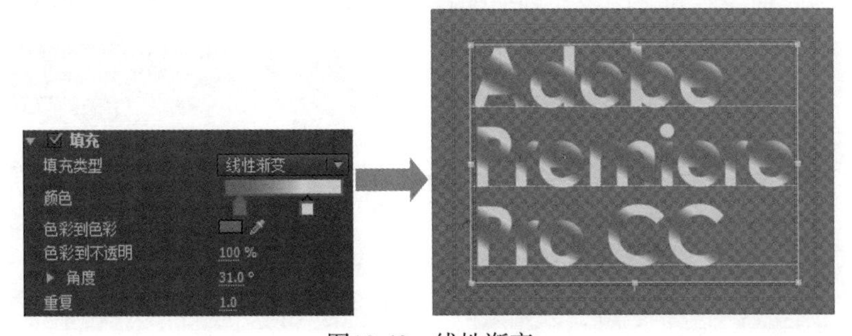

图10-49 线性渐变

径向渐变：设置一种颜色从中心向外渐变到另一个颜色的填充，设置选项与“线性渐变”相同，如图 10-50 所示。

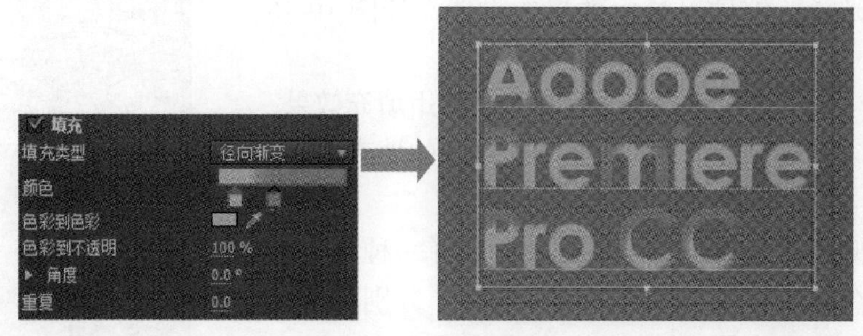

图10-50　径向渐变

四色渐变：可以分别设置四个角的填充色，为每个字符应用四色渐变填充，如图 10-51 所示。

图10-51　四色渐变

斜面：该填充类型可以分别为文字设置高光色和阴影色，并设置光照强度与角度，模拟出立体浮雕效果，如图 10-52 所示。

图10-52　斜面填充

消除：该填充类型没有设置选项，消除文字内容的填充色，只显示设置的描边边框和边框的阴影，常与“描边”和“阴影”选项配合进行效果设置，如图 10-53 所示。

图10-53　消除

重影：该填充类型没有设置选项，效果与“消除”相似，也是只显示设置的描边边框和原文字阴影，常与“描边”和“阴影”选项配合进行效果设置，如图 10-54 所示。

图10-54 重影

- 光泽：勾选该选项，可以为字幕文本在当前填充效果上添加光泽效果，还可以配合渐变填充效果，设置多色渐变效果，如图 10-55 所示。

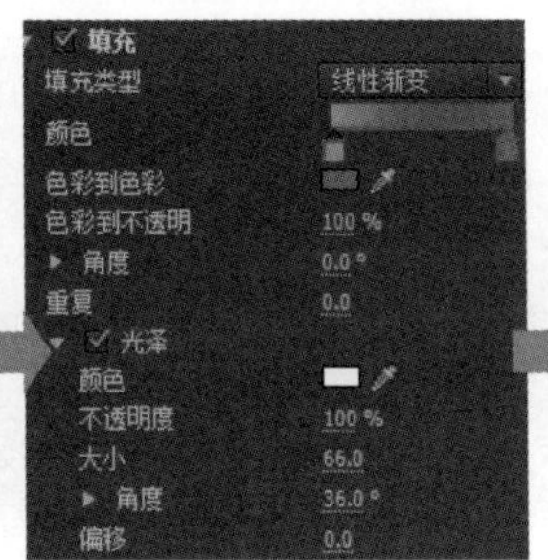

图10-55 光泽应用效果

- 纹理：勾选该选项，可以为字幕文本在当前填充效果上添加位图纹理效果。单击“纹理”选项后面的预览框■，在弹出的“选择纹理图像”对话框中选取需要作为填充纹理的位图并单击“打开”按钮，即可将其应用为所选字幕文本的填充纹理，然后通过下面的选项参数，对应用的纹理效果进行缩放、对齐、混合效果等设置，如图 10-56 所示。

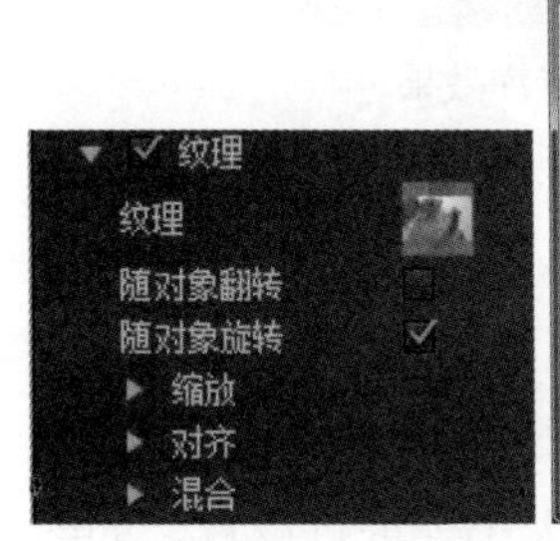

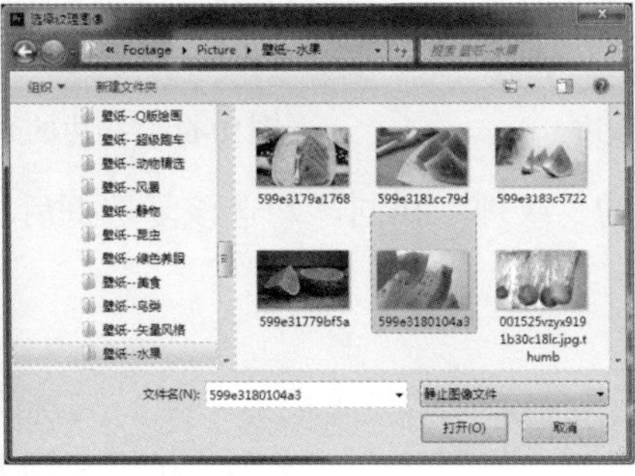

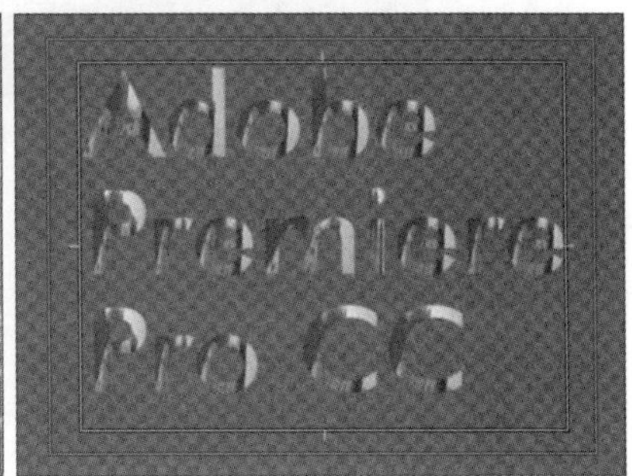

图10-56 纹理应用效果

4. 描边

对文本对象的轮廓边缘描边，包括内描边和外描边两种方式。如果需要增加内描边或外描边，只需要单击对应选项后面的“添加”按钮，然后对出现的选项参数进行需要的效果设置即可，如图 10-57 所示。

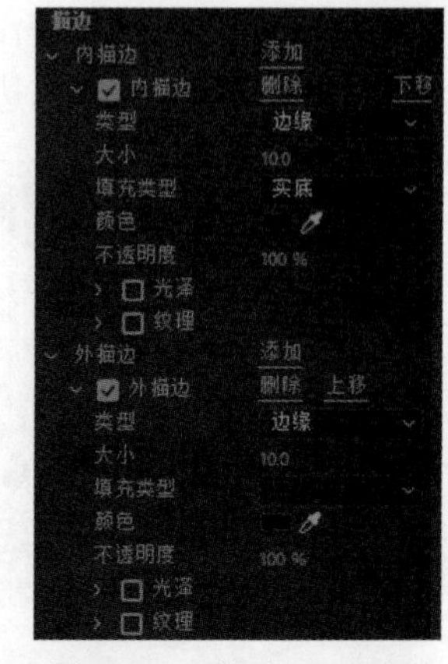

图10-57 “描边”选项组

- 内描边 / 外描边：勾选对应的选项，可以为字幕文本应用对应的描边效果；单击后面的“添加”按钮，可以添加一层对应的轮廓描边；对于不再需要的轮廓描边，可以单击该描边后面对应的“删除”按钮进行删除。
- 类型：在该下拉列表中选择文字轮廓的描边类型，包括“深度”“边缘”和“凹进”三种，以内描边为例，它们的应用效果如图 10-58 所示。
- 大小：用于设置描边轮廓线框的宽度。
- 填充类型：与“填充”选项组中的“填充类型”相同，可以在该下拉列表中为描边轮廓选取并设置实底、线性渐变、径向渐变、四色渐变等填色效果，如图 10-59 所示。
- 光泽：与“填充”选项组中的“光泽”相同，勾选该复选框后，可以为描边轮廓设置光泽填色效果，如图 10-60 所示。

图10-58　深度、边缘和凹进描边效果

图10-59　线性渐变的描边

图10-60　描边的光泽效果

- 纹理：与“填充”选项组中的“纹理”相同，勾选该复选框后，可以为描边轮廓设置纹理填充效果。

5. 阴影

“阴影”选项组中的选项，用于为字幕文本设置阴影效果。勾选“阴影”复选框后，即可对阴影的颜色、不透明度、投射角度、投射距离、大小、扩展范围大小等进行设置，如图 10-61 所示。

6. 背景

“背景”选项组中的选项，用于为字幕文本设置背景填充效果。勾选“背景”复选框后，即可对背景的填充类型、填充色、光泽等进行设置；勾选“纹理”复选框后，还可以将外部素材文件导入作为字幕的背景图像，如图 10-62 所示。

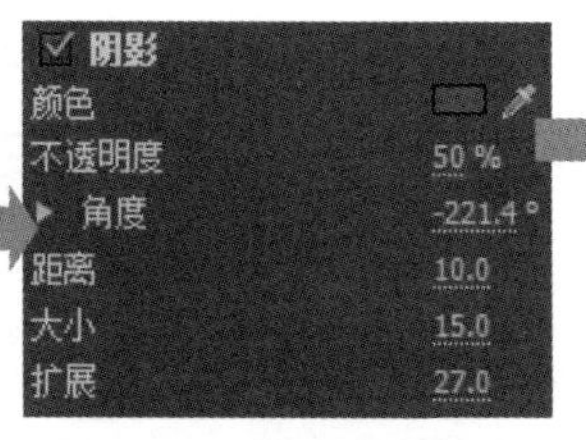

图10-61　设置阴影效果

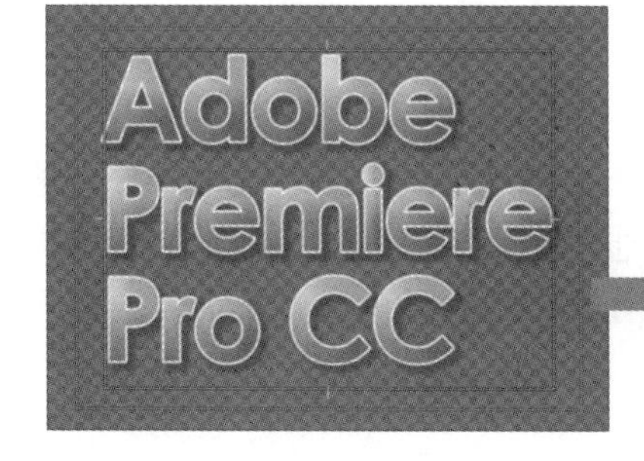

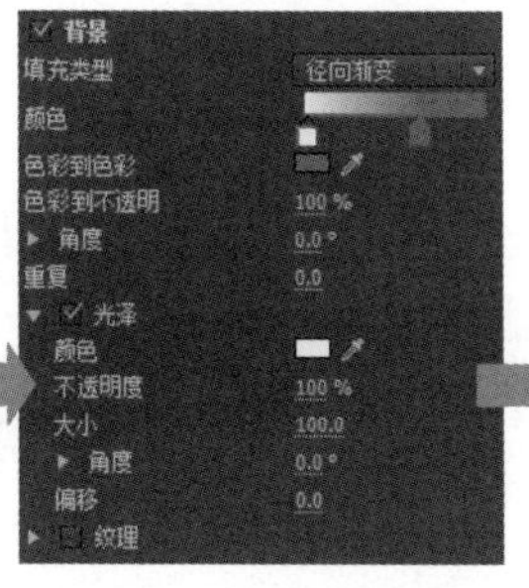

图10-62　设置背景效果

10.4.5　字幕样式面板

字幕样式是编辑好了字体、填充色、描边以及投影等效果的预设样式，存放在字幕设计器窗口下方的字幕样式面板中，可以直接选取应用或通过菜单命令应用一个样式中的部分内容，还可以自定义新的字幕样式或导入外部样式文件。

1. 应用字幕样式

选取字幕文本后，在字幕样式面板中单击需要的字幕样式，即可应用该字幕样式，快速完成对字幕文本的效果编辑，如图 10-63 所示。

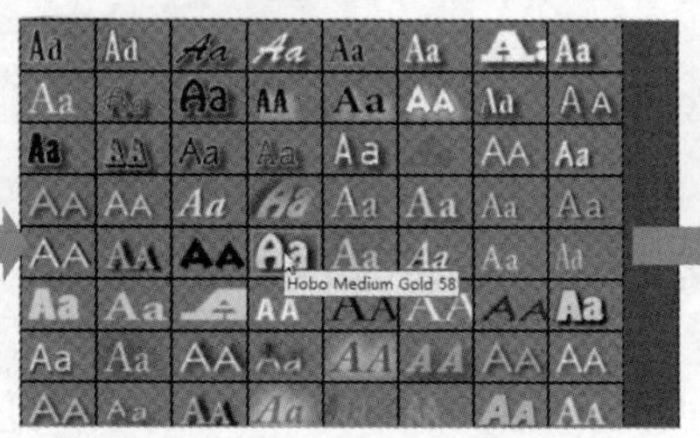

图10-63　应用字幕样式

2. 创建自定义字幕样式

Premiere Pro 还允许用户将编辑好的字幕文本效果创建为新的字幕样式保存在字幕样式面板中，方便以后快速选取应用。

编辑好字幕文本的效果后，单击字幕样式面板右上角的按钮，或在字幕样式面板中的空白处单击鼠标右键，在弹出的命令选单中选择“新建样式”命令，然后在弹出的“新建样式”对话框中为新建的字幕样式命名，然后单击“确定”按钮，即可在字幕样式面板中将当前所选取字幕文本的属性与效果设置创建为新的样式，如图 10-64 所示。

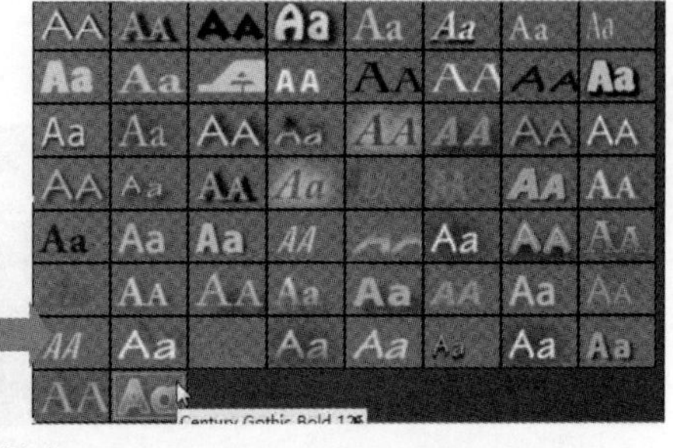

图10-64　创建自定义字幕样式

10.4.6　编辑滚动和游动字幕

通过字幕设计器窗口，可以创建静态字幕、滚动字幕和游动字幕三种字幕类型，分别适用于不同的编辑需要。静态字幕是默认的标题字幕类型，通常用于编辑影片的标题文字或提示文字，只需要在字幕编辑窗口输入文本内容，并为其设置好字幕属性即可，不需要再进行额外的设置。

1. 编辑滚动字幕

滚动字幕是指在画面的垂直方向从下往上运动的动画字幕，其效果与通过“基本图形”面板为图形文本设置的滚动动画一样。

① 执行新建旧版字幕命令后，打开字幕设计器窗口。在字幕编辑窗口中，选取左侧工具面板中的“文字工具”按钮，输入需要的文本内容，并为其设置好字体、大小等样式，如图 10-65 所示。

图10-65　编辑字幕内容

② 编辑好需要的字幕内容后，单击“滚动 / 游动选项”按钮，打开“滚动 / 游动选项”对话框，在“字幕类型”中的选择“滚动”，并勾选“开始于屏幕外”和“结束于屏幕外”复选框，如图 10-66 所示。

- 字幕类型：为当前编辑的字幕选择字幕类型，包括静止图像、滚动（从下往上）、向左游动、向右游动。

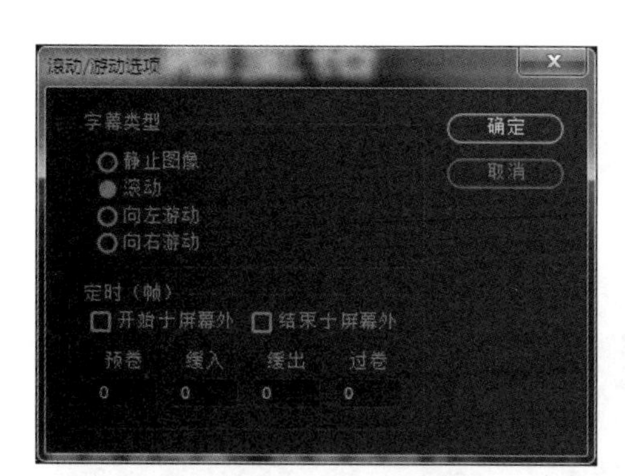

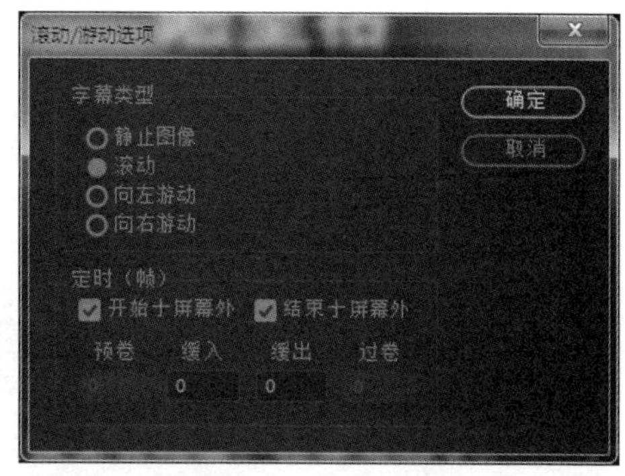

图10-66 “滚动/游动选项”对话框

- 开始于屏幕外：勾选该复选框，滚动或游动字幕将在动画开始时从屏幕外进入屏幕中。
- 结束于屏幕外：勾选该复选框，滚动或游动字幕将在动画结束时完全离开屏幕。
- 预卷：设置字幕滚动或游动之前保持静止状态的等待帧数。
- 缓入：设置字幕滚动或游动达到正常播放速度前从静止到逐渐加速运动的帧数。
- 缓出：设置字幕滚动或游动在动画结束前逐渐减速运动到静止的帧数。
- 过卷：设置字幕滚动或游动完成后保持静止等待的帧数。

③ 单击“确定”按钮，完成滚动字幕的设置。关闭字幕设计器窗口，回到项目窗口中，将制作好的标题字幕素材添加到序列的时间轴窗口中，拖动时间指针，即可浏览字幕从下往上的滚动动画效果，如图 10-67 所示。

图10-67 滚动标题字幕

2. 编辑游动字幕

滚动字幕是指在画面的水平方向从左向右或从右向左运动的动画字幕。在旧版标题字幕设计器窗口中编辑好需要的字幕内容后，打开“滚动 / 游动选项”对话框并选择“向左 / 右游动”并设置好其他选项，执行并关闭字幕设计器窗口，即可应用字幕游动动画效果。

① 在字幕编辑窗口中，选取左侧工具面板中的“文字工具”按钮，输入需要的文本内容，并为其设置好字体、大小等样式，如图 10-68 所示。

图10-68　编辑字幕内容

② 编辑好需要的字幕内容后，单击“滚动 / 游动选项”按钮，打开“滚动 / 游动选项”对话框，在“字幕类型”中的选择“向左游动”，并勾选“开始于屏幕外”和“结束于屏幕外”复选框，如图 10-69 所示。

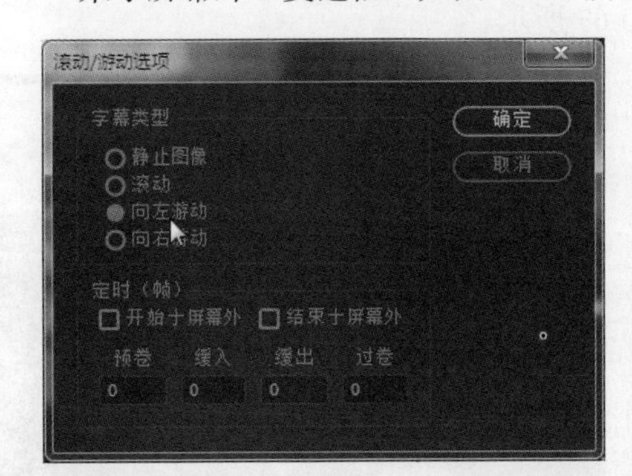

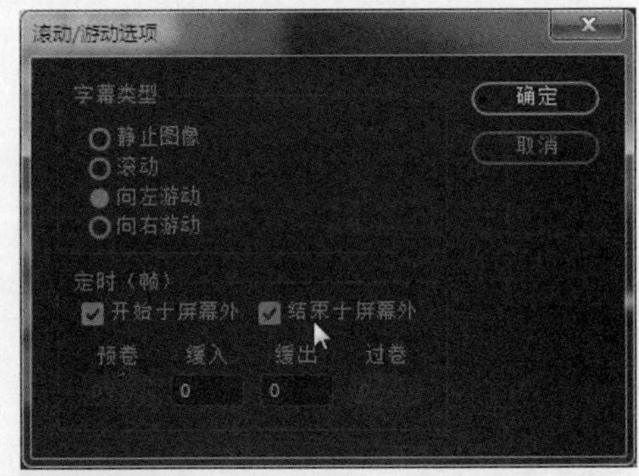

图10-69　选择动画类型

③ 单击“确定”按钮，完成游动字幕的设置。关闭字幕设计器窗口，回到项目窗口中，将制作好的标题字幕素材添加到序列的时间轴窗口中，拖动时间指针，即可浏览字幕从左向右的游动动画效果。

第 11 章

视频影片的输出

本章主要介绍项目输出以及相关的知识。通过本章的学习，读者应该了解各种视频或者音频的输出方式，了解各种编码格式是设置选项，掌握常用的输出文件方法。

- 了解 Premiere Pro 的输出类型
- 熟悉输出文件的常用方法
- 了解各种输出文件的方式以及设置

11.1　影片的输出类型

当视频、音频素材的编辑都完成后，接下来就可以将编辑好的项目输出，将其发布为最终作品。Premiere Pro 提供了多种输出设置，以输出不同的文件类型。在“文件”→“导出”命令菜单中选择对应的命令，即可将影片项目输出成指定的文件内容，如图 11-1 所示。

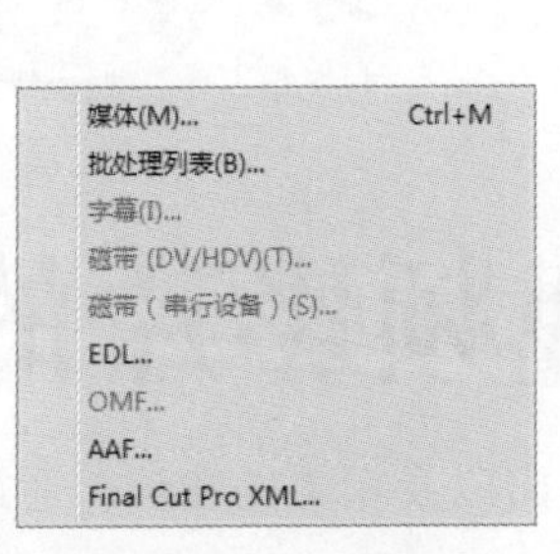

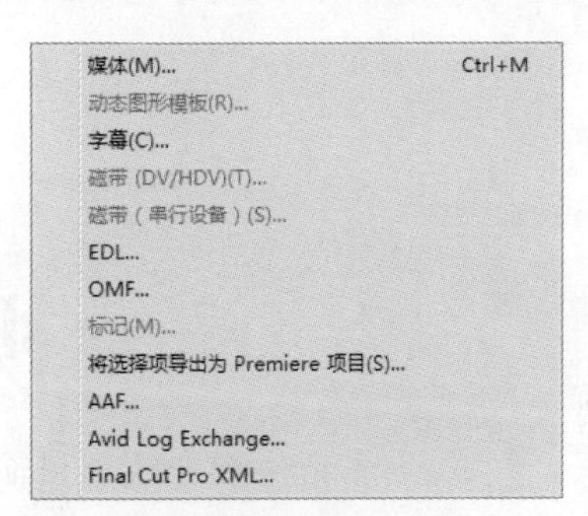

图11-1　“导出”命令子菜单

- 媒体：将编辑好的项目输出成指定格式的媒体文件（包括图像、音频、视频等）。
- 动态图形模板：选取时间轴窗口中编辑好的图形文本剪辑后，可以执行此命令，将其保存为模板，方便以后导入应用。
- 字幕：在项目窗口中点选创建的字幕对象，将其输出为字幕文件（*.prtl），可以在编辑其他项目时导入使用。
- 磁带：将项目文件直接渲染输出到磁带。需要先连接相应的 DV/HDV 等外部设备。
- EDL：将项目文件中的视频、音频输出为编辑菜单。
- OMF：输出带有音频的 OMF 格式文件。
- 标记：在为素材或剪辑设置了标记后，可以通过此命令，将所设置的标记信息导出为 html 文件，可以在以后使用该素材或剪辑时导入应用。
- 将选择项导出为 Premiere 项目：将项目窗口中选择的若干素材对象，导出为 Premiere 项目文件，方便以后再次使用编辑好的素材对象。
- AAF：输出 AAF 格式文件。AAF 比 EDL 包含更多的编辑数据，方便进行跨平台的编辑。
- Final Cut Pro XML：输出为 Apple Final Cut Pro（苹果电脑系统中的一款影视编辑软件）中可读取的 XML 格式。

11.2　影片的导出设置

在实际编辑工作中，将编辑完成的影片项目输出成视频影片文件是最基本的导出方式。在本书第 10 章介绍了影片项目的编辑工作流程时已经执行过影片项目的导出操作。请打开本书资源包中 \Chapter 10\ 字幕文字的编辑 \Complete 目录下的“字幕文字的编辑 .prproj”项目文件，下面将以该项目文件为例，详细介绍 Premiere Pro 中影片导出的设置。

11.2.1 导出设置选项

在项目窗口中点选要导出的合成序列，然后执行“文件”→“导出”→“媒体”命令，打开“导出设置”对话框，如图 11-2 所示。

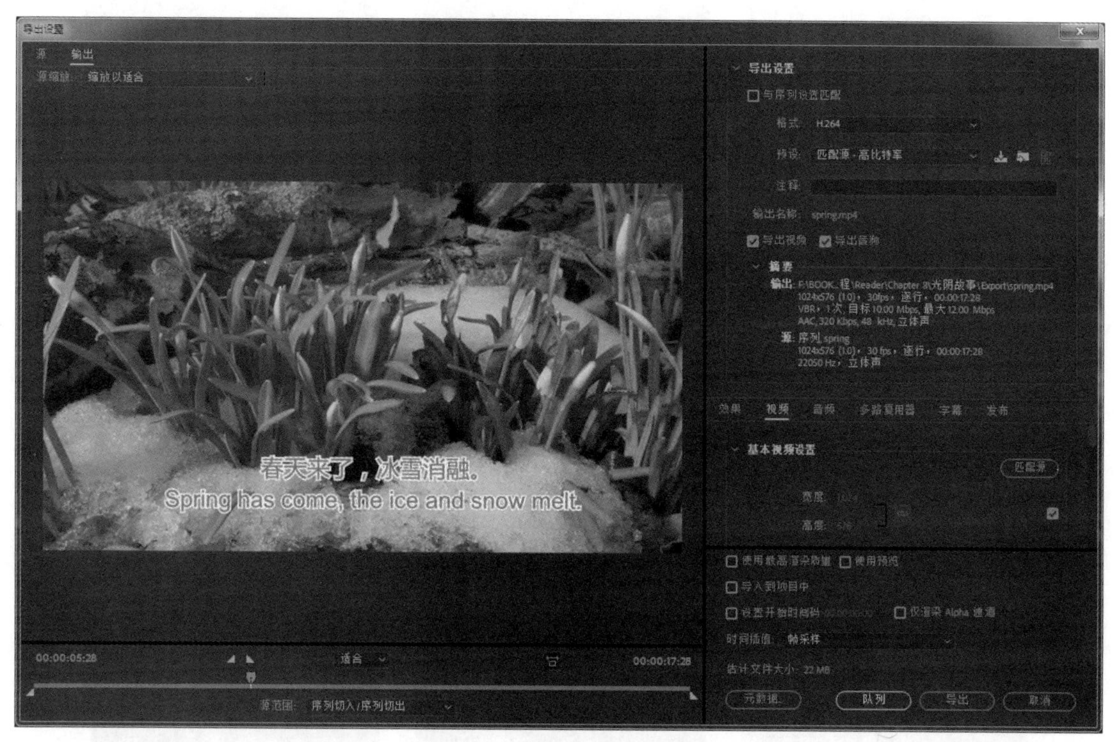

图11-2 “导出设置”对话框

“导出设置”中的选项用于确定影片项目的导出格式、导出路径、导出文件名称等。

- 与序列设置匹配：勾选该复选框，则要用与合成序列相同的视频属性进行导出。
- 格式：在该下拉列表中选择导出所生成的文件格式，可以选择视频、音频或图像等格式。选择不同的导出文件格式，下面也将显示对应的设置选项。
- 预设：在该下拉列表中选择对所选导出文件格式对应的预设制式类型。
- 注释：用以输入附加到导出文件中的文件信息注释，不会影响导出文件的内容。
- 输出名称：单击该选项后面的文字钮，在弹出的“另存为”对话框中为将要导出生成的文件指定保存目录和输入需要的文件名称。
- 导出视频 / 音频：勾选对应的选项，可以在导出生成的文件中包含对应的内容。对于视频影片，默认为全部选中。
- 摘要：显示目前所设置的选项信息，以及将要导出生成的文件格式、内容属性等信息。

11.2.2 视频设置选项

“视频”选项卡中的设置选项用于对目前所选导出文件的图像视频属性进行设置，包括视频解码器、影像质量、影像画面尺寸、视频帧速率、场序、像素长宽比等。选中不同的导出文件格式，设置选项也不同，可以根据实际需要进行设置，或保持默认的选项设置执行输出，如图 11-3 所示。

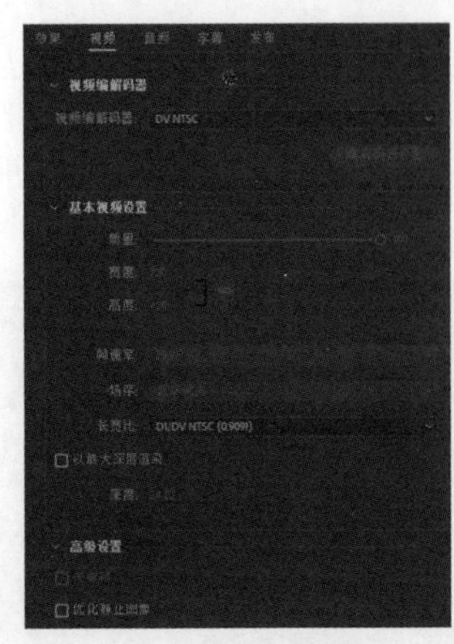
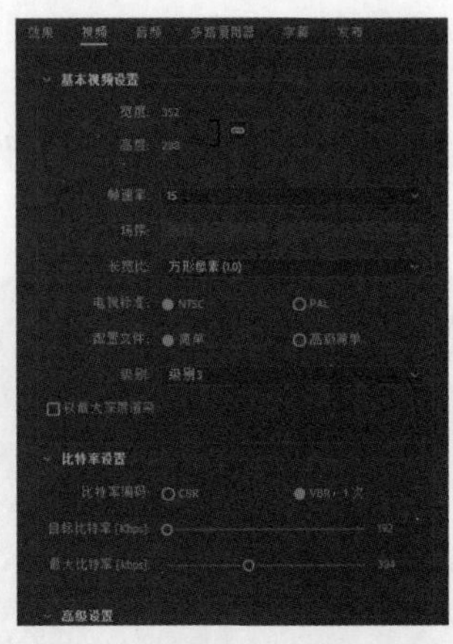
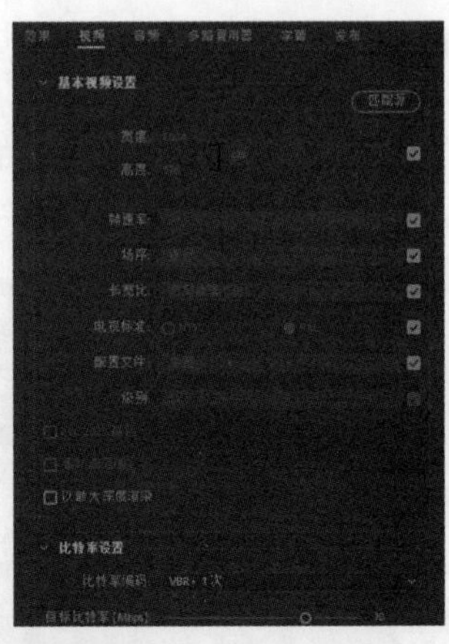

图11-3　选择AVI、MPEG4和H264格式时的视频设置选项

11.2.3　音频设置选项

“音频”选项卡中的设置选项用于对目前所选导出文件的音频属性进行设置，包括音频解码器类型、采样率、声道格式等，如图 11-4 所示。需要注意的是，采用比源音频素材更高的品质选进行输出，并不会提升音频的播放音质，反而会增加文件大小。在实际工作中应根据实际需要进行设置，或保持默认的选项设置执行输出。

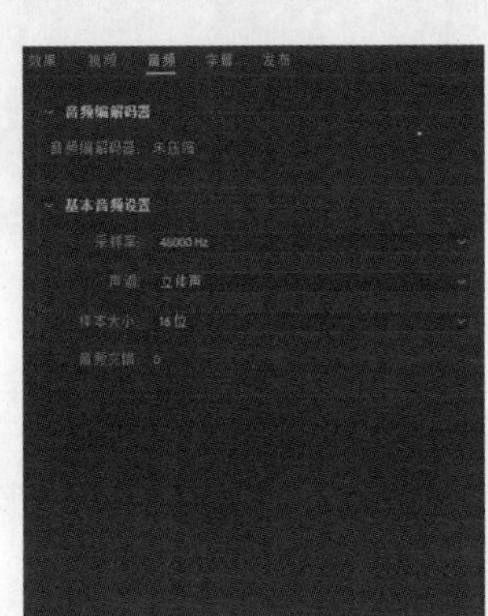
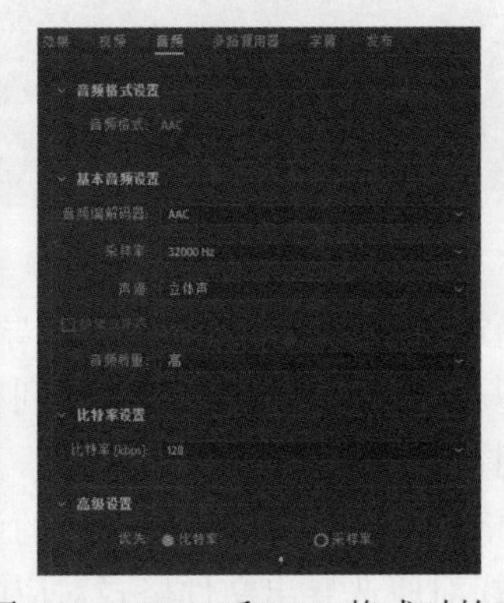
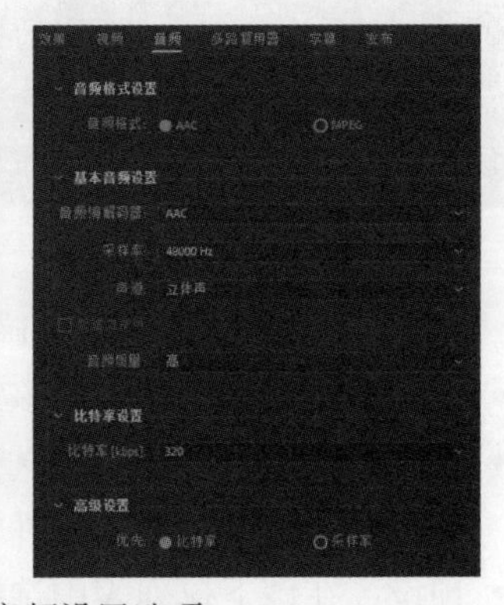

图11-4　选择AVI、MPEG4和H264格式时的音频设置选项

11.2.4　效果设置选项

“效果”选项卡是在选择导出格式为图像、视频类文件时才有的选项，勾选其中的需要设置的选项复选框，然后在其中设置需要的参数，即可为输出影像应用对应的处理效果，如图 11-5 所示。

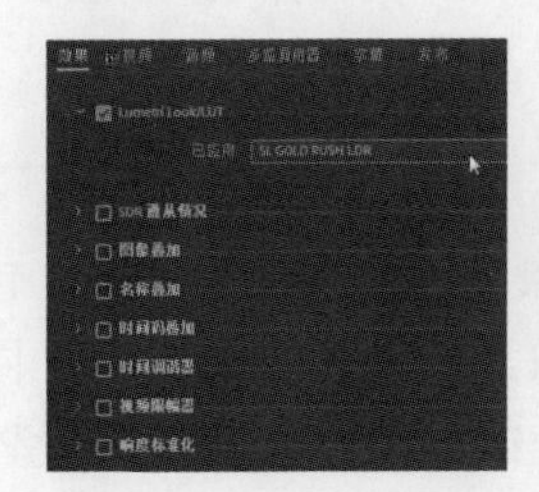

图11-5　应用高斯模糊滤镜

11.2.5 其他设置选项

"导出设置"对话框中的其他选项的用途分别如下。

- 源缩放：在所选择的导出格式与合成序列的视频属性不一致时，就会因输出文件画面比例不匹配而在画面两侧或上下出现黑边的问题，可以在此选项的下拉列表中选择对应的选项来进行画面比例的调整或选择对出现的黑边的处理方式，如图 11-6 所示。
- 源范围：在该下拉列表中选择合成序列中要输出成目标格式文件的时间范围，如图 11-7 所示。选择"自定义"选项时，可以通过调整视频预览窗口下方时间标尺头尾的标记来设置入点与出点，确定合成序列中间需要单独输出的部分内容。

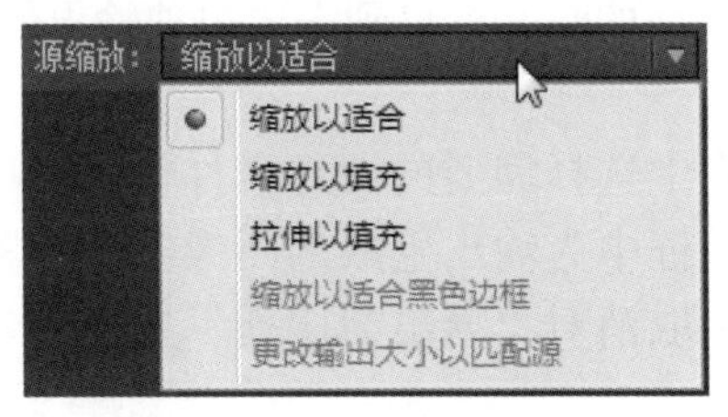

图11-6 "源缩放"选项

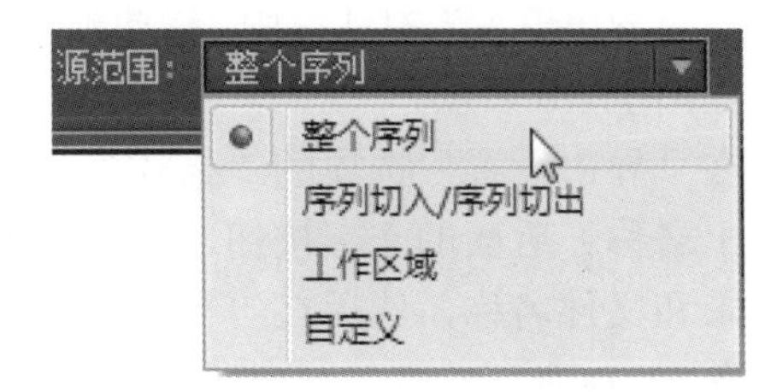

图11-7 "源范围"选项

- 使用最高渲染质量：勾选该复选框，在时间标尺上拖动时间指针进行预览时，将使用最高渲染质量渲染序列影像。
- 使用预览：在设置将合成序列导出为序列图像时，勾选该复选框，可以启用对输出后序列图像的效果预览。
- 导入到项目中：勾选该复选框，可以在完成影片导出后，将导出生成的文件自动导入到项目窗口中。

11.3 输出单独的帧画面

在实际编辑工作中，有时候需要将项目中的某一帧画面输出为静态图片文件，例如对影片项目中制作的视频特效画面进行取样，或者将某一画面单独作为素材进行使用等。此时，可以使用以下两种方法来完成。

方法一：通过节目监视器窗口导出帧画面。

① 在节目监视器窗口中，将时间指针定位到需要输出的帧画面，然后单击窗口下方工具栏中的"导出帧"按钮，如图 11-8 所示。

图11-8 单击"导出帧"按钮

② 在弹出的“导出帧”对话框中，为要输出的图像文件设置好文件名称和保存格式，然后单击“浏览”按钮，在打开的对话框中为输出图像设置包保存路径，单击“确定”按钮，即可将选定的帧画面输出为指定格式的图像文件，如图 11-9 所示。

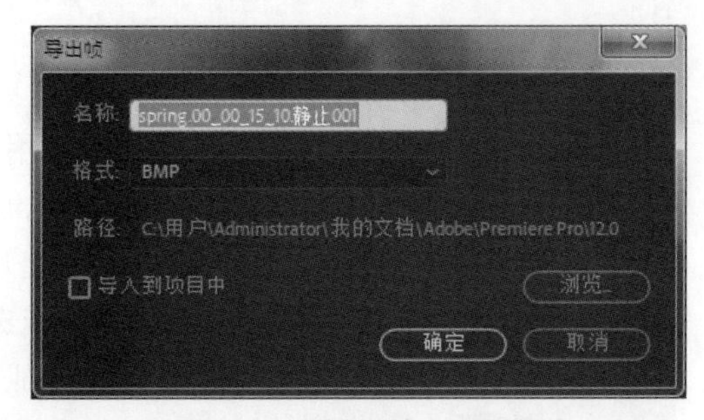

图11-9 “导出帧”对话框

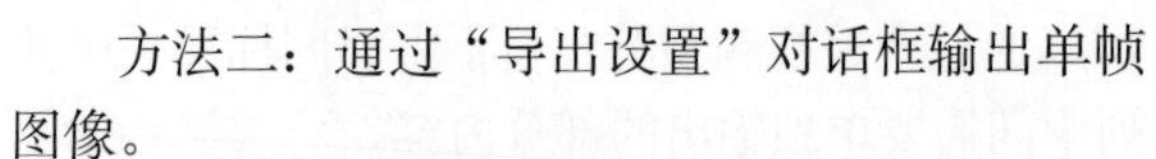

方法二：通过“导出设置”对话框输出单帧图像。

① 在“导出设置”对话框中，移动预览窗口下面的时间标尺到需要单独输出的帧画面，如图 11-10 所示。

② 在“导出设置”选项的“格式”下拉列表中选择需要的图像文件格式，单击“输出名称”后面的文字按钮，在弹出的对话框中为输出生成的图像文件设置保存目录和文件名称，然后在“视频”选项卡中取消对“导出为序列”选项的勾选，如图 11-11 所示。

图11-10 设置需要输出的帧画面

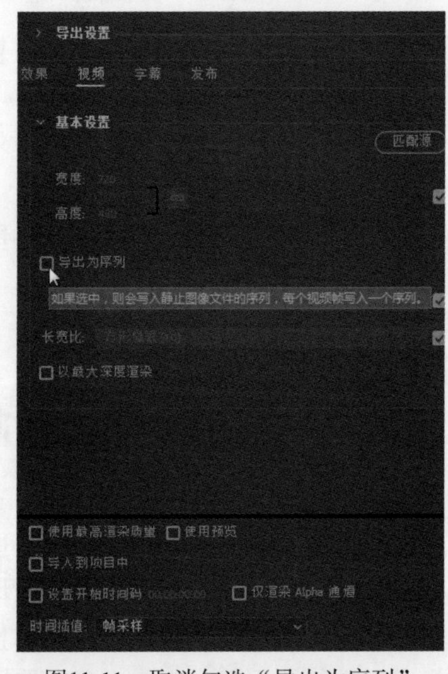

图11-11 取消勾选“导出为序列”

③ 保持其他选项的默认状态，单击“导出”按钮，即可完成对所选帧画面单独输出为图像文件的操作。

11.4 单独输出音频内容

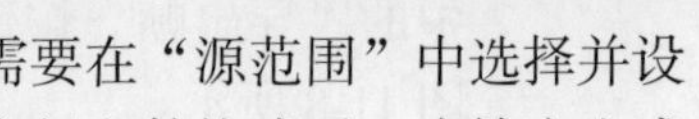

单独将合成序列中的音频内容输出成音频文件，首先同样需要在“源范围”中选择并设置好需要输出的时间范围。在“格式”下拉列表中选择需要的音频文件格式后，为输出生成

的音频文件设置好保存目录和文件名称，然后在下面的“音频”选项卡中设置好需要的音频属性选项，然后单击“导出”按钮，即可完成对合成序列中的音频内容进行单独输出的操作，如图 11-12 所示。

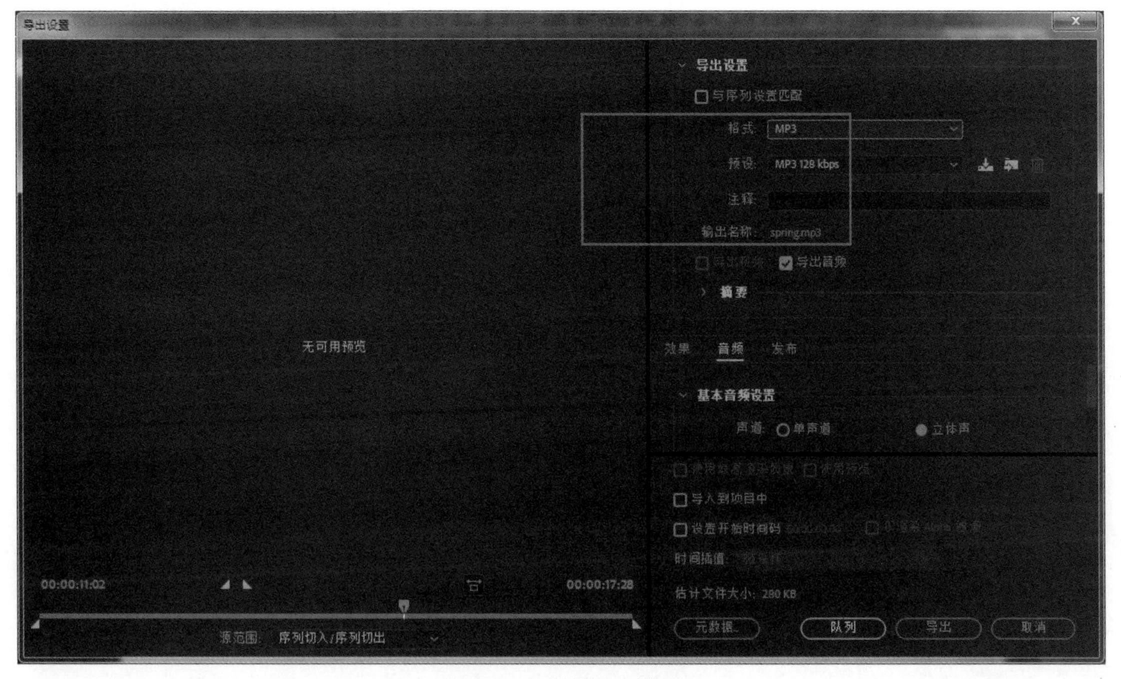

图11-12　音频输出设置

第 12 章

旅游主题宣传片：天府四川

本章主要通过实例的方式介绍制作宣传视短片频的方法。通过本章的学习，读者应该掌握配合使用前面学习的多个方面的编辑技能，来制作宣传视短片的方法。

- 实例效果
- 实例分析
- 编辑图像动画
- 编辑标题字幕
- 编辑片尾动画
- 预览并输出影片

主题宣传片一般不需要添加过多的特效，重点是影像素材的准备，要紧扣影片主题。例如本案例上制作旅游主题宣传片，那么所准备的素材就需要表现出旅游风景和文化特色，在编辑时无需过多的视觉处理，只需要将主要内容条理清楚地表现完整，便可以制作出优秀的宣传片作品。

12.1 实例效果

本例是以四川旅游为主题制作的宣传片，主要包括展现四川自然美景、历史文化、人文艺术、特色美食的图像展示。请打开本书资源包中 \Chapter 12\Export 目录下的“天府四川 .mp4”，欣赏本实例的完成效果，如图 12-1 所示。

图12-1 欣赏影片完成效果

12.2 实例分析

（1）本实例主要通过编辑关键帧动画，来逐步展示四川旅游的特点。在编辑用大量图像素材制作主题影片项目时，要注意在图像切换之间应用贴合画面内容表现的动画或过渡效果，而且还要注意选取适合影片动画风格和内容意境的背景音乐，以使影片整体播放效果流畅自然。

（2）通过在“首选项”参数中对“静止图像默认持续时间”选项进行修改，将导入的图像素材都设定好需要的默认持续时间，以适应影片的编辑需要。

（3）对图像尺寸进行适合影片画面的调整，根据图像的长宽比例选择进行缩放或平移动画的编辑，并对动画关键帧进行运动曲线的设置，得到逐渐放缓运动的动画效果。通过编辑图像淡入淡出动画效果，以及选取适合的视频过渡效果，完成所有图像剪辑的动画编排。

（4）创建标题字幕并编辑文字效果，为其创建位移和淡入关键帧动画。对于多个相同样式的字幕，可以通过复制编辑好了的字幕来得到新的字幕素材，对新的字幕进行修改即可快速完成编辑。

（5）选取扭曲变形的视频效果添加到主题字幕上，为其编辑合适的关键帧动画以配合主题风格的表现。加入背景音乐并应用音频过渡效果编辑淡出音效，得到图像、声音完美配合的动感影片。

12.3 编排图像动画

① 启动 Premiere Pro，为新建的项目命名并设置好保存目录后，执行“编辑”→“首选项”→“时间轴”命令，在打开的“首选项”对话框中，将静止图像默认持续时间修改为 4 秒，如图 12-2 所示。

② 按下“Ctrl+N”键，打开“新建序列”对话框后，在“序列预设”标签中选择 DV NTSC 视频制式，然后展开“设置”标签，在“编辑模式”下拉列表中选择“自定义”，然后设置“时基”为 25 帧 / 秒，场序为“无场”，如图 12-3 所示。

图12-2　设置静态素材持续时间

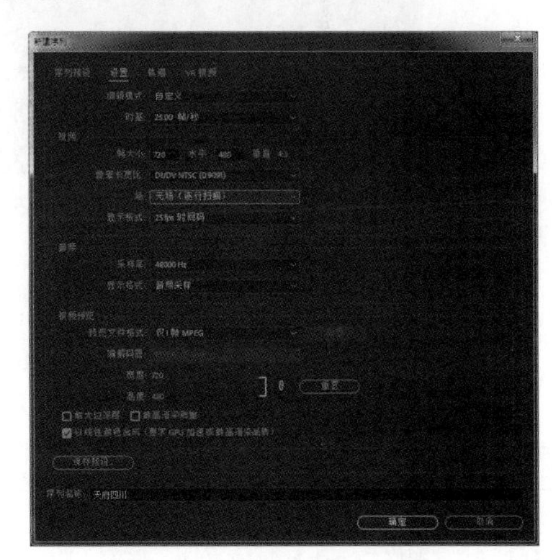

图12-3　设置新建的合成序列

③ 导入本例素材目录中准备的所有素材文件。从项目窗口中将“BG.jpg”加入到视频 1 轨道中，并暂时将其持续时间延长到 1 分 25 秒，作为影片的背景画面，如图 12-4 所示。

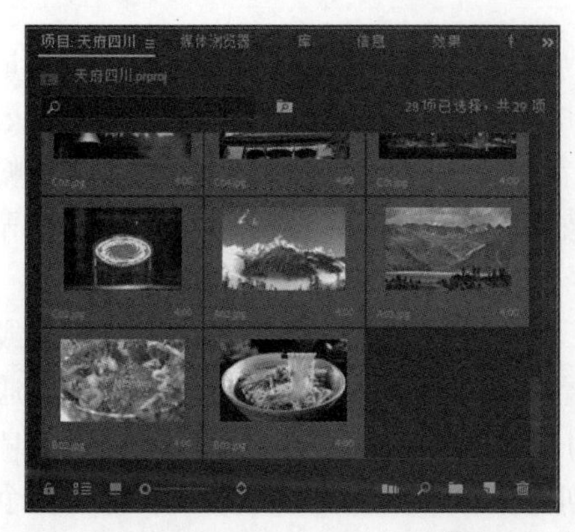

图12-4 加入背景图像

④ 将“A01.jpg”加入到视频 2 轨道中，打开效果控件面板，修改其“缩放”参数为 77%，以匹配影片画面的高度。按下“位置”“不透明度”前面的“切换动画”按钮，为其创建从右向左移动并逐渐显现的关键帧动画。在位移动画的结束关键帧上单击鼠标右键并选择“缓入”选项，使剪辑图像的运动逐渐放缓到停止，如图 12-5 所示。

时间		00:00:00:00	00:00:01:00	00:00:03:00	
	不透明度	0%	100%		
	位置	420.0,240.0		300.0,240.0	

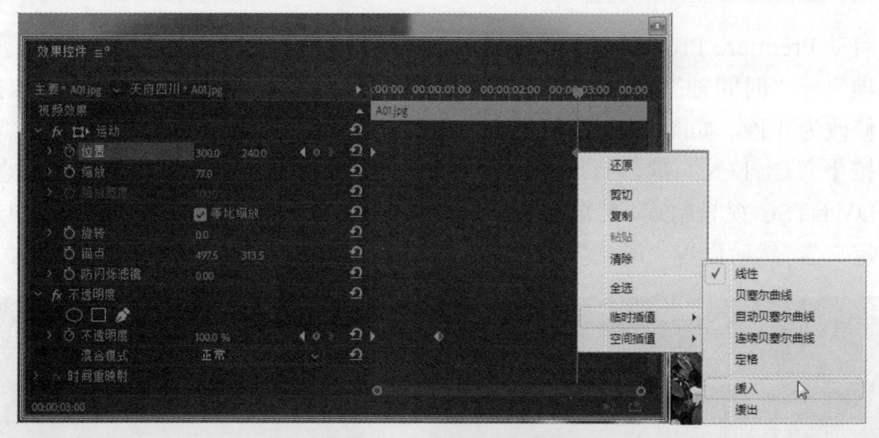

图12-5 编辑关键帧动画

⑤ 将“A02.jpg”加入到视频 3 轨道中，安排其入点从第 3 秒开始；打开效果控件面板，按下“缩放”“不透明度”前面的“切换动画”按钮，为其创建逐渐放大并逐渐显现的关键帧动画。在缩放动画的结束关键帧上单击鼠标右键并选择“缓入”选项，使素材图像的缩放动画逐渐放缓到停止，如图 12-6 所示。

时间		00:00:03:00	00:00:04:00	00:00:05:00	
	不透明度	0%	100%		
	缩放	74%		95%	

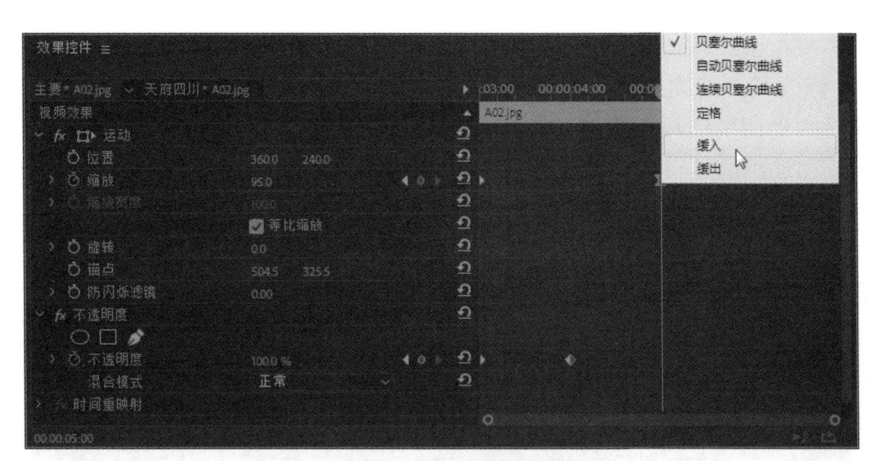

图12-6　编辑关键帧动画

⑥ 将“A03.jpg”加入到视频 2 轨道中，安排其入点从第 6 秒开始。点选视频 3 轨道中的“A02.jpg”，为其“不透明度”选项在第 6 秒和出点添加关键帧，编辑图像逐渐淡出到透明的效果，使下层视频 2 轨道中的图像逐渐显现出来，如图 12-7 所示。

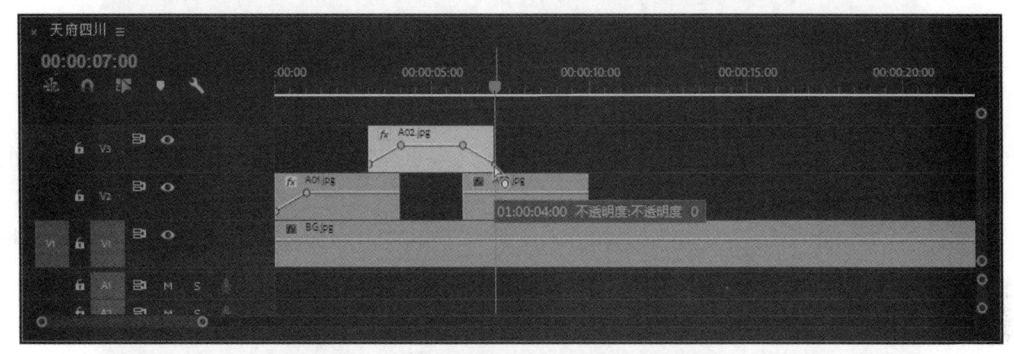

图12-7　添加素材并编辑不透明度动画

⑦ 点选视频 2 轨道中的“A03.jpg”，打开效果控件面板，修改其“缩放”参数为 75%，以匹配影片画面的高度，为其编辑从开始到第 8 秒，图像在画面中从左（303.0,240.0）向右（417.0,240.0）运动的关键帧动画，同样为其结束关键帧设置缓入动画效果，如图 12-8 所示。

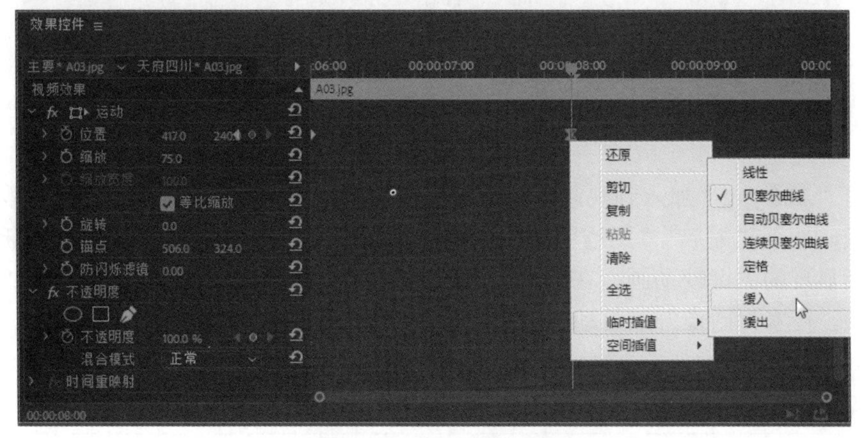

图12-8　编辑关键帧动画

⑧ 将“A04.jpg”加入到视频 3 轨道中，安排其入点从第 9 秒开始。打开效果控件面板，修改其“缩放”参数为 92%，以匹配影片画面的高度，按下“位置”“不透明度”前面的“切换动画”按钮，为其创建从右向左移动并逐渐显现的关键帧动画；同样为位移动画的结束关键帧设置缓入动画效果，如图 12-9 所示。

时间		00:00:09:00	00:00:10:00	00:00:11:00	00:00:12:00	00:00:13:00
	不透明度	0%	100%		100%	0%
	位置	513.0,240.0		207.0,240.0		

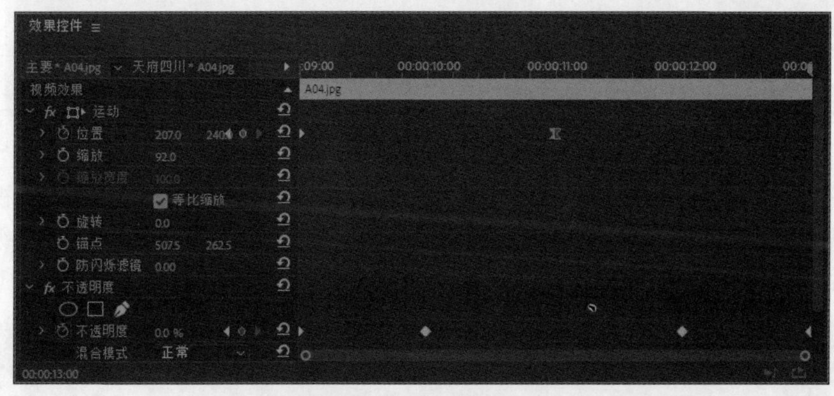

图12-9　编辑关键帧动画

⑨ 将“A05.jpg”加入到视频 2 轨道中，安排其入点从第 12 秒开始。打开效果控件面板，修改其“缩放”参数为 70%，以匹配影片画面的高度，为其编辑从开始到第 14 秒，图像在画面中从左（260.0,240.0）向右（470.0,240.0）运动的关键帧动画，同样为其结束关键帧设置缓入动画效果，如图 12-10 所示。

图12-10　编辑关键帧动画

⑩ 将“A06.jpg”加入到视频 3 轨道中，安排其入点从第 15 秒开始。打开效果控件面板，按下“缩放”“不透明度”前面的“切换动画”按钮，为其创建逐渐缩小并逐渐显现的关键帧动画。在缩放动画的结束关键帧上单击鼠标右键并选择“缓入”选项，使素材图像的缩放动画逐渐放缓到停止，如图 12-11 所示。

时间		00:00:15:00	00:00:16:00	00:00:17:00	
	不透明度	0%	100%		
	缩放	100%		55%	

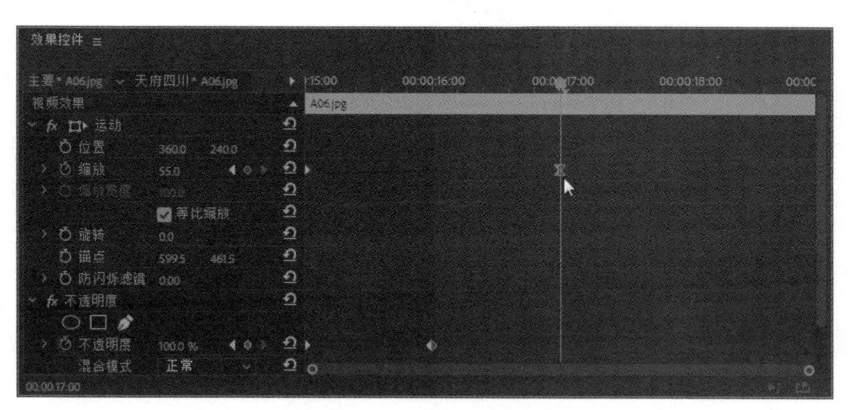

图12-11　编辑关键帧动画

12.4　编辑标题字幕

① 将时间指针定位在第 1 秒的位置；执行“文件”→“新建”→“旧版标题”命令，打开“新建字幕”对话框，将新建的字幕素材命名为“美景”，然后单击“确定”按钮。

② 字幕设计器窗口打开后，选取“文字工具” T 并输入文字“美景”，将其移动到右下方合适的位置，然后在字幕样式面板中单击之前创建的自定义样式进行应用，并为其设置合适的字体和字号，阴影颜色设为深蓝色，并调整阴影效果参数，如图 12-12 所示。

图12-12　输入字幕文字并应用样式

③ 关闭字幕设计器窗口，从项目窗口中将新建的字幕素材加入到视频 4 轨道中并定位其入点从第 1 秒开始，然后延长其持续时间到与“A06.jpg”的出点对齐，如图 12-13 所示。

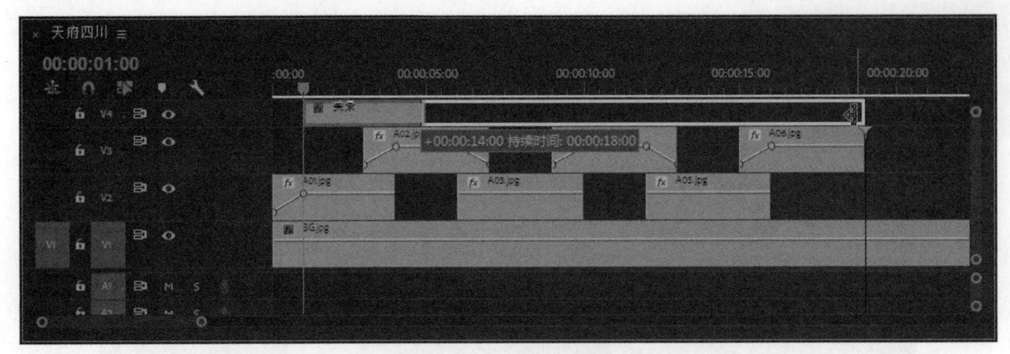

图12-13　加入字幕素材

④ 打开效果控件面板，按下“位置”“不透明度”前面的“切换动画”按钮，为其创建从上向下移动并逐渐显现、在结束前 1 秒到出点位置淡出到透明的关键帧动画。在位移动画的结束关键帧上单击鼠标右键并选择“缓入”选项，使素材图像的运动逐渐放缓到停止，如图 12-14 所示。

时间		00:00:01:00	00:00:03:00	00:00:18:00	00:00:19:00
⏱	不透明度	0%	100%	100%	0%
⏱	位置	360.0,140.0	360.0,240.0		

图12-14　编辑关键帧动画

⑤ 将时间指针定位在第 3 秒的位置；执行“文件”→“新建”→“旧版标题”命令，新建一个名为“Scenery”的字幕，然后单击“确定”按钮。

⑥ 字幕设计器窗口打开后，选取“文字工具” T 并输入文字“Scenery”，将其移动到“美食”下方合适的位置，然后在字幕样式面板中单击之前创建的自定义样式进行应用，为其设置合适的字体和字号，并调整阴影效果参数，如图 12-15 所示。

⑦ 从项目窗口中将新建的字幕素材加入到视频 5 轨道中并定位其入点从第 2 秒开始，然后延长其持续时间到与“A06.jpg”的出点对齐，如图 12-16 所示。

⑧ 打开效果控件面板，按下“位置”“不透明度”前面的“切换动画”按钮，为其创建从左向右移动并逐渐显现、在结束前 1 秒到出点位置淡出到透明的关键帧动画。在位移动画的结束关键帧上单击鼠标右键并选择“缓入”选项，使素材图像的运动逐渐放缓到停止，如图 12-17 所示。

图12-15　输入字幕文字并应用样式

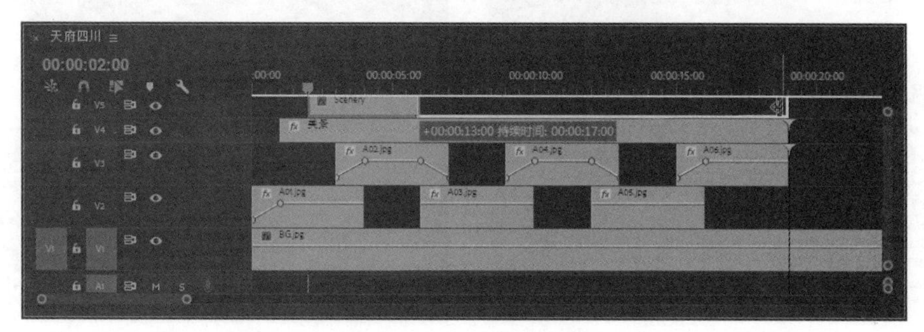

图12-16　加入字幕素材

	时间	00:00:02:00	00:00:04:00	00:00:18:00	00:00:19:00
⏱	不透明度	0%	100%	100%	0%
⏱	位置	200.0,240.0	360.0,240.0		

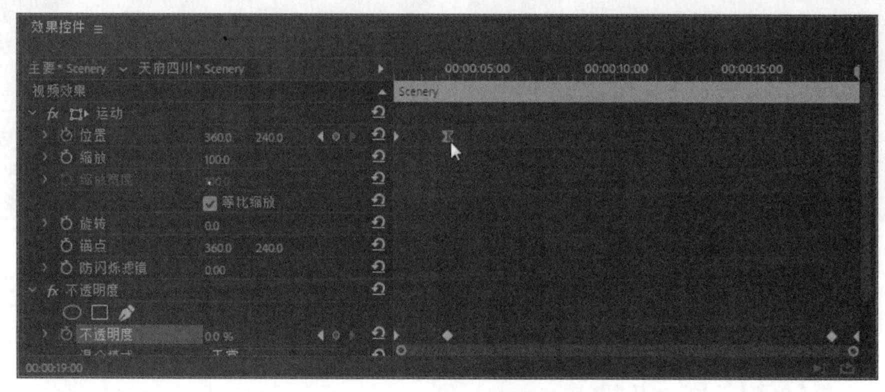

图12-17　编辑关键帧动画

⑨ 从项目窗口中将素材“B01.jpg”加入到视频 3 轨道中“A06.jpg”的后面，然后在效果面板中展开“视频过渡”→“溶解”文件夹，选取“叠加溶解”效果并添加到两个素材剪辑之间的位置，并在效果控件面板中设置其对齐方式为“中心切入”，如图 12-18 所示。

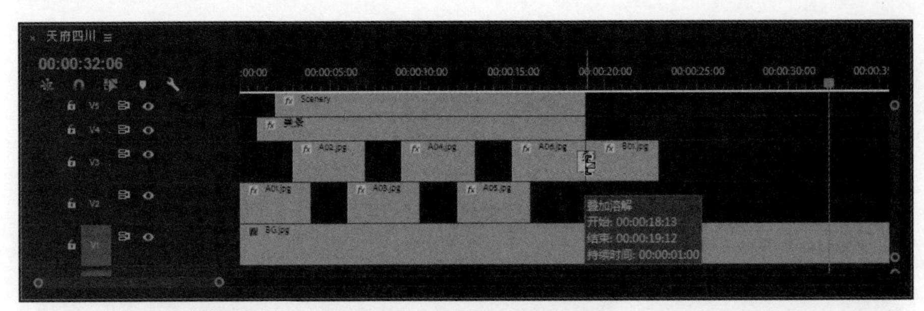

图12-18　添加视频过渡效果

⑩ 参考第一组“美景”主题内容的编辑方法，利用项目窗口中准备的B、C、D图像素材组，依次编辑出“美食”“历史”“人文”主题的影片内容，完成效果如图12-19所示。

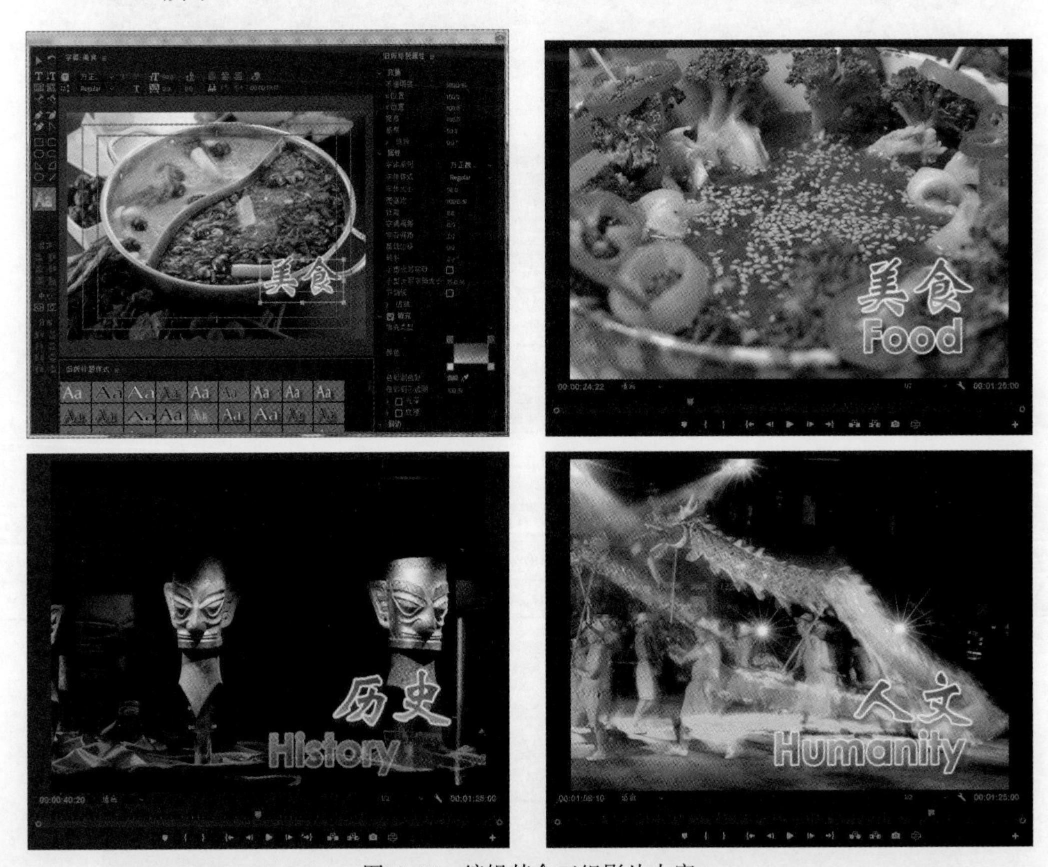

图12-19　编辑其余三组影片内容

12.5　编辑片尾动画

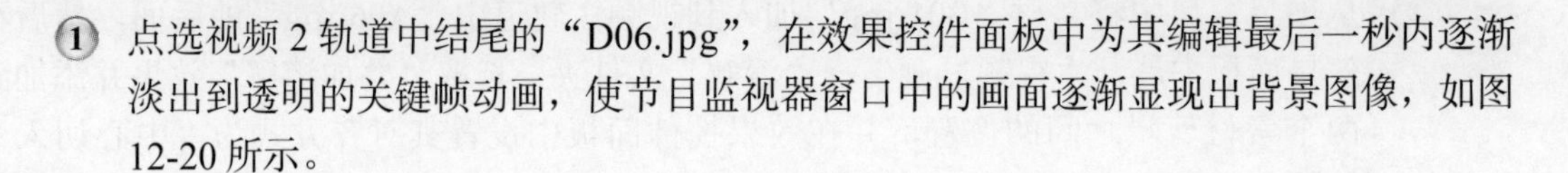

① 点选视频2轨道中结尾的“D06.jpg”，在效果控件面板中为其编辑最后一秒内逐渐淡出到透明的关键帧动画，使节目监视器窗口中的画面逐渐显现出背景图像，如图12-20所示。

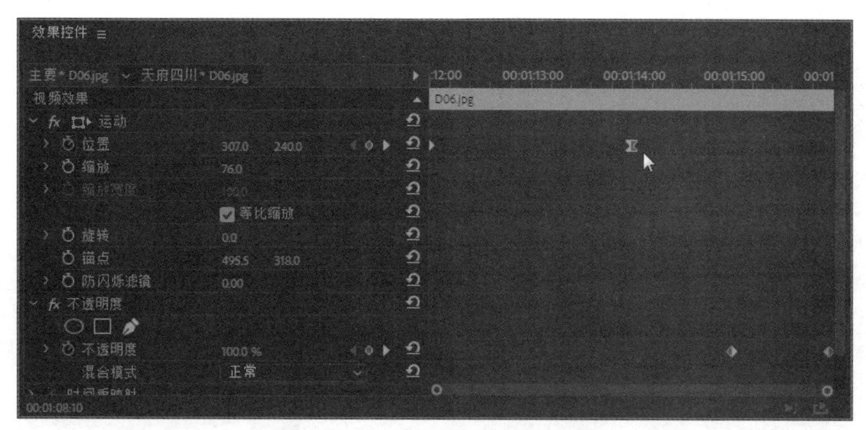

图12-20　编辑图像淡出动画

② 从项目窗口中将“MAP.jpg”加入到视频 2 轨道中“D06.jpg”的后面，并延长其持续时间到 1 分 25 秒的位置，如图 12-21 所示。

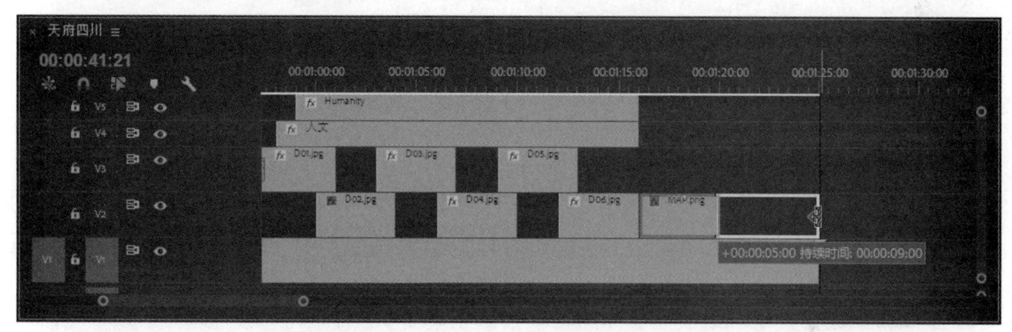

图12-21　加入素材并延长持续时间

③ 打开效果控件面板中，为“MAP.jpg”编辑在开始的两秒内，从 50% 放大到 80% 并逐渐淡入显示的关键帧动画，并在缩放动画的结束关键帧设置为缓入，如图 12-22 所示。

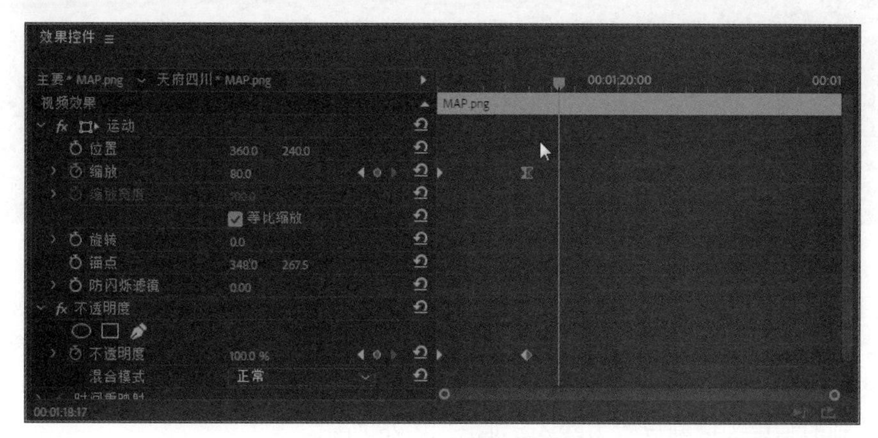

图12-22　编辑图像淡入动画

④ 将时间指针定位在 1 分 18 秒的位置，新建一个字幕素材“天府之国 四川”，在字幕设计器窗口中输入文字并为其设置好字体（金梅毛行书）、字号（120）、填充效果，放置在合适的位置，如图 12-23 所示。

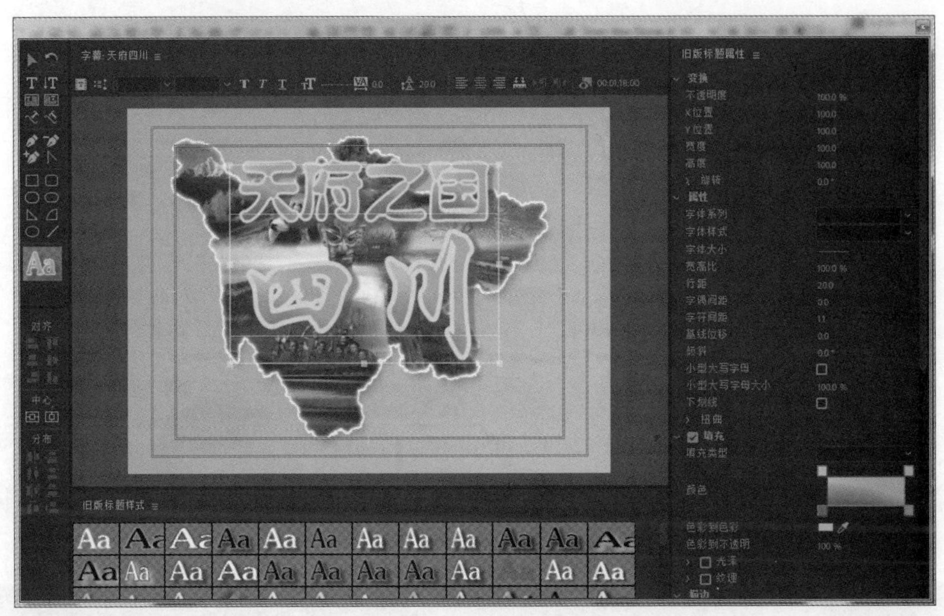

图12-23　编辑标题文字

⑤ 关闭字幕设计器窗口，将编辑好的字幕加入到时间轴窗口中 1 分 18 秒的位置，并延长其持续时间到与下层剪辑的出点对齐。

⑥ 打开效果控件面板中，为该字幕编辑在开始的 3 秒内，从 130% 缩小到 100% 并逐渐淡入显示的关键帧动画，并将缩放动画的结束关键帧设置为缓入，如图 12-24 所示。

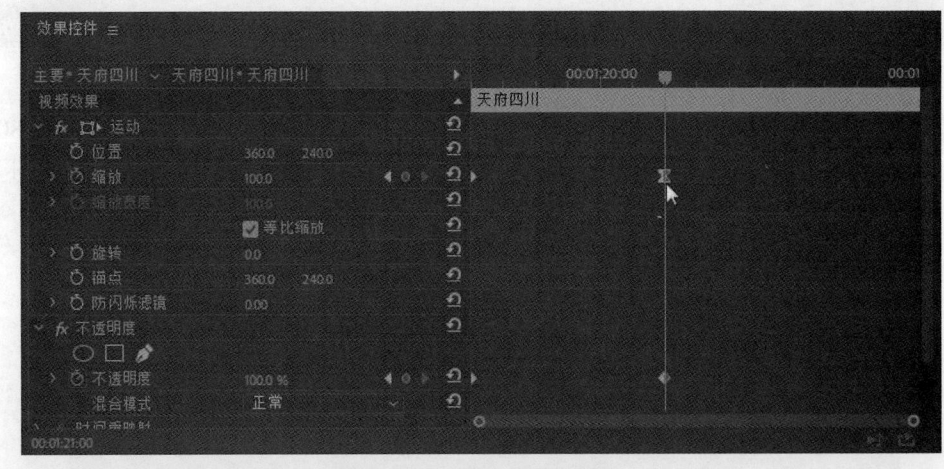

图12-24　编辑图像淡入动画

⑦ 打开效果面板并展开“视频效果→扭曲”文件夹，选取“紊乱置换”效果并添加到字幕剪辑上。在效果控件面板中展开其选项组，在“置换”下拉列表中选择“湍流”，按下“数量”“大小”前面的“切换动画”按钮，为其创建扭曲复位动画，并将其动画的结束关键帧设置为缓入，如图 12-25 所示。

	时间	00:01:18:00	00:01:21:00		
⏱	数量	250	0		
⏱	大小	15	5		

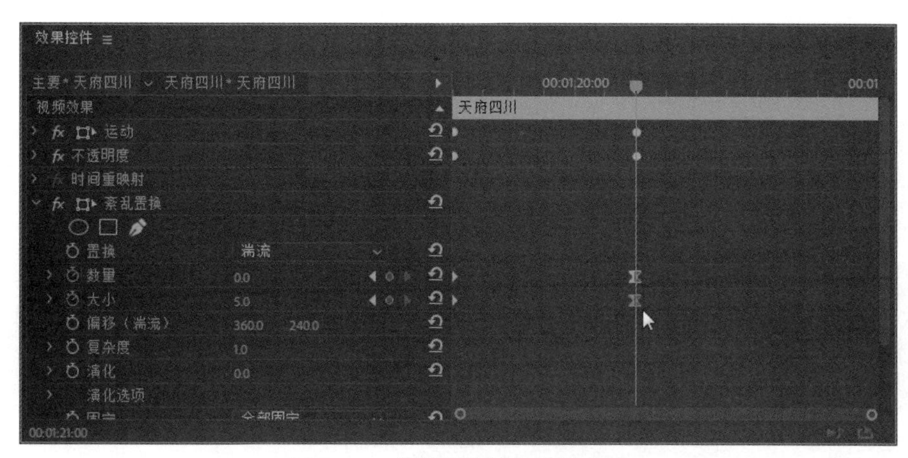

图12-25　编辑特效的关键帧动画

8 将时间指针定位在 1 分 21 秒的位置，使用“文字工具”在节目监视器窗口中输入“欢迎您”，为其设置好字体、字号、字间距、填充效果，放置在合适的位置，如图 12-26 所示。

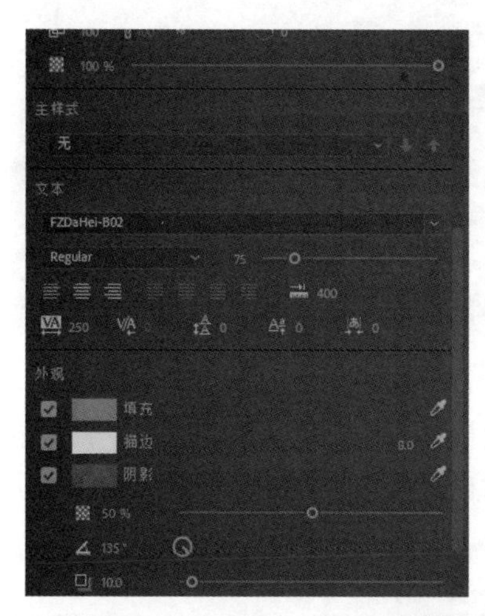

图12-26　编辑欢迎语文字

9 关闭字幕设计器窗口，将编辑好的字幕加入到时间轴窗口中 1 分 21 秒的位置，并为其编辑在开始后 1 秒内的淡入动画效果，如图 12-27 所示。

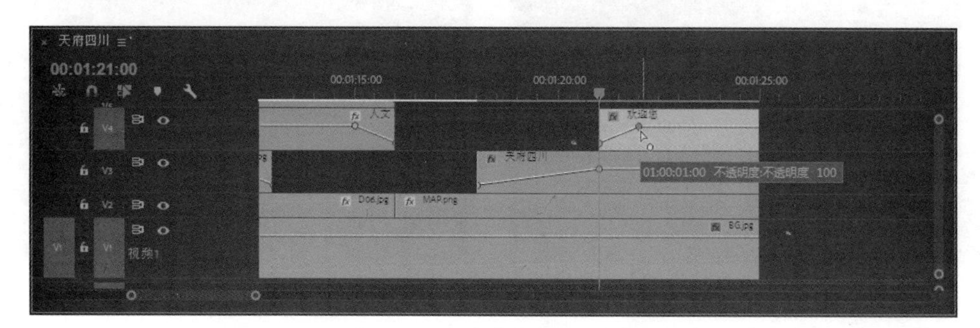

图12-27　为字幕编辑淡入动画

⑩ 从项目窗口中选取音频素材“music.mp3”，将其加入到音频 1 轨道中并修剪其出点到与视频轨道中剪辑的出点对齐，如图 12-28 所示。

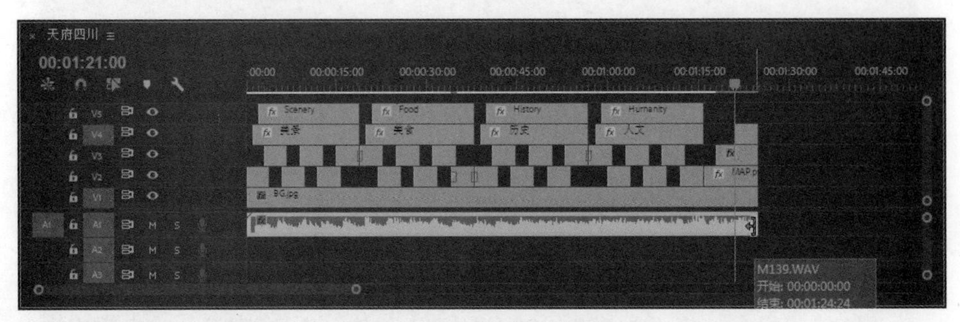

图12-28　加入背景音乐

⑪ 打开效果面板并选取“音频过渡”→“交叉淡化”→“恒定功率”效果，将其添加到背景音乐剪辑的末尾并向前调整其持续时间为 4 秒，为其编辑音量淡出效果，如图 12-29 所示。

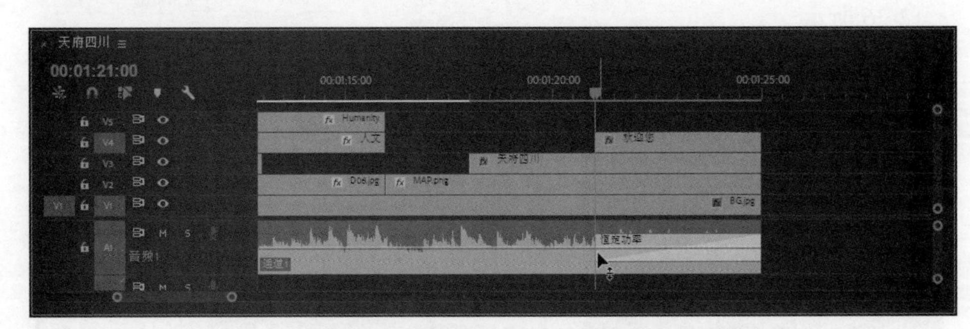

图12-29　为音频剪辑编辑淡出效果

⑫ 编辑好需要的影片效果后，按“Ctrl+S”键执行保存。执行“文件”→“导出”→“媒体”命令，在打开的“导出设置”对话框中设置合适的参数，输出影片文件，如图 12-30 所示。

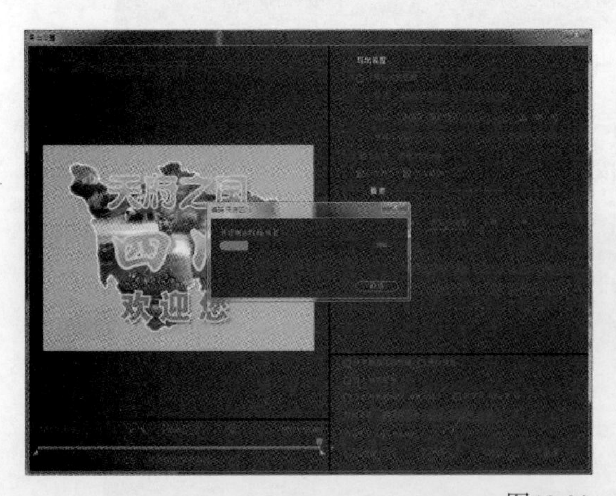

图12-30　输出影片

第13章

纪录片片头：丛林探险

本章主要通过实例的方式介绍制作一个纪录片片头的方法。通过本章的学习，读者应该掌握制作利用一些视频特效的特殊效果进行创意表现，设计制作具有创意视觉效果的片头影片。

学习重点

- 实例效果
- 实例分析
- 导入素材并编排剪辑
- 添加特效并编辑动画
- 添加标题与背景音乐
- 预览并输出影片

13.1 实例效果

在影视项目的编辑制作中，要学会利用 Premiere Pro 的功能特点进行创意表现，常常只需要使用一些很简单的功能，或只使用一个特效，就可以轻松地制作出充满创意的设计作品。本例是为一部自然科学研究纪录片制作的片头。请打开本书资源包中 \Chapter 13\Export 目录下的“丛林探险 .MP4”，欣赏本例的效果，如图 13-1 所示。

图13-1 欣赏影片效果

13.2 实例分析

本例主要利用“边角定位”特效对多个视频剪辑进行不同方向的变形并创建关键帧动画，得到依次进行扭曲变形来构成立体空间的影片画面效果。

13.3 导入素材并编排剪辑

① 新建一个项目文件后，在项目窗口中双击鼠标左键，打开导入”对话框，选择本书资源包中 \Chapter 13\Media 目录下的所有素材文件并导入，以“合并所有图层”的方式导入其中的 PSD 图像文件，如图 13-2 所示。

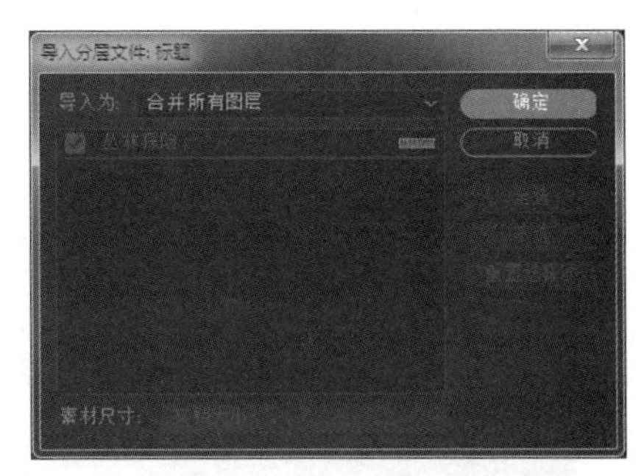

图13-2　导入素材文件

② 在项目窗口中的 SL01.mp4 素材上单击鼠标右键并选择“从剪辑新建序列”命令，应用其视频属性创建序列，然后为新建的序列重命名，如图 13-3 所示。

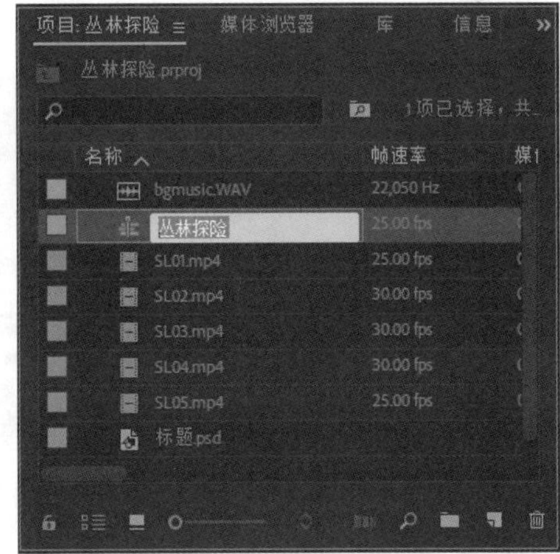

图13-3　创建序列

③ 本实例准备了五个视频素材和一个标题图像文件，需要安排六个视频轨道来编排这些素材。执行“序列”→“添加轨道”命令，在打开的“添加轨道”对话框中设置添加 3 个视频轨道，如图 13-4 所示。

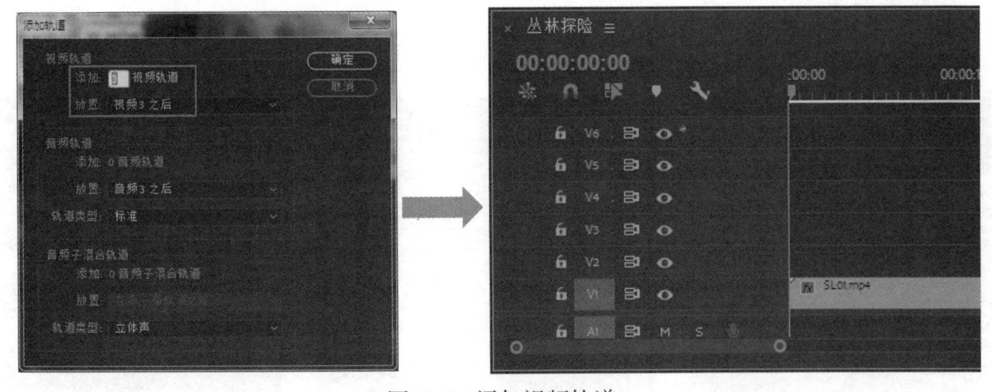

图13-4　添加视频轨道

④ 依据视频素材的文件名，以从上到下的顺序将它们加入时间轴窗口中，设置视频 4 轨道中的素材剪辑为从第 2 秒开始，视频 3 轨道中的素材剪辑从第 4 秒开始，视频 2 轨道中的素材剪辑从第 6 秒开始，视频 1 轨道中的素材剪辑从第 8 秒开始，如图 13-5 所示。

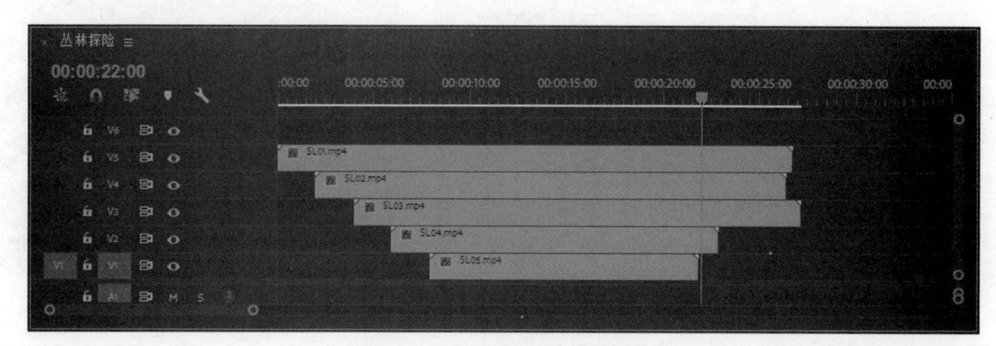

图13-5　对齐素材剪辑的出点

⑤ 在工具面板中选取“比率拉伸工具”，将所有视频轨道中素材剪辑的持续时间调整到 22 秒结束，如图 13-6 所示。

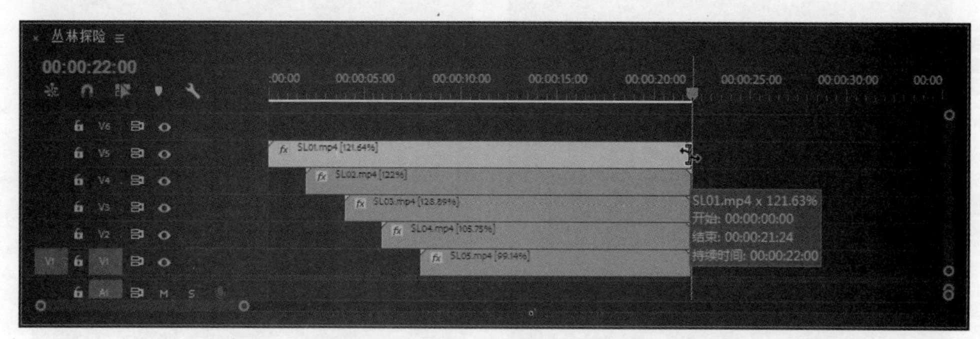

图13-6　修剪素材剪辑的持续时间

13.4　添加特效并编辑动画

本节将分别对上面面个视频轨道中的视频剪辑进行单边的扭曲缩放，需要先分别对它们的锚点位置进行调整。

① 将视频 5 轨道中的素材剪辑的锚点位置调整到画面的左边缘，如图 13-7 所示。

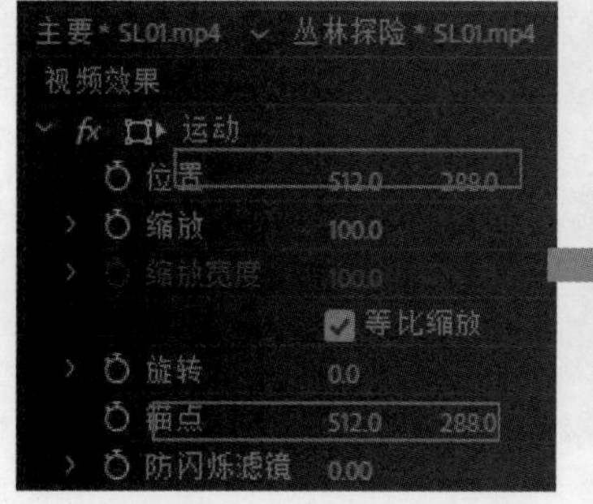

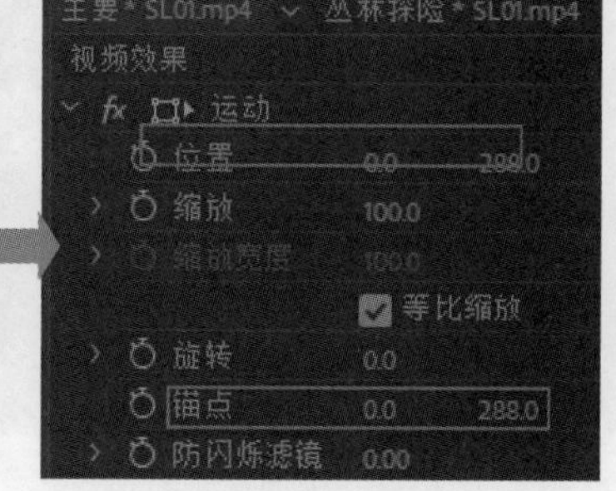

图13-7　修改素材剪辑的锚点位置

② 用同样的方法，将视频 4 轨道中素材剪辑的锚点调整到画面的右边缘，如图 13-8 所示。

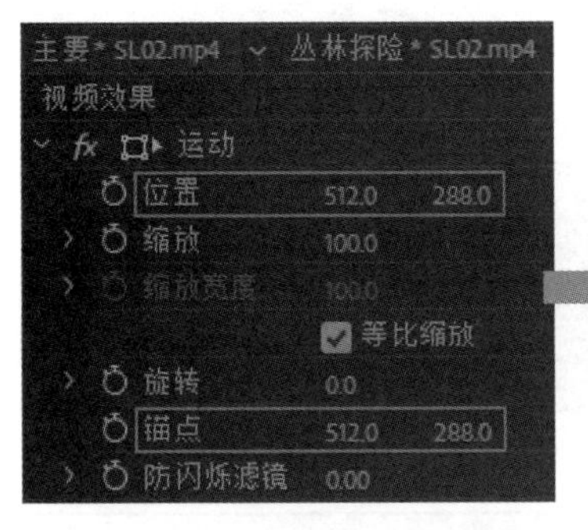

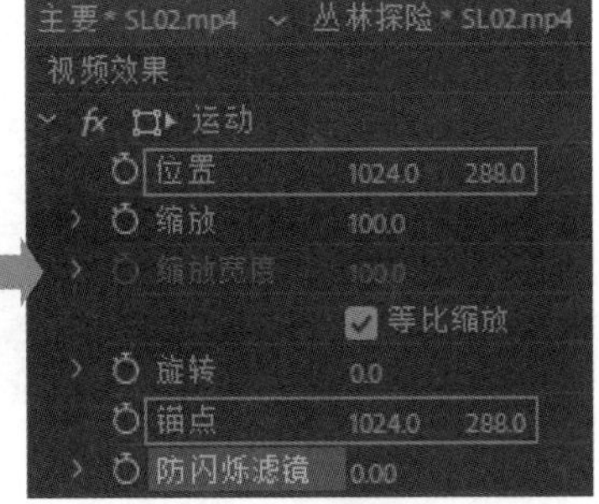

图13-8　修改素材剪辑的锚点位置

③ 将视频 3 轨道中素材剪辑的锚点调整到画面的上边缘，如图 13-9 所示。

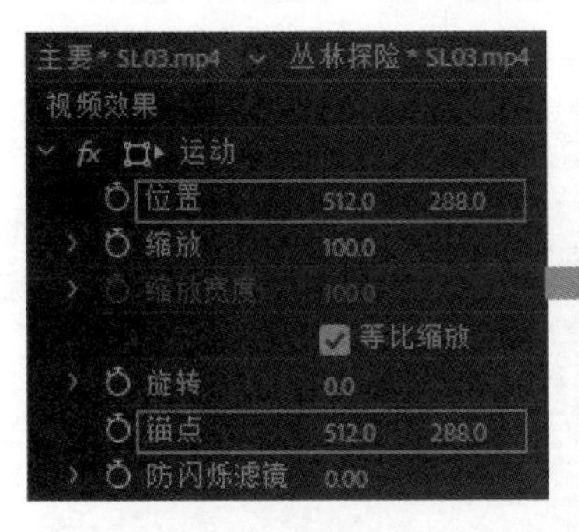

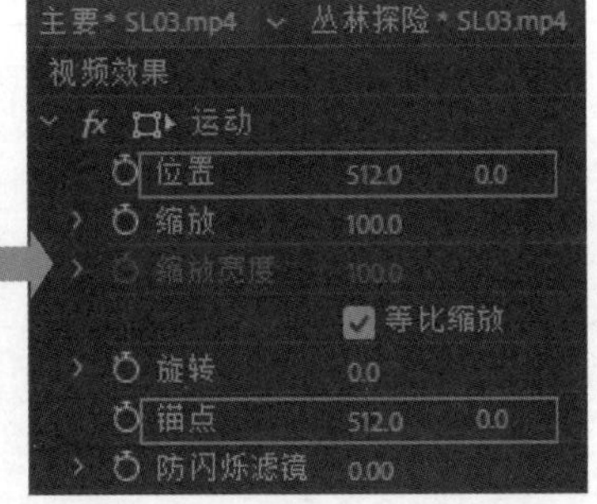

图13-9　修改素材剪辑的锚点位置

④ 将视频 2 轨道中素材剪辑的锚点调整到画面的下边缘，如图 13-10 所示。

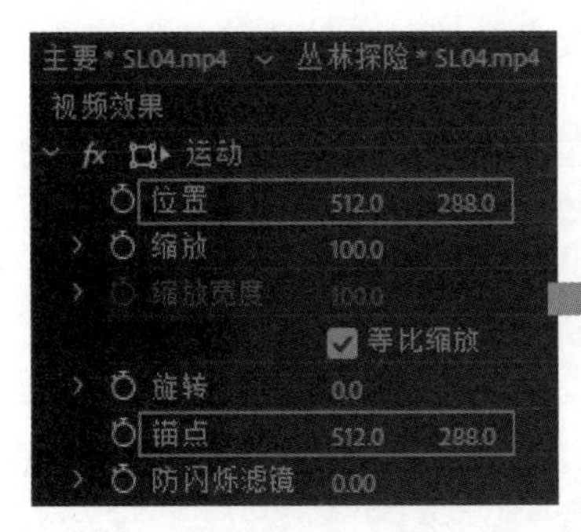

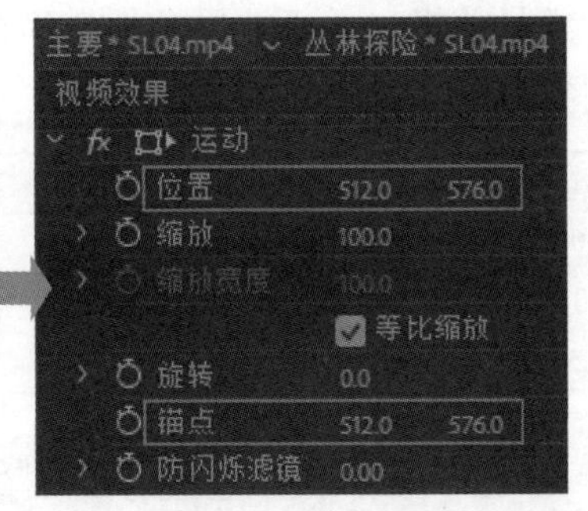

图13-10　修改素材剪辑的锚点位置

⑤ 在时间轴窗口中圈选上面四层视频轨道中的素材剪辑，然后打开“效果”面板，在“视频效果”文件夹中展开“扭曲”类特效，选取“边角定位”特效并添加到时间轴窗口中的视频素材剪辑上，如图 13-11 所示。

⑥ 点选视频 5 轨道中的素材剪辑，在“效果控件”面板中取消对“等比缩放”复选框的勾选，然后为其创建缩放和特效的关键帧动画，如图 13-12 所示。

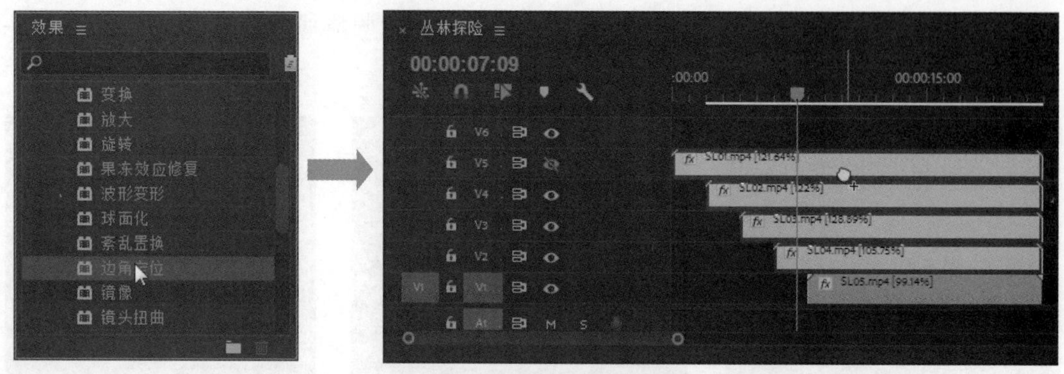

图13-11　批量添加视频效果

	时间	00:00:02:00	00:00:04:00	
	缩放宽度	100.0%	25.0%	
	右上	1024.0,0.0	1024.0,176.0	
	右下	1024.0,576.0	1024.0,400.0	

图13-12　编辑关键帧动画

⑦ 点选视频 4 轨道中的素材剪辑，在“效果控件”面板中取消对“等比缩放”复选框的勾选，然后为其创建缩放和特效的关键帧动画，如图 13-13 所示。

	时间	00:00:04:00	00:00:06:00	
	缩放宽度	100.0%	25.0%	
	左上	0.0,0.0	0.0,176.0	
	左下	0.0,576.0	0.0,400.0	

图13-13　编辑关键帧动画

⑧ 点选视频 3 轨道中的素材剪辑，在“效果控件”面板中取消对“等比缩放”复选框的勾选，然后为其创建缩放和特效的关键帧动画，如图 13-14 所示。

	时间	00:00:06:00	00:00:08:00	
	缩放高度	100.0%	30.5%	
	左下	0.0,576.0	256.0,576.0	
	右下	1024.0,576.0	768.0,576.0	

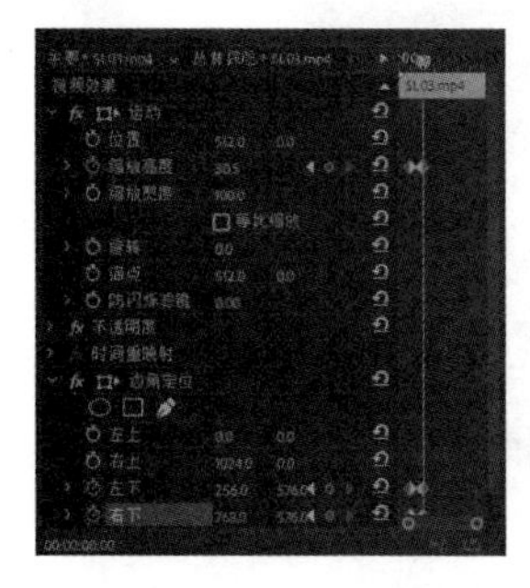

图13-14　编辑关键帧动画

⑨ 点选视频 2 轨道中的素材剪辑，在“效果控件”面板中取消对“等比缩放”复选框的勾选，然后为其创建缩放和特效的关键帧动画，如图 13-15 所示。

	时间	00:00:08:00	00:00:10:00	
	缩放高度	100.0%	30.5%	
	左上	0.0,0.0	256.0,0.0	
	右上	1024.0,00	768.0, 0.0	

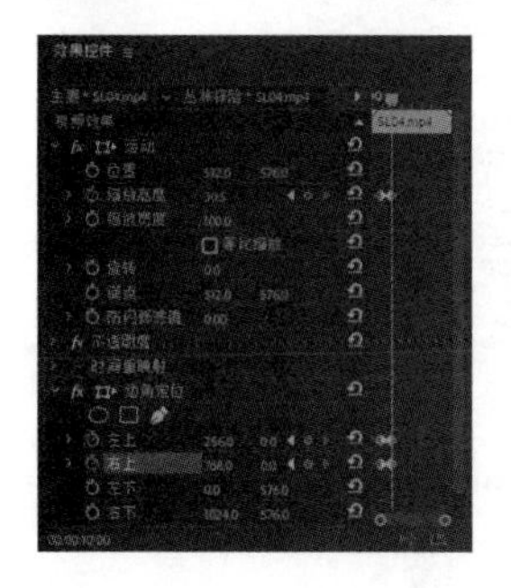

图13-15　编辑关键帧动画

⑩ 点选视频 1 轨道中的素材剪辑，在“效果控件”面板中为其创建从第 10 秒到第 12 秒，从 100% 缩小到 50% 的缩放动画，如图 13-16 所示。

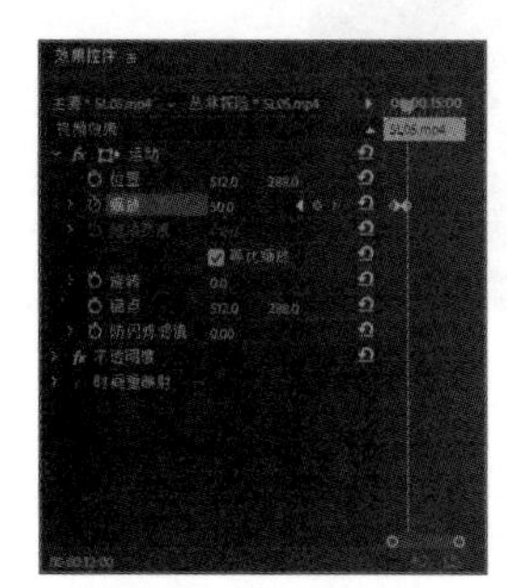

图13-16　编辑关键帧动画

13.5 添加标题与背景音乐

① 从项目窗口中将导入的“标题 .psd”素材加入到时间轴窗口的视频 6 轨道中，并将其出点与其他视频轨道中的出点对齐，如图 13-17 所示。

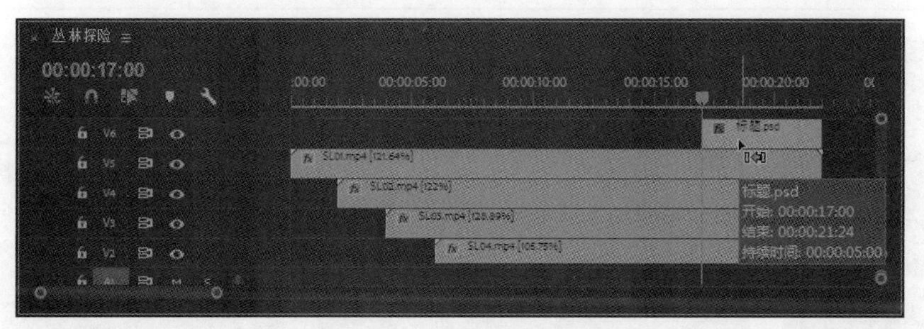

图13-17 加入标题文字素材

② 在“效果”面板中展开“视频过渡”文件夹，选取一个合适的过渡效果添加到标题剪辑的开始位置，例如“滑动”类过渡效果中的“斜线滑动”，为其设置进入画面的动画效果，如图 13-18 所示。

图13-18 编辑关键帧动画

③ 将项目窗口中的“bgmusic.wav”加入到音频轨道中，修剪其出点的位置到与视频轨道中的素材剪辑对齐，如图 13-19 所示。

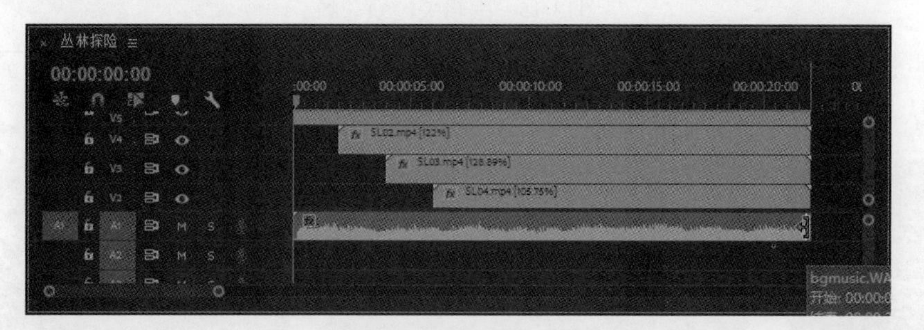

图13-19 加入背景音乐

④ 打开效果面板并选取“音频过渡”→“交叉淡化”→“恒定功率”效果，将其添加到背景音乐剪辑的末尾并向前调整其持续时间为 3 秒，为其编辑音量淡出效果，如图 13-20 所示。

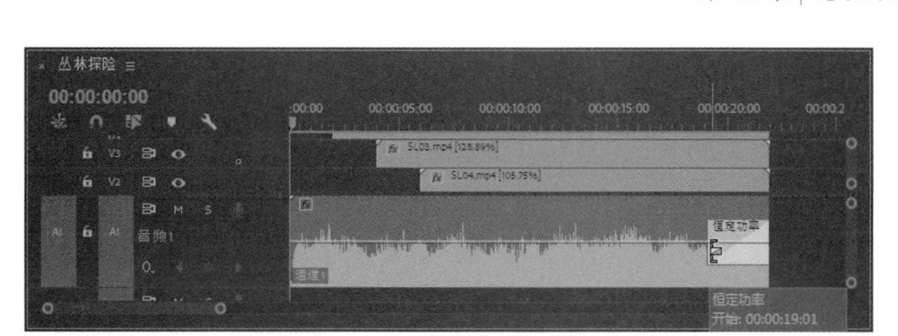

图13-20 为音频剪辑编辑淡出效果

⑤ 按“Ctrl+S”键保存，再按“Ctrl+M”键打开“导出设置”对话框，在“格式”下拉列表中选择 H.264，然后为输出影片设置好保存目录和文件名称，保持其他选项的默认设置，单击“导出”按钮，开始执行影片输出，如图 13-21 所示。

图13-21 导出设置

⑥ 影片输出完成后，使用视频播放器播放影片，效果如图 13-22 所示。

图13-22 影片完成效果

第 14 章

音乐 MV：长江之歌

本章主要通过实例介绍制作歌曲 MV 的方法。通过本章的学习，读者应该进一步熟练掌握利用视频特效关键帧动画，表现具有精致动画和创意影片的方法。

学习重点

- 实例效果
- 实例分析
- 编辑 MV 背景动画
- 编辑歌词字幕效果
- 预览并输出影片

14.1 实例效果

利用 Premiere Pro 的图形文字、标题字幕编辑能力，配合视频过渡、视频特效可以很方便地进行唱词字幕与伴奏音乐播放的同步动画。在实际工作中，配合照片、拍摄视频的素材应用，可以轻松地制作出个人专属的音乐 MV 影片。打开本书资源包中 Chapter 14\Complete\长江之歌 .mp4 文件，欣赏本实例的完成效果，如图 14-1 所示。

图14-1 案例完成效果

14.2 实例分析

（1）应用精美照片，在时间轴中编排并添加视频过渡效果，编辑出影片的背景画面。

（2）使用文字工具、绘图工具编辑歌曲标题、影片结尾字幕的文字和图像。

（3）分别编辑播放前、播放后的歌词字幕，并将编辑好的文字效果、填色效果创建为新的字幕样式，方便快速编辑其余歌词的外观效果。

（4）在播放预览的同时，通过单击节目监视器窗口工具栏中的“添加标记”按钮来标记出每句歌词字幕的位置和持续时间，作为编排所有歌词字幕的时间定位。

（5）为歌词字幕添加“裁剪”效果，为“左对齐”选项创建关键帧动画，编辑出歌词与伴奏音乐中歌唱速度同步的字幕擦除动画效果。

14.3 编辑MV背景动画

① 在 Premiere Pro 中新建一个项目文件后，按“Ctrl+N”键，打开“新建序列”对话框，展开“设置”选项卡，在“编辑模式”下拉列表中选择“DV PAL”选项，然后设置场序类型为“无场”，单击“确定”按钮，如图 14-2 所示。

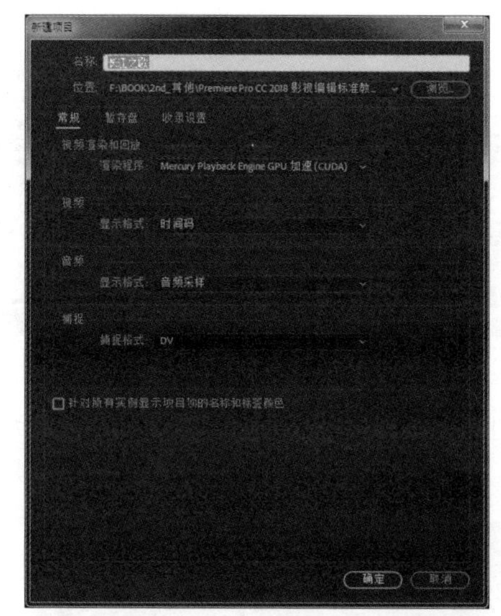
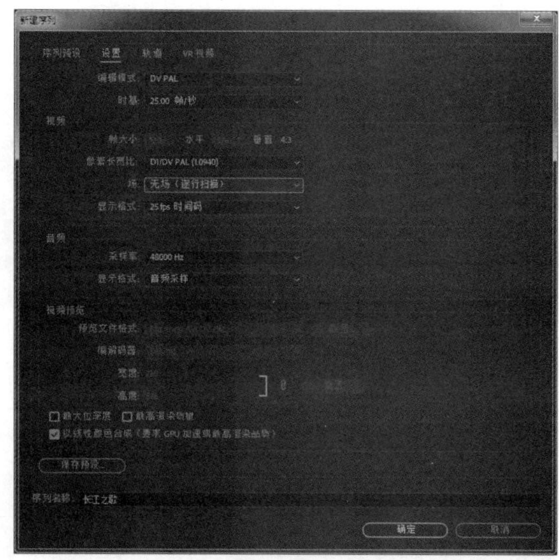

图14-2　新建序列

② 按“Ctrl+I”键，打开“导入”对话框，选择本书资源包中 \Chapter 14\Media 目录下准备的所有素材文件并导入，如图 14-3 所示。

图14-3　导入素材

③ 将导入的图像素材按文件名顺序全部加入到时间轴窗口中的视频 1 轨道中，然后将音频素材加入到音频 1 轨道中，如图 14-4 所示。

④ 放大时间轴窗口的显示比例，可以看见音频剪辑的开始位置有约 1 秒的空白区域，可以使用“选择工具”将入点向右移动到音频频谱开始的位置，然后将音频剪辑整体向前移动到时间轴的开始位置，如图 14-5 所示。

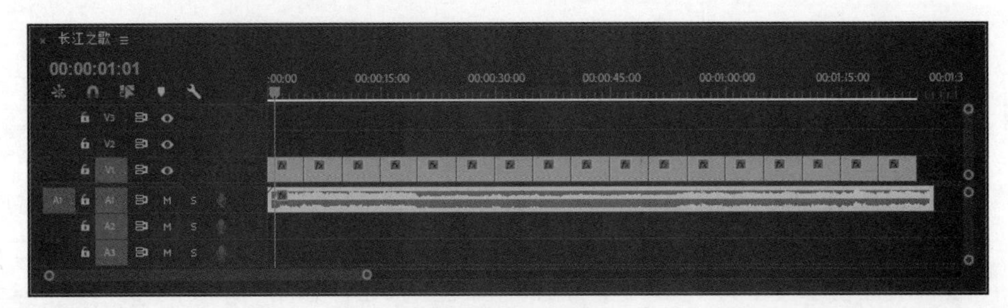

图14-4 加入素材

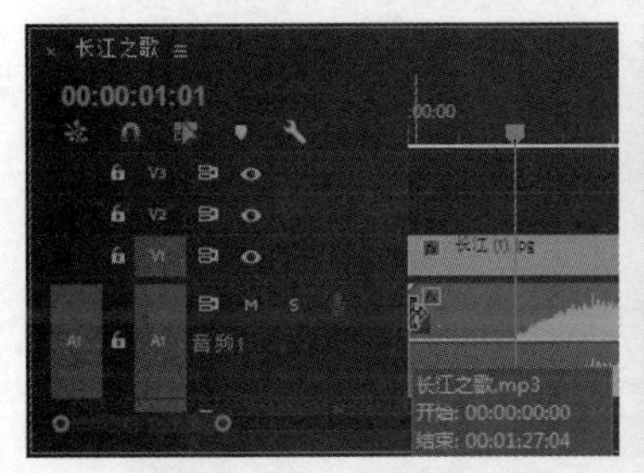

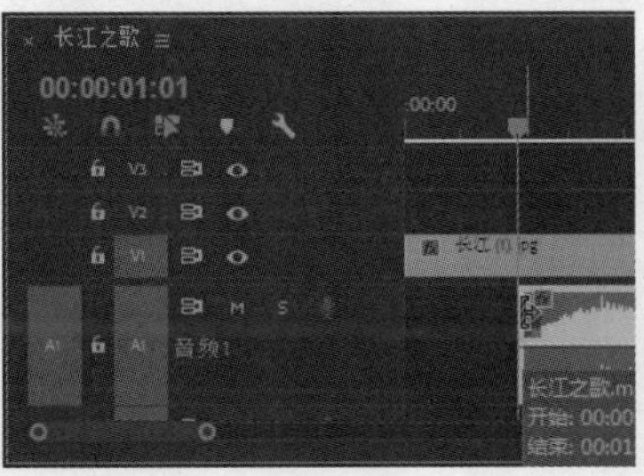

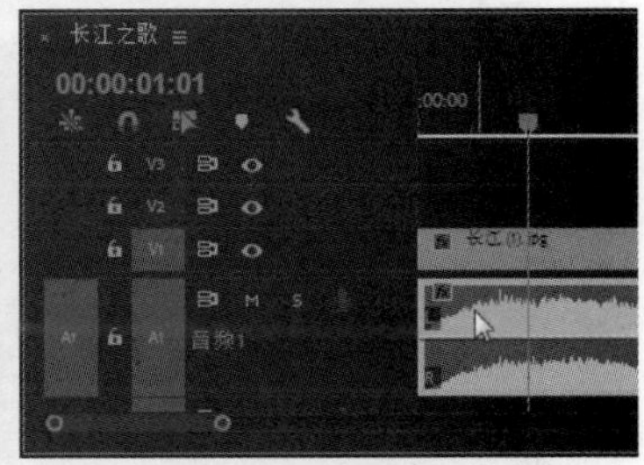

图14-5 调整音频剪辑

⑤ 在结束位置，将音频剪辑的出点向前修剪到与视频轨道中的剪辑出点对齐，并为其应用“恒定功率”音频过渡效果，使音乐在即将结束时逐渐淡出，如图 14-6 所示。

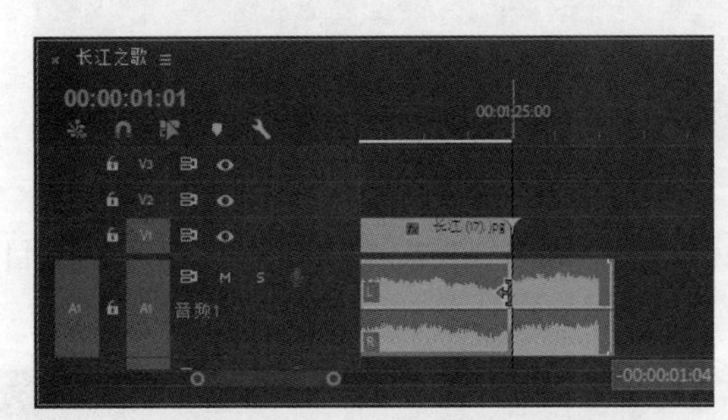

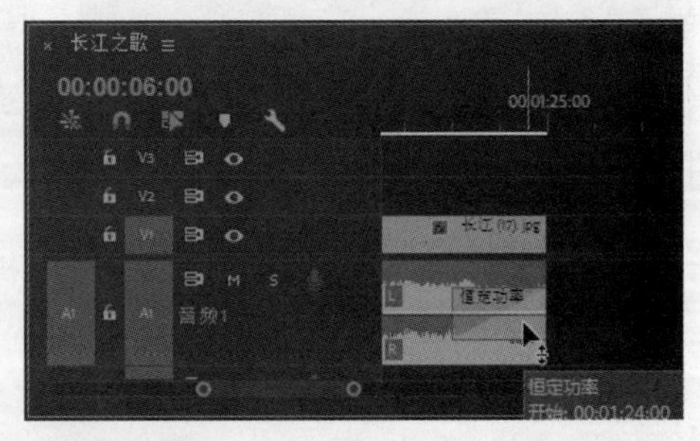

图14-6 加入素材并调整持续时间

⑥ 放大时间轴窗口中时间标尺的显示比例；选取合适的视频过渡效果，添加到时间轴窗口中图像剪辑之间的相邻位置，并在“效果控件”面板中对所有视频过渡效果的对齐位置为“中心切入”，如图 14-7 所示。

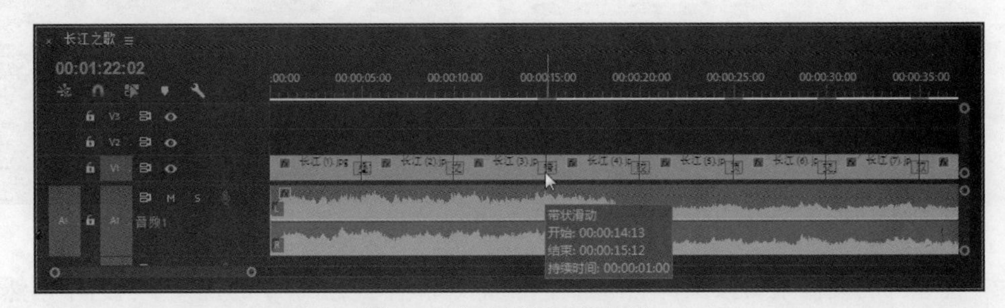

图14-7 加入视频过渡效果

⑦ 对于可以进行自定义效果设置的过渡效果，可以通过单击“效果控件”面板中的“自定义”按钮，打开对应的设置对话框，对该视频过渡特效的参数进行设置，如图 14-8 所示。

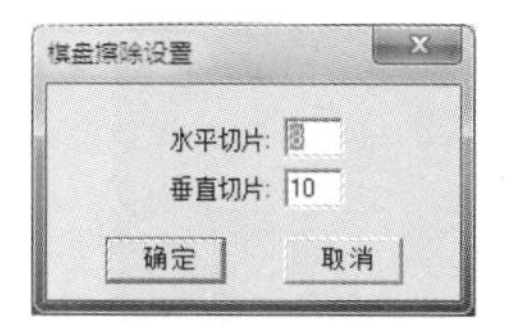

图14-8 设置过渡效果自定义参数

8. 将时间指针移动到开始位置，选取工具面板中的“文字工具”，在节目监视器窗口中输入歌曲名称“长江之歌”，如图 14-9 所示。然后在“基本图形”或“效果控件”面板中对其文字属性进行设置，如图 14-10 所示。

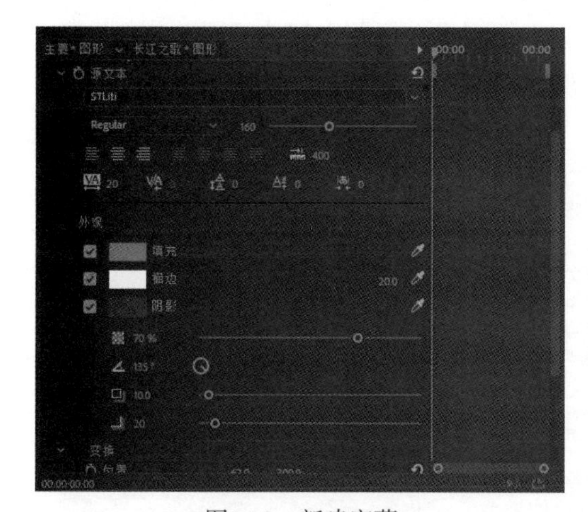

图14-9 新建字幕

图14-10 输入字幕文字并应用样式

9. 在“基本图形”面板中新建一个矩形图层，然后在节目监视器窗口中将其调整为如图所示的形状，如图 14-11 所示。

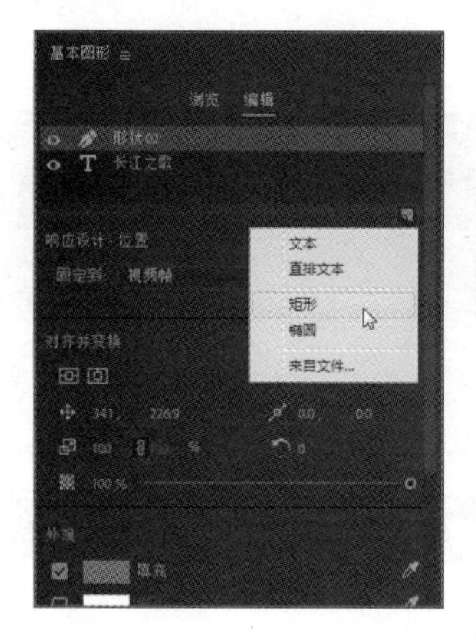

图14-11 新建矩形图层

⑩ 在“基本图形”面板中，将新建的矩形图层移动到文字图层的下面，并修改其填充色为黄色，不透明度为40%，如图14-12所示。

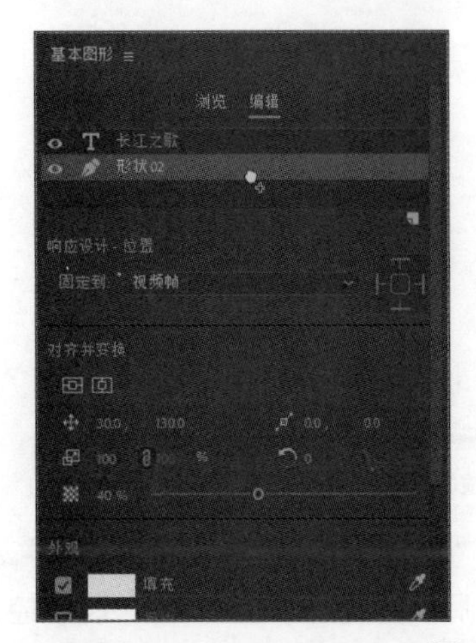

图14-12　调整图层顺序并修改填充色

⑪ 用同样的方法再创建几个矩形图层，将它们安排在标题文字的下层并分别设置不同的填充效果，作为标题文字的背衬，如图14-13所示。

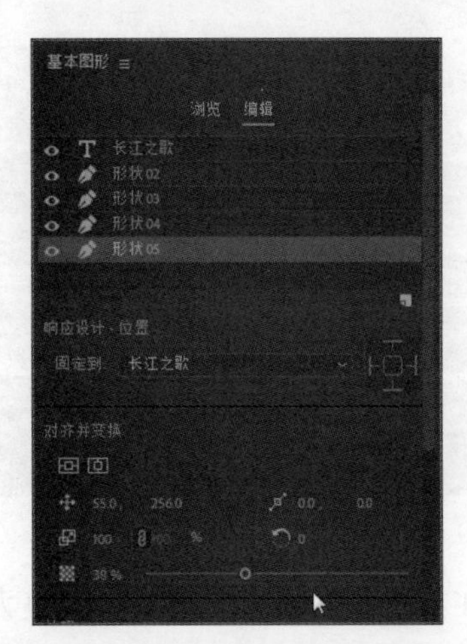

图14-13　创建矩形图层

⑫ 在时间轴窗口中，将标题图形文字的持续时间延长到15秒，如图14-14所示。

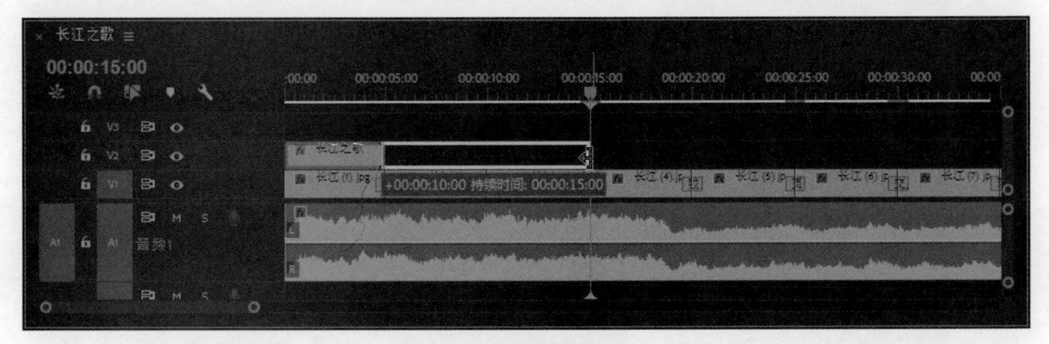

图14-14　修改持续时间

⑬ 在“效果”面板中展开“视频过渡”→“溶解”文件夹，选取“交叉溶解”效果并添加到“歌曲名”字幕剪辑的开始和结束位置，然后将它们的持续时间都调整到 2 秒，编辑出歌曲名字幕渐显渐隐的动画效果，如图 14-15 所示。

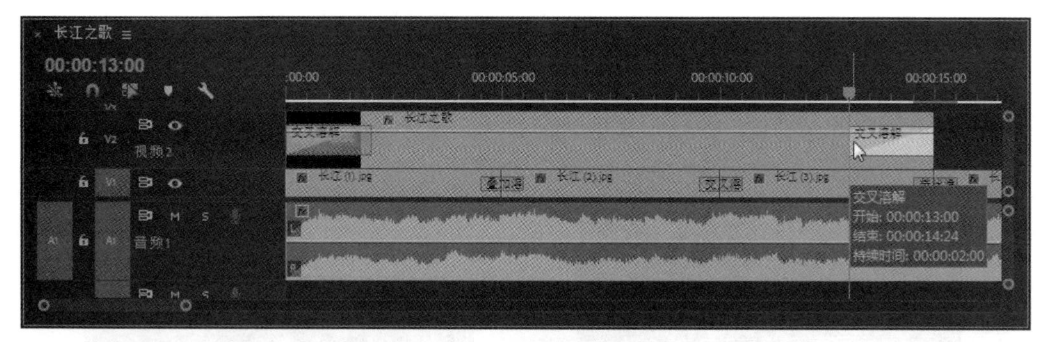

图14-15　添加视频过渡效果

⑭ 将时间指针定位到 00:01:20:00，选取“文字工具”在节目监视器窗口的右下方输出“谢谢欣赏”，并为其设置合适的文字属性和填充效果，如图 14-16 所示。

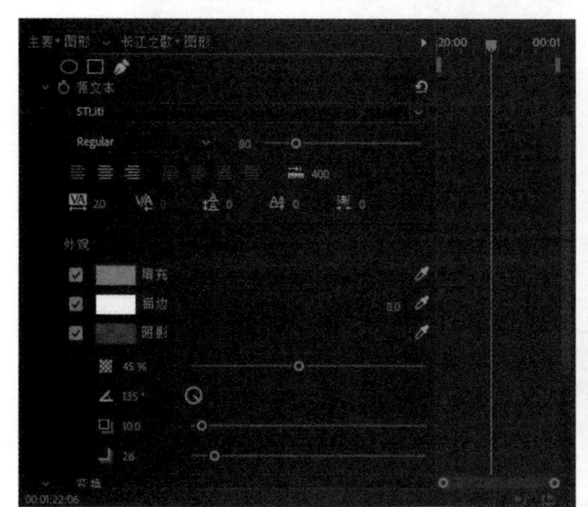

图14-16　编辑文字

⑮ 在“效果”面板中展开“视频过渡”→“溶解”文件夹，选取“交叉溶解”效果并添加到该字幕剪辑的开始位置，然后调整其持续时间为 2 秒，编辑出淡入显示动画效果，如图 14-17 所示。

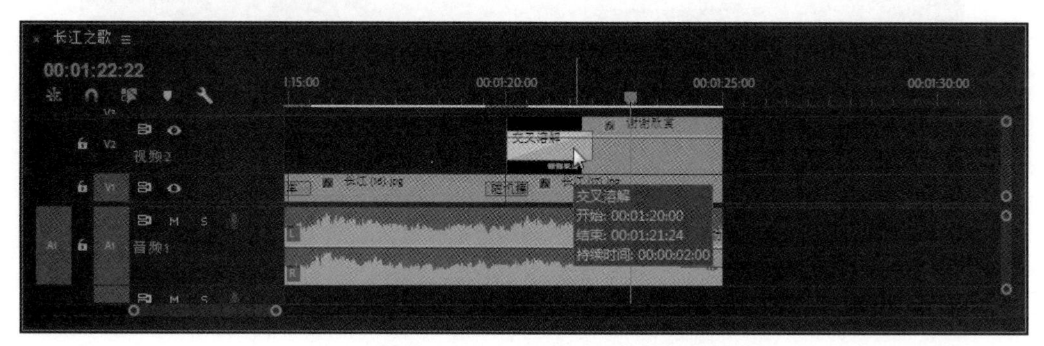

图14-17　添加视频过渡效果

14.4 编辑歌词字幕效果

① 单击项目窗口下方的“新建素材箱” 按钮，新建一个素材箱并命名为“歌词”，用以专门存放编辑的歌词字幕，如图 14-18 所示。

② 双击新建的素材箱，在打开其项目窗口后，执行“文件”→“新建”→“旧版标题”命令，新建一个命名为“歌词 01A”的字幕，如图 14-19 所示。

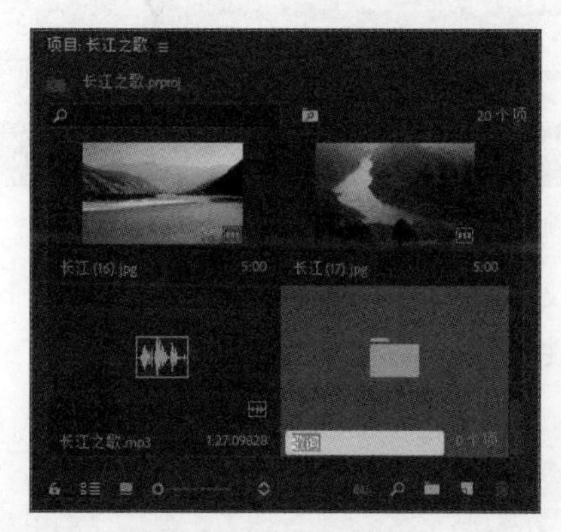

图14-18 新建素材箱

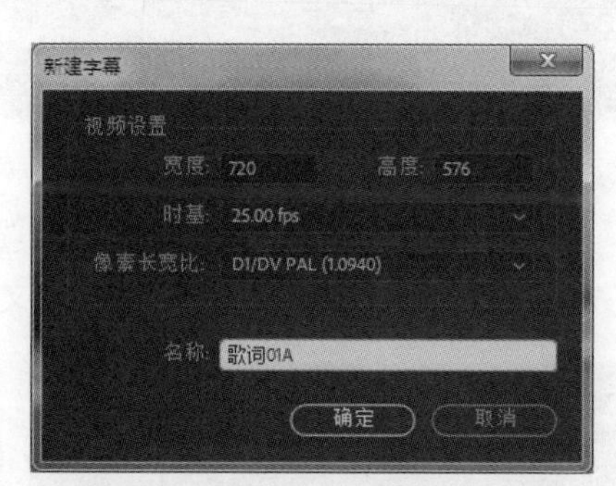

图14-19 新建字幕

③ 打开字幕设计器窗口后，选择文本输入工具，输入第一句歌词，设置好合适的字体、字号、字间距后，为文字设置填充橙红色并设置白色的描边色，如图 14-20 所示。

图14-20 编辑字幕文本

④ 点选编辑好的字幕文字，然后单击“旧版标题样式”名称后面的按钮，在弹出的命令选单中选择“新建样式”命令，将该字幕效果新建为自定义的样式“歌词 A”，作为 MV 中预先显示并还未播放的字幕样式，方便在编辑其余歌词时直接应用，如图 14-21 所示。

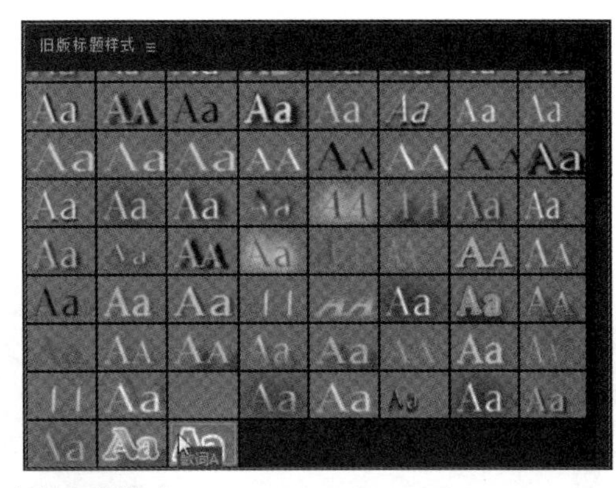

图14-21　新建自定义字幕样式

⑤ 关闭字幕设计器窗口，回到素材箱项目窗口，对字幕“歌词 01A”进行复制、粘贴，并将新得到的字幕重命名为“歌词 01B”，如图 14-22 所示。

⑥ 双击复制得到的字幕“歌词 01B”，打开其字幕设计器窗口，修改字幕文字的填色为白色，描边色为橙色，如图 14-23 所示。

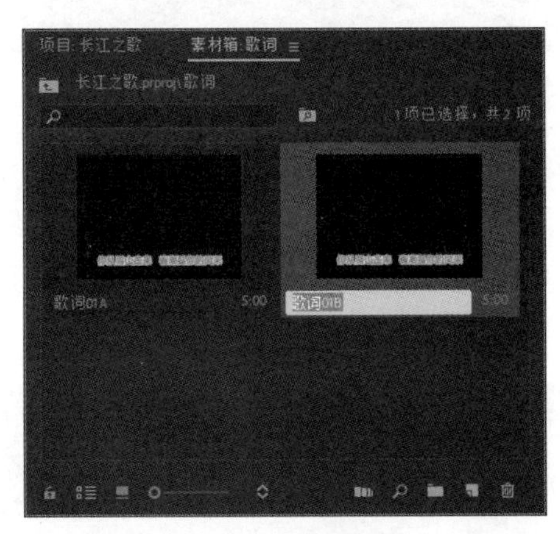

图14-22　复制字幕

图14-23　修改字幕填色与描边色

⑦ 点选修改好填色的字幕文字，然后单击字幕样式面板右上角的按钮并选择“新建样式”命令，将该字幕效果新建为自定义的样式“歌词 B”，作为 MV 中歌词播放后的字幕样式，如图 14-24 所示。

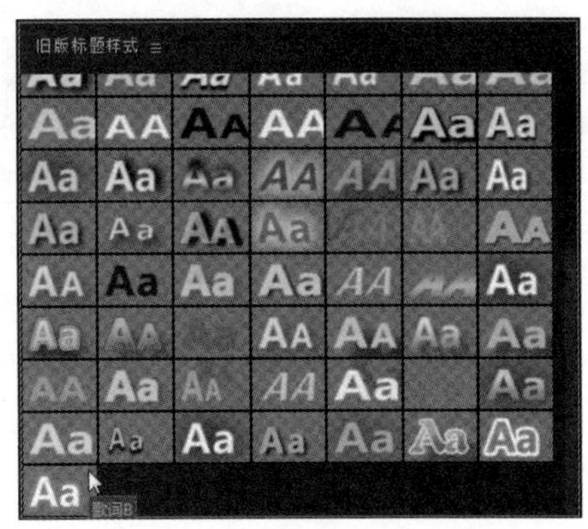

图14-24　新建自定义字幕样式

8 在项目窗口中对“歌词 01A”字幕进行复制、粘贴，将得到的新字幕重命名为“歌词 02A”，打开其字幕设计器窗口，修改为对应歌词内容。对编辑好的“歌词 02A”进行复制，打开其字幕设计器窗口，为其应用“歌词 B”文字样式。用同样的方法，编辑余下的所有歌词字幕，如图 14-25 所示。

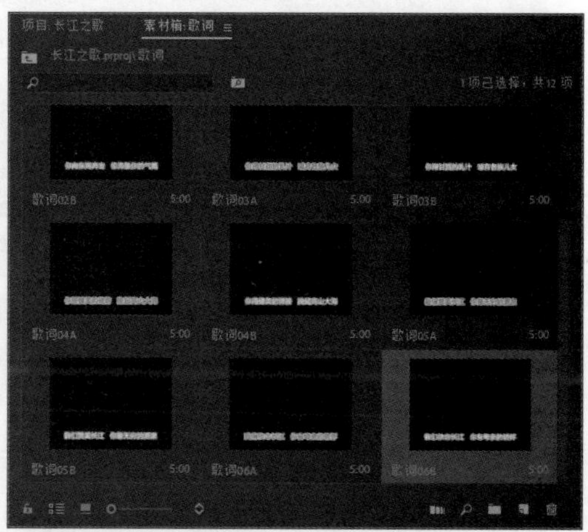

图14-25 编辑余下歌词字幕

9 选取素材箱中的第一个标题字幕素材进行复制，将新字幕重命名为“倒计时提示”。打开其字幕设计器窗口，选取文本输入工具，在字幕编辑窗口中的空白处输入“……”，应用同样的字幕样式后，将其移动到歌词文字的左上方，然后删除下面的歌词字幕，如图 14-26 所示。

图14-26 编辑倒计时提示符

10 关闭字幕设计器窗口，回到工作界面中。在节目监视器窗口中将时间指针移动到开始位置，然后按下空格键进行播放预览。注意在播放预览的同时，在每句歌词出现和结束的时间位置，单击节目监视器窗口工具栏中的“添加标记”按钮，后面将以这些标记来作为编排歌词字幕出现的时间位置和持续时间的参考，如图 14-27 所示。

图14-27　添加标记作为时间参考

提示

在序列中添加了标记后，可以通过"标记"面板查看各个标记的持续时间，还可以为它们命名、添加注释信息，方便更清楚准确地应用这些标记，如图 14-28 所示。

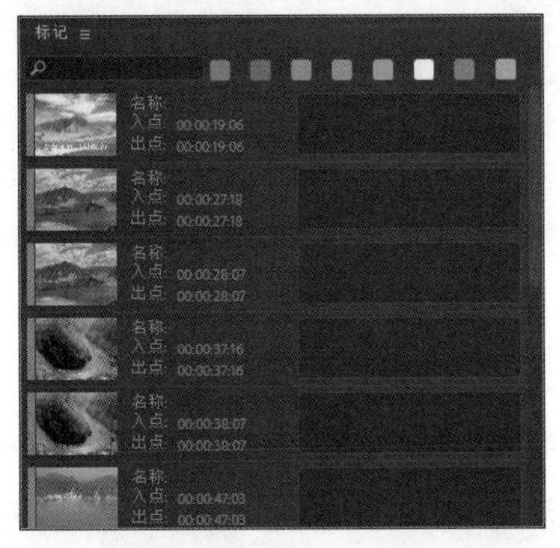

图14-28　"标记"面板

⑪ 将时间指针定位到第一个标记点的位置，然后从素材箱中将字幕素材"歌词 01B""歌词 01A"依次加入到视频 3、4 轨道中，并延长它们的持续时间到第一句歌词结束的位置，如图 14-29 所示。

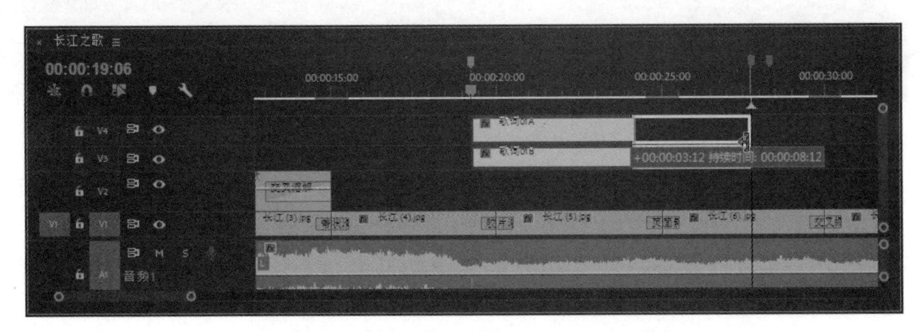

图14-29　加入字幕素材并调整持续时间

⑫ 将“倒计时提示”字幕加入到视频 5 轨道中并定位到第一句歌词开始前 3 秒的位置，然后将出点移动到与第一句歌词的入点对齐，如图 14-30 所示。

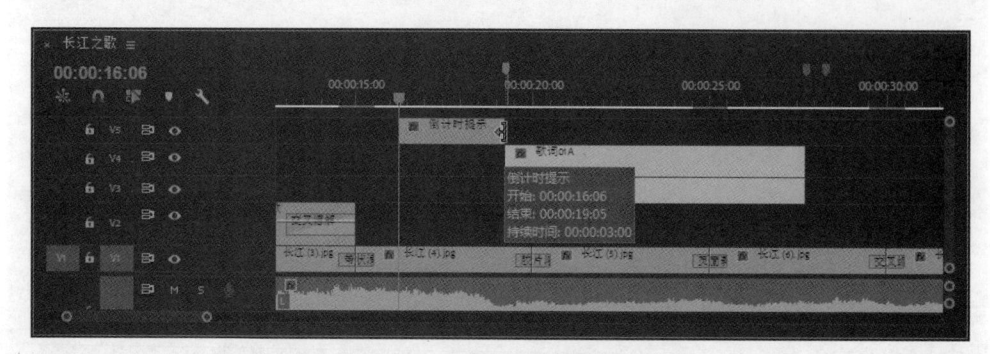

图14-30　加入字幕素材并调整持续时间

⑬ 将“歌词 01A”加入到视频 4 轨道中并使其持续时间与“倒计时提示”字幕对齐，作为在第一句歌词开始演唱前预先显示的内容，如图 14-31 所示。

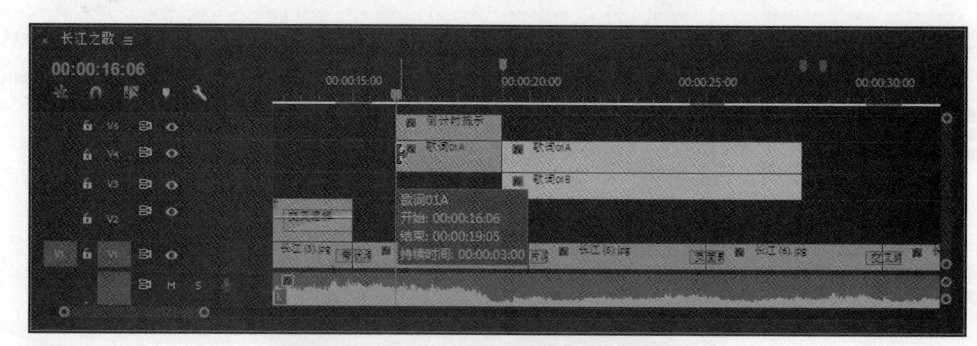

图14-31　加入字幕素材并调整持续时间

⑭ 在“效果”面板中展开“视频过渡”→“擦除”文件夹，选取“划出”效果并添加到“倒计时提示”字幕剪辑的结束位置，然后将其持续时间向前修剪到与入点对齐，如图 14-32 所示。

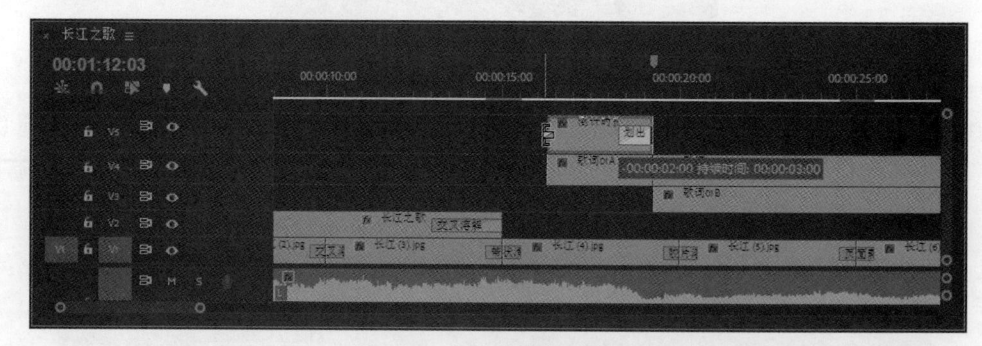

图14-32　添加视频过渡效果

⑮ 打开“效果控件”面板，将“划出”过渡效果的动画方向设置为“自东向西”，然后配合节目监视器窗口中“倒计时提示”字幕的擦除动画，对过渡效果的开始进度和结束进度进行调整，使其在显示后很快开始进行擦除，并刚好在出点擦除完毕，如图 14-33 所示。

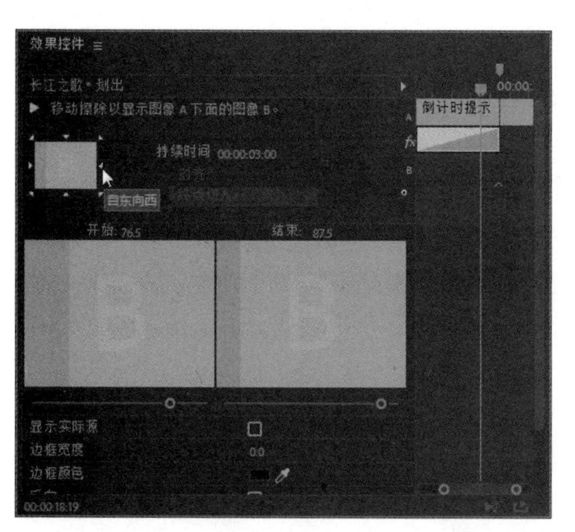

图14-33 编辑倒计时提示动画

⑯ 在“效果”面板中展开“视频效果”→“变换”文件夹，选取“裁剪”效果并添加视频 4 轨道中第二个“歌词 01A”字幕剪辑上，然后在“效果控件”面板中展开“裁剪”效果的参数选项，按下“左侧”选项前面的“切换动画”按钮，按下空格键开始预览播放，注意辨听歌词的演唱，配合节目监视器窗口中“歌词 01A”字幕的清除动画，在合适的时间位置修改该选项的参数值以添加关键帧，得到与伴奏音乐中歌唱速度同步的字幕擦除动画效果，如图 14-34 所示。

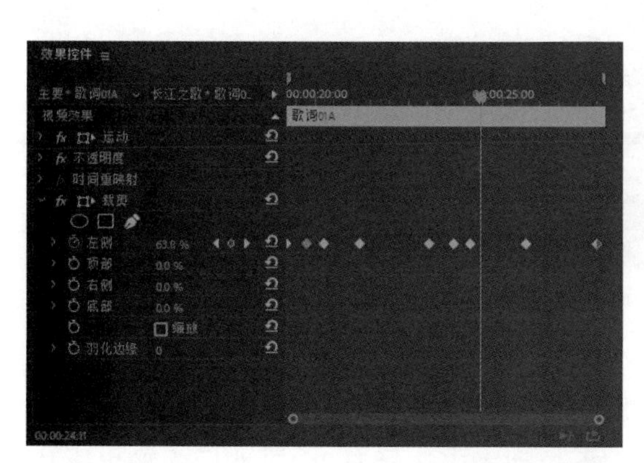

图14-34 编辑字幕擦除关键帧动画

⑰ 用同样的方法，对余下歌词字幕的伴奏同步动画进行编辑。编辑时注意再次确认并调整准确各歌词出现的时间和结束位置。

⑱ 在视频 3、4 轨道中最后一句歌词的结束位置添加“交叉溶解”视频过渡效果，编辑完成的时间轴窗口如图 14-35 所示。

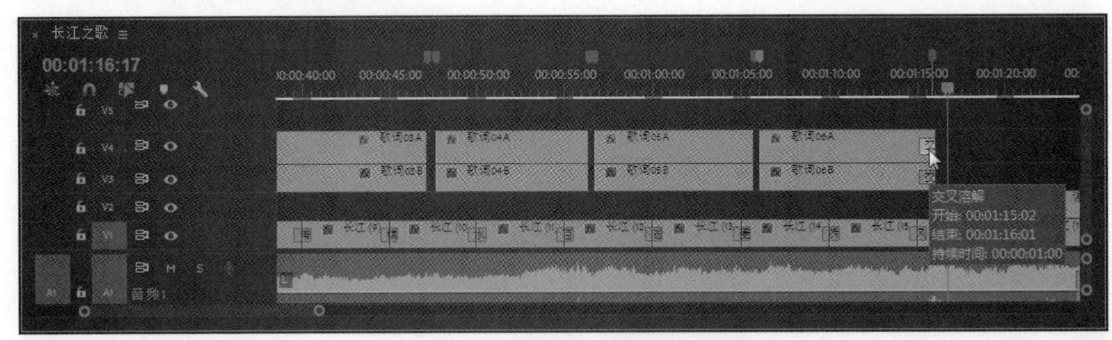

图14-35　编辑完成所有歌词字幕剪辑

14.5　预览并输出影片

① 在监视器窗口中单击“播放”按钮或者按下键盘上的空格键，对编辑完成的影片进行预览。如果有不满意的地方，可以根据预览的情况对细节进行调整，如图 14-36 所示。

图14-36　预览影片

② 执行“文件”→“保存”命令或按下“Ctrl+S”键，对编辑好的文件进行保存。

③ 在项目窗口中点选编辑好的序列，执行“文件”→“导出”→“媒体”命令，打开“导出设置”对话框，在“格式”下拉列表中选择 H.264，然后为输出影片设置好保存目录和文件名称，单击“导出”按钮，开始执行影片输出，如图 14-37 所示。

④ 输出完成后，在 Windows Media Player 播放器中观看影片，效果如图 14-38 所示。

图14-37　设置影片导出名称与路径

图14-38　播放影片